纪念海城地震预报五十周年

中国地震预报实践探索之路

赵文津　主编

图书在版编目（C I P）数据

中国地震预报实践探索之路 / 赵文津主编. -- 北京 : 中国文史出版社, 2024. 7. -- ISBN 978-7-5205-4741-3

Ⅰ. P315.75

中国国家版本馆 CIP 数据核字第 20245UZ098 号

责任编辑：高贝

出版发行：中国文史出版社
社　　址：北京市海淀区西八里庄路 69 号院　邮编：100142
电　　话：010-81136606　81136602　81136603（发行部）
传　　真：010-81136655
印　　装：北京广缘文化艺术有限责任公司
经　　销：全国新华书店
开　　本：787mm×1092mm　1/16
印　　张：24.5　字数：410 千字
版　　次：2024 年 8 月第 1 版
印　　次：2024 年 8 月第 1 次印刷
定　　价：95.80 元

编 委 会

序　言

地震是伴随着地球演化的一种自组织现象，强震震源多发生在地下几到几十千米的深度。迄今为止，人们既不能入地观测，也还没有方法可以高精度和多参数地探明地下物质结构等地下地震的具体发震过程。

但是，我国是一个人口密集的国家，震灾造成的人员伤亡特别严重，1976 年唐山 7.8 级大地震直接死亡 24 万人、伤 16 万人，整个城市被毁灭掉；2008 年 5 月 12 日四川汶川 8.0 级大地震，除造成 9 万人死亡 37 万人受伤外，造成的财产损失多达 8500 亿元，比唐山地震造成的全部损失大了 85 倍！

几百年来人们关注地震，祈望着能在震前打个招呼，以使人们可以采取措施避免或减少人员伤亡。但是，鉴于地震的特点，人们研究认识地震的发生机理很难，进行有效的地震预报的难度也很大，工作进展有限。但是我们又必须找到提前打招呼的途径，以减少人员的伤亡。

1966 年邢台大地震开始了我国地震预报的实践探索，预报有成功的，也有失败并造成极大人员伤亡和财产损失的。因此，对地震能否预报和走哪一条路线进行地震预报，国内和国外业务人员也一直处于争论之中。2009 年 4 月意大利拉奎拉地震后召开了国际地震专家会并发表了一个文件，对中国 1975 年海城地震成功预报的经验进行了否定，并认为走应力应变之路开展地震预报也没有得到实验证实，因此提出走概率地震预报之路的建议。而中国人自己的看法也一直存在分歧，一些地震科技人员坚持走实践中摸索着进行地震预报之路，一些人则强调走加强基础研究搞清震源机制研究之路，待研究到一定阶段之后再说地震预报。

本书编者主张通过实践摸索着进行地震预报，以达到减少人员伤亡的目的，并结合开展研究，以将经验性的认识，逐步提高到现在的科学认知水平。

本文集收录了三部分 18 篇文章：

第一部分是中国人提出的开展地震预报实践之路的文章。即周总理、李四光、顾功叙和翁文波等领导和先辈们提出的深入实践，抓地震前兆，走专群结合、多学科结合、预报与研究结合，探索地震预报之路。

第二部分是回顾中国海城地震、松潘地震预报成功和取得减灾实效的经验，以及唐山、汶川大地震失报漏报的原因和取得的教训；以图通过震例回顾达到厘清中国不同类型地震的早期、中期和短临地震前兆异常的特点，形成一些清晰的概念，探索走前兆预报探索之路的问题，并从预报成功之例，提高自信心，坚定地走下去。

第三部分是介绍地震预报方法的探索，如震磁法、地震电场法、卫星热红外探测、利用卫星红外云图的震象云以及地震云法等抓大地震的预测方法。其他学科的前兆异常将留待下一集刊发表。

本文集的作者，既有当年的实践者、探索者，地震局的领导，老而弥坚；亦有现在的继承者、创新者，朝气蓬勃。大家都本着对历史负责的态度，直击事件的真相。

中国工程院资深院士赵文津先生不顾年老体弱多病，亲自撰写并组织编写了这些原创性的论文，旨在通过回顾总结邢台、海城、唐山、松潘、汶川等地震预报的经验和教训，以加深对走自己的地震预报之路的探索，更进一步地理解李四光院士、顾功叙院士的“地震预报”思想及其意义。

周恩来总理在邢台地震后询问诸位地学专家，以李四光院士为代表的那一代科学家掷地有声地回答：地震可以预报！经过几十年的实践，中国地震预报之路取得了丰富经验，沿着周恩来—李四光指明的预报之路是可以创造奇迹的。进一步完善这条路，就可以实现周恩来—李四光震前“打招呼”的愿望。古人尚知“预则立”，今人应该“只唯实”。我们希望本文集实事求是的分析能有助于地震预报的志愿者们树立信心、以身作则、不畏艰难、砥砺前行。有志者事竟成，我们拭目以待，欢迎读者批评指正。

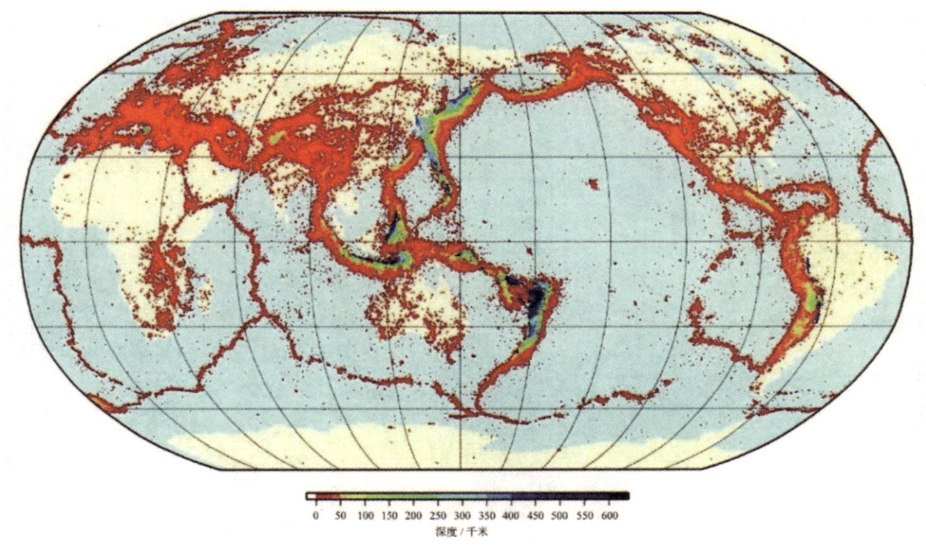

全球地震分布

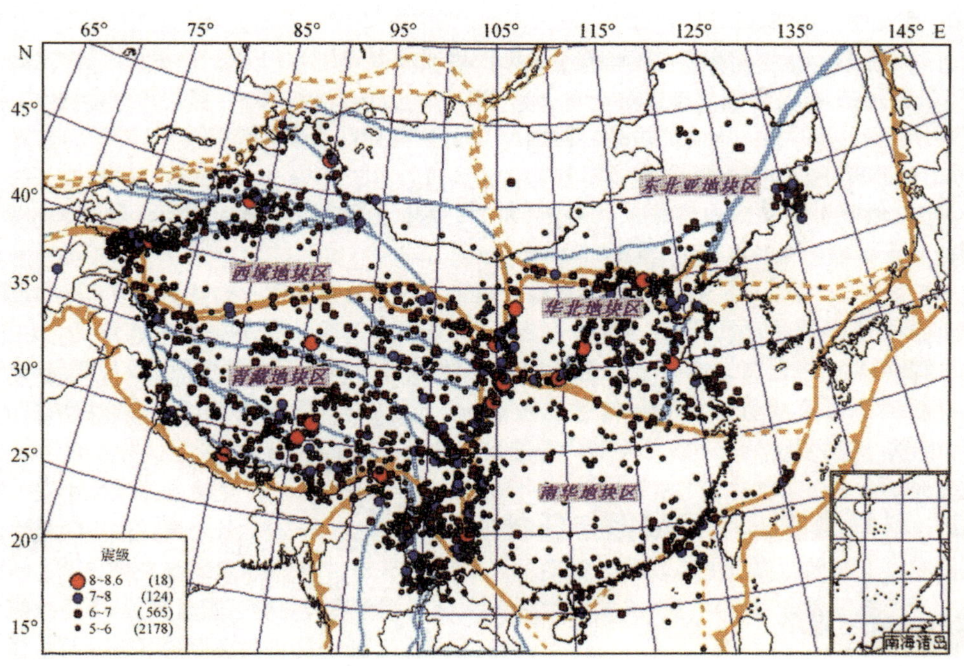

中国大陆及邻区Ⅰ、Ⅱ级活动地块与M≥5级地震震中分布（张国民等，2004）橘黄色、蓝色条带分别为Ⅰ、Ⅱ级活动地块边界

中国地震分布图

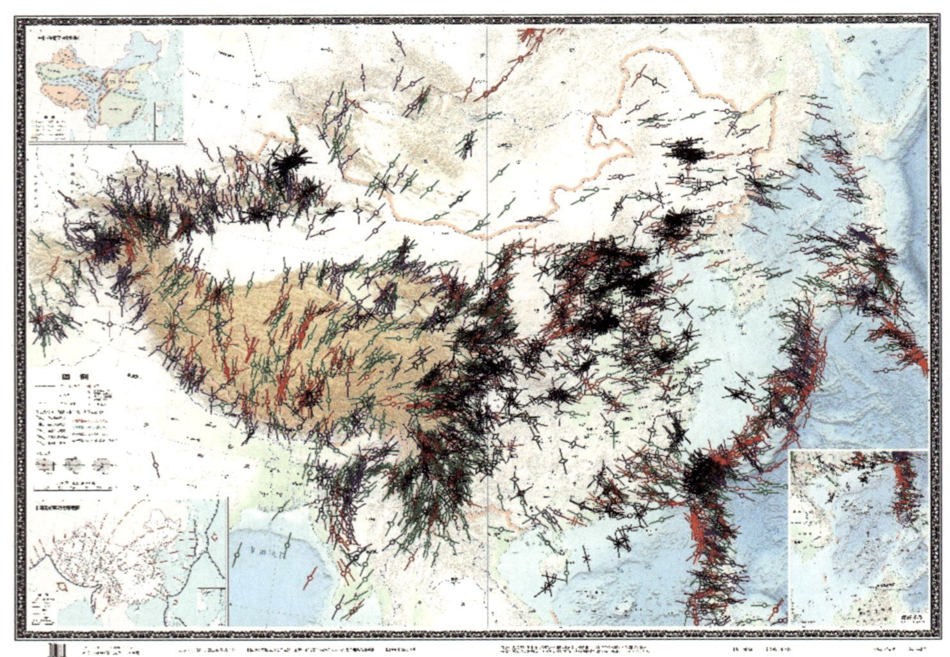

中国及邻区现代构造应力场图

目　录

没必要争论地震可否预报

中国地震局原局长　宋瑞祥

编者按：前地震局局长宋瑞祥2010年7月26日发表在《瞭望》新闻周刊上的与记者的对话。编者读后，认为文中内容，在今天仍有现实的重要指导意义，经征求本人同意，本专辑收入了这篇文章，以飨读者。

“现在地震预报是从必然王国向自由王国过渡，这是个过程。这个过程持续多长时间还很难说，但它是可知的，不是不可知的。”

近来有地震专家认为“中国大陆已进入地震活跃期”。中国地震局原局长宋瑞祥7月1日接受本刊记者刘巍专访时说：“地球的历史可以看作是自然灾变的历史，大地震既然不会被消灭，就要在事前做好应对，古人防患于未然的智慧值得镜鉴。”

宋瑞祥，1939年出生于江苏省金坛市。曾任青海省省长、地质矿产部部长，2002年至2004年任中国地震局局长。

他说，“地震局有防震减灾三大工作体系，只有地震监测预报是地震局特定的工作，地震预报是政府和公众对我们的要求，我们的工作没有退让的余地。”

中国地震局第一任局长刘英勇，在唐山地震后的1977年1月10日写下了一份检查，宋瑞祥把它复印下来，时常拿出来看一看。宋瑞祥说，“刘英勇在这篇材料中谈得很深，这位老同志的态度与责任感值得我们学习。这三年来的两个大地震都没有抓住，对一些工作我们需要反思。”

一、“可不可以预报没有必要争论”

《瞭望》：监测预报居于中国地震局三大任务之首，如何理解这一任务的内涵？

宋瑞祥：地震局系统监测的信息有两个方面：一是前兆信息，二是地震发生的信息。

地震发生后，要确定在何地发生地震，地震的震源深度以及破坏程度，这些数据都要通过地震台网的速报系统及时发布，从历史进程来讲，能快速、准确地确定地震发生的重要参数，也是不容易的。

另一方面，地震局系统的前兆台网的任务，就是要把震前的信息抓住，为预报服务。如果地震预报能在震前发出，那么采取措施、回旋的空间就比较大。如果没有震前预报，我们就只有抢救的余地了。

根据日常经验，人们可以容忍天气预报的虚报。但地震预报则不同，如果你报了地震，人家要采取措施，供电部门要拉闸，煤气供应要中断，居民要住到室外，等等。地震预测信息还会引起心理上的恐慌，所以地震预报是非常慎重的一个事情，是一个很严肃的问题。

地震预报要做好，需要全社会的共同参与。这主要是三个方面：地震专业部门、科学家要有一个准确的信息或者比较准确的信息；政府要有果断、科学的决策，这个决策是有风险的决策；第三，在地震预报没有过关的情况下，公众要支持理解。

《瞭望》：但是，地震可不可以预报是有争论的。

宋瑞祥：地震的发生是一个客观存在，它必然要来，不是这里来，就是那里来，我认为人类要认知这一点，学会与地震共存。1966 年邢台地震后，中央为了加强地震工作，把地质部、石油部、测绘局、中科院四大部门中的地球物理等学科的科学工作者，都集中在地震部门。周总理交给中国地震局的任务就是探索地震预报。

预报的目的是减轻地震灾害造成的人类生命财产的损失，我们的任务简单说就是减灾。这项工作不能中断，也没有必要争论，可不可以预报没有必要争论。

《瞭望》：现在确实有争论。

宋瑞祥：确实有争论，我说一句不客气的话，这是不负责任。认为地震不能预报，为什么有的地震就成功预报了？

那就是我们对事物及其客观规律还有认识上的欠缺！我认为不是不可以预报，也不能说已经完全可以预报，现在地震预报是从必然王国向自由王国过渡，这是个过程。这个过程持续多长时间还很难说，但它是可知的，不是不可知的。通过科学的探索，加上人类文明已经积累的经验，地震预报最终是可以过关的。地震局一直以来就是这样实践的，也是这样努力的。

我们这个部门没有什么权力，也不是什么强势部门，它是承担社会责任的部门，所以它一定要承担社会责任，这是起码的。地震工作者就是大地的哨兵，社会要求准确的情报信息，哪个地方危险，什么时候可能来地震，这个任务很简单，但是很重。

如果地震预报很难，那就依靠专家、依靠群众、依靠社会各界。地震预报很难，但为什么有的地震能预报出来？有的专家也有信心可以预报地震。地震工作者不应该有思想上的恐惧与负担，这是不必要的。目前防震减灾的工作还要认真做，还要开拓进取，不能说无所作为。

二、"如果没有报出，我们也要找不能报的原因"

《瞭望》：如何看待唐山地震震前预测的复杂性？它留给我们什么样的启示？

宋瑞祥：唐山地震震前有几个事件是值得关注的。第一是李四光预测过河北北部滦县—迁安地区，他说要在这些地区做些观测，如果这一地区活动的话，就难排除大地震的发生。但他 1971 年病故了。后来，山西和内蒙古发生一次地震，人们认为这是李老预测的地震，实际上不是。但是李老用什么办法预测了河北北部的大地震，这是个谜。

第二，如果说唐山震前没有线索，河北省地震局的贾云年等 6 位同志为什么赶到唐山？这就说明有情况，他们去了唐山说是去抓大震，之后牺牲在现场。第三，唐山地震时青龙县领导对全县人民打了招呼，起到了减灾实效。这方面的经验应该及时总结，包括汶川地震、玉树地震，这样的大地震震前一定是有前兆的。

《瞭望》：海城地震预报没有做到时间和震级上的精确，这能算是一次成功的预报吗？

宋瑞祥：我认为是一次成功的预报。预报在时间上比较准确，地震工作者上午向辽宁省革委会发出预警，晚上就地震了。海城地震前，很多前兆信息都出现了，判断的依据充分。事前，国家地震局专门讨论过辽南发生地震的可能，辽宁省地震办公室也多次会商。最终确定危险时间、危险地区，在这个基础上，政府做出了决策。在地震的三大要素上，预报精确性虽还有差距，但在事实上起到了减灾的效果。

在长中短期这一系列时间阶段，地震预报的准确是渐次地逼近客观事实，首先是时间、地点上逼近，在震级大小的判断上，是破坏性的还是非破坏性的？能够定出是破坏性，就是一个成绩。至于破坏性是五级、六级、七级？那是另外一回事。

《瞭望》：有人说海城地震比较特殊，海城地震预报成功不代表其他类型的地震可以预报。

宋瑞祥：所有的特殊加起来就找到了普遍。海城地震预报可以认为是一种类型，其前兆信息丰富。其他地震的前兆是什么，和海城地震有什么异同？没有认识到这些前兆不等于没有前兆。如果说海城地震是一个特殊的地震，但以前类似海城的，为什么没有预报出来？海城地震预报成功证明地震可以预报，而没有预报出的地震，不能证明地震不能预报。

《瞭望》：改革开放后，地震预报工作的进展怎样？

宋瑞祥：20 世纪 80 年代以后，随着中国进入地震平静期，地震预报人才梯队也出现了断层，老一代地震工作者退下来了，新的一代地震工作者还没经历大地震的考验，诚实地说经验积累得不多。改革开放后引进了新的科技手段，这些手段是否可以捕捉到真正的信息？和中国的国情结合得怎么样？这些都是需要认真观察的问题。

要总结过去成功的经验与方法。要把目标咬住，地震预报一定要搞，一定要精心地搞。要厘清思路，要分析哪些手段是关键，哪些前兆信息是可以定性的，哪些是定量的，哪些信息是可以参考的，要系统、综合地分析。

三、“攻关不怕难，只要肯登攀”

《瞭望》：就地震预报而言，真理是不是总掌握在少数人手里？

宋瑞祥：地震预测不只是依靠经验，还要考虑很多综合性因素。我们现在搞地震预报，首先要确定每一年度的地震发生危险区，这个很重要。危险区确定之后，我们要跟踪它，台站有流动观测台，各种手段要上去，对危险区再认识。它有没有继续升级或者弱化的可能，因为地球是动态的。

地震科学是观测科学，要精心观测，在此基础上对大量数据加以研究。现在人们要求的是结论，对过程反而没有过多地关注。事实上，观测过程是非常重要的。很多地震工作者穷其一生，都在默默无闻地做观测工作。像上海的佘山台，1874 年开始地磁观测，到现在它的地磁变化已有一百多年的观测资料。这是一个不能间断的长期观测的过程，通过长期观察才能看出渐变以及它的特点，更好地掌握地下的变化。

《瞭望》：有人说，全世界都不搞地震预报，为什么中国非得搞地震预报？

宋瑞祥：全世界都没有搞地震预报，这是谁作出的判断？从历史来看，中国是一个地震灾害多发的国家，目前的现实需要地震预报，群众需要，社会需要，为什么不搞地震预报？

如何说其他国家不搞地震预报，事实上他们也采取了很多措施。比如在房屋建设上普遍设防；地震发生后，日本利用P波跟S波的差余，迅即发出预警；高速行驶的火车，可以制动刹车，等等。这些都是减灾措施。

《瞭望》：现实情况下，如何解决地震预报这一世界难题？

宋瑞祥：地震预报这个问题要攻，“攻关不怕难，只要肯登攀”，这是叶剑英元帅提出的。要合力攻关，专家系统和社会要共同攻关。灾害是客观存在的，地震预报要攻关，预防要加强，救援要跟上，最后才能达到减灾效果。

消灭地震是不可能的，这是地球本身的内在规律，它的能量要释放，不是地震就是火山爆发，还有大洋中海沟的扩张，等等。它总要消解自身积蓄的能量。

四、应对地震活跃期

《瞭望》：当年李四光力排众议，认为地震不必等到科学上完全解决才可以预报。周恩来总理认为如果不能做出精确预报，也要做到在震前向人民群众“打个招呼”。这些在今天是否还有现实意义？

宋瑞祥：完全有现实意义（重复三次）。我们现在还没有更高的招儿。不管怎么样，海城地震预报出来了，这就是周总理要求的震前向人民群众打个招呼。在大地震前打个招呼，就能挽救人民的生命财产损失，这是一件好事情。可是打招呼并不是简单可以做到的，需要做大量艰苦细致的工作。

《瞭望》：最近，有地震专家认为中国大陆已进入地震活动活跃期，未来我们应如何应对？

宋瑞祥：我们可以看看进入新世纪以来，中国大陆发生了多少次大地震。2001年昆仑山口8.1级地震，2003年新疆巴楚、伽师6.8级地震。然后就是2008年汶川地震，2010年玉树地震，要重视大地震的频繁出现，这是一个不可回避的客观事实。

我们应该加强工作，以预防为主，从思想预防到工作预防，再到我们的科学预防。要重视破坏性地震屡屡出现的这一客观现实。

日本阪神地震后，日本进行了认真的反思与整改，就是为了下一次地震减少损失。我觉得要好好研究汶川、玉树这两次大地震工作存在的问题。地震预报不能简单地说搞还是不搞。必须要搞，没有退的余地。至于成果大小，要看我们的功夫与本领。

各级政府要好好地研究对策。首先要加强防震减灾的意识，检查各方面工作存在的问题，全面贯彻《防震减灾法》。作为防震减灾部门之一的地震局，我们要扪心自问，工作做到位了没有？面临灾难多发的时期，公众又该如何正确应对以减少损失？

如果能很好地回答以上问题，我们就能更好地应对可能发生的灾害，保持清醒的头脑，把损失减到最小。这场战争是客观存在的，我们不能打无准备之仗。既然打，我们就要做好准备，社会各方面都要做好准备。

我们应该积极地走前兆预报地震之路

赵文津摘编

编者按：查志元同志是地震局原副局长，亲身经历了唐山大地震，对地震预报工作的特点和重要意义体会是很深刻的。他以亲身体会写成两篇回顾总结性的文章，一篇是《我们应该积极地走前兆预报地震之路》，另一篇是《地震工作需要明白的几个问题》（见 http: //zhazhiyuan.blogchina.com/970200.html 和 /934068.Html 博文）。笔者认为文章阐述得很全面也很有深度，对地震预报工作很有指导意义，文章虽是 2014 年写的，仍然不失其启发和指导意义，经征求本人同意，现将两篇文章再加工整理成本文再发表，供大家学习参考。

内容摘要：作者提出我国地震界有三大认识误区，严重影响和干扰着中国地震预报工作的推进以及避免人员的巨大伤亡和财产损失。这三大认识的误区：一是走先反复科研试验，取得科研成果后再推广，进行地震预报，或者是先弄清地震发生成因机理后，再进行地震预报的传统理念；二是要不要实行专群结合两条腿走路的方针，发挥群众在防震减灾的作用；三是以“短临预报尚未过关”为由，不热心地震预报，把减轻震灾的期望都寄托在房屋的抗震加固上。作者分析了这三大认识误区的问题，提出拨乱反正的建议。

当前，地震工作面临重大抉择。那就是究竟把工作重心放在地震预报上，并毫不犹豫地立即践行可操作地震预报；还是继续醉心于防震减灾，重在对房屋建筑实施抗震加固以及大震后的应急反应上，把地震预报放到了只是进行科研的次要位置上，甚至说还要等到地震的“短临预报”经长期科研成熟过关之后，才能进行地震预报。说到底，那就是地震工作的灵魂和核心究竟应该是地震预报事业，还是重在房屋建筑抗震加固的防震减灾事业？！大大减轻震灾，尤其是大大减少 7 级以上大震的人员伤亡究竟是依靠地震预报，还是押宝在施行抗震加固抗震设防的措施上？这就必须对地震工作的历史和现状，清理一下家底，对地震工作的关键问题刨根问底，有清楚明确的认识，做个明白人。

1966 年 3 月 8 日邢台大地震后，周恩来总理明确指示地震工作的大方向应当是地震预报，至今已四五十年。其间，地震预报的探索实践远非一路顺畅，而是时断时续、磕磕绊绊，历经风雨磨难、坎坷险阻。究其缘由，除了政治原因和地震预报本身客观的科技难关之外，在地震工作者和科技人员中间长期存有三个思想认识问题，而且它不断时隐时现地干扰着地震预报事业的顺利进行。经过几次大地震的经历和研究总结，我国走前兆预报地震之路已初步成形，已是可以实际践行和具体操作之事。部分地震工作者尚存的三个思想认识问题也需要总结提高。

下面谈一谈我个人的意见和看法。

一、我们究竟是应该边预报边研究，还是要等到对地震的机理成因研究得清楚透彻，地震预报的方法过关成熟了，再去实行地震预报。我认为，地震预报必须实行观测、预报、科研紧密的三结合。总体来看，世界上绝大多数科研课题，其成果的推广应用是分步骤分阶段实现的，通常都是科研先行，总要经过反复试验实践，再历经成败得失的磨炼，方能得到正确的结论和可靠的成果，然后才谈得上该项科研成果的实际应用和推广。这是科研领域传统的思想理念，也是目前科研领域的正常程序和操办方式，无可厚非。我们地震工作者实际上也曾按这种模式和路子探索过地震预报。地震（预报）研究的难点在于地震活动具有无法琢磨到的偶然性，没有什么办法能直接方便地找到或抓住地震这个科研对象。唯一可行的办法就是实行观测研究预报三结合，走寻找前兆预报地震之路。地震预报还是要重在实践的具体操作，而不应沉湎于指望搞清什么机理成因再进行地震预报，要把减小严重震灾和百姓的生死放在第一位，搞地震预报乃是地震工作者不可推卸的社会责任。

1971 年夏，国家地震局成立之初，时任一把手的军代表董铁城先生就决心付诸行动建立地震预报试验场。一个建在新疆南部阿克苏地区，由国家地震局直接管理；另一个建在山西临汾地区，由地球物理研究所负责。我时任中国科学院地球物理研究所革委会副主任，负责所里的科研业务，受命筹组山西地震预报试验场，并亲自将地震预报工作队带到山西，在与山西省地震局和临汾地区科委协商、安顿落实地震预报试验场有关事宜后，我回京在所里又负责组织了三十余人的科研队伍奔赴新疆参加局里的南疆地震预报试验场的工作。王树华任新疆地震预报工作队队长，我（和梅世蓉）受命当副队长，我主要负责地球物理所在试验场的科研项目及队伍的组织管理。在南疆试验场工作一年以后，我给董代表写了一封信，除了汇报自己的工作之外，还提出了地震预报试验场存在着两个问题。一是试验场的区域范围太大，由于地广人稀，我们统共只能建四五个观测台站，台站间相距达四五百公里，在两个台站之间吉普车也得开上七八个小时，台网太稀网眼太大，难以有效捕捉到强震的有效有用信息；二是我们费这么大劲，来这么多科研人员（共约 100 来人）建地震预报试验场，希望试验地震前兆探测项目，找到地震预报的方法和途径。可是，这里一年多来并没有发生什么强震大震，也不知何时才会发生，恐怕难以取得预期效益和科研成果，找到预报方法。由于几年也不发生强震大震，山西和新疆两个地震预报试验场在 1974 年不得不先后撤摊收场，差不多无功而返。实际上，南疆试验场是在撤摊约 30 年后才在巴楚地区发生了一个 6 级左右的强震。尽管 1695 年在临汾发生过 8 级大地震，可山西试验场至今约 40 年，连个 5 级地震也未发生。人生有多少个 30 年、40 年可以这样无效消耗，足见搞地震预报试验场难以奏效。这两个地震预报试验场的实践告诉我们，想要像其他科研项目那样，经反复试验和实验找到成熟过关的地震预报方法，然后推广应用，几乎是不可能的。因为连得到起码一次试验和实验的机会都难以遂愿。我们根本无法预知到什么地方能够进行地震预报试验，要抓到我们的研究对象——地震，犹如大海捞针，不像其他科研项目可以随心所欲把研究对象捏在手心里天天琢磨研究。

我国的历史地震资料告诉我们，三千年来大陆地区发生的 7 级以上大地震总共约 100 次，平均 30 年才一次，给我们实践感知的时间间隔太长，机会太少。而且，有时又像疯了一样，接二连三地发生大地震，有时则几十年也不发生一次。比如，1976 年从 5 月底到 8 月中旬不足三个月，就先后发生云南龙陵地震、河北唐山地震和四川松潘地震，这三次大地震还都是双震，不足三个月竟发生了 6 个 7 级以上大地震。发震地点更是东一榔头西一棒子，今年这里震，明年那里震，震无定规、震无定所，从不在原地重复，叫你摸不着头脑，不知该上哪儿与它约见。一句话，地震是个与众不同的事物，是让人着急上火、找不到拿不住的一个特殊研究对象。两个试验场空手而归全在情理之中。但我们还是应当肯定，搞地震预报试验场，毕竟是追求地震预报的积极尝试。也只有经过这样的实践尝试，我们才懂得了地震预报无法照搬其他科研领域传统的研究理念和模式，此路不通需另辟蹊径，这本身就是一大收获。

得到和抓住研究对象是科研工作得以进行的前提和根本；离开研究对象的研究，只能是空洞虚无的研究。所以，想真心研究地震及其成因机理，关键在于抓住逮住地震这个研究对象。地震本身是个科研难题，找到它、寻觅它本身就是另一重科研难题。绝大多数科研领域的研究对象都能信手拈来、任意琢磨，而我们却茫然不知该上哪里能捉拿到地震这个研究对象！这就是它不同于其他科研项目的特殊之处，难上加难的困难所在。这就得走前兆预报之路，先下力气布设前兆观测台网，寻觅发现地震的蛛丝马迹，通过分析研究观测数据和前兆异常，设法把研究对象大地震捉拿到手。这实际上就是一个观测、预报、研究三位一体预测预报地震的全过程。它既能服务社会，利益民众，满足全国人民期盼，为减轻震灾大大减少群众伤亡作贡献；又为研究工作提供了最好的条件和机会，捉住地震充分了解地震孕育发展发生的全过程，得以全面深入研究地震的机理成因；坚持不懈从事地震预测预报，就能不断积累经验，改进提高预测预报地震的方法，使之早日完善成熟过关。岂不是可收一箭三雕之效！进而言之，观测、预报和研究三者之间的关系，就是应当以地震预报为纲，实行观测、预报、科研三者紧密结合。地震前兆观测是为预报和科研服务的坚实基础，是必须首先做好的前提条件，它向地震预报和科研提供原始的第一手数据资料，为预报地震和研究成因机理提供可靠的科学依据。没有地震前兆观测，地震预报和科研工作就成了无源之水、无本之木。地震预报则是地震工作的灵魂和核心，是主心骨和推动力。这是地震工作，尤其是地震科研能否抓到地震这个研究对象的根本所在。如果连自己的科研对象都抓不到，手中没有研究对象，地震科研简直就如两手空空，虚无盲目，失去了灵魂，不可能有大作为。只有事先预报地震、捉住了地震，地震机理成因的研究才能走上实实在在的科研之道，才能使地震科研直接服务社会，为减轻震灾减少人员伤亡作出应有的贡献，而不是脱离老百姓期盼的实际需要，徒有虚名而成为中看不中用的摆设。不言而喻，在可以有 5 年以上甚至长达近 10 年的一个预测预报 7 级以上大地震的全过程里，我们有充分的时间深入细致研究地震孕育发展发生的全过程，显然可以带动和有利于地震机理成因的研究，使之更有成效。而地震机理成因的研究也当然会惠及地震预报和预报水平的提高。因此，地震预报和地震机理成因的研究其实是难分先后，应当同步进行、并行不悖、相辅相成。

脱离地震预报，闷头不管惨重震灾的单纯学术研究，就是脱离社会需求，不顾百姓生死，恢复到 1966 年邢台地震前我国地震科研的状况，就是只做记录地震，提供地震活动参数，震灾烈度调查，就是全无震前数据资料，全凭震后记录作应力分析震源机制之类的研究。这正是一个世纪以来，而且至今还在延续的全世界地球物理学和地震学传统的研究模式和实际情况。这样的研究对于人类能否进行地震预报这个敏感话题的回答，就是直截了当的两个字：不能!!这正是目前世界各国对地震预报的态度和现状。可见，这种震后数据的研究尽管也有一定的学术价值，但对地震预报而言，作用有限意义不大。

实际上，长期以来，全世界的地震学者、地球物理学者对地震记录坚持不懈的研究，对地震机理成因也都提出了种种假设和理论。比如，在地震成因方面的假说就有三个：断层说、岩浆冲击说和相变说；更有现今风行火爆的板块学说。的确，板块学说有其可贵正确之处，它改变了地质学家长期认为海陆的发展和地球上部运动以垂直运动为主的传统观念，说明地球上部不但有垂直运动，还有幅度更大，位移甚至达到上千公里的水平（漂移）运动。地质学家经多年调研，一致承认圣安德列斯大断层在约一千万年期间，至少曾错动位移 400—500 公里；而近代海上地球物理测量、地质测量表明，门多新诺断层错动了 1140 公里，墨莱断层西端错动了 680 公里，东端则错动了 150 公里；海洋和大陆在各个地质时期均有这样规模的水平漂移运动，并非只有原地踏步的上下垂直升降。同时，它也比较成功地解释了地震的主因和全球地震带的分布状况。板块理论认为厚度不到 100 公里的地球岩石层被三种活动构造带，即海岭、水平大断裂（转换断层）和（海沟附近）岛弧割裂成六大板块，即欧亚板块、太平洋板块、美洲板块、非洲板块、澳大利亚板块和南极板块。有人将太平洋板块又分成两个板块，把美洲板块分成南、北美洲两个板块，将澳大利亚板块分成澳洲和印度两个板块，共九个板块。而全球的地震带正是分布在这几大板块交界的边界地带，也就是上述三种活动构造带上。在海岭上，地震都是浅源的，活动水平低，震级很少大于 5 级，个别震例最大也不超过 7 级；在水平大断裂带（转换断层），地震也都是浅源的，但地震活动水平显然高于海岭，震级可能很大，最大达 8.4 级；在岛弧地区，则既有浅源地震，也有深源地震，地震活动水平很高，震级也很大，最大震级达 8.9 级。在海岭和水平大断裂（转换断层）两种构造带上发生的地震总数占全球总数的 9%以下，地震波释放的能量还不足全球总量的 6%；而在（海沟附近）岛弧构造带上，浅源地震释放的能量就占全球总量的90%以上，全球的深源地震除了少数震例，几乎全部发生在这里。可见，这几个巨大板块之间在交界地区的相互作用，造成板块边缘发生形变，缘此而产生上述三种活动构造带，成了全球主要的地震活动分布带。这充分说明板块之间在边界地带的相互作用的确是全球地震的基本成因，是主因。板块运动及其相互作用的动力则来源于岩石层底下地幔软流层物质的对流，由于这种对流的传送带动作用，板块从海岭向两边扩张，并在（海沟附近）岛弧地区俯冲插入软流层，从而完成对流循环。特别要提醒的是，在岛弧地区厚度约 100 公里的岩石层以倾角 45° 俯冲插入地下，震源深度最大可达 700 公里左右。岩石层俯冲进入软流层，深度超过 75 公里后，它与软流层接触的表层部分跟软流层之间的温度梯度最大，物质成分的差异也最大，加上岩石层本身向下俯冲受到的压应力，自然成了地震最容易发生的地方，从而形成了一个倾角 45° 的强震源带，实际上就是一个深源地震带。但俯冲岩石层尚未进入或刚接触到软流层的上端部分（小于 75 公里），则温度很低，因板块向下弯曲而处张应力状态，仍可产生弹性断裂而发生浅源地震。岛弧地区也就成了地震活动最强烈的地带，它既有浅源地震，又有深源地震。板块学说用岩石层的俯冲插入软流层成功解释了深源地震的成因。

但是，我们也不能不看到板块学说、板块理论的软肋和不足之处。它能具体细致地解释板块边界地区的地震成因，却没有提及、没有具体解释板块内部发生的地震。对板块内部地震，无论是浅震还是深震，至今也未见有一篇文章能将它们用板块运动及其相互作用作出清楚的剖析。比如，我国在吉林省独有的 450—570 公里的深源地震，就无法纳入板块之道。实际上，板块内部的应力分布、地震成因依然是个亟待研究的问题。此其一。尽管把边界地区地震发生的应力状态、断层分类、深震浅震等机理机制的来龙去脉讲得头头是道，但怎样预报这些地震，即便是对地球上地震数量最多、震级最大、活动水平最高的岛弧地区的地震预报，至今也是沉默寡言，未见板块理论有什么像模像样的点拨！板块理论的学术水平很高，我们却不知怎么用于实践，指导地震预报，对解决减轻震灾、减少百姓伤亡的大问题，外观漂亮端庄、高耸入云的琼楼玉宇实在力不从心，有点高处不胜寒的感觉。此其二。支持海底扩张板块运动的原动力是地幔软流层物质的对流，但它究竟是局部对流还是全球性对流，尚无定论；这种物质对流应当是由地球内部温度和密度存在很大差异引发的，但究竟在什么条件下对流才会发生或不会发生，现在也还没有定论；尤其是这种物质对流还只是学者们的设想和假设，是一种“想当然”，还没有得到正面的、直接的观测证据。既然板块学说的动力源问题尚未完全解决，因此它还不是扎实完善的理论。此其三。

这也不能不使我想起第一次被板块理论点拨的情景。那是 1975 年 2 月初，辽宁海城地震前夕，突然出现了类似邢台地震前的小震群活动，联想到此前那里早已发生的宏观前兆异常，突发小震群预示大地震迫在眉睫。我为此跟辽宁省地办的朱凤鸣通了电话，并随即到局主要领导那里建议立即组织专业队伍去辽宁协助当地抓捕大地震，并自告奋勇带队前往。没想到这位主要领导给我当头浇了一盆冷水，表示不同意，说完全用不着。并用板块理论对我讲解点拨，说辽宁即使发生地震，也只会是个深震，不会造成什么地面震灾。因为我国东北发生地震是太平洋板块从日本岛弧地区插入软流层引发的，在日本那里是浅震，到我国东北则是深震（深震通常并不会造成地面震灾），所以用不着派队伍去辽宁。就是要我宁信板块理论高见，莫信台站前兆异常的观测数据观测资料。这是我首次见识和领教到板块理论对地震预报的指导作用。幸亏辽宁省地震工作者没有受到这样的板块理论指教，而是按邢台地震经验和他们掌握的前兆异常现象成功地预报预防了 7.3 级海城地震。现在想起来如此指教有点可笑。按板块理论，岩石层从日本东海岸的岛弧地区以 45 度角斜插进入软流层，若引发我国东北的深源地震，则震源深度与日本东海岸到震中的距离应当相等。海城地震的震源深度不过 12 公里，跟深震完全是两码事。再者，海城距日本东海岸少说也有 2000 公里之遥，而太平洋板块下插产生的深源地震，其最大深度也就是 700 多公里，无论如何也到不了海城底下 2000 公里的深处。一句话，海城地震跟太平洋板块的下插毫不相干。吉林珲春 1918 年 4 月曾发生过 7 级的深震，震源深度达 570 公里，也同样根本无法用板块理论进行解释。可见，尽管离板块边界相当近，东北的浅震和深震成因都是用板块学说难圆其说的事情。进而言之，我国台湾地区处在太平洋板块与欧亚板块相互作用的边界地区，存在较大的平移大断裂——台东断裂；我国西藏喜马拉雅山地区被认为是印度板块向北碰撞欧亚板块的地方。只有这两个地区的地震我们可以用板块理论加以说明解释，而我国绝大多数大陆地震均属于板块内部地震。板块内部岩石层的应力分布及其相互作用，引发地震的原因和过程显然要复杂得多，分析研讨也困难得多。实际上，板块理论讲的是大板块的整体漂移运动，讲的是几个巨大的板块在边界地带相互作用，致使边界变形引发地震，对板块内部的事情根本没有涉及，对发生在板块内部的地震，自然只能无奈地只字不提。说到底，板块理论是为了解决大陆漂移和海底扩张问题而发展起来的理论和学问，它毕竟不是为解决地震机理成因、指导地震预测预报的科研成果，它是顺便诠释了板块边界的地震成因，因而名正言顺地叫做板块理论，不叫地震理论。同时，话还得说回来。事实上，正是全球地震活动带的地理分布成了划分全球板块一个重要的科学依据，在某种程度上成全了板块学说（理论）。正是三种不同的地震活动构造带——海岭、平移大断裂（转换断层）和（海沟）岛弧地带构成了巨大板块的边界；正是它们把地球上层厚约 100 公里的岩石层切割成了六大板块或九大板块，使板块学说得以立论，从而以板块运动替代了最初凭直觉提出的大陆漂移（假说）。

历史的经验值得珍视，应当记取。第一个经验是两个地震预报试验场的空手而归。说明想照搬其他科研项目的常规理念模式，让地震预报方法经过反复实验或试验“成熟过关”，然后付诸实施是不可能的，甚至连试验一次的机会都难以遂愿。所谓等地震预报的方法成熟过关了再进行地震预报，实际就是把地震预报推向无限期的猴年马月，成为不愿搞地震预报堂而皇之的说辞借口，一句空话罢了。第二个经验是即便把地震的机理成因搞得头头是道，也未必就能进行地震预报。尤其是众口一词的板块理论，尽管它已把在板块边界（由三种活动构造带组成）发生地震的机理成因剖析得有条有理令人折服。但它对地震预报至今尚无多大的指导作用，也帮不上什么大忙；面对在板块内部发生的我国大陆地震，它连解释起来甚至也有点张口结舌；还差点对海城地震的预报预防误导误事。说明不管不顾的地震预报，只作地震记录，据以埋头研究震后资料，一味追求机理成因的传统地震学研究模式，不可能解决地震预报这个世界科学难题。事实上，如果真正想研究地震的机理成因，不但应当研究震后（地震活动性）的数据资料，更应首先研究震前地震孕育发展发生全过程的观测数据，研究各种地震前兆异常发展进程的数据资料，这些震前资料（绝非震后资料）才是研究地震机理成因的主要资源。现在有些学者根本不去想方设法取得震前观测资料，只是一味根据震后资料研究地震机理，实际就是研究资源残缺不全，尤其是主要的震前研究资源完全没有，颇有只认芝麻不知西瓜的舍本逐末之意，显然是不够全面完整不够深入地道的研究。期盼这样的地震机理成因研究来指导地震预报，恐怕难免会误人子弟。第三个经验是，在 1974 年 6 月—1976 年 10 月这短短不足两年半的时间里，我们初步操作践行地震预报，在地震的机理成因尚未弄清摸透，预报方法并未成熟过关的情况下，依据地震前兆异常基本上准确预测了那两年我国统共发生的四次7级以上大地震的发震区域，并成功地预报预防了其中的两个大地震——海城地震和松潘地震。可谓一鸣惊人地谱写了世界地震史上地震预报的新篇章，开创了地震工作的新天地。为中国地震预报事业开了头，铺了路，打了基础。具体来说，预报海城地震主要依据“小震闹、大震到”“密集—平静—大震”这种震前的小震群活动，来自于我们从邢台地震得来的实践经验和感性认识。可在当时甚至直到现在，我们也还没有弄清大震前发生这种小震群活动的机理成因；也没弄清为什么只有邢台地震、海城地震等极少数大地震才有这种情景，而唐山地震、汶川地震等绝大多数大地震却根本不发生这种事，我们也根本不知道此间的奥秘及其机理成因。尽管机理成因还是一笔糊涂账，我们照样根据邢台地震的实际经验预报了海城地震。对于大地震前，尤其是震前几天在震中区（极震区）及其附近肯定出现动物、地下水、地光、火球等宏观前兆的临震异常大爆发，其机理成因同样也是一笔糊涂账。但这也没有影响和妨碍我们主要依据宏观异常的临震大爆发预报了松潘地震。足见先弄清发生地震的机理成因决不是进行地震预报的前提条件，更不是践行操作地震预报必不可少的理由和充要条件；也足见并不是非要等预报方法成熟过关了，才能进行地震预报。这就充分说明地震工作者首先必须肩负社会责任，不能光追求科研学术而将生灵万物之生死存亡置之度外，科研始终必须为社会大众服务。说明地震预报是减轻震灾，减少百姓伤亡和财产损失的最佳途径，是地震工作不可动摇的正确方向；最要紧的是必须说干就干、践行操作地震预报，重在实践和行动，而不是醉心于地震的“机理成因”、坐等“成熟过关”的方法从天而降。实行观测预报研究三结合，边预报边研究才是探索地震预报的正确科研模式。要几十年如一日，在长期坚持践行操作地震预报的进程中不断总结经验，提高预报水平，完善地震预报方法，使之早日成熟过关。说明寻找发现地震前兆异常是地震预报的关键和核心，我国走的前兆预报地震之路是切实可行、基本有效的。俗话说：“一二不过三”，我们对发生在天南地北、不同地质条件和不同地理环境三个大地震的科研总结已经表明：尽管观测的对象、使用的仪器和方法大不相同，但各种地震前兆异常反应的发展进程、异常阶段和分布地域却是基本一致的；同时，依据各种前兆异常反应的数据资料综合分析，已经发现和谱写出了前兆预报地震的三步曲，我们有能力预测预报地震三要素，即震级（强度）、发震地点和发震时间。一句话，地震前兆异常反应遵循的是一个基本相同的客观规律，已经初露端倪、初见雏形，是可信可靠的。这是中国地震工作者历经几十年艰苦探索和创业、来之不易的一笔珍贵财产，岂可随意搁置、半途而废！亦不能因唐山地震受到一点挫折和打击而因噎废食！总之，中国地震工作者一定要转变思想改变观念，不再被常规科研领域和传统地震学的理念模式所束缚和左右，应以全新面貌从事地震事业。因循守旧、墨守成规，跟在别人屁股后面亦步亦趋，决非科研之道；与众不同、突破创新、超越前人、勇闯新路才是科学的真谛。我们应当充满自信、重在实践，在当今世界的地震科研水平之上，继续勇往直前走中国独有的前兆预报地震之路。

二、地震预报中碰到的第二个大问题是地震预报的方略和策略问题，是单纯依靠专业地震工作者进行高科技攻关，还是应该实行专群结合两条腿走路的方针。问题的核心就是一个正确认识和对待群测群防的问题。这在地震队伍中产生了很大的分歧和争论。有人甚至说“……有时候片面理解‘土洋结合’的方针，不切实际地夸大土仪器、土手段和群测群防的作用，其结果造成了地震队伍思想的混乱，既不能通过实践提高群众队伍的科学性，又影响了专业队伍作用的发挥。”这是“忽视科学，轻视知识分子……极大地挫伤了科学工作者的积极性。”（见《当代中国的地震事业》，当代中国出版社，P90）群测群防难道真如其所言，在地震预报工作中已经成了累赘包袱和绊脚石？！使得大家“思想混乱”“影响了专业队伍作用的发挥”，甚至起到了“轻视知识分子”“否定知识分子”这样恶劣的作用吗？这的确是个需要弄明白的问题。

以种种堂而皇之的理由不愿实行专群结合两条腿走路的方针，不愿接受和容纳群测群防，实际上是传统科研思想、习惯思维方式的一种反映。一说地震预报，人们立刻就条件反射地想到这是一个尚未解决的世界性科学难题，是一个叫人望而生畏的高科技领域。高科技领域在人们的心目中自然是专业科技人员的天地，从事高科技研究更是知识分子的专利，普通民众岂能参与其事。这的确并非没有道理，而且也是客观现实的反映。比如，航空航天、核能发电、生物基因等绝大多数高科技领域，别说普通民众，即便不是同一专业的科技人员也难以沾边插足，所谓隔行如隔山。可问题在于，凡事都该实事求是地具体分析、区别对待。地震预报毕竟不是类似核能发电这样的高科技领域，普通民众预报地震事实上早已神不知鬼不觉地在地震预报事业中占有了一席之地，甚至早于专业地震工作者。我们有必要回顾追溯地震预报和群测群防的历史。

1966 年 3 月 8 日邢台发生 6.8 级大地震，灾区群众在震后悲痛之余，很快忆想和议论起震前身边各种动物的反常行为，还有井水升降打旋、河水浑浊、喷沙冒水、地声、地光、火球等种种奇怪现象；饱尝震灾之痛的群众，完全出于自我保护避免再次震灾的朴素思想，在无人提示更无人要求他们的情况下，就自发自觉地行动起来，组织观测监测、收集多种宏观前兆异常，并及时向现场的地震工作者报告。在 3 月 22 日又发生 7.2 级大地震的前夕，中国科学院地球物理研究所在震区现场的科技人员曾电话报告中国科学院领导，说邢台可能马上又会再次发生大地震（尽管正在电话报告之时，7.2 级地震就发生了）。他们的科学依据不但有专业地震台站再次观测到类似 6.8 级地震前的小震群前震活动；很重要的另一个依据就是当地群众向他们报告出现了类似 6.8 级地震前的种种宏观前兆异常。可以说，这次震前提出预报意见既是专业科技人员的辛劳，也是当地群众创造的群测群防最早参与地震预报的一个杰作。这也充分说明群测群防一开始就是专业地震工作者的有力帮手和亲密战友。群测群防就这样在邢台地震灾区生根发芽，组织发展了起来，并在我国破天荒的第一次地震预报里一显身手，产生实效。马栏村的普通农民袁贵锁则是当地群测群防的一个代表。此后，在现场地震工作者的热情帮助和指导下，邢台群众又从单纯观测动物、地下水等宏观前兆，发展到用种种简易仪器（所谓土地电等土仪器）进行前兆观测、预报地震的新阶段。这种群众自发组织，以力所能及的方式预报地震的群测群防，又逐渐为各地先后发生过大地震的震区群众所接受，他们互相学习取经，势不可挡地扩展到了全国各地。到 20 世纪 70 年代，实际形成了相当规模的群测群防运动。我们专业地震工作者说起这些还真有点感到惭愧，在很多人对地震预报感到不知从何下手，尚在犹豫不决的时候，震区群众就已经说干就干，自觉运用他们震前亲身接触体验到的地震宏观前兆现象率先迈出了地震预报的步伐。并在专业队伍的帮助下，积极开拓进取，用土仪器等新手段新办法为地震预报探索闯路。

在 1974—1976 年国家地震局尝试践行操作地震预报的阶段，1974 年 8 月云南昭通地震现场会暨第一次全国群测群防经验交流会以后，群测群防由过去群众的自发行动转变为由地震部门主动向地方政府建议，有目的有组织地在专业震情会商会划定的地震危险区部署建立群众测报网；并在地震预报过程中协助专业队伍，发挥了更大的作用。同时，也为宏观前兆观测和简易仪器测量积累科学的统计数据资料创造了良好条件，打下了坚实基础。比如，海城地震前的 1974 年下半年，在广泛宣传地震前兆知识和防震知识的基础上，在辽南地区先后建立群众测报点 2273 个，测报人数 4269 人，建立土地电观测点 70 多个，组建了一个比较完整的群测群防网，与专业队伍并肩战斗监测预报地震。海城地震发生前约一个半月在本溪葠窝水库发生了 4.8 级地震，为此曾有专家前往平息该水库地震的危险性，甚至觉得原来会商会认定的辽南地震的危险性，恐怕也可以解除了。可是根据群众测报，宏观前兆异常在辽东半岛大量出现，区域范围大、种类多，尤其是当时辽东半岛气温在零下 20 度左右，大量本处冬眠状态的蛇，却宁愿出洞冻死在郊野也不肯待在洞里继续冬眠。地下水涨落现象也更加突出。这些宏观前兆现象与专业微观前兆的同时存在，使辽宁省地震工作者认识到，对地震危险性不可掉以轻心，要继续瞪圆眼睛捕捉大地震，并最终取得了海城地震预报预防的成功。尽管拍板海城地震预报的是专业队伍观测到的小震群前震活动，但不言而喻的是，群测群防对预报预防也起到了重要的警示作用。它既能对专业微观前兆提供支持，又对抓捕大震起到了坚定信念的作用。再如唐山地震前夕，有人汇报震情时说：此时正值雨季，下雨多干扰大，情况复杂，许多所谓的专业前兆异常并不可靠。又说：目前群测点的土仪器、动物、地下水等宏观异常不明显，没有出现临震异常。并据以得出肯定的结论：京津唐渤张近期不会发生大的地震。结果，白天刚汇报完，当晚就发生了唐山大地震。这就是唐山地震前我们专业地震工作者因为没有得到群测群防的有关信息，就对自己专业台站早已观测到的微观前兆异常也开始怀疑动摇了，以“下雨多干扰大”为由，误断“许多所谓专业前兆异常不可靠”，得出“近期不会发生大的地震”了。可以说，这跟操作海城地震预报的情形正好倒了个个儿。但它也从另一个侧面同样证明和教育我们，群测群防的确是专业队伍不可或缺的同一战壕里的战友。松潘地震成功的预报预防，则完全不同于海城地震，大震前它没有出现小震群前震活动，无法据以发布准确预报。其预报的主要根据恰恰就是群测群防提供的宏观前兆异常反应，也就是 8 月 2 日至 14 日出现的动物、地下水、地光、地气等宏观前兆异常的第三次高潮。因为这第三次高潮的“异常数量和剧烈程度大大超过了”此前发生的第一次和第二次高潮，而且“特别是靠近松潘、平武的茂汶、北川、江油、安县、绵竹一带更为集中和突出”。当然，预报的另外一个依据则是专业台站观测到的“8 月 10 日，康定姑咱台水氡发生 16 埃曼的突跳；同一天，四川、云南省的一些地磁台站出现了日变形态异常”等临震异常反应（见《松潘地震》P3)。群测群防对松潘地震成功预报的作用和贡献不容置疑。

以上历史事实充分说明，群测群防不但早在 1966 年邢台地震期间，在地震预报的初创时期就已经初露锋芒，而且在 1974—1976 年我们践行操作地震预报的起步阶段，对海城地震和松潘地震的成功预报已有所贡献，发挥了重要作用。它的确是前兆预报地震必不可少的一根坚实有力的支柱，是地震预报事业中一个不可或缺的重要角色。

更为重要的是，1974—1976 年期间，我们操办的预测预报三大地震，即海城地震、松潘地震和唐山地震，不但取得了专业科技观测的数据资料，还积累了群测群防丰富的第一手材料。20 世纪 70 年代末 80 年代初地震工作者对这三大地震的数据资料（包括群测群防）进行了分析研究和科学总结。说实在的，在我们大胆尝试践行操作地震预报这个不足三年的阶段，我们知道能作为向公众正式发布地震预报之依据的只有两条：一是有小震群前震活动的大地震，遵从“小震闹、大震到”和“密集—平静—大震”的规律。小震群密集活动之地就是发生大地震的震中区。二是仅仅定性地知道大地震前震中附近肯定会有大量宏观前兆异常，但尚无具体的数量统计资料，既不清楚宏观前兆异常分布区域的范围大小及其与震中区的关系，更不知道宏观前兆异常反应在时间进程上还有数量差别很大的短期异常和临震异常两个阶段。正是这三大地震的科技总结，使前兆预报地震得到了科学依据，提升了理性认识，不但丰富清晰而且具体可行；不但深入懂得了专业前兆异常的发生发展规律，也使我们明白群测群防同样提供了系统可靠的科学数据资料。我们有必要在此概述专业微观前兆异常和群测群防前兆异常的经验和规律，说长论短互相比较，从而进一步考察当今我国的地震预测预报事业中实行专群结合两条腿走路方针的重要性和必要性。

先看专业微观前兆异常的经验和规律。专业微观前兆异常可分出四个演变阶段。一是月均值出现趋势性缓慢变化的早期异常阶段。异常的持续时间绝大多数观测项目为 2—5 年，个别项目可达 7—8 年，甚至 10 年，也有个别短至 1 年左右。二是日均值（或 5 日均值）大幅度快速变化的短期异常阶段。异常的持续期约为 2—3 个月。三是震前几天，甚至就在地震当天会出现脉冲式突跳，即高强度激烈变化的临震异常反应。四是专业微观前兆异常台站的分布区域，其范围约为 400—600 公里（震中距约为 200—300 公里）。

专业微观前兆异常对地震三要素的预报能力是：1.能较为准确地预报地震震级，即专业微观前兆异常台站的分布地域纵横达 400—600 公里时，将在此地域内发生 7 级以上大地震。2.能够早几年知道，即基本上可以提前 2—5 年，最低限度可在每年春节前，预知今年在某个地域范围将发生大地震，并可大体预测预知 2—3 个月内，甚至几天之内会发震，就是能较准确地分阶段预测大体的发震时间。3.发震地点则最多只能说大概在此 400—600 公里区域范围的中部地域，或者说未来震中以距离最早观测到有异常反应的台站为近，却说不清是近在咫尺，还是远在百里之外。发震地点难以准确预报。

再看群测群防的宏观前兆异常。大震前会出现大量动物、地下水、地光、火球、地声、地气（味）雾、河水发浑变质、电磁干扰等种类繁多的宏观前兆异常，这已为 20 世纪一系列大地震所证实，是无法否认的铁的事实。它也同样具有阶段性，但宏观前兆异常没有早期异常阶段，只有短期异常和临震异常两个阶段。宏观前兆短期异常的特点是：1.主要出现动物和地下水两类异常反应，异常的起迄时间跟专业微观前兆异常基本同步，持续期也是 2—3 个月。2.出现宏观前兆异常的地点就在微观前兆异常的分布区域里，且多在远离震中的外围地区。3.动物、地下水异常的数量通常也就各为 3—5 次/天，顶多也就各为 20—30 次/天，以此表征宏观前兆短期异常反应的一次高潮。4.宏观前兆在短期异常阶段一般会出现两个高潮，异常发生区域则由远及近向震中附近迁移。宏观前兆临震异常的特点是：1.种类繁多花样翻新。不再局限于动物和地下水异常，还同时有地光、火球、地声、地气味、地气雾等，甚至发生人们意想不到的种种怪异现象。2.异常数量出现逐日倍增的井喷式大爆发。比如海城地震前，在短期异常阶段，一次高潮期的动物异常最多也就是 15 次/天；但到震前 4 天临震之时则逐日阶跃猛增，第一天就达到 20 次，第二天 30 次，第三天 120 次，地震当天更是猛增达 447 次。地下水在短期异常阶段，最多一天也就 25 次，而临震前猛增突升的情况跟动物异常完全一样，第一天就突然猛升达约 70 次，第二天近 50 次，第三天近 110 次，地震当天更是达到了 231 次。与短期异常阶段相比，是迥然有异的两重天。3.临震大爆发出现的地点则密集分布在震中附近。比如海城地震时，动物异常，“随着时间接近临震，大量异常出现的地点，也相应逼近震中地区，如 2 月 1 日至 4 日的几百起异常，绝大多数是在震中区附近”（见《海城地震》P80）。地下水异常则是：“在 2 月 4 日地震当天，地下水达到从来未有过的异常高潮，仅一天之内就发现二百三十处，这些异常点当中，营口地区占近八十处，海城地区占近百余处。”营口海城两县城距震中均约为 30 公里（见《海城地震》P89）。

宏观前兆异常预报地震的作用十分显著。首先是它以其独有的逐日阶跃倍增、井喷式临震异常大爆发的特征，用直观形象明白无误的方式让人们立刻省悟到大地震即将发生，会毫不犹豫地下决心预报预防大地震。二是它能提前几天甚至一星期抢先以临震异常大爆发的方式为准确预报发震时间提供科学依据。三是它在地震即将发生之前，以其临震异常大爆发集中发生在震中附近而能准确预报发震地点（即震中）；而这正是专业观测感到困惑需要宏观前兆异常帮忙的地方。

最后来看群测群防的土地电（简易地电）观测到的微观前兆异常。土地电的微观前兆异常同宏观前兆异常一样，在时间进程上分为短期异常和临震异常两个阶段。虽然松潘地震给我们提供的资料说明它也有跟专业地电台站一样的早期异常阶段，但仅此一例，尚待更多震例验证。土地电短期异常的特点是：1. 异常的持续期及其起始时间均与专业微观前兆异常和宏观前兆异常基本一致，为 2—3 个月。（海城地震为 1.5—2 个月；唐山地震为 2—3 个月，个别点达 6 个月以上；松潘地震为 40—50 天）2. 用日均值（或 5 日均值）来表示有这种短期异常反应的土地电观测点的分布地域也是一个 400—600 公里的范围，跟专业台站的微观前兆和宏观前兆异常的分布地域完全一致。3. 最先出现短期异常的观测点距震中最近，变化的幅度也最大，其震中距甚至不到 10 公里；这种异常反应亦与专业地电观测一样，会由近及远从震中区向外围传播，而异常反应的幅度也随之变小。4. 出现短期异常反应的土地电观测点，有在震中附近扎堆抱团、密集分布的特点，为准确预报发震地点提供了科学依据。比如海城地震时，有震前短期脉动反应的观测点共计 11 个，而分布在海城、营口两县，震中距约在 30 公里以内的就有 6 个，它们均在震前约一个半月就出现短期异常。而其他的 5 个测点则散布在整个辽东半岛上（见《海城地震》P60 的表 2-15 海城地震前土地电突跳情况表）。再如唐山地震时，土地电观测点中，“河沿庄和丰南县稻地中学两测点早在（1976 年）1 月份就有明显的异常，比其他测点的异常早出现 4 个月”，而“河沿庄测点的观测值变幅最大，变化量达 400%”，河沿庄的震中距仅约 6 公里，丰南稻地中学的震中距则约 10 公里。“（1976 年）5 月份出现（短期）异常变化的有 8 个测点，分布在（震灾最严重的极震区）烈度十一度至十度区内（即震中区）。”这样，连同河沿庄和丰南稻地 2 个测点，就共有 10 个测点“分布在烈度在十一度至十度区内”，也就是在震中区。这 10 个有短期异常的测点距唐山均在 10 公里左右；它们就这样紧紧地环绕密布在 7.8 级地震的震中周围！并且“异常出现得较早，变化量大”。而一个月后，即 1976 年 6 月出现（短期）异常变化的有 12 个测点，分布范围由九度区扩展到六度区（见《唐震》P358）。总而言之，“从图 14.5 和图 14.6 中可以看出，烈度十一度至十度区内短期异常出现得较早，变化量大”（见《唐震》P358）。至于松潘地震，由于发生在偏僻山区，群众生活居住之地受到崇山峻岭的限制，观测点的设置受较大制约，但从《松震》一书的 P21—23 可知，震中距分别为 40 公里、43 公里和 50 公里，最早出现短期异常反应的松潘红星公社、南坪县地办和南坪县林业局中学、平武县九零三厂等观测点也是正好环绕松潘地震的震中。土地电临震异常的特点则是：1. 在震前几天，甚至在大地震的当天（海城地震为 1—3 天，唐山地震为 3—5 天，松潘地震则为地震当天），观测值出现远大于短期异常反应的脉冲式大幅度突跳的临震异常反应。跟宏观临震异常大爆发一样，它同样提供科学依据，可以准确预报发震时间。比如海城地震前，“辽宁省冶金勘探大队 102 队测点。……2 月 3 日 16 时起，指针突然往复摆动，其周期为数秒；至 4 日上午，强烈脉冲接连不断地出现，表针摆动不止；2 月 4 日 13 时后，跳动突然减弱，17 时后又再次加强，最大幅度超过仪器量程达 1000 毫伏以上，以至无法读数。”直至 19 点 36 分发生 7.3 级海城大地震（见《海城地震》P63）。再如唐山地震前，“51 个测点中，有 15 个测点发生临震异常反应，电流值出现大于正常变化 2 至 10 倍的突变，其中河沿庄的突变幅度（最大）达 200 微安以上（图 14.6）”（见《唐震》P358）。2. 有临震异常反应的观测点跟短期异常的情形一样，有在震中附近抱团扎堆密集分布的特点。比如海城地震时，“越接近震中，突跳现象越强烈，……距震中最近的虎庄、官屯以及冶金 102 队和冶金机械厂四个点，突跳次数多，幅度也大。由此向四周突跳频次和幅度均渐减弱”（见《海城地震》P64）。同时，《海城地震》P60 的表 2-15 也告诉我们，整个辽东半岛发生临震异常反应的观测点共计 25 个，有 11 个是在海城营口两县扎堆抱团密集分布在震中附近 30 公里的区域内。再如唐山地震时，有临震异常反应的 15 个测点，“异常点相对集中于（烈度）十度区到八度区之间，七度区和六度区有少量分布”，即“临震突发点亦相对集中在高烈度区内（即震中区）”（见《唐震》P358）。它们基本上是呈条带状分布，条带南头的临震异常点紧紧环绕 7.8 级大地震的震中，它们的震中距均只有 10 公里左右；而条带北头的临震异常点则从集紧挨主震 20 小时后发生的 7.1 级地震的震中，它们的震中距均在 30 公里以内。土地电这种显著的脉冲式临震突跳异常，不但能提早几天预报发震时间，尤其可贵的是能再次验证和肯定在前兆短期异常阶段提前 2—3 个月就已准确预报的发震地点。

综上所述，专业微观前兆观测点是预报预防地震的开路先锋：1. 它能提前数年以早期异常反应为依据预测在一个 400—600 公里的范围内将会发生 7 级以上的大地震，能比较准确地预报地震震级。2. 起先导作用，让我们起码有一二年充裕的时间预先采取实际措施部署群测群防和各种防震预案，达到预报预防地震的目的。可见，对预报地震三要素来讲，专业台站观测主要能够预报地震震级，并能提出最早的震灾预警。而发震地点和发震时间两个要素的预报则必须依靠群测群防：土地电能准确预报发震地点，宏观前兆异常则能准确预报发震时间。

广大人民群众报告的宏观前兆异常则能：1. 以其独特的临震异常大爆发提前几天到一星期，比较准确地预报发震时间。2. 临震异常大爆发集中发生在震中附近，能对土地电预报的发震地点起到协助支持的验证作用。

再就是从政治上讲，群测群防预报地震是民众的自觉行动自主创造，他们甚至比地震工作者觉悟早行动在先，这完全是他们保护自身利益和生命的一种合法权利，同时也是广大群众自掏腰包支持地震工作的一种自觉的志愿者行动，理应得到社会和国家的理解尊重和保护。尤其可贵的是，它解决了专业观测难以解决的预报发震地点这个地震预报的要害和关键问题。预报大地震的三要素，群测群防有能力比较准确地预报发震地点和发震时间这两大要素，这就是群测群防的独到之处和魅力所在。因为群测群防的土地电（简易地电）观测和广大群众的宏观前兆异常观测，一是经济简便，能够遍地开花无所不在，在最近距离与地震（震中）打交道；二是这些观测都符合科学原理，得到的是可信可靠，有价值的第一手科学数据和科学资源。而且，事实胜于雄辩，群测群防已经在邢台 6.8 级地震后发生的 7.2 级地震、海城 7.3 级地震和松潘 7.2 级地震成功的预报过程里，（赵文津：唐山大地震时前兆现象丰富，当地地震部门已做了三次正式地震预报，很成功！）与专业地震观测研究融为一体，起了重要的作用，做出了有效的贡献，当刮目相看，不容小觑。不理会群测群防，取消简易的土地电观测实在是过分不理智的错误之举。千万不可把地震预报这个世界性科学难题作为专业地震工作者的专利，应当实行专群结合两条腿走路的方针。

三、关于把减轻震灾的期望都寄托在房屋的抗震加固上。

以“短临预报尚未过关”为由，不热心地震预报，而把减轻震灾的期望都寄托在房屋的抗震加固上。其不当之处，首先是为抗震加固依据的全国烈度划分图（表）（变相的长期地震预报）是错误的，它的基本原理是所谓大地震和震灾永远在原地复制重演，也就是把地震的发生当成了（活）火山喷发，这是完全违背了客观地震规律，失去了坚实可靠的科学依据。二是不搞地震预报，而谈未来将会发生几级大地震，并依此提出抗震加固标准，这实际上就是在未做出百年千年长期地震预报的情况下（也根本无法做到），对未来严重震灾和人员伤亡的主要发生之地——7 级以上大地震震中周围的极震区，提出的抗震加固措施，这在震前是根本不可能做到位的，也是不可能实施的。按震灾重复论，从未发生过 7 级以上大地震的唐山市被认定为震灾的“安全区”，大震前是个被认定为无须做也的确没有进行过任何房屋抗震加固的“不设防的城市”，对抗震加固，甚至想都没想。汶川大地震的极震区历史上遭受过烈度为七度的震灾，于是基本上就按七度设防抗震加固。结果这两个大地震极震区都遭到烈度达十度到十一度的严重震灾，都造成一片废墟，惨不忍睹，光是罹难人数就要以万计以十万计。纵然碰巧在大震前已在极震区进行了房屋的抗震加固，结果也跟无所作为的不设防城市是同样的下场。又比如日本神户市，在 7.2 级阪神地震前，按日本抗震法规《建筑基准法》认真实施了十来年房屋的抗震加固工程，而且是按防御 8.1 级大地震的标准进行的，但实际碰到的仅仅是 7.2 级地震，其能量不过稍大于 8.1 级地震能量的 1/30，结局照样是吞食了“废墟一片震后重建”的苦果。其缘由一是虽然实施了抗震加固，老旧房屋依然是神户市的主体，建筑物的更新换代至少需要几十年上百年甚至几百年的时间，不可能一开始实施国家抗震法规就立马在短时期内将旧建筑全部推倒重建；二是即便按抗震法规建造的新型抗震建筑，也不能保证固若金汤，也照样倒塌。人们目前掌握运用的抗震加固措施基本上还是“想当然”的设想。尚需在极震区承受实践的检验考验，尚需经受反复的科学试验。三是极震区房屋严重坍塌的原因非常复杂多样。正如这次四川省组织 2500 余人次的专家，“深入灾区开展（8.0 级汶川大地震的）地震震害调查，并组织房屋震害研究专家进行深入分析论证”，专家们指出了“大量房屋倒塌及相同区域房屋震害有不同的五大原因”，其中还没有提到诸如山体滑坡、洪水泛滥等次生灾害这样无法抗御的重要原因。抗震加固及抗震设防的力度不够，即“地震实际影响的烈度普遍超过极重灾区建筑设防烈度的 1.5 度至 4 度”。再就是，即便房屋的抗震设防措施和力度完全到位，也改变不了极震区一片废墟的实际震灾。所以，“专家的最后结论是：重灾区房屋建筑的抗震设防很难抵御此次特大地震的破坏，重灾区房屋的倒塌是不可能抗拒的”。极震区一片废墟“很难抵御”“不可抗拒”，致使种种抗震加固抗震设防措施在 7 级以上大地震面前无济于事，成了一个不争的事实。总之，抗震加固防震减灾之道在大地震的极震区基本上是白费力气瞎花钱，是盲目的无效之举。减轻震灾，尤其要以人为本，把人员伤亡减少到最低程度的唯一有效方法还是地震预报，能做到震前及时撤离人员转移财产。这犹如美国为降低飓风之灾，他们不搞房屋的抗风加固防风减灾措施，而是认真研究气象预报，根据飓风可能的行进路线及时提醒人们做好防范措施，风过天晴再重返故里，重整重建家园。把人的生命放在第一位的飓风预报之路，与地震预报可谓异曲同工，值得学习借鉴。

海城地震预报成功是世界地学科学史上划时代的壮举

——纪念海城地震成功预报五十周年

汪成民

中国地震局预测所

一、海城地震首次实现了人类梦寐以求的追求目标

地震是地球形成、发展过程中的一个组成部分。地震的存在史与地球的发展史同步。由于地震破坏性大、突发性强且难以预报，所以地震是全球的最严重的自然灾害之一，历来人们对此谈虎色变，把它视为洪水猛兽、灭顶之灾，历史上由于一次地震灾害而山崩地裂、沧海桑田、亡族亡国、城市废弃的实例比比皆是。因此，千百年来如何实现在大地震前打个招呼是世界各国人民的迫切期望。

1556 年陕西华县大地震死亡 83 万人；1948 年土库曼大地震首都夷为平地，被迫迁都重建；1946 年阿拉斯加大地震引起高达 520 米的海啸；1227 年宁夏中兴（今宁夏银川）发生了一次仅 5.5 级中等地震，导致被蒙古军围困数月的城墙倒塌，中兴府被攻陷，西夏国灭亡；1679 年三河、平谷发生八级大震，康熙离开宫殿转移到中南海泛舟处理朝政，大臣们纷纷上折建议迁都，幸而地震逐渐平静，才避免一场虚惊。三星堆的文明突然消失的不解之谜，有人把它归结于发生了一次大地震，彻底破坏了古蜀国的家园，族民们在逃离前，无奈销毁、埋葬了许多带不走的珍品。

我国是地震灾害最为严重的国家。据统计，20 世纪以来，我国占全球陆地地震的三分之一，由于地震而死亡的人数占世界同期地震死亡人数的一半。为了避免、减轻地震灾害的损失，我们中华民族世世代代以人定胜天的信念做了不懈努力，积累了许多宝贵经验。新中国成立后尤其如此，1956 年地震预报就被列入全国科技发展远景规划。1966 年邢台地震后，周总理亲自多次召开会议研究地震预

报问题，面对世界上从未解决的科学难题，周总理明确表态地震是有前兆的，是可以预测预报的，并要求在我们这一代解决这个难题。从 1970 年开始中央地震办在周总理的亲自指挥下，在李四光、刘西尧、董铁城、胡克实的领导下制定了一个雄心勃勃的攻克世界科学难题，提出树雄心、立壮志，力争在三五年内放异彩、放原子弹。经过全国上下的不懈努力，终于在提出此口号的第五年，取得海城地震预测、预报、预防的成功，出色完成了中央提出的任务，实现了人类历史上首次对破坏性地震取得防震减灾的实效。世界舆论哗然，联合国开发署向中国政府及中国科学院发了贺电，称之为地震科学的破冰之旅。在海城地震成功时中国地震队伍的主帅李四光因长期劳累已经离世，这场战役的主要指挥、策划者周恩来也因长期操劳而病入膏肓，海城地震预报成功喜报传来，周总理在病中指示要以国务院名义对地震工作者进行表彰，邓小平主持表彰会并宣读表彰的文件。以国家名义对一个部委进行通报表扬在历史上是极其罕见的。如今海城地震已经过去 50 年了，但海城地震防震减灾的光辉事迹，迄今为止全世界仍无人能超越。

二、另辟蹊径大胆改革用中国的方式攻克地震难关

我们如何在短短的几年时间内超越西方几十年未能解决的科学难题？答案可从一系列文件以及周总理、刘西尧、李四光的许多谈话中找到蛛丝马迹，从中清晰看到中央对放地震预报这颗卫星，是经过深入调查研究、精心策划、大胆创新的结果。冰冻三尺非一日之寒，在海城地震前 6—7 年中央就采取了一系列重大措施，布下了捕捉地震的天罗地网，为海城地震预测的成功打下了扎实的基础。

第一，组织坚强的领导核心，制定中国特色的战略、战术方针

邢台地震后不久周总理在中南海接见李四光、翁文波，将攻克地震预报这个世界科学难关的重任当面委托给他们，当时参加接见的还有李先念、刘西尧、武衡等。1964 年、1967 年我国相继攻克原子弹、氢弹科研难关后，周总理立即把曾担任两弹一星发射现场副总指挥的刘西尧急调至北京担任驻中央地震办的总理联络员。不久后又先后调来董铁城、胡克实组成地震攻关的领导核心。刘西尧到中央地震办（筹备）的第一次讲话就提到总理把他调来的任务就是协助李老在地震预报这个领域再放一颗原子弹。1970 年、1974 年董铁城、胡克实上任后第一句话都是：奉中央命，将带领大家实现“地震工作要放卫星”的任务，由此可见，周总理把两弹一星的成功经验注入地震预报，作为下一个攻关目标的意图是坚定

不移的。

刘西尧在中央地震办多次告诫我们，要在短期内突破地震预报难关，两弹一星的经验证明我们绝不能按西方的老路走，若照西方传统的办法按部就班地走，只能跟在西方后面爬行，刘西尧说总理正在深思熟虑制定缜密计划、行动纲领。不久大家都能看到，我们不仅要提出任务，更要提出完成任务的一系列具体办法。

不久后宣布了我国的地震工作方针是；在党的一元化领导下，以预防为主，专群联合、土洋结合，两条腿走路。广泛实践、多路探索，多兵种联合作战。这是一条与西方传统做法完全不同的中国式道路，为贯彻、执行这一方针，中央地震办从 1969 年开始对旧地震工作体制进行大刀阔斧的改革，为建立中国特色防震减灾之路新体制轰轰烈烈地拉开了帷幕。我有幸参与其中，近距离洞察了这个富有成效的历史性改革的全过程。这是周总理摸索如何在地震预测技术没有过关的前提下，最大限度地发挥方方面面作用以达到防震减灾目的的伟大对策。

第二，改变地震预报工作的性质

世界各国地震预报工作都属于科学探讨的性质，由科学研究部门或大专院校来承担。周总理把地震工作的性质由较宽松的、自由度大的探索课题研究范畴改变为较强制的国家指令性任务性质。刘西尧到中科院地球物理所召集老专家开座谈会传达周总理指示说，中央决定把中科院地球物理所一分为二，愿搞基础研究的留在中科院，愿搞应用研究的分到新成立的国家地震局地球所，对你们老专家来说，去或留完全自愿，尊重你们自己的选择。当顾功叙、付承义等专家表示愿意响应祖国需要，从中科院调到新成立的地震局地球所时，刘西尧说了一段非常重要的话:“大家要想清楚，在地震局搞地震预报与在中科院搞地震预报，是性质完全不同的任务。中科院把地震预报作为科学探索的一项课题来搞，搞到什么程度就算什么程度，而国家地震局要作为国家重大任务来抓，有指令性指标，工作性质、任务及完成任务的方式都与你们熟悉的中科院不同，这是周总理对抓这项工作的大胆创新，是一种试验，全世界没有第二个国家是这么干的!”

第三，建立世界上最庞大的地震管理机构与攻关团队

1967 年成立中央地震工作小组，总理亲自过问地震工作，并派联络员刘西尧坐镇，请出李四光来主持，1970 年成立国家地震局，选对党的事业最坚定、对地震预报最有信心的干部当各级地震部门的一把手。1971—1975 年，在地震活动地区陆续组织省、市、地乃至县一级的地震机构，形成中央、省、地、县一条龙的系统。还在各级地震机构中专门设立管理群测群防组织。无论是规模、人数还是组织管理的严密、政府介入的深度绝对是世界首创。

把原来分散在科学院、地质部、石油部、国家测绘总局等干地震的科技研究力量集中起来打歼灭战，成立了地震局地球物理所、地质所、地壳应力所、工程力学所、地震测绘所、兰州地球物理所、昆明地球物理所等统属国家地震局领导，明确提出这些研究所的性质是搞应用研究，承担攻克地震预报难关的任务。这种专以攻克地震预报难关，攀登科学高峰为目标的团队，世界上也是绝无仅有的。

第四，建立世界上最庞大的地震信息监测系统

组织庞大的地震监测台网，观测领域按照广泛实践、多路探索的原则，除了传统的测震、地形变、地磁、地电、重力、地应力外，还增加了许多监测新领域，如地下水、地温、地声、地气、气象、海洋、动物行为、气象云图等。无论是数量、种类，还是观测范围、观测细度，都达到世界最高水平。参加监测的人员除地震专业人员外，还广泛吸收各科研单位、大专院校甚至从社会上招募的人才。充分调动地方积极性，广泛建立地方台、企业台等与专业台网组成专群结合、土洋结合的捕捉地震信息的天罗地网。除固定监测台网外，还设立地震点、地震哨，广泛开展地震科普知识宣传，使群众广泛了解与地震有关的各种异常自然现象，最大限度地调动社会资源参与防震减灾事业。

第五，建立中国式新的地震预报理念

根据西方开展地震预报的理念，首先研究地震发生的机理，建立物理、数学模型，在地震监测中力图找到与地震一一对应的确定性前兆，对一切与地震可能有关，但不能确定性对应的自然现象一概不予重视，不作为地震预测的依据。这就好像西医治病，不弄清患病过程、病变机理就无法对症下药。这种表面严谨的理论只适用于对简单现象的研究，对于地震等复杂问题来说，这种研究方法很难取得效果。地震与人体等许多复杂现象一样，都是开放性的巨大复杂性系统，对于复杂性系统而言，纯理论、纯经验都是片面的，解决复杂性系统的唯一方法就是采用从定性到定量的综合集成法，即利用一切可能与地震有联系的各种自然现象，从中提取有用的信息进行分析，不放过任何蛛丝马迹，顺藤摸瓜逐步逼近真实。与西方理念不同，按照东方的思维，对地震这种复杂性系统，应该着重整体性把握，而不是致力于单体的剖析；应该重视现象之间关系、联系、环境条件的影响及事物发展的过程，而不是建立局部的、孤立的、固定式样本的机理与模型。

钱学森告诉我：对于地震这种复杂性系统，不要把全部精力押宝在寻找确定性前兆上，应该不放过任何可能与地震有关的自然现象进行综合集成。中央提出要“广泛实践、多路探索，多兵种联合作战，专群结合、土洋结合，两条腿走路”的方针。实际上就是采用中、西相结合的中国特色的地震预报之路。

第六，制定一套相应的新政策与规定

首先，将预测与预报严格分离，明确职责、分工。预测是科学家的事情，如同地震信息侦察员，任务是发现收集各种自然界与地震有关的异常变化，有情况及时报告，严重情况不报告要问责。预报是政府的事情，如同地震对策的参谋部，根据信息的严重程度、可信程度，预测地区的政治、经济、文化、地理条件并采取合适对策，对策不当也要问责。这样就把政府在防震减灾中的地位与作用明确化、固定化。其次，放宽了对基层上报地震预测意见的要求，过去提交地震预测意见从基层开始就要把预测时间、地点、强度三个要素的依据分析得十分充分、严密，结果经常造成重大信息无法及时传到决策者手里而漏报了地震。例如，1970年的云南通海地震前地质部的通海地应力台事先记录到典型大地震临震信号，由于过于慎重而错过战机。李四光在接受通海地震预测的教训基础上，提出对基层放宽上报地震预测意见的要求，认为一个侦察员不可能发现敌情的全部，只要发现重大异常的蛛丝马迹就要报告。刘西尧说：“我们非常明白，地震预测是世界难题，目前提出明确的三要素预测有难度，我们不苛求你们，但总理要求在大地震发生之前力争打一个招呼，以免措手不及陷入被动。”所谓“打招呼”式的预测是指粗略的、模糊的、拿不准的意见。按传统惯例这种预测意见是不受理的。但刘西尧把地震预测比喻成侦查破案，抓罪犯不可能一步到位，允许不断修正的追踪预测。过分要求基层地震预测的精确度，就如同要求侦查员一次性锁定罪犯一样，这种要求是不现实的，只会遗漏重要战机。1974 年国务院 69 号文就是“打招呼”式的预测取得防震减灾实效的典型实例。

三、海城地震的成功是整体性成功，是多次正确决策叠加后的综合结果

海城地震的成功是整体性的成功，不能归结于某个局部环节的成功，是一系列正确决策的综合结果，不能归结于某个细枝末节的决定。它是个叠加效应，是

水到渠成的必然结果。

据我所知海城地震的正确决策至少由以下五次正确决策叠加而导致的必然结果。

第一次正确决策：海城地震前5年在辽宁建立地震监测机构

海城地震前六年的1969年渤海发生7.4级地震后，偶然发现远离震中的辽宁熊岳与河北丰南地区烈度异常，李四光提出渤海地震有沿着郯庐断裂带向北发展的可能，熊岳烈度异常可能是应力瞬时调整向外围转移的反映，周总理当场指示，要求顺藤摸瓜派队伍到异常的现场——熊岳进行追踪调查，辽宁省才出现了第一支地震预测队伍，埋下地震预测研究的火种，成为辽宁省地震局前身。

海城地震前四年的1971年，讨论在历史地震较强地区建立固定的地震台网时，由于经费所限有专家提出对历史强震较少的东北地区是否立即建台。讨论中大家意见出现分歧，许多专家倾向于东北建立固定台网工作可以缓一缓，又是李四光向周总理汇报后，才拍板决定把辽宁列入第一批建台名单，地震预报是观测性科学，这三年资料的积累恰好提供了海城地震丰富的前兆资料。

第二次正确决策：海城地震前3年吹响攀登地震预报高峰的进军号

1972年提出："中国地震工作要向两弹一星学习，树雄心、立壮志，力争取得突破，在三五年内放异彩、放原子弹！"首次决定把京、津、唐、渤、张列为重点防卫区，进一步强化此区的地震监测台网建设，统一组织起来，信息汇总、工作部署、预测、预防指挥，拉开了捕捉大震的架势。考虑到一次大地震的前兆异常范围往往超过一个省的面积，若以省单独汇总分析资料往往把大地震的完整异常场化整为零、支离破碎，看不见它的全貌，影响判断决策。1974年2月建立保卫京津震情分析组，与业务工作协调组统管整个华北及山东、河南、部分江苏、安徽、辽宁的震情分析工作。

这个被称为地震局8341部队的团队，得到各上级领导无微不至的关怀，当我们提出人手不够时，中央马上批准30名赴京户口名额，从全国抽调业务骨干充实京津组；当我们提出能力不济时，中央立即指令任王仁、方俊两院士作为顾问，调许厚泽、陈益惠等专家来加盟；当我们提出缺乏理想的观测台址时，中央立即要求石油部、地质部支援一批深井，免费提供我们进行高精度的地震信息观测，中央指示下达一个月后我们就收到石油部赠送的170口深井的使用权，其中包括在海城地震时立功的盘锦深井。这种全国一盘棋，要钱有钱，要人有人，一方有难，八方支援的精神是海城地震成功的重要保障。尤其1974年国务院69号文传达后，在该区域内的各省、自治区、市政府都强化了地震工作，群测群防点像雨后春笋般兴起，本地区内的群测群防点就由原来的五六千迅速增加到海城地震前四五万之多。

第三次正确决策：海城地震前半年发布国务院74（69号）文

海城地震前一年的1974年6月召开了“华北地震形势研讨会”，领导会议的除了刘西尧、董铁城、胡克实外，还来了个新面孔——周荣鑫。自从中央地震办撤销成立国家地震局后，地震局挂靠在中科院，这种重要会议由中科院党组组长周荣鑫亲自主持，周荣鑫对地震并不陌生，当年他任国务院秘书长的时候就过问过地震工作。会议经过热烈讨论，多数人根据小地震活动、金县水准、大连地磁等异常及渤海北部的潮汐变化认为：京津一带、渤海北部等地，在今明年内可能发生五级至六级地震。还有一些专家根据强震活动规律，西太平洋地震带和深震对华北的影响，以及旱关系提出华北有七级左右强震危险。但也有专家根据地球转速变快及强震发生时间间隔规律，认为华北近期不会发生强震。保卫京津组对1976年中国东部地震趋势的分析意见是：“中国东部1976年内存在有6级地震的危险，重点地区是京、津、唐、渤、张地区。”沈阳地震大队根据辽宁南部小地震活动加剧、地壳形变、大连地磁、渤海海平面等异常变化，提出一两年内渤海北部可能发生5到6级地震的判断。面对上述三种不同观点，局领导让马宗晋、汪成民和高旭三人起草一个会议纪要，介绍了大多数专家的倾向性意见，也反映了少数专家的不同看法。

会议纪要交给局党组后的一个多月，忽然接到通知开会集中学习中央文件，当主持者宣读文件时我才发现，原来，我们起草的会议纪要经地震局党组及中科院党组的修改，不知道谁极聪明、高瞻远瞩地加上一段话后，竟成为国务院文件，批发至全国各省、自治区、市，各军种、兵种（据胡克实提供是周荣鑫建议上报中央的）。这段话是：“由于目前地震预测水平还不高，报告中提出的预测意见，只是一种估计，可能发生，也可能不发生，但要立足于有震，做到有备无患。同时，也要防止引起群众恐慌和思想波动……”

我曾经问胡克实：“一份普通的会议纪要，竟然得到周总理重视，变成中央文件？”胡克实笑着告诉我：“这就是周总理的超人智慧，他要求我们在大震前打个招呼，现在亲自作出个榜样！这次会议讨论的地域涉及我国最敏感、不允许出任何差错的地区，提供的资料又比较丰富、完整，尽管有不同看法，但已经得出倾向性意见。周总理决定防患于未然，以文件形式下发引起方方面面的注意，若没有情况就是打预防针，若有情况就是战备动员令。这是中央向下面打招呼！”事实证明，69 号文为海城地震的预报成功起了决定性的作用，为唐山地震青龙奇迹的出现提供了坚实基础。这份闪烁着东方智慧的文件是世界首次以政府层面对破坏性地震提出的成功预报，它将在世界灾害史中占有重要地位而永载史册。

第四次正确决策：地震前有正确短临预测，省领导果断采取应对措施。

1975 年 1 月随着金县短水准的大幅度异常及宏观异常增加，沈阳地震大队的预测意见不断加码，到 1975 年 1 月已经把预测意见提升到：“辽南地区在 1975 年上半年甚至 1—2 月份，可能发生 6 级左右地震。”上述意见都与国家地震局（京津保卫组）取得共识。

1975 年 1 月底 2 月初，辽南地区的地下水异常进一步加剧，以 102 队为代表的三土仪器（土地电、土地磁、土应力）大量突变，动物行为反常实例增多，尤其是营口石硼峪地震台从平时十几天记录到一次本地小地震到 2 月 1 日开始小地震突然猛增，2 月 3 日一天就记录到小地震五百次左右，大有“山雨欲来风满楼”之势。这时，我收到营口地震办主任曹显清的电话：“汪主任，不得了！我们这里全乱套了，石硼峪 24 小时不睡觉光数地震都数不过来。冬眠的蛇都爬出窝冻死在地面上，昨天一天群众就送来七条冻死的蛇！”从 2 月 1 日到 2 月 3 日，辽宁省地震局经过多次与我们交换意见后一致认为必须尽快向辽宁省革命委员会汇报，朱风鸣连夜匆匆起草了汇报提纲，2 月 4 日零点 30 分左右向省革委会值班人员汇报，提出“后面可能将有较大地震，必须提高警惕”。这就是后来著名的第 14 期《地震情报》的基调。2 月 4 日晨，省革委会值班人员将沈阳地震大队和辽宁省地震局地震预测意见向省委办公室尹灿贞汇报，尹立即向主管科技的常委李伯秋请示，最后惊动了毛远新，在毛、李统一指挥下召开了紧急会议，决定采取防震措施。2 月 4 日 9 点 30 分通知有关市、地、县，要求发动群众做好地震预报、预防工作，防患于未然。同时，紧急通知停止一切春节娱乐活动。地震前四小时海城岔沟镇电影院张贴出“因地震电影改在露天放映”的布告。半天以后，19 时 36 分，海城发生了 7.3 级地震，辽宁、吉林全省，河北、黑龙江、内蒙古部分地区震感强烈，震中地区破坏严重。仅倒塌、严重损坏的房屋就达 500 万平方米，由于几个钟头前政府正式发出了临震预报，大大减少了损失，但毕竟通知时间太晚，有人来不及撤离，仍造成 1328 人死亡，占总人口数的 0.02%，这是人类历史上第一次对破坏性地震取得防震减灾的成功实例。

据可靠资料披露，事后毛远新向毛主席汇报，讲起当时辽宁省革委会作出辽南地区采取地震预防决定时的心惊胆战、忐忑不安，最后遵照未雨绸缪的古训，下决心向社会发出预报时，毛主席说：“作为省委书记，这是你应该做的，不要骄傲，要干事总是会有风险的，偶然中有必然嘛！大不了历史上有一个杞人忧天，今天又出现一个辽人忧地罢了！”

四、海城地震成功的五大核心经验

世界地震科学伟大创举的海城地震预报成功已经过去五十年了，但为什么这次地震预报能获得成功，主要经验是什么？如何复制这一经验？众说纷纭，争论不断。迄今为止，很少见到一篇尊重客观事实、有理有据具有说服力的文章。

一谓偶然说：海城地震的成功完全是瞎猫碰到死耗子，在没有研究清楚成因机理，建立正确模型之前不可能正确预测地震。

一谓小地震说：若没有石硼峪地震台记录的几百次小地震，海城地震不可能预报成功，若稍翻阅一下历史文献就可发现，实际上做出海城地震预报的决定远在小地震群发生之前。

一谓群测群防说：海城地震的成功主要是群众和三土仪器（土地电、土应力、土地磁）及某些“英雄人物”起了决定性的作用。应该承认冶金 102 队、营口地办等地的三土仪器异常与石硼峪地震台记录的几百次小地震一样都对临震发布也作出了贡献，在下决心发布临震预报时起到了推波助澜的作用。尽管海城地震涌现出一批风云人物，如朱凤鸣、顾浩鼎、李志永、曹显清、姜成田等都对海城地震预测成功起了重要作用，为地震事业立了功，但若把海城地震预测成功的功劳主要归在他们头上就有点离谱了。

这是一场周总理亲自指挥、精心策划、持续数年的宏大战役的成功，正如不能把辽沈、平津、淮海三大战役的成功归于几个战斗英雄、支前模范（支援前线的模范的简称）一样，若只从几个局部业务细节进行总结，如同只看到树木没有看到森林，只了解细枝末节而不统观全局，根本无法破解海城地震预报成功的真谛。

海城地震成功的基本经验可参照当年胡克实向邓小平报告的基调，主要归纳为以下四条：

第一，正确的方针政策。周恩来总理另辟蹊径制定了一套具有中国特色的地震工作两条腿走路的方针政策：“专群结合、土洋结合，大打人民战争”“广泛实践、多路探索，多兵种联合作战……”基本摒弃西方传统的地震预报的理念与道路。周总理要求我们，虽然地震预测没有过关，但也要把地震预测作为国家任务去实施操作。在这种理念指导下，才有 1972 年 1 月“中国地震工作力争取得突破，在三五年内放异彩、放原子弹”的号召，才有 1973 年建立辽宁地震机构的决定，才有 1974 年国务院 69 号文的颁发，这是海城地震预报成功的坚实基础。

第二，坚强的领导核心。当时，国家地震局选拔干部的标准是对地震预报有信心，敢于攀登世界科学高峰。周总理说：“若指挥员本人没有信心，如何带领大家去攻城拔寨？”李四光、刘西尧、董铁城、胡克实以及辽宁省委领导个个都是勇于冲锋陷阵，敢于担当负责的好领导，他们把地震预报作为一次大战役来指挥，集思广益、敢于担当，才能取得成功，这是海城地震预报成功的关键。

第三，雄厚的群众基础。地震工作在周总理提出的两条腿走路、大打人民战争的方针指导下，群众地震监测网蓬勃发展，从中央到地方甚至公社都建立了群测群防站、点、哨，据保卫京津组管辖范围（大华北地区）统计，包括长江以北到北纬 44 度以南的群测群防点竟达四五万之多，数量上是地震专业台的几十倍。他们组织严密，工作认真，专群联手共同布下了捕捉地震的天罗地网，在此基础上才能涌现出冶金 102 队、营口虎庄邮局等立功群测点，才能出现 935 处地下水宏观异常、831 处动物宏观异常，为海城地震短临预测提供可靠依据，这是海城地震预报成功的保障条件。

第四，有利的地震类型。海城地震序列较特别，地震信息较丰富，长、中、短、临异常比较配套。前面有背景异常，一个多月前附近发生 4.8 级信号地震，尤其临震前震中区又发生几百次小地震，符合邢台地震总结的“小震闹、大震到”的经验，为作出地震预测决策的天平加了码，这是海城地震预报成功的机遇。但把海城地震的预测、预报、预防成功完全归功于这群小地震是不符合历史事实的，有些地震（如汶川地震）同样在地震前震中地区出现小震群，尽管群众自发采取防震措施，由于主管部门错误判断照样遭受重大损失。历史事实表明，海城地震预报进程的各关键环节的决策，从头到尾都是周总理亲自指挥、拍板、批准运作的。这是我们敬爱的周总理在其一生为国为民鞠躬尽瘁、立功无数，在他人生的最后几年内再一次为祖国的地震事业放了个卫星，在世界科学史上添上光辉的一页。他的丰功伟绩将永远载入史册。

五、海城地震的成功对世界科技发展的重要贡献

海城地震防震减灾成功后全世界掀起向中国学习海城地震经验的高潮，各国地震专家或组团或以个人名义纷纷来华学习海城地震预报经验，据局外事部门统计，仅 1975 年就接待外宾 50 多批，数量是平日的十倍左右。这还不包括通过国家科委与其他部门、大专院校来的外宾。日本著名地震学者协田宏教授曾经连续四次来海城取经。1976 年 6 月美国派以巴尔·雷利教授为团长的十人代表团在现场考察 7 天后编写了《中国海城地震预报》一书报道“中国在地震预报方面是世界上第一流的，他们成功预报了海城地震是世界最重大的成就之一。若没有准确预报，按通常估计伤亡人数会超过 10 万……”国际著名科技刊物都充满着海城地震预报成功的论文，著名的国际地震学和地球内部物理学会（IASPEI）地震预报委员会提倡的前兆候选提名中海城地震前震活动异常得以高票入选。

根据联合国教科文组织建议，为纪念人类历史首次对破坏性地震取得防震减灾实效，将在巴黎召开一次大型国际科学研讨会宣传、推广海城地震的经验。1976 年 5 月丁国瑜参加该会筹备会议回来后向地震局汇报，此国际会议议题的中心是海城地震，教科文要求中国组织庞大的代表团参会并全面介绍海城地震的经验。想不到不久后就发生唐山地震，海城地震的经验受到质疑，巴黎会议一拖再拖，结果到 1979 年 4 月才召开，规模仍是联合国有史以来召开的最大型的讨论地震预报问题的会议，共五十六个国家三百多位代表参加，中国派顾功叙为团长、丁国瑜为副团长由 20 人组成的庞大代表团参会，几乎包括我国地震预报领域的多方面代表，地震预测的八大兵种的司令也全部到会。但论文内容由介绍海城地震经验改为海城、唐山等多次大震的预报经验、教训的总结，尽管会议内容与初始意图有所变化，但会议仍对中国地震事业热情赞扬，对海城地震的成功给予极高评价。

1996 年联合国成立 50 周年科技大会，笔者被邀请在大会上介绍唐山地震中的青龙奇迹，主持会议的联合国副秘书长库玛尔（G. R. Kumar）在会议总结发言时说：虽然地震预报没有过关，但中国人民为我们作出了榜样，辽宁海城地震预报成功、青龙奇迹的出现都发生在科学技术相对薄弱的中国决不是偶然的，它用强

有力的组织管理能力与充分发动群众参与的办法弥补了科技的不足，所以取得了伟大的成绩。

会议决定，委托联合国 DDSMS 署尽快与中方联系，拟把唐山作为国际地震预报训练班的基地，从全世界多地震的国家定期抽调学员来中国接受培养，传授中国地震预报的经验。

参考资料

1. 卫一清、丁国瑜，当代中国的地震事业，当代中国出版社，1993.

2. 茂木清夫，日本的地震预报，地震出版社，1986.

3. 孟琪等，中国地质科学发展史，中国科学技术出版社，2022.

4. 闵宜仁，中国地震局 50 年大事记，内部文献，2022.

5. 汪成民，从唐山到汶川——我的地震预报人生，东方出版社，2021.

6. 方樟顺，周恩来与防震减灾，中央文献出版社，1955.

7. 国务院批转中国科学院关于华北及渤海地区地震形势的报告，国发(1974)69 号，内部文献.

8. 周总理关于我国地震工作的重要指示，地震战线，1967.

9. 周总理接见地震工作者谈话汇编，内部文献，1975.

10. 国务院关于表扬辽宁省南部地区地震预测预报有功单位的通报，国发〔1975〕41 号.

11. 科学系统与公共管理相结合的典型——青龙县和 1976 唐山大地震，联合国成立 50 周年科技大会文件，联合国内部文献。1996.

12. 全球计划——公共管理与灾害科学的结合，项目可行性报告，联合国内部文献，1995.12.

13. 世界地震预报科学研讨大会论文集，联合国教科文，1979.

14. 刘西尧关于地震工作的指示汇编，内部文献，1976.

15. 朱凤鸣、吴戈，一九七五年海城地震，地震出版社，1982.

16. 辽宁海城 7.3 级地震初步总结，三，地震前兆，1975.

17. 李四光，论地震，地震出版社，1977.

18. 翁文波，预测论基础，石油工业出版社，1984.

19. 翁文波，天干地支纪历与预测，石油工业出版社，1993.

20. 钱学森，论系统工程，上海交通大学出版社，2007.

21. 习近平，在唐山考察时对地震工作的指示，2016.

22. 马宗晋，中国九大地震，地震出版社，1982.

23. 国家地震局“1976 唐山地震编辑组”，一九七六年唐山地震，地震出版社，1982.

24. 丁国瑜、马宗晋，国际地震预报讨论会论文选，地震出版社，1981.

25. 郭安宁，1966—1976 中国十年天灾备荒史，陕西科学技术出版社，2014.

顾功叙院士与李四光院士的地震预报思路是相辅相成的

赵文津

中国工程院资深院士
中国地质科学院研究员
福星大观遥感减灾研究院研究员

摘要：从 1966 年邢台地震现场顾功叙先生直接聆听了周总理对地震科技人员提出的攻关要求后，他一直在思考如何做到震前向政府和老百姓打个招呼的任务。本文介绍的内容，就是他多年深入思考形成的中国地震预报实践之路，即 8 条内容，其实质是走中国中医之路，即从实际调查出发，找出前兆规律开展预报；主张国家搞个地震预报科技攻关规划，主张打破国内部门间的壁垒，搞大协作，做到有计划地推进这项救命工程。李四光先生也参加了邢台地震预报研究和探索提出以地震地质和地应力研究为核心的地震预报思路。本文在第 9 点介绍了顾功叙先生的地震预报科技攻关的思路及其与李四光先生提出的地震预报路线的同异与相辅相成的关系。顾老和李四光提出的地震预报思路都是中国地震预报实践探索之路的组成部分。实践证明这一思路是有生命力的。我们应当高高举起这面大旗。

一、引言

顾功叙先生 1908 出生，1992 年 1 月 14 日因病逝世，享年 84 岁。1949 年全国解放后，他任中国科学院地球物理所所长，他与付承义（中科院地球所）和翁文波（石油部）三位共同领导了我国地球物理学会达 40～50 年，对我国地球物理科学发展和应用有重大贡献。他是我国地球物理界的三剑客之首，1985 年退居二线。他的一生是为中国地球物理事业的发展做出了巨大贡献的一生，是光辉的一生。

几十年来，他主要从事两个方面的工作：一是 1952—1966 年在地质部门任物探局副局长兼总工程师和物化探研究所所长，具体指导了地矿部门物化探技术方法的开发和物化探方法普查找矿的应用，1954 年 7 月，在李四光、何长工、旷伏兆部等领导的积极推动下，物探开始了转向大普查工作，并很快就揭示出松辽盆地和华北平原广大覆盖区深部结构构造，发现了大庆长垣和大庆油田和许多大型铁矿基地等立下大功；二是 1966 年邢台地震后，他响应党中央和国务院的号召，开始了地震预报的探索，他提出“地震有四性”，一时难以解决；为了人民的需要震前打个招呼，减少人员伤亡，地震预报只能边走边探测实践、边开展地震预报，走中医的诊病治病的路线，对我国开展地震预报起着重要的推动作用。这是中国人民的宝贵思想财富！

本人从 1952 年大学毕业后，就进入了物探找矿和地球深部构造研究领域，并一直在顾老的领导和教育培养下献身于找矿和地震预报（2001 年以后）事业，到现在也已有 70 年以上了！抚今思昔，更感到他在这些方面的贡献是巨大的，影响是深远的。借此机会，我把自己对顾老地震预报攻关思想的学习和体会作一回顾和总结，供大家研究学习参考，以进一步推动继承和发展他的地震预报攻关的科技思想，减少地震带来的大批人员死亡和财产损失，为中国现代化的建设做出新的贡献。

顾老，在 1966 年 3 月 8 日邢台大地震发生时，响应周总理和党中央预报地震、防震减灾的号召，第一时间来到了邢台地震的现场开始了他的地震预报探索。1966 年，他当时已接近 60 岁的年龄，怀着一颗救国救民的赤诚之心，毅然决然地转入一个完全是新的工作研究领域。下图为 1966 年 4 月 1 日周总理在邢台地震现场与科技人员开会，向地震科技人员提出了总结现场经验开展地震预报的要求。顾功叙院士是当时直接与会的院士，下图中左 3 为顾功叙院士，右 1 为周总理。

正如他所说，“到了地震战线，经常从全局角度考虑和琢磨着如何突破地震预报。头脑中充满着科学问题，有些是有系统想法的，不是灵机一动，无根无据，只从表面印象分析而形成概念的。”“在制订地震工作规划时，希望听一听我的话，我不会让大家上当的，原因是我有同大家不同的几个条件。”(《顾功叙文集》，197页)。这表明老科学家对地震预报事业的一片赤诚之心，令人深受教育。

二、要不要和如何进行地震预报研究,开展防震减灾，挽救人民生命

我国是一个地震多发的国家,1966 年邢台地震一下子死亡了 8064 人,伤 5139人；1976 年唐山地震瞬间就走了 24 万人,伤了 16 万人；百姓们迫切需要能震前给他们打个招呼,以便能有所准备，大幅度减少人员的伤亡。所以地震预报实质上就是一项“救命工程”。

他认为，如果先研究地震发生机制，待找到确定性的地震前兆现象后，再做地震预报；这样做，由于存在“四性问题”(223～224 页)，即：一是地震发生在深部，现在人们还缺乏有效的探测手段去了解它；二是对地球不能做实验，只能等着发生地震时才能观测研究，即靠天吃饭；三是有了研究成果，验证机会又太少，不经过验证的研究结果是靠不住的，不能推广使用；四是预报地震的准确度要求很高。这样，走机制研究之路，几十年内也不一定能得到什么结果，而国家和人民要求地震人员能在震前及时打个招呼，以大幅度地减少人员的伤亡。显然，上述做法满足不了人们的希望，现实逼迫人们必须找寻出另一条可解决问题的办法。

顾老在地震预报实践中摸索和提出一边探测发现各种可能的前兆现象，一边研究其与地震的关系，并依据对前兆与地震两者认识的程度开展地震预报，即走中国中医治病的路子，这是一条经验预报之路，虽然长期弄不清楚地震发生机理，也可以开展地震预报（200、224 页)。

按照周总理的要求,国家地震部门也一直在边预报地震边研究如何提高地震预报的科学性,2024 年国家地震局制定的工作战略——探识地震的概念，这与顾老提出的思路有很大的一致性。顾老还强调不从事这种地震预报探测探索研究的人，没有资格进行地震预报工作。

三、地震预报要达到什么目的和精度要求

是 100 年内华北地区“不能排除有发生一次 5～8 级地震的背景和可能性”呢？还是某年某月某日前后一二天内在北京周围 20～30km 范围发生一次 6 级或 7 级地震？我们当然要的是后一种精度(216 页)。预报地震发生的时、空、强三要素，必须达到很高的精度，例如，时间不差一二天、地点不差 30km、强度不差 1—2 级，而且三者同时要报准，否则就毫无意义，反而要造成人为的地震灾难。为此，必须依靠科学上过关的定量的前兆现象来做短期预报，不是别的模棱两可、不痛不痒猜测的前兆（212、216 页）。

显然，顾老在这里表达了对概率地震预报的看法的否定，他认为这是一种不痛不痒的做法。

四、要制定一个近期和长远的科技攻关规划

1. 地震预报是个救命工程，也是一个世界性的难题，而我们要探索解决这个问题，这就必须组织攻关探索，长期坚持下去。目标不明，方法不对，要求不恰当，都会延缓问题的解决。必须制定出一个长短期结合的科技攻关规划。在 1983 年 1 月 22 日地震学会春节座谈会上（214—215 页），他说，10 来年中我不断呼吁已有 N 次了，这是 N+1 次，这件事，决不能再拖延了。只想再一次呼吁，地震预报必须有一个近期、远期的科学发展战略。不能只是“整顿台网”“引进先进技术”“增聘高水平的科技人员”“研究地震预报理论”等这些属于行政安排的事。这样的大事不抓而无人着急，真是让人实在很不理解（215 页）。

2. 要做预报地震，必须研究前兆，特别是短期的前兆，抓短临前兆是主攻方向（212 页）。

3. 建议邀请参与共同商讨科学设想的人，应具备下列条件：

1）知识面较广的、能从大局着想的、不会单考虑自己的工作；经常在捉摸思考我国地震工作前途的，有一定科学见解的。

2）有事业心的、有责任心的、有严格科学态度的。

顾老提出，要听一点老人言吧！我不会让大家上当的（197 页）。

3）要在地震系统要集中人力物力形成几个统一的前兆攻关的拳头，切忌分散，切忌一哄而起。要把国家投资用在刀刃上，减少盲目性，提高科学性。攻关项目

可选地应力、地磁、电阻率、氡气、地下水、重力等进行（220 页）。每个攻关研究集体都要有一个有科学思想的带头人。各攻关项目都要有一个长时间的计划，预期取得的实效（221 页）。

4）他提出要积极到地震现场开展观测研究，以寻找各次地震前后所显示的可用来推测震情趋势的规律性东西；要从大量观测事实中找出更多的经验性的前兆规律，另外，还要逐步置放它们到理论基础上来，弄清其所以然（201 页）。

5）要打破“部门所有制”（222 页），提倡人员交流、设备共享、数据共享，形成国内一盘棋。

五、关于地震前兆现象的研究

现在已提出十种地震前兆现象，顾老提出可考虑从以下十种前兆现象入手，十种现象为：（1）大地震前小地震分布规律，即活动性图像；（2）小地震震源参数；（3）波速异常；（4）电阻率变化；（5）重力变化；（6）地磁变化；（7）水压致裂测定的地下浅部的地应力；（8）地壳形变（地倾斜、地伸缩、地变形，物理依据是清楚的）；（9）深井地下水（水位和化学）；（10）宏观现象（动物反应、地声、地光等等）（赵：现在观测人员又试用了地震云、旱震现象、地电流、热红外及天文因素等等，也已显示其未来的远景是很有希望的）。顾老说这十种现象都是方向性的，值得探索性的，其中有些是来自观测的事实，有些来自物理学上最基本的原理，有些已在局地球物理所开始试探。当然，这些项目，都是不可能一举即达到目的的工作。有些要长期试探下去，至少数十年，最后还可能完全失败，证明这些现象不能作为大地震的前兆，只能是在探索的漫长路程上拾到的一些副产品。但是，这样做研究，循序渐进，科学性增强了（201—206 页）。经过研究要逐步明确几个主要的前兆现象。

为此，应对中国许多地震区在大地震发生前后的真实性的规律性的东西加以深入研究，如唐山、海城等地震事后发现许多现象，必须把它们弄个水落石出。这是在我国进行科学总结的最有利的条件（194 页）。

地震局在总结中重点研究了测震、大地形变、地倾斜、重力、水位、水化、地磁、地电、地应力九个学科（相当于顾老提出项目的 6 个项目的资料，还提出各手段各台站干扰排除的方法，在加强综合研究的基础上给出异常识别和预报，在研究方法上也不与顾老提出的一样。(赵建议：这里首先要确定是前兆异常；第二步是区分孕震早期和孕震中期及短临阶段不同阶段的前兆异常；再就是还要区分一下不同类型地震的前兆异常的特点。）

六、为得到可靠的数据要有个通盘设计的战略思考

他提出 6 点（194、212 页）建议：

1）前兆现象观测点必须成网，不能靠分布遥远的少数几个点。

2）要对各种前兆进行综合研究，但综合研究不是加法，不是“资料投票”，要求它们之间起着相互验证对比，发现其内在的科学联系。

3）地震研究实验室是在地震现场，要在地震区内开展对真实地球做实验性观测，建立大自然的实验室。要向地球发问，强迫它显示人们需要的现象，不要随它的便给人们提供现象，以形成问题的主证和判据。

4）要研究试制独特的地球物理仪器设备，也包括其他的探测设备。我国研发人员很多，就是不抓“新原理、新方法、新技术”的创新研究和“旧原理、旧方法、旧技术”的研究改进，主要的原因就是急于求成，缺乏远见（229 页）。

5）要探明震源区的详细地壳深部地震波速度结构，包括三度空间的细结构，为研究震源提供较为真实确切、不是假定猜测的深部结构形象(要探测的细结构，应当是探震前地壳的细结构，而不是震后的细结构，最好是有震前和震后的细结构！）。过去做的地震测深，只能探测地壳或上地幔的粗略结构（212 页），不能说明震源区的结构特征问题。探测细结构必须以反射地震为主，分辨率较高，当然，这也是试探性的，因为反射地震已用于石油勘探很成功，但还没有针对大地震震源区进行过工作。这些工作成本较高，我们必须在仪器技术上作必要的改进和简化，以便多做工作，这应该是很有意义的（205 页）。

6）如何把购置设备的经费用在刀刃上？余秋里副总理说可批 50 万美元购置设备，有人就提出引进两台 SRO 地震站，说我们需要，究竟为什么需要，是否清楚？我曾提出应用于 100 台流动式数字磁带地震仪上，我是有确切根据的。

七、抓人才培养和使用是关键

顾老提出，知识确实是力量。要攻克人类还未做到的地震预报的科学难题而缺乏科学知识或是知识非常狭窄，我们就失去进攻的能力（191 页）。

1）现在全国地震战线上已提到的有 16000 人的科技队伍，严重缺乏技术知

识，这个矛盾目前是最尖锐的问题，而又不是一朝一夕可以解决的；就骨干同志讲可分成三类：党政领导，科技及一般业务管理干部及科技骨干要加强业务培训以适应科技攻关的要求（191 页）。

2）现在必须发挥每个人最有效的作用，要让每个人做他会做的事，不要勉强他去做不会做的事。

3）从长远发展攻关看，要攻关必须形成几个攻关团队。

4）不要把不是问题的常识问题，提出开会讨论，纠缠不清定不下来。

八、局地球所的改革方向（218 页，233 页）

建议以下几点做起：

1）所的科研主攻方向应是地震预报。

研究所成立的目的主要是研究地震预报的，做到震前打个招呼，减少人员伤亡的，而不是“减轻地震灾害”；“减轻地震灾害”的主要问题是抗震建筑问题，而这就不涉及地球科学了。

2）应在若干个地震危险区布设各种前兆的综合观测台网，长年累月地进行地震可能前兆的监测，以掌握各地区的震情发展趋势。特别是，建议要特别关注京、津、唐、张地区短期内的地震活动，企图捕捉可能为地震前兆的各种现象，为国家领导机关发布不发布地震警报提供依据（233 页）。

3）关于提供地震烈度问题。这是属于地震学范畴，但是，这个烈度究竟有多少科学根据，如何通过实践的检验？如不改进方法原理，烈度工作意义不大（234 页）。

4）所如何实现学术领导？建议试行浮动形式的学术领导班子（218 页）。

5）必须先弄清楚我们研究所的优势在哪里，没有多少优势，则必然会流于空的假的，将会做不下去（234 页）。

6）提出要敢于正视问题。他引用 5 月 26 日人民日报一篇署名文章，题为“要解决矛盾就要多谈问题”。文章说，成绩与问题都是客观存在的，有多少就得承认多少，谈，就是研究，通过调查研究认识问题和解决问题。反对脱离实际，掩盖矛盾的唯心主义和形而上学是思想理论战线上的当务之急。这是非常深刻的（191 页）。

九、首都圈大震的预防（193-194 页）

北京处于地震区，唐山大地震在北京重演不是完全没有可能的。北京人口稠密，是全国的政治、文化中心，完全不同于中国西部的强震活动区。为加强首都圈的地震监测应做到以下三点。

1）首先应在此区建成一个周密完备、技术先进的多种观测前兆的台网站来保卫本区。至少几种基本观测现象的台站网必须尽快地严格建立起来。如，测震、地形变（包括地倾斜、地伸缩、地应变等等）、深井地下水（包括水位、水化学成分等）。已有的 21 个台是在轰轰烈烈的气氛下一两个星期内建立起来的，分布不合理，仪器性能也缺乏一致性。多年来我主张地震台网至少增加到 100 个台（观测点），尽量均匀分布（196 页）。

2）把此区作为一个实验基地进行流动观测，以补充固定台站的观测不足。

3）在本区开展一些其他观测项目，探索其作为大地震前兆的可能性。如，地磁、重力、岩石露头上地应力、井中水压致裂观测地应力、深层电阻率、波速比等等，但这也都是试验性的。

十、关于顾老和李四光先生提出的地震预报思路

在周总理的号召下，李四光先生作为中科院副院长和地矿部部长也投身到邢台地震现场，并积极开展了地震预报研究。他提出以地震地质调查为基础，以地应力测定为基本路线，并大力开展地震前兆现象的研究。笔者认为两者是相辅相成的，各强调了一些侧重面，而基本面是一致的。

1）两者都强调地震是可以预报的，但要做艰苦地长期的努力，要有个长期攻关研究规划。地震预报又是一项救命工程。顾老强调人民需要震前能打个招呼，地震工作者应当努力于震前给人民打个招呼，给出个确定性的意见，不能仅仅提出个不痛不痒的建议。这就是说，外国推荐的开展概率地震预报是不能达到人民的要求。李老则强调不仅要提前指出地震危险区，而且还要提出危险地带（46 页）。

他还强调地震工作者，要有全心全意为人民服务的思想，去应对地震这一潜在的凶恶的“敌人”的袭击。云南通海地震造成了这样大的损失，我们对不起毛主席、对不起党、对不起灾区人民。

2）两者都强调要抓地震前兆的研究攻关。顾老强调有 10 种可以研究的前兆

现象，其中包括有地应力观测；李老也提出抓地震前的各种前兆现象，但他认为，地应力观测研究应是主要的手段，要抓住。他提出，在一个构造上互相联系的地区中，选择适当的地点，观测地应力加强地过程，是探索地震预报比较可靠的途径（3 页）；他还说，在地应力加强活动的地段，不仅会引起地震，还几乎可以肯定地说，在一定的地区范围内，还会引起其他物理的变化。譬如，大地电流、电位场、磁场、重力场、地下水位和某些气体冒出等等异常现象，但反过来说，这些异常现象的产生，并不一定就意味着局部地应力的变化。它们产生的原因太复杂了，当然，也不能排除地应力作用的可能（85 页）。其他，如水位的升降、地声、生物动态、海面升降的观测等（14、45 页），断层形变测量、超声波法、形变电阻率法、钢弦法以及在地应力增强过程中会同时发生温度升高的许多其他现象，都可以用来做地震预报。

3）两者都提出在关键性的地区和地点（未来可能要发大地震的地区和地点）建立地震预测试验站或场（68 页），开展方法试验，抓住大震及其前后的各种现象，以作地震预报研究。

4）李老特别强调研究的中心点是抓地应力与断裂的相互作用，地震是其作用的结果，所以他特别强调了地震地质工作的重要性，这是顾老思想中没有的。

地震地质的主要任务是：侦查地震这个地下敌人潜伏的场所，并进一步监视它的活动，它要回答的是，一是调查和鉴定现今还在活动的构造地带和构造体系，观测、检验、鉴定它们的活动程度和频度及怎样活动的？要指出危险地带，划分出头等危险地带和特别危险地带，总有一天要落实到这方面来（46 页）。他还提出，从目前的一些资料看，断裂破碎带的两头，断裂不规则的地方，断裂的交叉地点，往往是发生大地震的地方（32 页）。这比国内外提出的“地震空区”概念内涵更丰富和更精确！二是构造带的活动是怎样引起地震的？三是选定某些具有关键性的地区或地点以作建立地震预报观测站选点之用（44～46 页）。李老强调，地震是一种地质现象，也可以说是一种物理现象，但这种物理现象与地质构造有密切关系（特别是与地下地应力集中点的岩性抗压强度有关）。抓住地壳构造活动地带，用不同的方法去测定这种地应力集中、强化乃至释放的过程，并进一步从不同途径去探索掀起这股力量的各种原因，而且要在一个构造上互相联系的地区中，选择适当的地点，探测地应力加强的过程，是探索地震预报比较可靠的途径（2～3 页）。

5）李老强调要建立一支机动灵活的“野战部队”。这是因为震源在活动构造带中是流窜的，位置是转移的；再就是预报的时间性强。“野战部队”也不是全面铺开，而是按构造体系重点来使用力量，打歼灭战。建议按构造体系建立若干机动灵活的“野战部队”（6 页）。顾老也强调加强流动观测的重要性。

6）加强仪器试制，突破方法关。这也是两者共同强调的。

李老也提出，地震工作的进展，在很大程度上取决于地震预报手段的效果。要通过实践不断改进现有的仪器，同时还要努力创造新仪器、新手段，并成立专门的仪器试制和突破方法的攻关小组是很必要的。

从以上介绍的内容看，两者的思想是相辅相成的，地球物理人员要吸收地质力学家的许多思想，同时也要发扬地球物理的优势。

参考文献

1. 国土资源部中国地质勘查技术院、中国科学院地球物理研究所、中国地震局地球物理研究所，1999，《顾功叙文集》，地质出版社，北京。

2. 李四光，1977，《论地震》，地质出版社，北京。

附　记

顾老的地震预报思想内容可归结为以下三点精神，也是我们向顾老学习和发扬的，提出共勉:

1. 心系人民的安危，忘我地投入到实现“震前喊话”预报难关的担当精神、责任感、使命感;

2. 坚持从实际出发，探索开拓地震预报的新途径，以走边探边研边预报之路的开拓创新精神;

3. 学习他坚持制定地震预报攻关的战略规划，以抓短临前兆为主攻方向，安排好有关方面的协调发展，打持久战的系统论思想。

邢台地震与李四光地震预报实践

赵文津

中国工程院资深院士
中国地质科学院研究员
福星大观遥感减灾研究院研究员

摘要：地震预报是一项救命工程，临震前喊出一句话，就可拯救许多人的性命。本文介绍了，在1966年邢台地震后，在周恩来总理提出中国新的防震减灾的工作方针的指导下，已有近60年了，已派生出四条地震预报工作路线，即强调以研究地震发生机制和探寻确定性的地震前兆的机制派、以总结历史上地震发生规律为基础的研究发生地震概率的地震预报派、以划分地震空区和用地震活动性参数为依据的研究中长地震预测的空区派、和从中国实际出发，以地震地质、地应力和多种前兆观测研究为主的李四光、顾功叙思想指导的中国实践派。群众性地震前兆观测为主的群众预报实践派是高举周恩来、李四光、顾功叙和翁文波大旗的实践派。

李四光在邢台地震现场探索和提出的预报方法，通过河间地震、海城地震及唐山地震得到初步检验，显示了光明的前景。这一工作路线包括5点：地震是可预报的，大力开展地震地质调查，以区域地应力研究为主线，综合多种前兆现象作出判断。但是，不论哪一派预测，最后都需要领导拍板，动员还是不动员全民投入抗震减灾活动，这是临门一脚的作用，否则就功亏一篑。我们要大力宣传推广实践派的做法。当然，地震预报是风险很大的。在地震预报的科学技术尚未过关的情况下，人们又希望能防震减灾，这就需要领导和地震工作者们有担当风险的心理准备和思想素质。本文就是着重介绍作者的学习心得，与读者交流。

一、前言

国际地震界的主流认为地震预报是一个不可能解决的科技难题。理由是要进行地震预报必须从研究地震发生机制入手，建立理论模型，并要从找到确定性的前兆现象入手，才能去开展地震预测预报。如东京大学教授，后来又在美国麻省理工学院与加州大学当教授的美国科学院院士、国际地震学权威安艺敬一教授就是其中的代表人物。他认为“估计起码需要三五十年！”才能应用于地震预报。这是他 1996 年 4 月对汪成民讲的（《汪成民自传》284 页）。现已过去了 30 年，还看不到什么结果。

2015 年，陈运泰院士在《可操作的地震预测预报》一书中再次提到，有的地震专家认为地震机制研究有“三性”，即“震源发生在地下深处，研究人员不可能进入地球下几到几十千米的深部去做实验；地震又是一个小概率事件，同一个地点重复发生地震的概率极小，研究人员在一地取得的研究成果，很难验证其对错，而不能验证的科学理论是不能应用的；三是地下情况太复杂，人们很难弄清楚”。这“三性”困难是难以克服的，所以对地震预报工作的前途难以作出评估。因此，他提出地震预报只是一个长远的努力目标。为使地震预报成为可操作的，作者提出要继续走概率地震预报的科学发展之路，并提出 8 点可操作的建议。

在《可操作的地震预测预报》一书中，作者们还顺便通过唐山地震漏报事件提出，中国海城地震时摸索出的一些地震预报成功的经验不适用于唐山地震，表明这套办法没有可推广的意义；书中还顺带提出了基于地应力和地应变积累来进行地震预报做法的两个假设都还没有得到验证。这就是说李四光提出的地震预报路线没有验证依据，还不能设想是可行的。

对此，本人已在一篇文章中讨论了唐山地震的预报问题，认为唐山地震预报是成功的，漏报是地震局领导层的战略判断失误或是不踢这“临门一脚”所造成的。本文将重点讨论第二个问题，即基于地应力和地应变积累的地震预报方法，这是李四光多年倡导的地震预报路线是否能成立的方法。这是学习和探索之举，不当之处欢迎大家提出讨论。

二、1966 年邢台地震开启了中国地震预报工作路线的新探索

我国是一个地震多发国家，仅 1966 年到 1976 年先后就发生了 5 个 7 级以上的大地震，其中 1966 年 3 月在我国河北邢台地区就先后接连发生了 6.8 级、7.2

级、6.7 级、6.2 级和 6.0 级等 5 个联震，地震造成 8182 人死亡，51395 人受伤，倒房 500 多万间，见图 1。

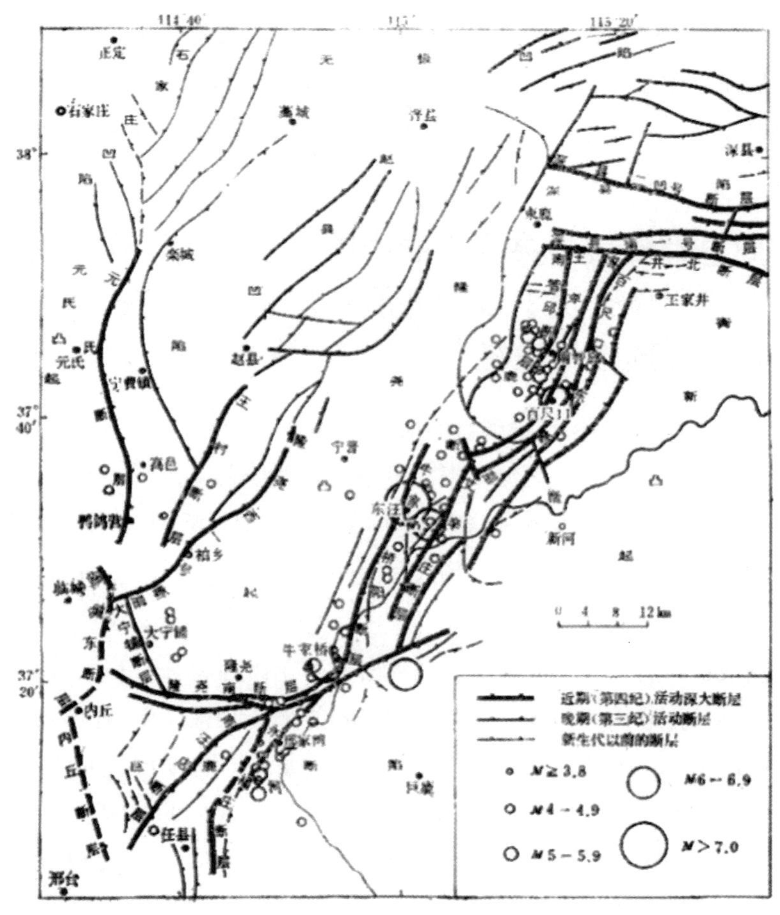

图 1　邢台震区浅部断裂分布

这是在新中国的中心地带发生的大地震，党和国家领导人非常重视这次地震灾害，地震发生的第二天周恩来总理就到了地震现场指挥救灾防震工作。面对灾后的凄惨景象，国家决定调集各方有关人员支援邢台地区救灾抢险，并号召科技人员“深入现场调查，抓住邢台地震不放”，要对今后发生地震的可能性做出判断，防震减灾；并提出要很好地总结经验，以供交流和传世。地震，人们一直认为是很难进行预报的，现实又逼迫着人们要去解决它，防震减灾；过去一直在实验室内从事地震机制研究的科技人员现在跑到了地震现场，进行实际调查研究，这就把地震研究与抢救人民的生命财产直接联系在一起了。

防震减灾需要做好两件工作：一是需要地震科技人员对地区会不会发生大地震（6-7 级以上）、何时会发生大地震要有一个正确的战略判断，提供给党政领导考虑；二是需要党政一把手及时做出决定，动员全体人民投入防震减灾斗争中。从邢台地震开始，人们就在考虑如何做出地震预测预报以达到减少人员伤亡和财产损失。

三、周总理代表中央提出的中国防震减灾工作总的指导方针，催生了科技人员下现场开展广泛调查，收集各种前兆现象，探索地震预报的途径

在孙其政、吴书贵《中国地震监测预报 40 年》一书中讲述了这一方针的内容，他们归纳为，“在党的一元化领导下，积极深入现场做调查，从实际调查结果出发，将观测到的地震异常现象总结出经验，再提高到理论认识；要专家与群众结合，土洋结合，两条腿走路，打一场人民战争；要广泛实践、多路探索，多学科结合”。

在《汪成民自传》122 页，汪成民提出刘西尧作为周总理的代表反复强调了两点意见：第一是要用“两弹一星”精神来指导地震预报工作，自力更生、奋发图强，不迷信国外，不迷信权威，紧紧依靠党与群众，总结自己的经验，坚定走自己的道路，去攻克地震预报难关；第二是不苛求。“我们非常明白，地震预报是世界难题，提出明确的三要素预测有难度，我们不苛求你们，总理要求在大地震发生之前力争能打一个招呼，以免措手不及陷入被动。”

这一方针关键性内容有 6 点：

1. 党的一元化领导是关键。历次地震的抗震减灾的决定和行动都要由党的领导作最后决定和采取行动的。这一决定具有临门一脚的作用。对地震形势的评估，专家们的意见总是不一致的，最后拍板行动的决策则是关键，并承担着全部政治和工作责任，而能否及时和正确地做出判断和行动都将取决于党的领导干部的素质和能力。唐山地震时，许多领导不作为，躲着走，最后酿成大祸；而唐山市外围的青龙县，在临震之时县委书记冉广岐当机立断，把保自己的乌纱帽丢在一边，

不怕得罪领导，毅然决然地下达了全县立即进入抗震状态的命令，使全县人民躲过了这一劫，48 万人口无一人因地震死亡，后经过联合国副秘书长委托发展援助与管理服务署科尔博士到青龙县基层实地做调查，肯定了抗震救灾成果后，将其树为“防震减灾的典范”，颁发了纪念章，并将青龙县的经验输入国际互联网，进行广泛宣传。

2. 深入野外地震现场。地震发生在地壳深部，地震发生前后，地壳内和表层会出现什么现象，在实验室内是得不到的，即使做实验室模拟，也离不开野外现场的实际，不知道野外现场的实际情况，人们就无从谈起地震模拟的对象。现场实际总是人们认识地震伴随事物的基础。

3. “专群”结合问题。“专”是指地震局系统在职的各级专家；“群”则是指非地震局系统的专家、地震局系统退休老专家和地震预测的业余爱好者，包括学校、工厂、矿山、公司及个人兴办的各类地震观测站、点等。观测人员有专家、教授、研究员、老师、高级工程师、人大代表、劳动模范，以及非专业人员等，其中许多人就是地震专家。他们都是志愿者，怀着对人民、国土、家乡深沉的爱，默默地奋斗着，他们人数多分布面广，又熟悉当地地壳活动特点，易于发现大地异常现象，加之本人都有多年多次的地震观测经验，是最宝贵的。所以，在各地大地震发生前就会提前提出多种意见，邢台、海城、唐山地震时都是如此。按照地震局统计，到 1979 年，全国各地县地震办公室有 1344 个，工作人员 6000 多人，测报点已达万个，业余测报人员达 20 多万人。唐山市 1976 年上半年地震监测点就有 85 个，而开滦矿物局当时就设有 11 个地震办公室，工作人员达 50 人；青龙县自己就设立了 26 个监测站，起了很有效的减灾作用。“群”应当是不仅可以分布广（补专业网的空白），而且还可以在识别和判断前兆异常的性质也更有经验，是对专业人员的很好补充。这既是地震预报的需要，也是群众关心地震的自我救助需求的体现，任何人是无权剥夺的。地震专业人员与业余志愿者结合，互补长短应是我们的基本工作路线。可惜，后来大整顿来了，这些业余观测网点就被大批取消了。中国特色的好经验也就这样自我否定了，真是莫名其妙！但是志愿者的队伍仍然是庞大的。

4. 土洋结合问题。“土”“洋”也是相对的。所谓“土”，一是测量仪器设备比较简易（有许多台站用的是地震局生产的仪器，也不一定是“土”），一是采用的方法是中国式的。实际上，我们开展任何一项新事物，开头时都是从简易开始的，随着工作进展经验积累逐步就会研发出或购置新技术新设备，产生新的理论认识和方法。道理是人研究和提出的一种认识而已。

5. 多学科结合与多路探索。地震预报是需要多学科解决的问题，国家也强调多学科结合，但是一些人总是极力鼓吹单一学科——测震学，甚至有人在会议上大喊大叫，说地震预报只能靠地震学；有人则强调，做地震预报首先要研究地震发生机理；有人说“在过去 30 多年较成功的地震预测震例中，地震学的贡献经常是第一位的”（梅世蓉语）。这一点还需要进一步核查一下，到底哪些成功的地震预报是靠地震学的贡献？

同样地，也有许多专家习惯于和限于条件，也多停留在单一方法的应用，或夸大单一方法的作用，也是需要改进的。

用单一方法作测报，除去认识上的障碍外，另一个困难是我国社会数据资源共享问题远未解决，数据库建了很多，立法也立了不少，就是执行很难，甚至某些人成心控制着数据，阻碍社会生产力的发展。

在此基础上形成的“群测群防”路线，依靠广大群众参与收集和捕捉各种前兆和短临地震异常十分有效，而当地志愿者对当地地壳变动的感觉也比较灵敏和有较高的判断分辨能力，这是非本地的地震专业人员没有的优势。

6. 重视总结分析提高，周总理特别强调我们不能像我们的先辈那样只留下一些记录而没有总结一些经验和教训。如这次邢台地震时人们就在现场实践总结主要的前兆异常现象及其活动规律。如在东汪 7.2 级大地震前，出现的前兆异常现象有：

（1）地震活动图像出现“密集小震—平静—大震”的变化；

（2）水位起伏很大；

（3）水质异常；

（4）动物行为异常；

（5）天文朔望的影响；

（6）各种地球物理场的震前变化等。

这些现象是地震科技人员自己在“在现场搜集和核实，和进行多种比较而得到的可靠的前兆现象，既有仪器观测资料，又有大量的宏观现象，既有科技人员亲自观测的数据，又有广大群众提供的信息”。这些现象在震区内广泛出现，有较高的可信度，虽然只是定性的认识，却给人以深刻的印象。就是凭借这些前兆人们又预报了一次地震！当然，总结也要有一个正确的指导思想，否则也不会得出正确的结论。

现实告诉人们走“下现场深入观测，及时捕捉地震前兆，经验式开展地震预报，抢救生命，并加强基础研究，提高理论认识”这条路线是可以走得通，可以取得一定成效的。

从探求地震发生机制入手研究地震，也是我国早期地震研究的做法。按照1966年邢台地震时任中科院地球物理研究所科研处副处长（后升任国家地震局第一副局长）的林庭煌先生的总结，1959年地球物理所原计划开展地震研究的途径是“应用近代物理学的成就和现代化的技术来更好地了解地震发生的微观过程，并阐明地壳及地球内部的情况，为地震预报和工程地震打下更坚实的基础”。从这一规划内容看，当时的地震研究还是仅仅限于了解“地震的微观过程和地壳及地球内部的情况”（即震源发生地震的机理与过程），并没有关注地震预测预报抗震减灾的急迫性和工作途径（见《一九六六年邢台地震》一书）。显然，当时地球物理所走的就是国际上通常的工作模式。这一研究过程既要耗时、耗经费、耗大批人力，又不能对当前我国急迫的抗震减灾问题有所帮助。

在中央防震减灾方针指导下，强调了从观测和收集地震发生前发生的各种现象入手，探求中长期的地震预报和震前、临震的现象和特点，总结一些规律，进而探索地震预测的途径，支撑国家的抗震减灾工作，拯救人们的生命。顾功叙老师强调的是，既要突破地震预报关，又要边研究边做出预报，以有利于抗震救灾工作。问题是如何做出很好的长期科技发展工作的规划安排。机制派否定这种调查研究方式。

《一九六六年邢台地震》一书中记载了我国地震科技人员在邢台地震前后认识上是如何转变的。

1966年3月8日5点29分，邢台马栏发生6.8级地震后，大批科研人员直接下到地震现场做观察和记录，在这一过程中又“亲身经历了（22日）7.2级（东汪）及一系列地震的发生，在地震区获得了极其宝贵的震后和后续地震震前和震后的观察与研究实践的机会。在震中区亲身经历强震，并进行现场调查研究，通过实践……预报研究计划才找到切实可行的途径……使地震预报科学的实践即时兴起，具有我国特色的地震科学道路从此开创”。“它承前启后，继往开来，是我国地震科学发展的里程碑”。这段总结十分确切地指明，这实际上开始了中国式地震抗震减灾之路，即“通过现场的观测研究，理论与实践结合”的地震预报的新途径。深入地震现场调查与研究，亲自尝一尝“梨子”的甜酸，发现许多现象有利于开展地震预测预报。

当时在马栏地震现场，开始时，地震科技人员认为“马栏主震之后就是余震，不会有更大的余震发生了”，将“调查获得的一些前兆现象，作为经验加以总结，以为只能用于其他地区的地震预报”，未料到 14 天之后，即 3 月 22 日在原震区又发生了一个 7.2 级更强的地震，即宁晋的东汪大地震。当时余震仪已摊成一堆，脚下大地翻腾，烟尘四起，地震仪记录笔也失控，左右摔打，人员站立不稳等等，使人意识到这里就是地震预报科学实验的现场，这些前兆现象原来就是这一大震的前兆现象，这一“现场的科学实践证明地震预报研究的可行性”。提出“小震闹，大震到”的发震规律，利用这些前兆现象的规律，“进行地震预测，不但言之有理，而且是行之有据”，“没有邢台地震，谁敢说地震预报是可能的”。就这样，无意中利用前兆现象进行了一次地震预报实践，使自己从自在状态进入自为状态的新阶段，开始有了信心。应当说，这次体会是在震中区的体会，应当是特别宝贵的。这就是从实践收集地震前兆现象开始总结经验开展预测预报之路。实践派应当说是周总理代表中央提出的中国防震减灾工作方针催生出来的。

“小震闹，大震到”的发震规律，在 1975 年 2 月的海城 7.3 级地震中也出现同样规律，但 1976 年唐山 7.8 级地震就是另一种表现了，表明地震前兆异常出现的情况是多种多样的，需要认真坚持做好前兆调查和总结提高工作。

四、李四光提出了基于地质力学的地震预报工作的思路。这是具有中国特色的可操作性的地震预报工作路线

1966 年邢台地震时，李四光既是地质部长，也是中国科学院主管地震研究的副院长，非常关心这次地震，他虽已是 77 岁的高龄，仍然立即组织了一个地震地质考察队，连夜赶赴灾区。他亲自布置调查地震区及其外围的地震地质构造特征及其活动性，查明地震与地质构造的关系，研究推测地震可能发展的趋势。他还指导在邢台尧山设立地应力观测站，打了两口测量地应力的钻孔，用他指导下设计的地应力仪器观测地应力的变化。1967 年 3 月他还亲自到邢台地区尧山地应力站进行观测和研究地震发展趋势。李四光先生日夜守候在办公室，分析研究

地应力变化，监测震情变化，探索用地应力技术监测地震状况的可行性，表现了一个伟大的科学家的高度责任感和勇于探索的创新精神！

图 2　1967 年李四光在尧山地应力站观测

李老通过这一时期地震预报工作的思考与实践探索，形成了自己的地震预报工作思路，可以归纳为以下 6 点：

1. 李老反复强调“地震是可以预报的”。

李老认为，就多数地震讲，地震都属于构造地震、浅层地震（10—20km 深）。地震之所以发生，可以肯定是由于地下岩层在一定的部位突然发生破裂而产生的。岩层之所以发生破裂，又必然有一股力量（机械的力量）在那里不断加强，直到超过岩石在那里的对抗强度而产生破裂的。故此，关键的工作是要开展地震地质调查，查明地下应力聚集地区和构造特点，再用地应力测量，查明地应力值，及其随应变过程的变化规律，在这个基础来预报地震，我认为地震是可以预报的，但要做出艰苦的探索。如果我们能够抓住地震发生前出现的多种异常变化，我们就可以预报地震的发生。要知道它的发生和发展，就要知道哪些现象与地震有关，并抓住这些现象进行观测。（《李四光论地震》一书的 11 页）。材料力学研究的是材料破裂的力学条件，用于地球物质，特别是浅层地震，则是震源地层发生破坏的条件和过程，所以可称之为地质力学的地震产生的条件。

2. 他反复地强调：要从中国实际出发走出自己的路。

1966 年 10 月，在会见中国科学院兰州地球物理所几位同志时谈地震预报问题。他强调说：“我们也是在摸索当中，没有经验，还要向你们学习。关于地震预报工作，美国和日本有个十年规划。他们的做法，基本上是在断层带上打深钻测形变，日本也利用倾斜仪测地壳倾斜。还有布置密集的地震台网等，各有各的观点和做法（注：2004 年以后美国又提出两大计划，拟在板块边界处建立 GPS 测网和应变测量仪，8 天一次高精度合成孔径雷达观测，建立全国高、中、低频地震阵列网等）。我们只能根据我国的实际情况进行摸索，不要先划框框，要从实际出发。譬如，用倾斜仪测地面的倾斜，这是他们的观点，我们不否定它。国内有些单位也使用过它，但效果不怎么好，倾斜度很小，要求还很高。因此，我们虽然不否定它，但也不必重视它。”（《李四光论地震》第 9 页）

3. 要大力加强地震地质调查。

这是地震预报工作的基础，地震地质工作的目的是要找出未来可能发生大地震的危险地段。

工作内容：

（1）查明哪里有活动构造带，它是怎样活动的，已发生的地震是位于哪条断裂带的。

（2）构造带的活动是怎样引起地震的？即，查明活动构造带的所在，追索它伸展的方向和范围；鉴定活动断裂带的性质；测定活动构造带的活动程度和频数；尽可能地找出和这个活动构造带有密切联系的其他构造带，也就是它所属的构造体系。

（3）调查研究活动构造带中某些具有特殊构造的部位，如构造活动带曲折最突出的部位，活动构造带的两头，一条活动断裂带与另一条断裂带交叉的地方等等应力集中处易于发生地震的地点，即圈定未来最可能发生大地震的危险区段。用今天流行的说法，即要找到地应力集聚的特定的构造部位，或称活动断裂（注：地表可看到的和隐伏的断裂，特别是震源层附近的断裂分布）的应力集中地段；有人提李老的“四点论”，在活动断裂带的交叉点、拐弯点、断裂的端点和特殊点，即地震最易发生。或者称为大震的孕震区。

（4）一条断裂带发生地震后，就要注意有密切联系的其他构造带的反应，很可能会发生相应的活动。从这一观点出发，我们在野外工作时，就可以以此为线索，将未来地震危险区圈定，落实到一个活动构造体系分布的范围，把它当作可能发生地震的危险地点看待。

（5）要用多种方法手段，包括物探方法、测微量位移、地形变方法、坑探、槽探乃至钻探以了解断层面的性质，断层两盘相对错动的方向和局部应力作用强度，包括浅表层和震源层调查。

（6）搜集历史地震资料确定震中的分布与构造带或构造体系的关系。通过地震仪测出震中，补充和检验历史地震的震中与现今活动构造带的关系。

（7）建立若干海平面观测站，测定海面对陆地的升降变化，研究海面与陆地的相对运动。

（8）我们不仅要提出地震危险区，而且要指出危险地带。要在关键性的地区建立地震预测试验站。

4. 要抓住地应力测量。

地应力为地壳构造运动的主因，地震则是地应力与深部地壳作用的结果。没有地应力与地应变能的积累就谈不到地层的破裂和地震的发生。所以，研究地震既要着眼于点上的地应力，还必须重视力作用对象的岩石力学性质，更要从区域上，从构造体系上和破裂带上去把握地应力的分布和聚集，不能孤立地研究前兆异常现象，更不是仅仅停留在现象的归纳概括上。（陈运泰院士提出这两个结论还没有得到验证。）

在一个构造上互相联系的地区中，选择适当地点，观测地应力加强过程，是探索地震预报比较可靠的途径。

地应力的来源也是有多种，板块运动之力是主要来源之一，但也不能否定局部的其他来源；地球自转也会产生大规模的水平运动；重力均衡则是客观存在，到处起作用的，但是不同地区的均衡调节面是哪一个需要明确。

这里，要特别注意小震活动地区，它正是小断裂发生的地区，预示着区域应力的增强和调整，并从宏观上判断未来大地震可能发生的部位（即可能是“小震空区”）。

5. 抓地震前的各种前兆现象。

在地应力增强过程中会同时发生许多其他现象，可以用来做地震预报。李老提出 10 多种应观测研究的前兆对象。主要有地应力（电感法，后又用水压致裂法测地应力，强调测地应力而不是地形变）、断层形变测量、地下水位、超声波法、形变电阻率法、钢弦法、重力法及地电法，以及其他先进的技术手段进行观测。

6. 综合研究与做出判断。

要对所取得的多种数据进行综合研究和数学计算等，研究区域应力与发震地块相互作用和在哪些区域易于应力集中引发地震的可能性大的地区，对地震发生的几率进行估算和做出预报。个别孤立的一个地应力异常值是不能就事论事地做出能否发生地震的判断。地震有地域性，各地区的岩层性质与地质构造背景不同，地震发生的规律（这要注意长期探索积累）也会不同，解释数据时要有区别。

通过这6条做法，李老就把地震预报现场工作具体化了，变得具有可操作性。体现了地震现象的多学科性质，研究方法的多学科结合，地震学仅仅起到它能发挥的作用。

李老地震预报思想的初步实践检验。

1966 年 4 月 10 日，他从活动构造体系关联性角度预测了河间地区可能要发生地震，结果在 1967 年 3 月发生了 6.3 级地震。

1967 年 10 月 20 日，在国家科委地震办公室研究地下水观测会议上，李老又指出，“应向滦县、迁安地区做些观测。如果这些地区活动的话，那就很难排除大地震的发生”（《李四光年谱》329 页）。

在地震地质大队 00148 号档案文件中记录有：李四光说“天津—北京，清楚地有一条北西向断裂带。北京西山到西北旺一带，可能是一个由剪切力形成的北北西向羽状断裂。即使京津不发生地震，在京津以外发生了地震，它的影响是很远的，也有可能影响到京津。滦县—迁安（位于唐山市东偏北 40 千米左右），可能东西向构造带的活动更重要一些。东西向构造带延伸很深，范围很大，很强烈，发生震群的话，可能延续的时间长，释放的能量也比较大。这里，地震沿构造向南延展的可能性小，而向东西发展则可能性大些。因此，我们应向滦县、迁安这条东西向构造带地区做些观测”。后来，地震地质大队据此便在唐山陡河、滦县和昌黎建了 3 个地应力观测站，在凤凰山、滦县等地建了十几个跨断层位移测量点，展开监测。1975 年，因经费不足，唐山地震危险区跨断层测量被停止了。

在《一九七六年唐山地震》一书中也提到李四光的这段发言，即“李四光教授在邢台、河间地震发生后，指出整个新华夏构造体系在活动；同时，曾从东西向构造的活动特点出发，强调应对滦县、迁安地区做些观测。另外，还指出沿天津—北京有一条北西向断裂带，提醒注意对此断裂带活动的观测”。

由于李四光这个意见并没有引起当权者的重视，从而放松了对唐山地区的地震监测工作。1976 年 7 月 28 日凌晨 3 时 42 分唐山陡河断裂发生了一个 7.8 级地震，18 时 45 分在唐山东北 40 余公里的滦县又发生一个 7.1 级地震，11 月 15 日 21 时宁河县发生一个 6.9 级地震。

1969 年 7 月 18 日渤海发生 7.4 级地震后（震源深度为 35km，位于北西向断裂与北东向断裂交会点处），李老又及时指出地震不会向北发展（指不会向北京、天津发展），但可能沿郯庐断裂发展，他建议加强海城的地震监测。

从以后实际发生的地震和发展方向上看，李四光的推测还是获得了事实的验证。

很有意思的是，即邢台地震、渤中地震、海城地震，以及唐山地震的主震震中都是位于北东向断裂与北西向两个大断裂的交叉部位附近！与李老强调的断裂交叉处是应力集中地段的分析是一致的。

以上的分析是以地表断裂的分布来论述的。实际上主震震源深度都在 10—20km；渤海地壳薄，35km 深度的震源，可能已达上地幔盖层——莫霍层。在震源深度处构造情况会有所不同，需要探索。

1969 年 7 月 18 日，周总理宣布中央决定由李老出任中央地震工作领导小组组长，当时他已年过 80 岁了，还患有动脉硬化性心脏病及总动脉瘤。1971 年 4 月 29 日因动脉瘤突然破裂，抢治无效而逝世，他带着无限的牵挂和遗憾走了。周总理在告别仪式上向地质界和地震界同人宣读了李四光的遗书。遗书中，主要记述了李四光临终前一天的遗言：“地热工作我比较放心，它已经被人们重视起来，不放心的是地震预报。外国人的路子是走不通的，但是我的观点还没有被人们采纳，还不知道我有没有时间和同志们一起去征服地震预报。”周总理号召大家：“你们一定要继承李四光同志的工作。完成李老未完成的事业。”

五、地震部门开始重视了地震地质，但又强调了地震空区和地震活动性参数

国家地震局为加强对未来大陆大地震危险区的战略研究，2007 年出版了

《2006—2020年中国大陆地震危险区与地震灾害损失预测研究》报告（以下简称《预测研究》），提出了27个地震危险区。

2008年汶川地震后，除去组织了专门的汶川8.0级地震科学研究报告，回顾总结了汶川地震失报的经验教训外，2008年8月初，国家地震局又启动了“中国大陆7、8级地震危险性中-长期预测研究”，并于2012年正式出版了研究成果报告——《中国大陆大地震中-长期危险性研究》（以下简称《M7专项成果》），提出中国大陆地区未来十年及稍长时间（到2022年及以后）可能发生M≥7.0级地震的地区15个，还有值得注意的地震危险区17个（310页）。

这两个报告的工作基本思路和所用的数据资料类型基本相同，即都以地震地质、地震活动性、大地形变（GPS、区域水准、重力和跨断层），以及中国大陆地震大形势分析（包括强震主体活动地区预测等）为中心，研究了未来中国大陆的大地震形势。《M7专项成果》则没有地震大形势分析这部分，改之以大地震相关震例和强震趋势与主体活动区分析！

下面图3、图4为《M7专项研究成果》所列出的地震地质部分预报研究的技术路线图及综合判定地震危险区的技术路线。

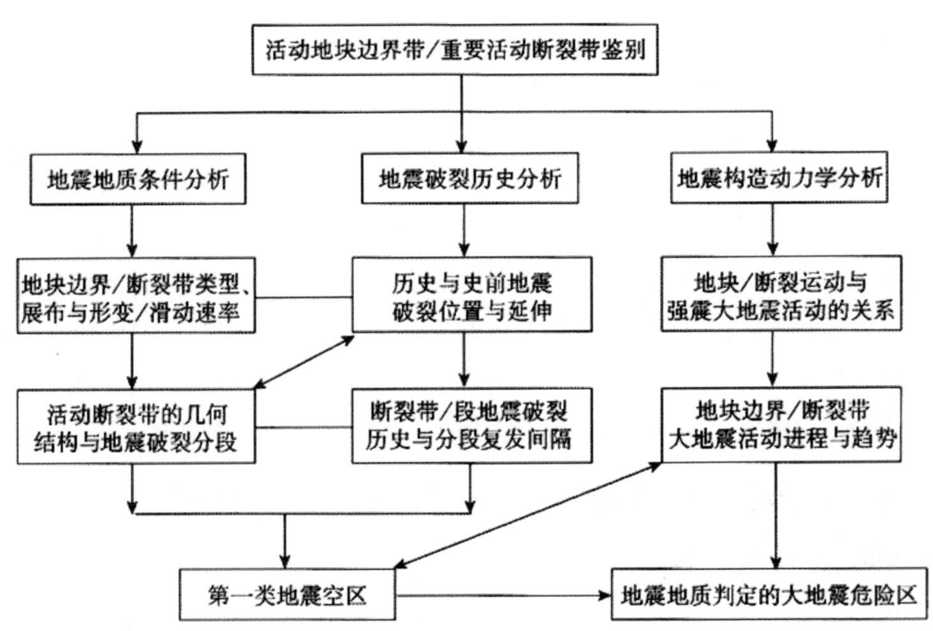

图3　基于地震地质与历史地震研究判定M≥7.0级地震危险区的技术

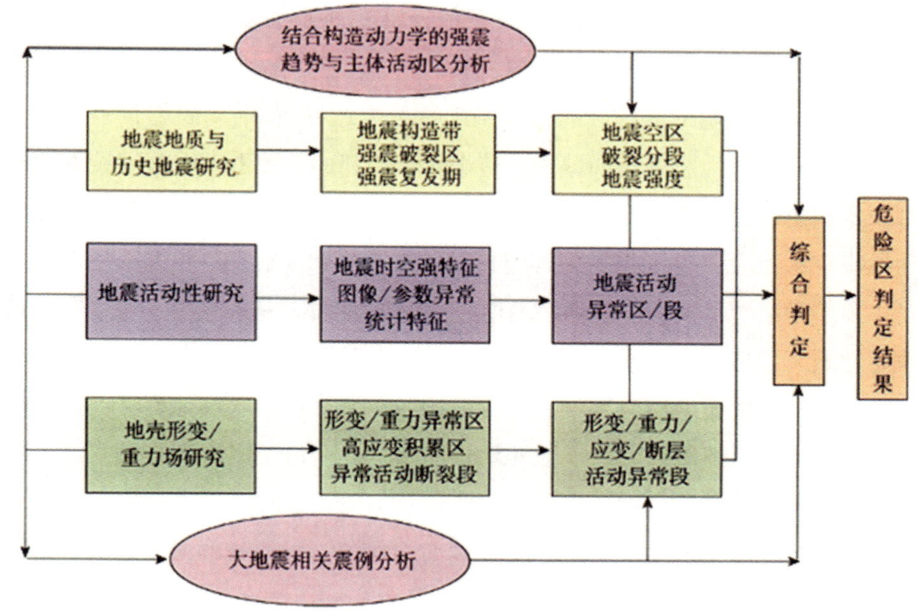

图 4　M7 专项判定大地震危险区的技术路线

《预测研究》与《M7 专项研究成果》研究中所列的地震地质工作内容和目标基本一致，主要内容为：

1. 研究和判定中国大陆及其附近主要活动地块及活动断裂带的长期强震活动背景、目前及未来的强震活动阶段，以及未来强震可能发生的构造带（段）及时间段。

2. 区域古地震活动性研究，分析古地震破裂的时空迁移特征，判定活动断裂带的长期强震背景，现今及未来所处的强震活动阶段，寻找和判定潜在的强震危险断裂带和断裂段。

3. 主要活动断裂带的破裂分段与强震危险断落研究。包括强震平均复发时间间隔，最晚强震离逝时间，寻找破裂空段，判断未来具有强震危险的断裂段。

《M7 专项研究成果》特别强调了确定“地震空区”的做法，认为它是确定未来大地震发生地点的主要途径。它提出，中国大陆绝大多数 M≥7.0 级和几乎所有 M≥8.0 级的大地震均发生在Ⅰ、Ⅱ级活动地块/块体边界地带的事实（邓启东等，2002；张培震等，2003；张国民等，2004）。科学分析、识别和圈画出中国大陆重点研究区内活动块体边界带、主要活动断裂带上的地震空区，是 M7 专项分析与判定未来大地震可能发生地段进而估计潜在地震强度的一项主要的基础性研究工作。

作者进一步说明地震空区的理论基础是板块边界带/活动断裂带上那些已较长时间没有发生大地震破裂的地段，其相对于相邻的、发生大地震破裂不久的地段可积累起更高的应力应变，因而可能是未来大地震最有可能先发生的地段。并认为地震空区还应分为Ⅰ类是已有较长时间未发生大地震的，Ⅱ类则是指大地震将发生前的地震空区（茂木清夫，1979）。实质上作者谈到的内容，与李四光提出的地震地质工作内容和目标是一致的。但是，作者没考虑李四光提出的应力会聚区，除去要准确圈定地震空区外，还要考虑其构造环境；在对地震空区危险性评价中，仅仅使用了地震活动性参数和地形变数据，而未使用地应力及其演变的数据；也未从构造体系的角度去追踪地应力活动轨迹。但是，作者给出一个清晰的地震时空演化图，有利于了解地区的地震时空演化，这是很有意义的。

2008 年到现在，已先后发生有：2008 年 5 月的汶川地震，这是逆冲型的；2010 年 4 月 14 日玉树 7.1 级大地震为走滑型地震，深度为 14Km；2013 年 4 月 30 日芦山 7.0 级大地震，深度为 13km；2017 年 8 月 8 日四川九寨沟 7.0 级地震，深度为 20km；2022 年 9 月 5 日泸定（磨西镇）发生了一个 6.8 级地震，深度为 16km。我们需要用这 5 个大震或更多的地震事件来检验已用的预报方法，总结经验和探讨发现的问题。

参考文献

1. 马胜云、马兰，2003，《李四光年谱》，地质出版社.

2. 李四光，1977，《论地震》，地质出版社.

3. 陈运泰主编，2016，《可操作的地震预测预报》，中国科学技术出版社.

4. 孙其政、吴书贵，2007，《中国地震监测预报 40 年（1966-2006）》上下册，地震出版社.

5. 国家地震局《一九七六年唐山地震》编辑组，1982，《一九七六年唐山地震》，地震出版社.

6. 汪成民，2021，《从唐山到汶川——我的地震预报人生》，东方出版社.

7. 张肇诚等，1990，《中国震例》（1976-1980），地震出版社.

8. 张庆洲，2006，《唐山警世录——七・二八大地震漏报始末》，上海人民出版社.

9. 钱钢，1986，《唐山大地震》，解放军文艺出版社.

10. 马宗晋、傅征祥、张郢珍、汪成民、张国民、刘德富，1982，《1966-1976年中国九大地震》，地震出版社.

11. 梅世蓉、冯德益，1993，《中国地震预报概论》，地震出版社.

12. 张国民，张晓东，吴荣辉，等. 地震预报回顾与展望[J]. 国际地震动态，2005，(5).

13. 傅承义. 关于地震发生的几点认识（红肿现象）[J]. 地震战线，1971.

14. 陈立德、付虹，2003，《地震预报基础与实践》，地震出版社.

15. 马宗晋. 华北地壳的多（应力集中）点场与地震[J]. 地震地质，1980，2（1）：39-47.

16. 陈章立，2004，《浅论地震预报地震学方法基础》，地震出版社.

17. 赵玉林，钱复业. 唐山7.8级强震前震中周围形变电阻率的下降异常[J]，地球物理学报，1978，21（3）：181-190.

18. 地壳应力所情报资料室，2006，地壳构造与地壳应力——地壳应力所成立40周年专辑.

19. 《2006-2020年中国大陆地震危险区与地震灾害损失预测研究》项目组，2007，2006-2020年中国大陆地震危险区与地震灾害损失预测研究，地震出版社.

20. 中国地震局地震预测研究所，2020.9，《2021—2030年中国大陆地震重点监视防御区确定工作报告（送审稿）.

21. 仇勇海、刘春生、戴前伟，2008，自然电场法预测地震，中南大学出版社.

1975年2月4日海城7.3级地震防震减灾成功的基本经验及其重大意义

——纪念海城地震防震成功五十年！

赵文津

中国工程院资深院士
中国地质科学院研究员
福星大观遥感减灾研究院研究员

摘要：作者根据朱凤鸣、吴戈编写的《一九七五年海城地震》一书和汪成民、高建国等所写的诸多总结性文章，对海城地震的预测、预报的具体过程进行梳理，明确地震发展过程中各阶段的异常特征和决策依据，以及采取的措施，探讨了其基本经验和问题，以加深对中国特色的地震工作方针的理解和认识。

一、引言

1975年2月4日北京时间19时36分辽宁省海城县岔沟公社发生了一个7.3级大地震，震中位于（北纬40° 39′，东经122° 48′），震源深度为12km，震中烈度为九度强。

这是一次十分成功的预报，由于震前各级政府都及时作了恰当的工作安排，地震虽然发生在辽南人口稠密、工厂林立的地区，震灾造成的毁坏城镇房屋508万平方米，农村民房86.7万间，直接死亡人数是1328人，和邢台地震死亡8064人相比，伤亡人数却大幅度地减少了。专家们根据地震的强度和发生时间、地域及震区人口、大震造成的房屋倒塌、破坏的数目估算，这次临震预报成功和采取的防震措施，至少减少了10万人的丧生。

辽宁地震预报的成功引起了国际上的轰动，约20个国家和国际组织，以及联合国开发计划署的重视，并多次派人到中国进行考察。但是，国内一些地震专家对这次地震预报是否成功，一直争议不断，一些专家认为这次地震预报是偶然碰上的，甚至在国际活动中公然否定它的意义！鉴于海城地震是自 1966 年邢台地震周恩来总理提出我国防震减灾工作方针以来，也是李四光在邢台地震预报研究，提出的地震预报路线以来遇到的第一个陆上大地震，现在海城地震已经过了 50 年，今天我们要以回顾这次地震预报取得的经验和不足，来纪念海城地震，重新认识和评价这次地震预报所走过的工作路线是极有意义的事情。本人做个抛砖引玉之举，欢迎大家一起讨论研究。

二、1975 年海城 7.3 级大地震的区域地震地质构造位置

1.辽东半岛，为一隆起区，地表出露有晚太古界鞍山群的花岗片麻岩、混合岩、夹条带磁铁矿石英岩、变粒岩等深变质岩系，地表见到的厚度累计达 10km，年龄在 24 亿年以上。区域的片麻理方向为东西向。上覆有元古界辽河群二云母片岩、大理岩，广泛分布于隆起区，年龄在 16.7 亿年。

辽东地区的主要断裂有三条：金州—海城深断裂，呈北 30 °东走向，延长 200 多 km，断层面倾向北 N60 °西，倾角为 40～60 °；在海城三道岭一带，第四纪粘土砾石层堆积中见有北东走向新鲜断层擦面，擦面陡直，擦痕为水平斜向。庄河断裂，走向北 50-60 °E，长 200 多 km，断层面倾向南 30 °东，朝黄海倾斜，倾角为 60 °，并呈向黄海阶梯式正断层滑落。海城—大洋河断裂，走向为北 45 °西，与前两条断裂相交切。断层面倾向 N45 °西，倾角为 60 °，并发现有走向北 23 °西方位的次级左旋滑动位移，切穿早期的断层破碎带。

在海城县孤子山康家岭可见到断层位于元古界的片岩和大理岩之间，断层面向南西倾，倾角为 60 °，断裂带内见新的断层泥，并发现有走向北 23 °西方向的次级左行滑动位移，切过早期断层破碎带。图 1 中给出的海城地震震中区位于东北走向的海城—金州断裂与北西向的海城—大洋河断裂（图上标示为小孤山—岫岩隐伏断裂）的交叉点的东南（断裂位置和震中准确位置待定），地表为下古生界的基底层内。金州断裂也是辽东隆起与辽河断陷（图 2 表示凹陷最深达 400 多米，图 1 则表示为一凹陷中的地垒构造）的交界线。其北则为郯庐大断裂北延部分，金州断裂与其平行，并可能是其平行分支。渤中地震正处于郯庐断裂与北西向烟台—天津断裂的交叉部位，并可引起地应力沿郯庐断裂向北的传递。

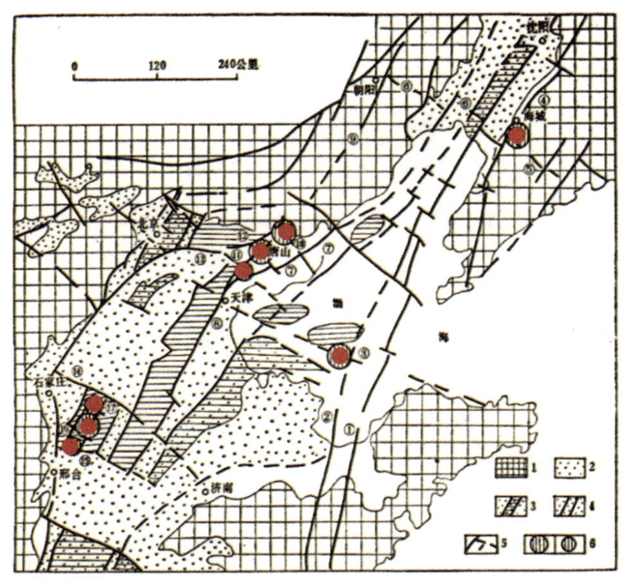

图 1　华北地区强震震中与断裂分布图（红点为大震震中位置）

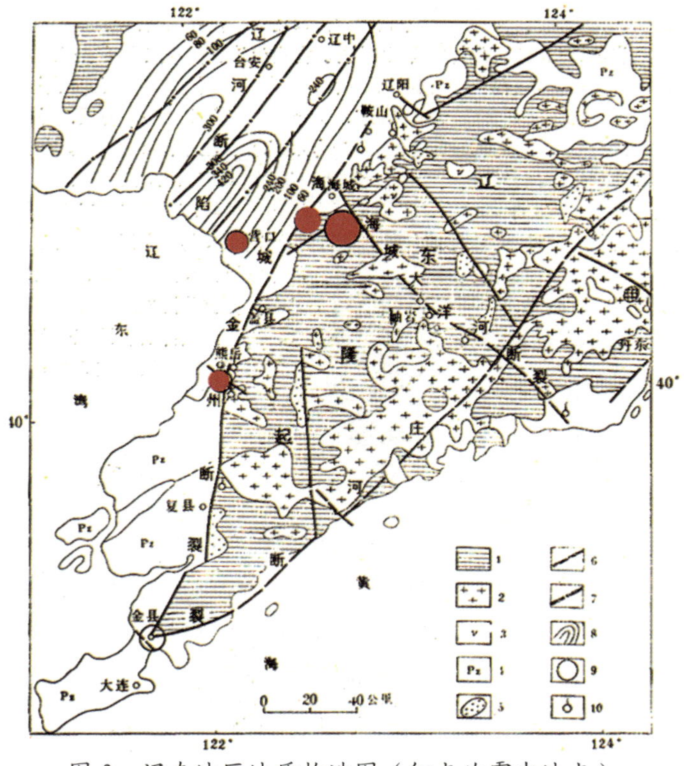

图 2　辽南地区地质构造图（红点为震中地点）

海城附近的地震地质图，见图 2。震中分布在下古生界地层分布区，附近分布有花岗岩株。

海城地震震源参数：震源深度为 12km，节理面 A 走向为 N70 °E，倾向 NE，倾角为 81 °，主压应力轴 P 轴为 N66 °E，倾角为 18 °；主张应力轴 T 为 N157 °E，倾角为 4 °。地表形成的破裂长度为 54km，宽度达 24km。

三、海城地震防震的历程和基本经验

按照朱凤鸣等的叙述：

1. 1969 年，即震前 6 年，1969 年 7 月 18 日渤中地震前后，辽宁省熊岳地区、桂云花、大连东侧的长山列岛，以及宽甸等地，相继发生中小地震，有的还造成破坏，这种震后效应引起人们的注意，提出渤中地震后，地应力将转向何处聚集和会不会孕育成新的大震？

1969 年 7 月 18 日在国务院讨论渤海 7.4 级地震的发展趋势时，周总理亲自询问李四光的意见：“分析好地震发展动向很重要。渤海地震后地震趋向是否会向辽南发展？”李老赞成派队伍去辽南加强地震监测。

2. 1970 年，即震前 5 年，本区开始了少量地震监测工作，进行地震危险性评估。

在周恩来总理指导下，召开了首届全国地震工作会议。会议在总结了邢台、渤海、通海等地震的基础上，对我国各地震区地震活动大趋势和地震危险性做了初步的估计，并遵照“预防为主”的方针，制定了地震预报工作的五年计划，部署了全国的地震工作。会议根据邢台地震以来，特别是渤海地震以后，辽宁南部和西部地区出现的地震活动的新形势，并考虑工业、人口比较集中的特点，将辽宁也划为全国重点地震监测地区之一，并确定在这个地区组织队伍，积极开展地震监测工作。会后，辽宁省立即建立了省地震办公室，并按照全国地震会议要求和布局组织专业队伍，着手开展地震监测工作。

在建立国家地震局及有关省、市地震机构的讨论会上，对历史上少地震的东北地区是否也要设地震机构曾经有过不同意见。李老在发言中阐述了邢台地震后地震趋势总体上是沿着华北东部几条新华夏系断裂由南向北方向迁移的趋势，1969 年渤海地震后不排除下次地震沿郯庐断裂向北发展的可能，何况熊岳地区已经出现烈度异常。最后，由周总理亲自批准于 1971 年在历史上少地震的东北地区建立沈阳地震大队负责东北地区工作，重点任务是监测辽南地区。

在建立地震局机构时，总理郑重提出要“树雄心、立壮志，力争地震工作取得突破，在三五年内放异彩、放原子弹”为这些机构树立明确的战略进攻目标。

此后，辽宁地区还先后建立了沈阳、大连、营口、丹东、金县、抚顺等 13 个地震台，以及其他地震前兆的观测。还以辽南地区为主，建立了流动重力和地磁观测网及部分短水准测量；还围绕着主要断裂研究地震活动性，部署了地震地质调查和大地水准测量的复测工作；还收集、整理和研究了历史地震、区域地质构造、地球物理勘查与大地测量资料。通过这一系列的调查，对辽宁地区的地震危险性逐步加深了认识：

（1）进行了新断裂及其活动性的野外调查和综合研究。

这项工作最早由辽宁省地震办公室组织联络，由中科院地质研究所、地理研究所、地质部东北地质研究所、辽宁省地质局和煤管局，分别派人联合进行调查，后来省地震局沈阳地震大队成立后，继续承担了这项工作。这个期间一方面收集和整理已有的各种资料，一方面对本区的几个主要断裂带，如营口—开原、海城—锦州、庄河，以及辽西的大凌河、老哈河等断裂的活动性及其特征，下辽河中新生代断陷盆地的演化特征等进行野外调查研究。

调查结果表明，辽南地区的金州、庄河、鸭绿江断裂都为活动断裂，尤以金州—海城断裂为明显，其北的营口、熊岳、金县，以及鸭绿江口等地，都发生过破坏性地震，近些年来这些地方小地震也有增加，最大的 3～4 级。将历史和现今的地震活动性结合起来分析，认为辽南地区可能进入新的地震活跃期，所以判断辽南一带这些断裂孕育着破坏性地震的可能性更大一些。

（2）了解辽宁地区地壳运动状态。由天津地震测量大队开始在辽南，即辽东半岛进行了区域大地水准路线复测，后来，沈阳地震大队对这条路线和其他路线又进行了复测。测量结果显示，辽东半岛近十多年以来，呈现为东南部相对抬升，西北部相对下降，在营口附近为下降中心，每年相对庄河、大连下降 3-5 毫米，并在岫岩、海城、盖县三角区，大致以海城为顶点，形成两个地壳垂直形变梯度带。表明辽南地区近些年是一个一直在发生着较大差异运动的地带。

（3）辽南地区历史地震资料统计表明，华北和渤海地区的地震活动，往往会牵动辽南地区出现地震活动，它们之间似乎存在一定的呼应关系。1966 年邢台地震后，华北和渤海地区发生一系列地震，1969 年 7 月 18 日发生渤海 7.4 级地震的前前后后，辽宁境内的义县、熊岳城、桂云花、大连东侧的长山列岛等地，相继发生中小地震。

历史上曾经多次发生地震的郯城—庐江深断裂带向北伸入到辽宁地区内的地段，历史上地震多数发生在这条断裂带附近。所以考虑历史上地震北迁的趋势，也应考虑辽南地区的地震危险性问题。

初步结论是，估计辽宁地区存在着发生破坏性地震的背景，而辽南地区较其他地区地震危险性可能更大一些。但对近年内能否发生较强地震及震中在哪里还说不清。

3. 1974 年上半年，即震前八个月，有了许多新的异常现象出现。

（1）辽宁地区小震活动明显增加。如辽南的熊岳一带，辽东半岛沿海两侧，地震数量较平常增加 3～4 倍。

（2）金县形变观测站发现，从 1973 年 9 月到 1974 年 6 月，跨金州断裂的短水准测线在三年平静的背景下出现了异常，累计垂直形变异常量达 2.5 毫米，高于正常年变率的 20 余倍，可能是较大地震的震前活动特征。

（3）北京大学在大连的地磁站，发现 1974 年 5 月 22 日较 1973 年 10 月 17 日，地磁场垂直分量增加了 21.5 伽马，认为这可能与地壳中应力场强度的明显改变有关。

（4）海洋部门报告了渤海北部六个潮汐观测站都出现海平面上升，最大达十几厘米，为近十几年所未有（代表什么？）。

（5）华北北部近年长期干旱，1973 年以来，出现少有的暖冬冷春，干湿失调的气象异常。

综合上述各方情况后，提出了渤海北部在一二年内，可能发生 5～6 级地震的地震预报意见。

4. 1974 年 4 月，国家地震局党组决定成立保卫京津小组，任命了汪成民为组长，其中京津地震分析组，负责大华北地区地震监测震情分析；1974 年 6 月，国家地震局召开了“华北及渤海地区地震趋势会商会”，沈阳地震大队根据地震活动性和短水准异常，并参考了本区地应力和水氡的异常情况，在会上发言提出辽宁南部或渤海湾地区在不太长的时间内可能发生强震的意见。根据这次会议的纪要，1974 年 6 月 29 日国务院发布了《关于华北及渤海地区地震形势的报告》即 69 号文，提出多数人认为京津一带，渤海北部，今、明两年内有可能发生 5～6

级地震的估计。69 号文原是一份普通会议纪要，是把会商会中各种意见汇总上报的文件，由马宗晋、汪成民、高旭等三人起草，经过胡克实与周荣鑫亲手修改，增加了“要立足有震”等关键性文字后，以中科院文件形式上报国务院。周总理阅后决定将这份报告以国务院文件形式下发各省、部、委，解放军各兵种，向各行各业发布震备的总动员令，变成了国务院指令性行动指南。

《国务院批转中国科学院〈关于华北及渤海地区地震形势的报告〉》（国发[1974]69号 1974年6月29日颁布）

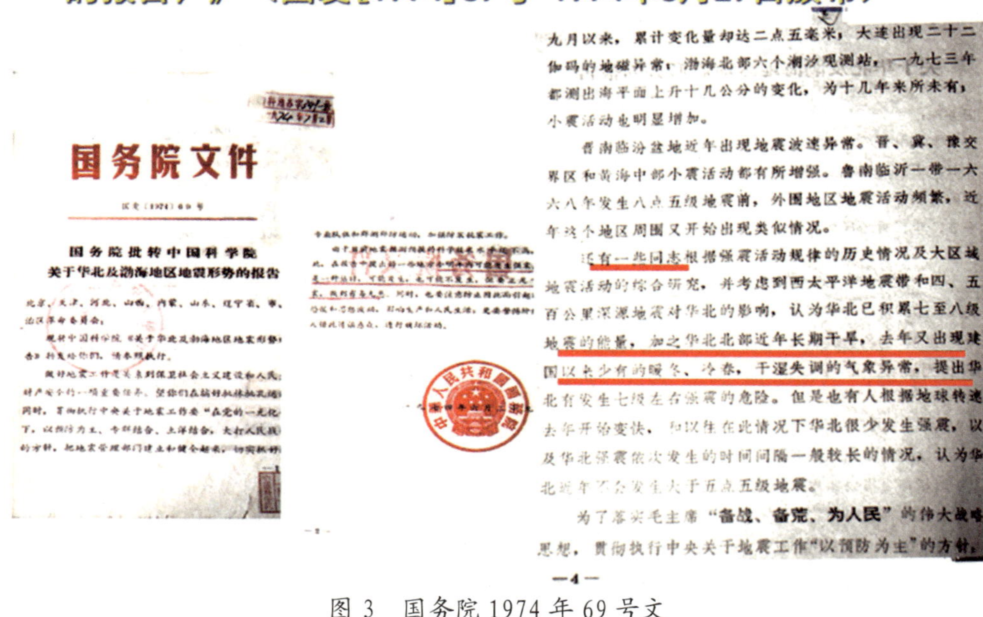

国务院文件

国务院批转中国科学院
关于华北及渤海地区地震形势的报告

九月以来，累计变化量却达二点五毫米，大连出现二十二伽玛的地磁异常，渤海北部六个潮汐观测站，一九七三年都测出海平面上升十几公分的变化，为十几年来所未有，小震活动也明显增加。

晋南临汾盆地近年出现地震波速异常。晋、冀、豫交界区和黄海中部小震活动都有所增强。鲁南临沂一带一六六八年发生八点五级地震前，外围地区地震活动频繁，近年这个地区周围又开始出现类似情况。

还有一些同志根据强震活动规律的历史情况及大区域地震活动的综合研究，并考虑到西太平洋地震带和四、五百公里深源地震对华北的影响，认为华北已积累七至八级地震的能量，加之华北北部近年长期干旱，去年又出现建国以来少有的暖冬、冷春，干湿失调的气象异常，提出华北有发生七级左右强震的危险。但是也有人根据地球转速去年开始变快，和以往在此情况下华北很少发生强震，以及华北强震依次发生的时间间隔一般较长的情况，认为华北近年不会发生大于五点五级地震。

为了落实毛主席“备战、备荒、为人民”的伟大战略思想，贯彻执行中央关于地震工作“以预防为主”的方针，

—4—

图 3　国务院 1974 年 69 号文

5. 1974 年下半年，在 1974 年 69 号文件推动下，群测群防工作像雨后春笋般发展起来，建立了专群联手捕捉地震的天罗地网，密切注视着自然界的任何异常变化，不放过任何蛛丝马迹。一方面加强了专业队伍的地震监测，另一方面采取各种形式，宣传地震知识和防震知识。先后放映地震知识的电影幻灯片 5971 场，广播地震知识 3414 次，发出宣传材料 129.2 万册，建立起群众测报点 2275 个，参加人员达 4269 人（见 181 页）。

6. 1974 年 11 月，东北三省召开了地震趋势会商会。会上展示的新信息有：

（1）做了 4 条短水准测线，每段 10km，以验证金县短水准异常，证实了以

前的观测结果，即辽东半岛是向西北倾斜。金县短水准异常，1974 年 9 月开始了急剧上升。

（2）大连的地磁点经过复测，1974 年 9 月 25 日仍有 13.5 的正异常。

（3）熊岳及辽东湾南部小震活动继续增加。

（4）已发现的水氡和地应力等异常仍在发展，有的趋于结束。

会商会在纪要中明确提出：营口、大连等地是近期发生破坏性地震危险性较大的地区，是今后工作的重点地区，需立即采取措施，加强监测。

7. 1974 年 12 月中旬，这是短期阶段。开始出现的新异常现象。

（1）水位水质异常。丹东市九连城等四个公社的一些水井，突然发生变浑、变味、冒泡和大幅度水位起伏。

（2）动物行为异常。在严寒的天气里，在辽阳、鞍山、海城、营口、岫岩、盖县、盘山等地区，在震前一个月就出现冬眠的蛇出洞，先后总计约百条，一些蛇冻死在雪地里，老鼠成群出现并表现出惊呆和不怕死，共有 900 起，种类达 30 多种，个体数超过 2000 例。家畜也表现反常，但是，就震区内全部动物来说，仍然只是很小部分，其中穴居蛇、鼠等动物异常反应较早。

（3）沈阳台的地倾斜观测曲线出现明显的转折，并有打结和加速现象。

（4）盘山、锦州、沈阳、大连、丹东等地的水氡异常出现突跳，异常变化幅度达 20%～40%。海城没有设测点。总的是各点氡含量变化十分剧烈，高值波动幅度大。氡气含量变化剧烈的点分布在丹东、盘山—兴城一线，即辽南和辽西地区。

根据这些异常显示，辽宁省地震办于 12 月 20 日召开了全省紧急会商会，分析了形势提出近期在丹东、盘锦—营口、熊岳—金县三地可能发生 5 级左右地震。其中重中之重是丹东地区，要放更大的注意力。

8. 1974 年 12 月 22 日，在葠窝水库爆发一个 4.8 级地震。水库位于海城之东北，辽阳与本溪之间。震中远离宏观异常较多的丹东地区和另两个地区；也不是大家设想的大震。经开会研究，认为有 4 点理由说明这个地震不是大家推定的大震。

（1）宏观异常继续在更大的范围内发生，从辽阳、本溪、鞍山一直到锦州、大连，动物行为异常很多，除蛇类、鼠类之外，还有家畜、家禽、鸟类、鱼类，以及公园中的虎、猴，也有蚂蚁、蜈蚣、蝴蝶等冬天看不到的昆虫。

（2）金县台短水准曲线异常幅度较大，在 4.8 级地震前短时间内或震后都没有发生明显变化。考虑葭窝地震与此相距 300km，依次推定，估计这些异常与葭窝地震无大关系。

（3）几个地震台测定的地应力、水氡和地倾斜异常均未结束，可能还在发展。

（4）调查发现，水库坝高 50.3 米，仅此不足以产生 4.8 级地震，很可能反映地区内构造活动有所加强，已有异常估计应该对应着更大的地震。

研究得出的结论是，4.8 级地震可能不是预期将要发生的大震。

9.1975 年 1 月中旬，国家地震局又一次召开了全国地震趋势会商会。会上沈阳地震大队根据以下三点提出 1975 年上半年甚至一二月份，可能发生 5.5～6 级地震：

（1）地震活动性增强；

（2）金县短水准曲线大幅度异常（显示了地壳是怎么运动的？）；

（3）大范围宏观异常进一步发展（什么异常？分布如何？这是关键时刻!）。

会议研究后，明确提出营口—金县一带，以及丹东地区，上半年将可能发生 5.5～6 级地震（依据没有谈及）。会后，省地震办于 1 月 28 日召集营口、盘山、旅大、丹东的地震办开会，传达会议精神，提出措施，部署工作（看来比较认定这三个地区）。

10.1975 年 1 月末到二月初，又出现大量明显的异常现象，地震已进入临震阶段。

（1）营口石硼峪地震台，从 2 月 1 日开始记录到距震中距约为 20km 的地段，在过去未发生地震的地段，发生了小震活动，小震活动的空间位置较为集中，小震的频度和强度不断上升，2 月 1 日仅有 1 次，2 日有 7 次，3 日突增到几百次，4 日上午还出现两次有感地震（分别为 4.2 级和 4.7 级），4 日下午小震活动急剧下降到平静。这可能反映了区域地应力在增强的过程中遇到更坚固的岩块，形成应变能的再集聚！即出现了小震闹，平静，随后大震发生的规律。辽宁局顾浩鼎后来做了理论上探讨，得出“作为应力集中源的震源在破裂扩展前是稳定的”，从而给小震闹—平静—大震到的现象给出了理论解释。

（2）各种动物异常不仅数量剧增，而且区域不断扩大。有的惊恐万状，有的如同面临灭顶之灾，嘶叫声十分悲惨，分布有规律性。

（3）井水异常在持续发展之中，由东南向西北方向的海城、营口发展。海城、营口及其邻近地区，大量井水发浑、冒泡、变色、变味。辽阳地区一口泉水井已饮用 60 多年，从 1 月末开始变质，以致根本无法饮用。岫岩一个池塘，池水变成喷泉。（这里，营口是向西发展，而岫岩异常则表示地下压应力又转向南部？）

（4）营口石硼峪地震台和周围的群测点土地电的观测值变化突出。

2 月 2 日开始急剧下降，到 2 月 3 日 24 时下降了 100 多毫伏，还出现突跳，幅度达 1000 毫伏。（说明什么问题？）

（5）盘山和辽阳汤河沿的水氡，出现大幅度跳跃，表明辽阳地区也受力加强和破裂加大，导致水氡含量出现突跳。

沈阳地震大队和省地震办经研究后，于 3 日深夜写出震情简报，转而提出在营口、海城地区小震活动的后面，可能要发生一次较大的地震。即推测震中将会从丹东、金县、营口转到海城、营口一带。

2 月 4 日零点 30 分将震情简报和预报意见报送辽宁省革委会，并立即专门派人到海城，配合当地开展防震救灾工作。

11. 2 月 4 日上午 8 点，省革委会听完省地震办关于震情发展趋势汇报后，当即指示省地震办负责人立刻赴海城召开海城和营口两县有关方面和当地驻军负责人参加防震会议。2 月 4 日 19 点 36 分，海城 7.3 级大地震爆发了。因事先防震措施到位，房屋和工程设施虽然遭到很大的破坏，但大大减轻了人员伤亡，估算至少减少了 10 万人的伤亡。

12. 对这次预报活动的评价和经验总结。

（1）辽宁地震局朱凤鸣等人对这次预报工作的评价是：“对相应阶段做出了基本上符合地震活动实际的分析和判断，但是从研究工作的深度和广度看，仍然存在不少问题，尤其是对地震预报时间界限不清楚，震级判断也一直偏低。尽管如此，由于事前预报，使预防工作的准备较为充分……”

（2）辽宁省地震局对海城地震经验总结报告中提出，海城地震的成功是由长、中、短、临的四个关键时间节点的正确决策所造成的结果。

长：1969 年辽宁省建立了第一支地震队伍。

中：1970—1974 年建立沈阳地震大队及市、地、县的地震机构。

短：1973—1975 年广泛建立专群结合地震监测台网。

临震：1975 年 1—2 月捕获大量地震前兆信息，辽宁省领导的及时、正确决策。

这是完全从组织机构建立来谈问题。管理机构的设置应是领导者对地震形势的判断而采取的组织措施，但文中未对地震形势作出分析判断的依据和为什么采取组织和技术的措施。

（3）梅世蓉同志在书中，就海城地震总结了她的 4 点体会：

1）分阶段逐步缩小预报的时空范围的预报思路是正确的可行的。最早是在临汾会议上提出这一思想，海城地震预报，首先是通过地震地质、地球物理、地形变测量、历史地震、现今地震活动性研究及前兆观测等，初步圈出可能发震的危险区，然后通过加密观测及群众测报点上报的观测资料，取得了丰富的微观和宏观异常，再逐步缩小预报地区和时间范围。临震预报主要依靠突出的前震活动及大量的宏观异常。

2）组织短临前兆异常的观测网是实现短临地震预报的关键措施。海城地震之前，人们对短临前兆异常缺乏正确的认识，设想宏观、微观短临异常前兆出现的地区范围可能较小，时间比较短暂，幅度可能较大，尤其是在震中区应有较多的宏观异常现象等。实际情况是，短临前兆异常“三起三落”，且分布范围较广。在大震之前，在辽南地区对观测手段及观测方法进行了适当的调整和补充，增设了地震流动台、水氡观测、短水准测量、自然电场，增加了大量的宏观观测点。还成立了机动队伍，准备随时在一些地区进行加密观测，事实证明，加密测量在海城地震预报中发挥了重要作用。群众测报网提供的大量宏观异常现象，在震情发展趋势方面也起了重要作用。

3）多手段的综合分析有助于对异常性质的判断。

例如海城地震的前震判断，仅从地震活动性的特点不能判定为前震，但与其他异常综合可以看出若震群恰好发生在同期宏观异常密集地区，同时又是在短期预报的地区范围内，加之发生在其他方法预报的有利发震地段，再结合震群本身的特殊性，故可以得出可能大震前震的判断。本次地震也引出许多问题——如大震前一二个月的突发性异常为什么多次起伏？为什么还显示由外围向震中迁移？震中区的地下水、气温、地雾、地光等宏观异常与临震前低空存在强静电场，以及地下可能的载热流体的强烈活动是否有关，等等。

4）重视防震减灾的指导思想。海城地震也创造了成套的经验。如强调树立以预防为主的思想，防止产生对地震的麻痹思想，搞好地震宣传科普工作；建立防震机构；搞好重点工程加固工作；特别是指挥有力，该拍板之处及时拍板，踢好

“临门一脚”。

（4）汪成民则通过自己的亲身经历，深切地感受到海城地震预报进程的各环节关键时刻的决策，从头到尾都是周总理亲自指挥、拍板、批准运作的。这更是强调了领导的作用，但是领导决策是离不开专家的咨询参谋作用，否则就会变成瞎指挥，祸乱无穷。海城地震最为关键性的临门一脚是辽宁省委领导毛远新踢出的。

四、对几个关键问题的进一步分析和探讨

笔者认为，总的说来，这次海城预报虽有各种不足，但应当说达到了防震减灾的目的，取得了抗震救人减少十多万人死亡的重大实效，具有重大的历史意义；并在地震预报之路的探索上，也取得了丰富的经验，预报是相当成功的。辽宁省和国家局地震专家们判断的发震时间、发震等级及发震地点都与实际情况基本符合，加上各级领导及时采取了相应的工作措施，因而取得了抗震实效。这一成果应当予以肯定，表明经验性的地震预报或探索性的地震预报，也可以起到很大的作用！有关领导和地震人员，特别是辽宁省领导和地震人员做出了防震创举！我们不能因对许多问题一时说不清楚而忽视它，否定这次预报工作。相反地，应通过它总结经验，找准科技问题，再通过攻关研究深化认识，并争取逐步解决。周总理强调要在地震预报实践中总结经验不断前进，顾功叙院士积极强调的，从地震机制研究入手几十年解决不了预报问题，就应从实践中摸索着前进，海城地震预报取得实效也正是说明这一条路是可以走得通的，应坚持走下去。这次地震预报中的三个关键问题：大地震重点监测区的选定、发震时间和发震地点的确定，需要进一步回顾、总结和深化认识，并提高到科学层次，这是今后努力的方向。

1. 关于69年、70年选定辽南作为重点大地震危险区监测问题。

这是5年以上地震重点监测区的预测问题，是战略判断问题，也是周总理强调的工作方向问题。当时，我国地震预报工作处于初创阶段，实验和研究工作确实尚少，没有形成一套思想和办法。

当时，领导就东北地震形势征询了许多专家的意见，其中，李四光先生的意见影响最大，他认为渤中地震后，地震应力将会沿着新华夏系东北向转移，并可能形成新的地震危险区。周总理接受这个意见，并下令开展辽南地区的地震监测。随后的多次的工作部署都和这一决定有关。后来，于1974年下半年又颁布了国务

院的 69 号文件，进一步提醒大家加紧地震监测工作。李四光参加邢台地震后，先后提出要加强河间县和唐山地区的地应力地震监测工作，在渤海地震时也提出过地震不会向北跑到北京、天津的意见。此外，还发现李老在云南通海和四川汶川映秀地区都预先布置了地应力测量点。这说明李老的地震预报思路是有远见的，他在地质构造体系和地应力场分布分析的基础上，选定在地应力集中的重点地区进行地应力的监测，以判断地震发展的阶段。李老于 1971 年 4 月 29 日逝世，人们再也听不到他的预言了。我们必须把李老的长期预报思想挖掘出来，这是中国人民的宝贵的思想财富。除李老外，耿庆国先生提出的旱震理论也可能发挥了大的作用，对判断早期孕震地区，值得重视开展研究。

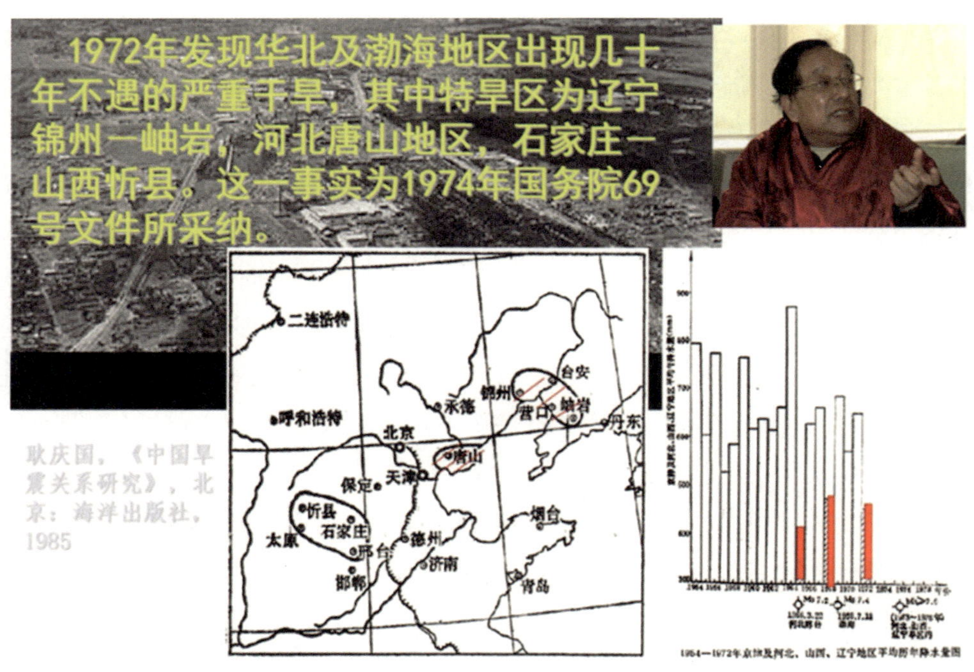

图 4　1972 年耿庆国用大旱作大地震的中期预报

此外，早期的大地形变测量，也可能发现应变积累的阶段的信息，进行早期地震监测工作。辽南地区海城地震前地形变的特点是，辽东半岛的东南部抬升，西北方向的海城—营口一线下沉，营口地区形成一个下沉中心；另一条梯度带是沿海城—岫岩展布，两条梯度带在海城附近交会，形成形变梯度最高的地区；盘山—岫岩—大孤山连线正通过极震区，其中垂直形变如何？缺乏数据说明。本区内地形变可否预示着未来会发生大地震还是问题。它与松潘地震和汶川地震的早期形变特征很不同。见图 5 和图 6。

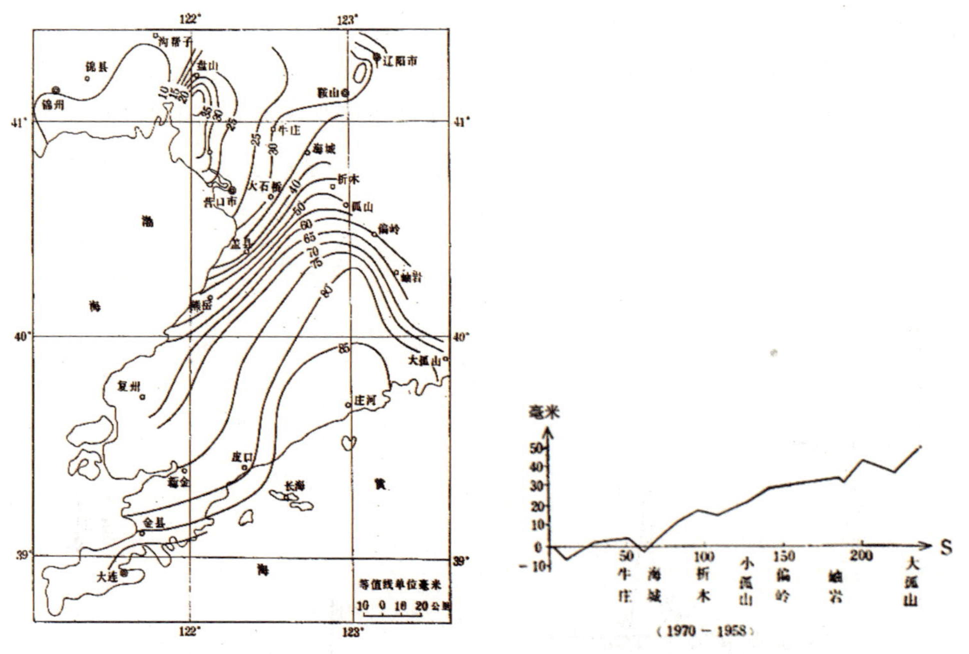

图 5　辽南地区垂直形变图　　　　图 6　盘山—岫岩—大孤山垂直形变剖面图

有了这一战略判断，紧接着就是监测其地震形势的发展，在这一过程中，经常会出现震级较大前震，判断其是前震还是主震这是又一关键问题，唐山大地震前就在这个问题上出了问题，而海城地震则判断得好，因而预报成功。

2. 关于临震时间问题。即以各种宏观异常发生突变，特别是动物行为异常大量涌现的时间点，来预测临震时间。海城地震提供了一例：

利用小地震活动的规律。营口石硼峪地震台记录到震中距 20km 处大量的小震。2 月 1 日一次，2 日有七次，3 日达几百次，4 日 07 时小震活动达到每小时 63 次，同时发生的震级也达到 5.1 级，到 4 日 13 时后又逐步降低，4 日下午安静下来，这段时间只发生了 52 次小震和微震，19 时 36 分大地震爆发了。再次出现了小震闹—平静—大震到的特征。小震多意味着区域应力增强，最后大震就在小震群中闭锁段爆发了。这种异常表现可能与震区更深部的地下岩性——片岩结构有关。如何判断是大震之前的平静，可能要看区域整体的应变能积累的形势？！

前震的震源机制解，其中两个大的前震机制解与主震都一致，即节面 I 走向为 N70°W，倾向 SW，倾角为 85°。石硼峪地震台记录的 79 个地震初动中，78 个是一致的。

按照计算 b 值的经验公式求出的值，N 大则 b 小，海城地震震源区临震前 b 值小，地应力是大的（作者认为是高的），而大震就发生在前震震中之间，应当是前震与主震震源深度不同，可能大震震源深度要大！浅部小震多发地应力衰减了，而深部锁固区地应力增强了，从而导致大震发生。

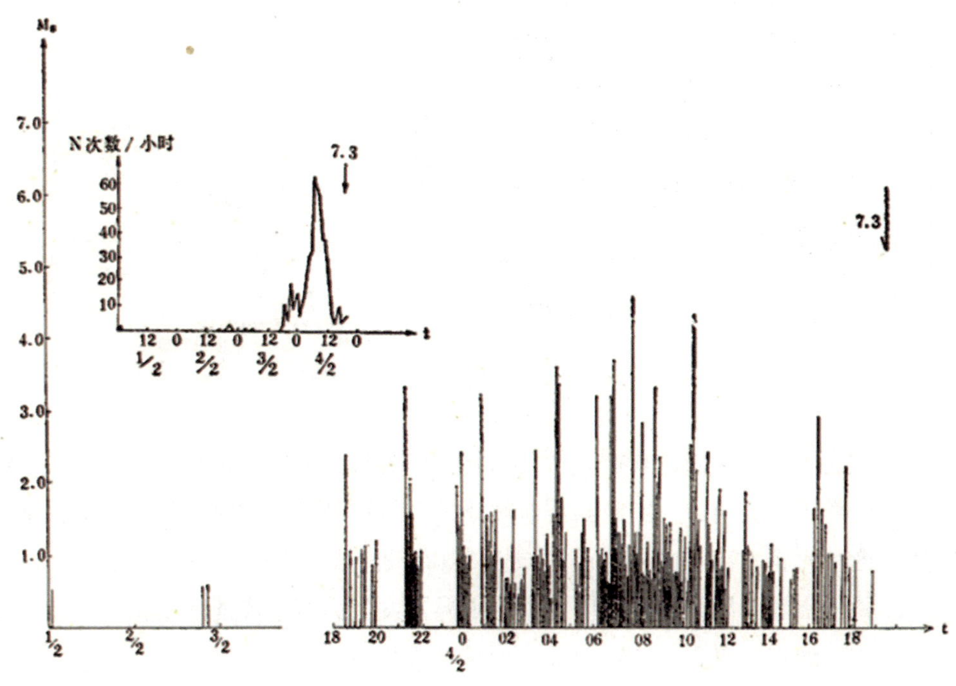

图 7　前震频度变化和序列

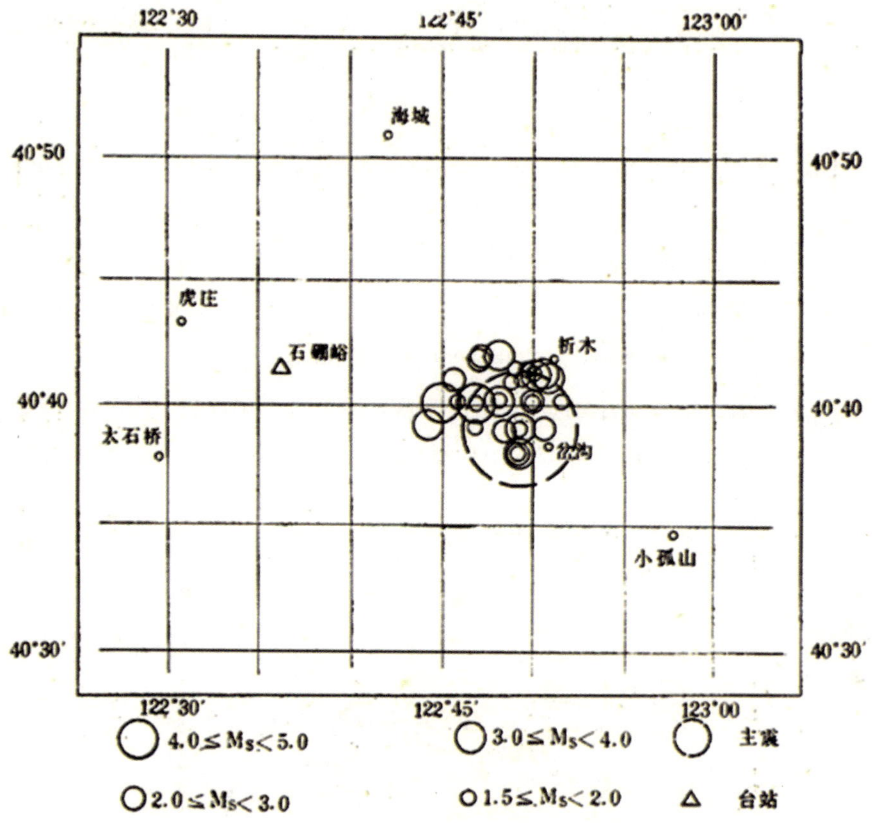

图 8　前震震中分布

作者没有给出前震的深度，主震的深度为 12km。

（1）动物异常。海城地震时震前一周已出现动物异常，到 2 月 4 日则突然出现大量异常，主要动物有蛇、鼠、蛙、鹅、鸡、鸭、乌鸦、孔雀、一些鸟类、鱼、鸽、牛、马、羊、猪、狗、鹿、猫、兔、虎，以及昆虫等，它们表现的时间、形态各具特色，但临震前都表现突出，动物行为宏观异常出现 831 处。

（2）土地电突跳，冶金 102 队土地电开始缓慢上升，临震时出现大幅度下降达 1000 毫伏左右；辽阳、盘山的水氡均发生突跳。加之，表明地下应力状态有大变化！

（3）有 935 处出现地下水异常，已形成山雨欲来风满楼的形势。

广泛发现宏观地震前兆异常正是京津唐与渤海北部五六万之多的群测群防点的优势，它的数量是地震专业台的几十倍。他们组织严密，工作认真，专群联手共同布下了捕捉地震的天罗地网，其中冶金 102 队、营口虎庄邮局等测点做出重大贡献。

3. 关于地震爆发地点的预测。

长期以来地震部门都强调重视三个地点，即丹东、盘锦—营口、熊岳—金县三地可能发生 6 级地震，依据是出现异常数量较多。但在临震之前又出现新情况：

（1）海城地区地下水异常发展趋向十分明显和突出，如水文异常出现“由东南向西北方向的海城、营口发展。海城、营口及其临近地区，大量井水发浑、冒泡、变色、变味。辽阳地区一口泉水井已饮用 60 多年，从 1 月末开始变质，以致根本无法饮用。岫岩一个池塘，池水变成喷泉”。震中区的动物的反应也最强烈，海城地震震中区烈度分布见图 9，震中区烈度达 9 度和 8 度，等烈度线呈北西西—南南东走向。

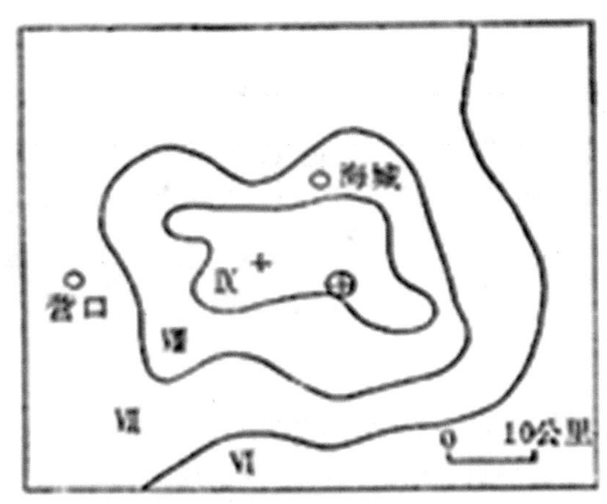

图 9　海城地震烈度分布图

（2）动物异常分布特征。图 10 为相应的各种动物异常分布图。震中位于海城南偏东的岔沟（北纬 40 度 39 分和东经 122 度 48 分），动物异常分布在海城南的西北—东南向带上和海城南营口县成西北—东南向两条带上，并向海城西北方扩展。

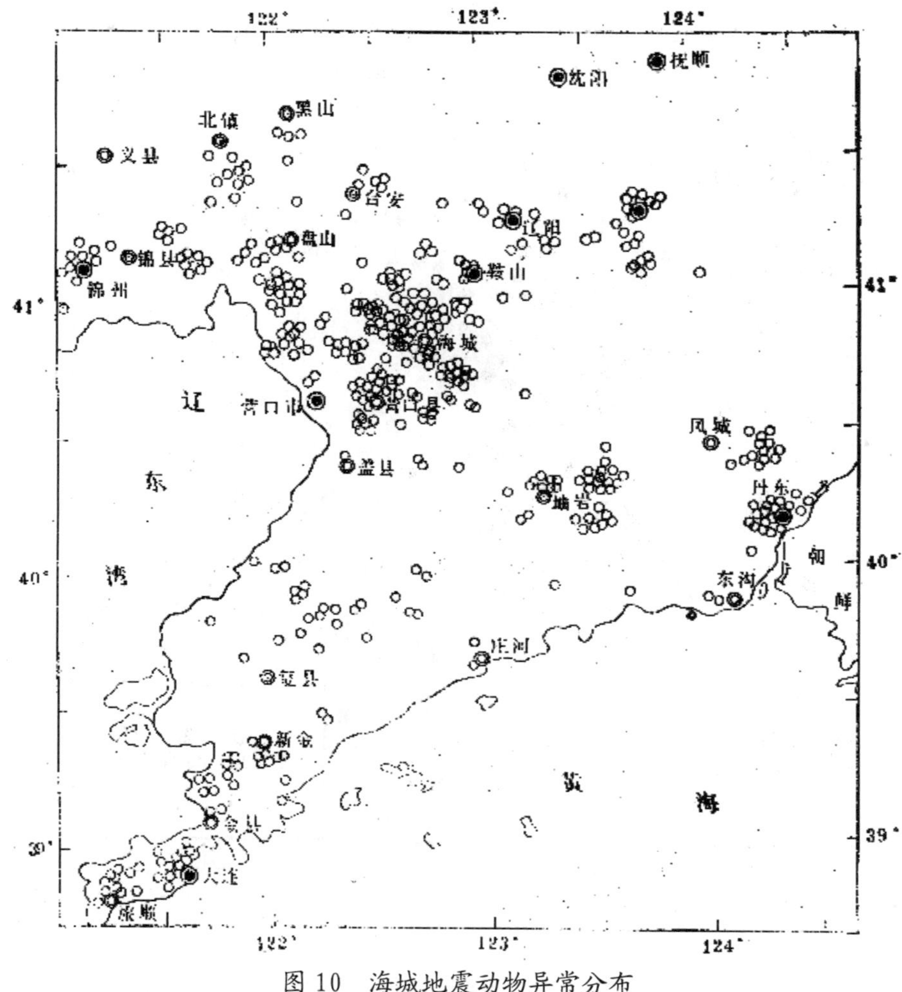

图 10　海城地震动物异常分布

此外，丹东、岫岩出现异常小区，旅顺—新金县出现一条异常带。

（3）靠近营口石硼峪地震台和周围的群测点土地电的观测值变化突出。2 月 2 日开始急剧下降，到 2 月 3 日 24 时下降了 100 多毫伏，还出现突跳，幅度达 1000 毫伏。这可能是在震中区内出现的特征之一，唐山地震也有这种反应。震前土地电突跳点的分布图，见图 11。突跳点是沿两条断裂展布，集中点在营口—海城之间。

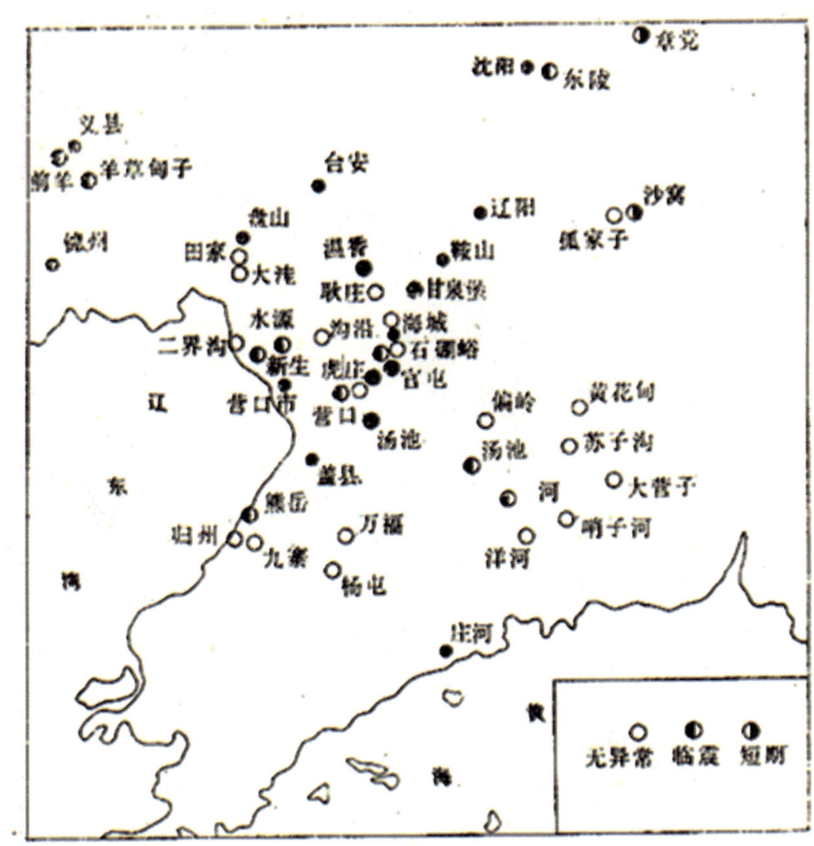

图 11　震前土地电突跳异常分布图

五、关于海城地震发震断裂与区域构造地应力的讨论

1. 海城地震的发震构造。

海城地处于东西向、北北东向、北西向多组断裂交会处。但其发震构造可能是一条穿过极震区岔沟公社呈北西西向的断裂。作者给出 6 点依据；

（1）海城地震震中区里没有找到与 7.4 级地震能量相称的北西西向断裂，但却可以清楚地看到从孤山—海城—盘山—沟帮子，断断续续的地裂缝带，呈北西西向展布。震区内有一条断裂带沿滚马岭、康家岭、乔家堡呈北西向展布。有如孤山、大青山、棋盘山地裂缝带，也都呈北西西向或近东西向分布。

（2）海城地震极震区烈度等值线的长轴方向也是北西西，分布于孤山—赵家堡—他山—高坎一线。

（3）海地地震的数百个前震、主震，以及大量余震，除局部外都分布在孤山—他山—高坎一带。长约 70km，宽约 30km。

（4）根据 P 波初动方向确定的 7.3 级地震的 A 节面方向为北 70 度西，南西倾，倾角为 81 度；B 节面北 23 度东，南东倾，倾角为 75 度。仪器测定 7.3 级地震的微观震中在英落公社北，而宏观确定的震中位于微观震中的北西西方向的赵家堡附近。把微观震中看成是破裂面的起点，宏观震中看做是破裂面最大破裂点，这两点的连线，可以认为是地震断裂的走向线，也就是北西西向的节理面，可以认为它就是发震断裂。

其他，从震前地下水和动物异常分布特点看，也显示北西向的断裂构造活动要更明显，这也从另一个角度说明了活动构造的特点。

断裂带长度为 50—60km。

（5）有人在深入调查了区域地质构造活动后，认为在地震活动期间没有发现海城—金州断裂和海城—大洋河断裂活动有加剧的情况，并提出发震断裂可能是深达 10km 以下的鞍山群中的一个北西西向老断裂的复活。

地震发生在大理石和片岩出落区，在海城南的金山岭可见发生在混合岩中的，沿断裂带有中生代酸性岩脉贯入；牌楼断裂带走向近北 60°—70°东，倾向南东，倾向南东，倾角 70°，沿断裂带有基性岩脉侵入，在震中区孤山康家岭可见断裂发生在片岩和大理岩接触带内，断层面向 225°方向倾斜，倾角为 60°。

再就是，本区已有多条纬向断裂，如牌楼—吉洞峪断裂带，何家岭—接官厅断裂带，后者由小孤山断裂、何家岭断裂、胡家堡断裂组成，在震时小孤山断裂有大致同方向的地震裂缝发生。

从上述资料可以看出，发震断裂或是一条新的隐伏断裂，或者是一条老深部隐伏断裂的再复活！可以命名为岔沟断裂，其走向大致为旗口—他山—赵家堡—岔沟—孤山一线。这条新的发震断裂是在左行地应力作用下发震的，它是怎样形成的需要深入调查和研究，为以后的防震减灾做准备。

2. 海城地震震区的主要应力场方向。

这方面的资料很不充分，根据以下资料表明，主应力轴为北东东向，而北北东向节面是顺扭，近东西节面为反扭。

（1）国家地震局地震地质大队，在海城镁矿和大石桥附近进行了应力解除法，分别测得最大主应力方向为北 87 度东和北 84 度西（p. 172）。

(2)利用地裂缝形成受力分析。得出地裂缝有两组，一组近东西向，为反扭；一组为北北东向节面，呈斜列式张性裂缝，为顺扭，见图 12。图 13 为极震裂缝分布和受力分析。分布总体走向为北西西，长 70km，各处地裂缝反映的主压应力方向为北东东向，N51°～65°东。

图 12　海城地震裂缝特点示意图

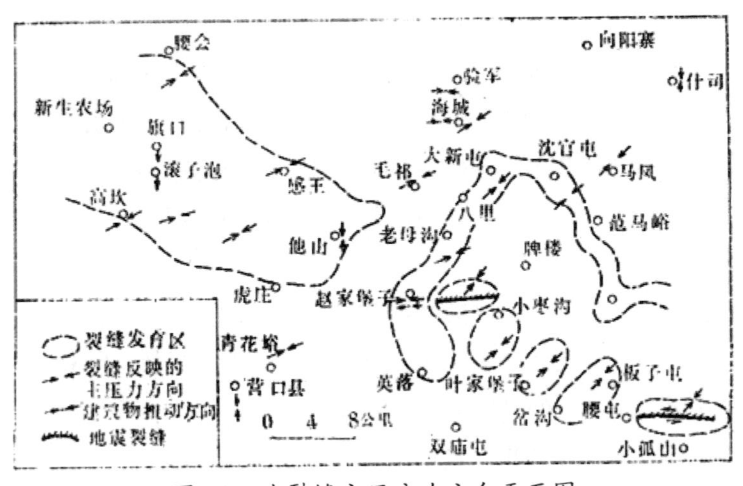

图 13　地裂缝主压应力方向平面图

(3)由震源机制解得出区域地应力的方向的海城地震震源机制解，见下表：主节理面走向是 N70°西，倾向北东，倾角为 81°。

断层面解:

节面及力轴	走向	倾向	倾角
I	N70°W	NE	81°
II	N23°E	SE	75°
P	66°		18°
T	157°		4°
B	100°		72°

其中 *P*、*T*、*B* 轴分别为主压应力轴、主张应力轴和零轴

这个断层面解使用了 73 个国内台站的资料及 89 个国外台站的资料。

这个数值与（1）中列出的应力解除法求得镁矿和大石桥附近的结果最大主应力方向北 87°东和 84°西有些差别，与沈阳台所测得的结果相近。

（4）辽宁省内建有 5 个地应力测点：大连、沈阳、抚顺、开原和锦州，分布见图 14。据《1966—1976 年中国九大地震》，海城地震工作队分析，沈阳台和锦州台在海城地震前，观测到较大幅度的地应力异常变化。求得最大和最小主压应力分别 5.4kg/cm^2 和 3.9kg/cm^2，主要优势方位分别为北 70°东和北 50°西。

图 14　大连测点位于震中之南，沈阳台等三个测点位于海城震中之北，锦州测点位于辽东地块之西。

书中 67～68 页是这样描述这 5 个点地应力的变化：

①大体上是 1973 年底到 1974 年 5—6 月，表现是电感曲线缓慢下降，反映了震区及周围地区地应力场的缓慢积累，以压应力为主，强度可达 1—2kg/cm^2（10kg/cm^{2}约等于 1Mpa）

②在 1974 年 5 月至 8 月，沈阳台为 5 月—7 月，锦州、大连台为 6 月—8 月，电感曲线急速地大幅度下降，可能反映了震源较近地区地应力明显增强，并在较短的时间内达到最大值，见表 1，表中列有最大主应力方向和最大主应力值。其中锦州台位于发震断裂延长线上，最大的剪切应力为 1.60kg/cm^2。

表 1

台名	日期	最大主应力方向	最大主应力值 kg/cm²	最小主应力值 kg/cm²	最大剪应力值 kg/cm²	作用方式
沈阳	1974.7.3	N70°E	4.63	2.45	1.09	两向压
	8.3	N65°29'E	5.43	2.78	1.32	两向压
锦州	1974.8.14	N49°37' $\overline{W}$	3.94	0.74	1.60	两向压
	9.26	N51°22' $\overline{W}$	2.30	1.00	0.65	两向压
大连	1974.8.15	N40°36'E	2.65	-0.23	1.44	σ_1 压
	8.16	N39°30'E	2.46	-0.24	1.35	σ_2 拉

③1974 年 9 月以后直到地震发生，地应力曲线呈现了锯齿状振荡，以大连、锦州台的地应力反映最为明显，说明地应力场的不稳定性。

④地应力异常的方向特征。根据沈阳台 1971 年 1 月至 1975 年 1 月共 49 个月的电感速率异常，按其方向的月均值作图的结果发现，从平均值的方向上看，平均速率方向比较稳定，即在北北东附近摆动。但是，在海城地震前，1974 年 12 月到 1975 年 1 月，速率方向发生大的变化，转为北北西，角度为 18°54’，值得注意研究。可否反映大地震的将要来临？！

3. 深部构造与发震断裂。

辽东湾处于拉张的状态，第四纪的厚度中部最厚处达 420 米，向两侧减薄到 60 米。与沉积轴线平行地分布的隐伏断裂至少有 5 条—牛居—油燕沟、辽中、台安和张家街断裂。在辽东湾东侧的是鞍山—海城—金州深断裂。

（1）辽东湾深部结构，存在一条地幔隆起带，如图 15 所示。

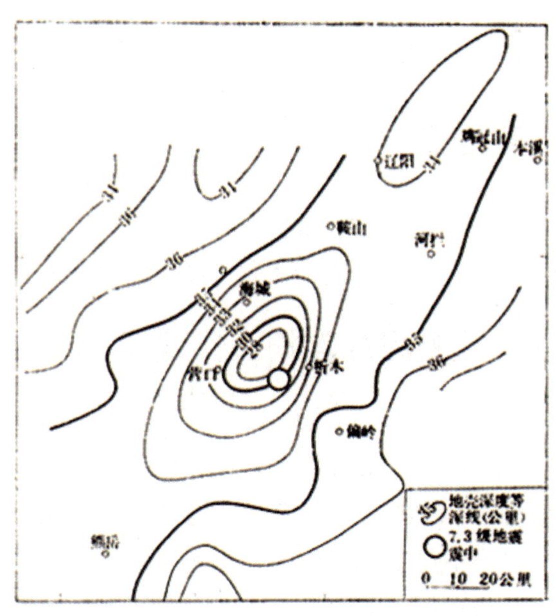

图 15　辽东湾地壳厚度图

这张图是利用反射波和直达波数据求出来的。图中展示辽东湾轴部为一地幔隆起带，其两侧为两凹的构造格局。向东进入半岛又出现一隆，即析木西地幔隆起带，向北与辽阳低隆起连成一带。后者，还通过鞍山、弓长岭工程爆破资料进一步检验了海城—营口—析木间隆起（简称“析木西隆起”）。隆起处地壳厚度为 28km，而向辽东湾逐渐加深到 36km，在辽东湾中轴线，地壳厚度又变为 34km，再向辽东湾的西侧又加深到 36km，再向西又变浅，为 34km。深断裂都是分布在莫霍隆起的斜坡带上。此外，作者还提到，大地电磁测深资料也证实“析木西隆起”的存在。根据石油部在渤海所做剖面，这一隆起带仍然在扩张中，并产生一近东西向拉张的应力，而与上述的北 66°东向压性地应力不同，是又一作用力。

（2）辽东湾深隆起，导致其两侧 4—5 条近南北向的正断裂的生成，金州断裂是最东的一条，书中对这条活断裂的描述不多，但在辽东地震监测过程中多次观测到活动现象。1970 年，区域水准测得南部抬升而北部下沉，这应当是辽东地块的西部和北部发生相对下沉所致，并导致地块南东翘起所致。

此外，在北 60°东的区域地应力作用下，这条断裂还应发生右行走滑移动。在这两个力的作用下，金州断裂显然也是一条发震断裂，而过去也实际发生过多次地震（熊岳、金州）。这次辽东地震监测时进行大地水准测量是正确的，取得的认识——地区存在大地震危险性，也是对的！

（3）按照新揭示的海城地震发震断裂——一条北西西向的隐伏断裂—孤山—赵家堡—他山—高坎一线。从监测海城岔沟公社地震的角度看，监测工作部署并不合适！所以今后地震监测应加强沿断裂的剪切形变监测和地应力的监测。按照昆仑山口西大地震监测经验，地应力监测可以发挥作用。

六、今后地震监测应加强的工作建议

1. 加强震例的研究总结。顾功叙先生对此作了强调，梅世蓉先生谈得也很好。她强调了分析总结震例的经验是很重要的，是进行地震预报的一种现实途径。在地震预报处于探索阶段，对地震孕育过程缺乏清楚认识，地震三要素与地震前各种异常关系尚不确定的情况下，要想实现地震预报的途径就是从已发生的震例中，通过仔细分析，提炼预报指标，再运用类比方法，进行试验预报，经过反复实验，不断修改，可以从中找到一些有效方法。建议强调要加强构造体系的地壳运动和构造应力的分析，特别是要把主要活动断裂和主要地应力作用方向弄清楚。

2. 要加强地震地质调查。辽东半岛地区活动断裂十分发育，陆上几条主要活动断裂应加强地震地质调查，圈定本区各断裂可能的应力应变集聚地段，即未来可能会发生大地震的地段。分析和探讨应力应变积累的可能和方式。要注意有针对性地开展地震的监测工作。特别是开展地应力的监测工作。这次海城地震前虽已安排了 4 个点的地应力监测，但还是很不够的，包括布点不合适，测量技术也不够先进，发挥的作用有限，但已展现其应用前景，不能轻视这一技术！辽东半岛是一个太古代和元古代深变质地层分布区，加上有多个花岗岩体的分布，在岩性上和岩石力学性质上有自己的特点，地震的发生和表现的地震形态会有自己的特点，要重视总结。

3. 加强地震科技攻关工作。主要是抓 5 年左右长期地震危险性预测评估，应力应变积累的进程检测和短临地震前兆的总结以及提高科学认识。特别应加强对地形变与地应力测定技术的改进和对应力应变积累关系的研究，以及对临震宏观异常与发震关系的深入研究。

4. 加强领导。这次海城地震领导工作很到位，该研究震情时能够及时作了研究，该下达命令的及时下达了行动命令，踢好了“临门一脚”。

正如当时国家地震局选拔的干部，首先是选择对地震预报有信心，敢于攀登世界科学高峰的干部。周总理说：“若指挥员本人没有信心，如何带领大家去攻城拔寨？”李四光、刘西尧、董铁城、胡克实以及辽宁省委等领导个个是勇于冲锋陷阵、敢于担当负责的好领导，他们把地震预报作为一次大战役来指挥，集思广益、敢于担当，才能取得成功。领导“临震脱逃”不踢“临门一脚”的，没有不酿成大祸的。

5. 放手发动群众参加地震监测自救。周总理制定的工作路线：“专群结合、土洋结合，大打人民战争”“广泛实践、多路探索，多兵种联合作战”……。海城地震预报进一步使人们看出这条地震工作路线真正是我们地震工作的生命线！地震预报是个开创性工作，西方也没有一套成功的办法，我们要摒弃西方传统的地震预报的理念与道路，坚持走中国式的地震实践探索之路，提倡学习和发扬李四光和顾功叙提出和论述的如何开展地震预报探索的科技路线。

七、后记

海城地震的成功已引起国家和国际上的重视和高度评价。我们应继续发扬其积极大胆的探索精神。

1975 年，邓小平代表周恩来总理宣读的以国务院、党中央名义向全国通报表扬地震局、奖励立功地震台站、群众地震测报点及地震专家。

1979 年，联合国教科文组织专门在巴黎召开地震预报科技大会，还专门邀请中国各种地震预测方法、技术的牵头人，全面、详细地介绍中国海城地震预测、预报、预防经验的每个细节，要求全世界地震科技工作者以海城地震预报成功为契机迅速提高地震防震减灾的能力。其后仅 1975 年国家地震局就接待了数以百计的国外科技代表团来华取经学习中国经验。

1996 年，联合国成立五十周年科技大会邀请汪成民和青龙县县长参加大会，介绍中国海城地震与青龙奇迹的经验。联合国副秘书长听取中国经验后总结发言：“海城地震的成功与青龙奇迹的出现都发生在中国，这绝对不是偶然的，新中国政府用它强大的执政能力与广大群众无与伦比的积极性相结合，弥补了科学技术的不足。在地震预测还没过关的今天，这种经验值得全世界学习。”我们要爱护所取得的经验，要发展它，不要自我否定它。近些年来，有些人试图贬低海城等地地震的意义，强调说“这是一次偶然事件，瞎猫碰到死耗子。”应当说，这些问题，在初次尝试进行地震预报时是不可避免的。但是，偶然中也可以包含有一定必然性，深入总结经验教训，加强科技研究，我们就可以提高对地震预报的掌控性，进入自由王国。希望大家看到光明的一面。

参考文献

1. 朱凤鸣、吴戈等，《一九七五年海城地震》，地震出版社，1982.

2. 马宗晋、傅征祥、张郢珍等，《1966—1976 年中国九大地震》，地震出版社，1982.

3. 梅世蓉、冯德益、张国民等，《中国地震预报概论》，地震出版社，1993.

唐山大地震成功预报与失报问题的分析

赵文津

中国工程院资深院士
中国地质科学院研究员
福星大观遥感减灾研究院研究员

摘要：本文指出李四光 1969 年以后多次提出和国务院 1974 年 69 号文明确提出本地区将会发生大地震，要加强监测的意见后，官方建立起密集地震监测台网和群众观测网，为什么会在 1976 年唐山大地震中发生失报？通过对地震预报过程的实际情况分析，了解了唐山市地震办、开滦矿地震办（地下唐山）及青龙县都成功地预报了这次地震，取得防震减灾的实效（除唐山市，市领导临门一脚未踢）。地震官方以 3000 年未出现大震连发为依据，坚持否认唐山市将要发生大震，以致对这次大地震失报。这是地震官方对地震形势的战略误判！唐山市区位于震中区，烈度为Ⅺ度，短临前兆异常信息丰富和易于识别，为群测群报创造了有利条件。这次预测预报丰富了经过海城地震所形成的中国地震预报实践探索之路。意大利召开的国际民防地震委员会报告书中否定海城地震形成的中国地震预报之路的论断是错误的。

一、引言

1976 年 7 月 28 日凌晨 3 点 42 分唐山发生了大地震，即唐山 7.8 级、滦县 7.1 级、宁河 6.2 级大地震，震中区烈度达到Ⅺ度，整个城市瞬间被夷为平地，造成人员死亡 24.2 万人，受伤 16.4 万人，无数家庭支离破碎，损失达 100 亿元以上。

地震官方对这次大地震没有预告，人民和政府遭受到了又一次突然袭击，全国人民陷于悲痛之中！在悲痛之余，人们迫切希望了解这次地震预报工作的真相：1. 这次大地震，真是如地震官方所说的，是因为“人们对地震发生机理的了解太差，无法识别地震前兆”，所以“无法对这次地震做出预告”吗？2. 按照周恩来总理在邢台地震时提的要求，即对每次地震都要总结地震预报实践探索的经验，唐山大地震中我们可汲取什么经验？3.1966 年邢台地震开启的，海城地震初步形成的中国地震预报实践探索之路还能走下去吗？是必须将地震预报实践工作放下，重新回到实验室从震源机制研究开始吗？

本文拟从实际观测到的事实角度探讨这一些问题，不当之处，欢迎大家提出意见并进行讨论。

二、华北地区的区域地质构造特征及唐山地震区的地震断裂分布特征

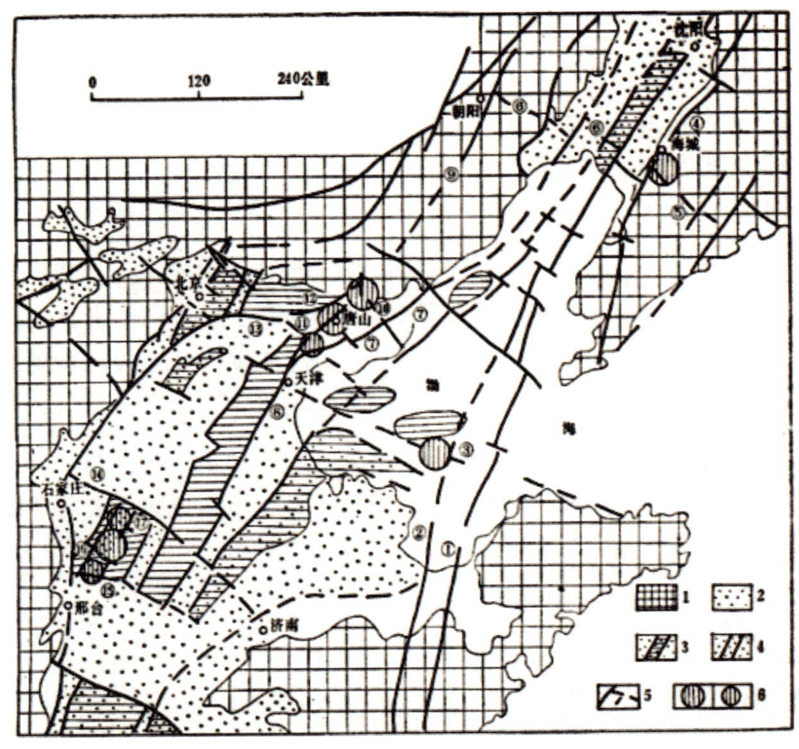

图 1　华北地区构造纲要和震中分布图

（引自《中国大地震》一书）

①庙西断裂；②渤中北东向断裂；③渤中烟台北西向断裂；④海城金州断裂；⑤小弧山—岫岩隐伏断裂；⑥营口—朝阳隐伏断裂；⑦昌黎断裂；⑧沧东断裂；⑨朝阳—建昌断裂；⑩滦县北西向断裂；⑪宁河断裂；⑫迁安北东向断裂；⑬宝坻断裂；⑭深县北西向断裂；⑮隆尧北西向断裂；⑯束鹿北东向断裂；⑰巨鹿—百尺口断裂。

1——基岩山区；2——第四系覆盖区；3——覆盖区中的隆起区（地垒）；4——覆盖区中的沉陷区（地堑）；5——大断裂；6——震中（7 级和 6 级）

华北地区是一个古老的地块区，自新生代以来发育了多条深大断裂并将其分割成多个断块。京津唐地区位于阴山—燕山隆起带东段的燕山隆起和华北平原坳陷带北部的冀渤坳陷交接处。区内存在四组断裂—北北东、北东、北西和东西向断裂。

唐山市地震区的地质构造图，见图 2。

唐山市区位于一个封闭的菱形地块内，北、南和西部分别为向北、向南和向西的正断层，东部则为一向东的逆冲断裂。市区内则为由 3 条北东向的断裂组成的陡河断裂系，大地震就发生在陡河断裂带上。

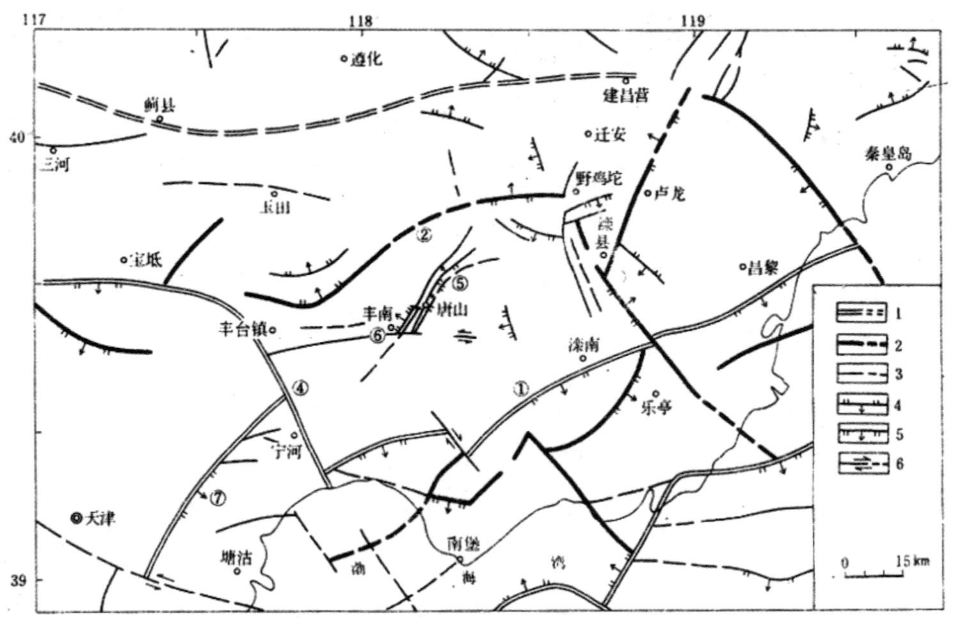

图 2　唐山市地质断裂构造纲要图（引自《中国震例》(1976-1980)）

图中 1-壳下断裂；2-基底断裂；3-盖层断裂；4-逆断裂；5-正断裂；6-走滑断裂；①-宁河—昌黎断裂；②-丰台—野鸡坨断裂；③-滦县—乐亭断裂；④-蓟运河断裂；⑤-唐山断裂；⑥-丰台—丰南断裂；⑦-沧东断裂。

这次地震造成沿陡河断裂发生右行走滑，错距平均达 4.59 米，破裂带宽度为 34 米和 24 米，长度分别达 84 米和 115 米；同时，其西北盘上升，东南盘下降；在陡河断裂东北和西南分别有一条断裂截切。见图 3。

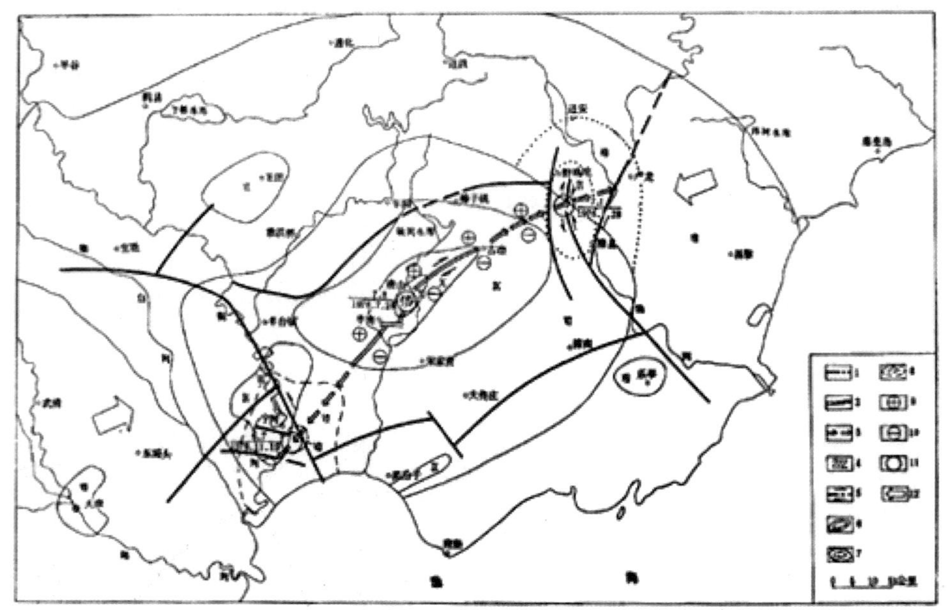

图 3 唐山地震发震构造运动图（引自《一九七六年唐山地震》）

震后，西北部抬升，东南部下降，箭头所示为区域应力场的主压应力方向。

唐山市是一个有上百年历史的老工矿城市，以煤的开采为主形成配套的工农业体系，现人口有 700 多万，1976 年的人口为 120 万人。城市发展分为地上和地下两部分，地下采煤的井巷工程长度已达到一千多公里，开采深度已有千米，规模巨大。城市的防震减灾工作也要分为两部分：城市地面部分和城市地下部分。这个矿区的煤田是石炭二叠系地层，呈向斜构造，主向斜为一不对称的倾伏向斜，岩溶发育的奥陶系石灰岩位于二叠系煤系地层之下。上覆冲积层厚度从十几米到几百米不等，断裂构造发育。

唐山地震震中位于陡河断裂（是否是沿破裂带破裂？未明确）；滦河地震位于滦县附近，是多组断裂交会之处；宁河地震则位于宁河多条断裂交会处。地震的发生说明这几条断裂的再活动。

华北地区，从 1966 年邢台地震开始（1966. 3. 8，6. 8 级）的地震活跃期内，经河间地震（1967. 3，6. 3 级），渤中地震（1969. 7. 18，7. 4 级），再海城地震（1975. 2. 4，7. 3 级），再唐山地震（1978. 7. 28，7. 8 级）结束。这表明一些北东走向的断裂活动起来，并在一些北东向断裂上产生地震，地震除沿北东向断裂迁移外，还呈现横向跨新活动断裂的转移。

三、李四光1967年以来及国务院1974年第69号文都提出要对唐山地区地震危险性进行重点监测

1.1966年邢台地震时，当时李四光是地质部长，也是中国科学院主管地震研究的副院长，非常关心这次地震，他虽已77岁的高龄，身体还不好(82岁故去)，还是立即组织了一个地震地质考察队，连夜赶赴灾区。他亲自布置调查地震区及其外围的地震地质构造特征及其活动性，查明地震与地质构造的关系，研究推测地震可能发展的趋势。他还指导在邢台尧山设立地应力观测站，打了两口测量地应力的钻孔，用他指导下设计的地应力仪器观测地应力的变化。

图4　1967年李四光在尧山地应力站观测

1967年3月，他亲自到了邢台地区尧山地应力站进行观测和研究地震发展趋势。回到所里后，李四光先生日夜守候在办公室，分析研究地应力变化，监测震情变化，探索用地应力技术监测地震状况的可行性，表现了一个伟大的科学家的高度责任感和勇于探索的创新精神。

1966年4月10日，他预测了河间地区可能要发生地震，结果在1967年3月发生了6.3级地震。

1967 年 10 月 20 日，在国家科委地震办公室研究地下水观测会议上，李老指出，“应向滦县、迁安地区做些观测。如果这些地区活动的话，那就很难排除大地震的发生”（《李四光年谱》329 页）。

在地震地质大队 00148 号档案文件中记录有：李四光说：“天津—北京，清楚地有一条北西向断裂带。北京西山到西北旺一带，可能是一个由剪切力形成的北北西向羽状断裂。即使京津不发生地震，在京津以外发生了地震，它的影响也是很远的，也有可能影响到京津。滦县—迁安（位于唐山市东偏北 40 千米左右）的东西向构造带的活动可能更重要一些。东西向构造带延伸很深，范围很大，很强烈，发生震群的话，可能延续的时间长，释放的能量也比较大。这里，地震沿构造向南延展的可能性小，而向东西发展的可能性要大一些。因此，我们应向滦县、迁安这条东西向构造带地区做些观测。”后来，地震地质大队据此便在唐山陡河、滦县和昌黎建了 3 个地应力观测站，在凤凰山、滦县等地建了十几个跨断层位移测量点展开监测。1975 年，因经费不足，唐山地震危险区监测的跨断层测量被停止了。

在《一九七六年唐山地震》一书中是这样地提到李四光的这段具有战略性指导意义的发言，书中提出“李四光教授在邢台、河间地震发生后，指出整个新华夏构造体系在活动，同时，曾从东西向构造的活动特点出发，强调应对滦县、迁安地区做些观测。另外，还指出沿天津—北京有一条北西向断裂带，提醒注意对此断裂带活动的观测”。

1969 年 7 月 18 日，渤海发生 7.4 级地震后（震源深度为 35km，位于北西向断裂与北东向断裂交会点处），李老又及时指出地震不会向北发展。

从后来的实际地震迁移情况看，李四光的主要推测还是获得了发震事实的证实。

这里，他强调要从构造体系角度看地震转移问题，华北地区原是中生代新华夏构造体系展布地区。新的情况则是这一构造体系中有部分断裂重新活动，并形成新活动断裂体系，控制着最新地震的迁移。

对未来大震发生地区的战略判断，是防震减灾工作最关键的一步。唐山地区将要发生大地震，既受到一些人的重视，也被地震官方的一些人漠视，他们极力否定唐山地区将会发生大震的设想，这就是导致后来悲剧发生的原因。

2. 1974 年 6 月 29 日，国务院下发了国发 69 号文件，指出这两年“华北及渤海地区地震形势紧张，要立足有六级以上地震突然袭击的可能，采取措施，做好防震准备”。这是震前两年，国务院的发声。它提醒着人们，特别是省市县各级领导要重视防震减灾工作。青龙县委书记冉广岐上任伊始即了解到李四光的意见和中央指示精神，他与县委“一班人”认真学习贯彻党中央、国务院防震抗震指示精神，并把防震减灾工作落到实处，使全县干部群众都处于待震的状态。唐山市也加强了群测群防工作，成立市地震办，先后在全市建立起群测网点 80 多个。

在大震前两年的关键时刻中央发出了这样的一个明确指示，对动员地方干部和广大群众投入防震起着十分关键的指导和动员作用。

3. 在李四光建议和国务院 69 号文的指导下，唐山地区很快地建立起各种地震监测台站，形成一个密集的地震监测网，准备抓大震！

到 1976 年六七月为止，京津唐渤张地区有 11 个省市地震专业单位，4 个协作单位，73 个专业地震台站，群众测报组达 2000 多个，其中仅唐山地区即有骨干测报点 85 个，一般测报点 508 个，观测哨 5552 个，这些观测台网，已构成一个密集的地震预报实验场，准备着抓捕大地震。

梅世蓉在《中国地震预报概论》一书中，回顾了唐山大地震发生之前的情况，她说：“市区 500 千米范围之内有 136 个地震台（综合的和单项的），观测的项目有地震活动性、地形变、地电阻率、地磁、重力、水化学、水位、地应力（电感法）、油井动态、气象等 36 项。”“震前半个月的临震异常阶段，出现了水氡、视电阻率、地下水位、油井流体动态、地应力（电感法）等的突变性异常；震前 1～2 天，动物、地下水等宏观异常现象又大量出现。其中唐山地震前唐山地区的地形变异常、重力异常、视电阻率异常是得到国际同行承认的可靠前兆。这些异常大多数是震前发觉的，并非全是震后总结得出的。”

唐山市地震办，转业军人杨友宸一个人一部电话，就把全市的地震监测系统建立起来，唐山市 1976 年上半年地震监测点就有 85 个，而开滦矿务局当时就设有 11 个地震办，工作人员达 50 人；青龙县自己就设立了 26 个监测站。这说明群众参与地震预报的积极性很高，大家有一个强烈的地震自救意识。“群测队伍”主要为中学老师和一些技术人员，科技素质也很高；他们分布面广（补专业网的空白），有实际经验，在识别和判断短临前兆异常的性质也更有经验。事实证明，这是一支强有力的群众测报队伍，并构成了中国地震预报的一支不可或缺的队伍。与专业的地震预报队伍形成相互补充。

既然国家把大家动员起来，建立起这样密集的地震监测台网来抓大震，怎么能把大震漏掉了？

4. 地震局保卫京津小组的汪成民、三河地震地质大队的黄相宁等，北京地震局的耿庆国、张国民等地震专家都于震前半个月提出唐山地区将有大震发生的预测意见。特别是汪成民，记录了渤中地震和海城地震在唐山地区的震后效应，提出宝坻的地电异常、香河的水准异常、昌黎的地磁、滦县田疃和安各庄的水氡为未来唐山地区将发生大震的支柱性前兆异常。对地方的地震预报工作起到了很好地推动作用。

四、地方群测群防地震预报小组对唐山大地震进行的短临地震预报是成功的

1. 唐山市区位于大地震震中区，短临地震前兆异常十分突出。

《中国地震监测预报 40 年》一书第 508 页的说法："唐山地震是有前兆的。大震前后地震活动，地下水位和化学成分、地形变、地电、地磁、重力等都观测到了中、短、临和震后变化。各阶段的异常此起彼伏、错综复杂，震后逐步恢复正常，为大地震的预报研究提供了一次较完整的前兆观测资料。"（但是，笔者一直未查到大震前后的地震活动记录。）

《一九七六年唐山地震》一书的第 384 页提出大震前半个月内的异常变化有：水氡测量，60 多口观测井水氡含量大范围的突跳；渤海周围几个油田的油井动态突变异常进一步增多，其中河北省青县旺 11 口废井 7 月 10 日前后连续喷油 3 次，平射距离最大达 25 米；地电阻率出现突跳，5 个台在震前 10 天，特别是 24 日以后，突然大幅度上升或下降，变化激烈，前所未见；地下水位突变，震前一周至数小时，唐山附近水位大起大落，天津东南地区从趋势性的下降，在 7 月 20 日以后转为不同程度的上升；丰南红花园井 27 日晚水位突升 60 厘米，岳 42 井更是涌出地面成自流井，丰南县多口机井也变为自流和自喷等；地下水流也变了，唐山矿 5 号断层附近 11 水平南翼一石门内（地下 580 米）长流水突变为间歇水；地温增高，唐山、昌黎一带地下 80 厘米地温于 7 月 23 日突然增温，幅度罕见；其他，如动物行为异常有 2096 例，78%都是老鼠，黄鼠狼异常行为很突出；再就是大量的地光、地声和电磁现象等。特别是，在临震时表现更为突出。（这里，完

全没有提到地震活动性资料！）

钱钢的纪实文学著作——《唐山大地震》，1986年解放军文艺出版社出版的，比张庆洲的《唐山警示录》的出版提早了20年，书中记录了大震临震前的动物异常现象，内容很丰富，真实性也较强。现摘录部分内容如下：

（1）恐怖极了的鱼。蔡家堡、北戴河一带鱼儿像疯了一样。7月20日前后，沿海渔场，梭鱼、鲇鱼、鲈板鱼纷纷上浮、翻白，极易捕捉；赵各庄煤矿鱼塘中有的鱼跳离水面一尺多高，有的倒立水面，有的飞快打转；陡河水库和大沽口沿海鱼特别愿意上钩，被捞起，脱离水体；

（2）失去理智的飞虫、鸟类和蝙蝠。在大沽口海面，"长湖号"油轮船员目睹了7月25日大批蜻蜓、蝴蝶、蝗虫、蝉、蝼蛄、麻雀小鸟、虎皮鹦鹉等虫鸟都飞落到船上，一动不动。大白天满院子飞蝙蝠，最多达上千只；

（3）动物界大逃亡。抚宁县一地方上百只的黄鼠狼光天化日之下倾巢而出，集体大逃亡；有一处地方，十几只黄鼠狼围着一株老树转悠，哀鸣；7月26、27日大批黄鼠狼集体向村外大逃亡。

在《中国震例》（1976-1980）中列出地震部门官方总结的唐山地震长期、中期、短期、临震和震后五个阶段多种自然现象变化的比较完整的过程和特征。这虽然是事后的总结也是极其宝贵的，我们有了一个完整的记录可供研究。文章中概括性地归纳为：

1966—1971年，震中区附近地壳缓慢升降及较小的地震的频度减少和较大地震开始活动；

1972—1975年底，表现为华北地区大范围内，$M_L \geq 4$级地震呈现条带状活动，燕山带$M_L \geq 4$的地震向唐山附近从集，京津唐地区小震综合断层面解中初动符号的矛盾比下降，唐山及周围地区b值下降，小震形成空区，重力值趋势性上升；地下水位趋势性下降；地下水氡含量上升；视电阻率下降；唐山外围地区断层活动；唐山附近地磁场出现异常等。

1976年1—7月（主要在4月前后），华北群震活动加强和震中区附近小震活动平静，多种项目的中期趋势性异常出现转折性加速变化，出现新的趋势异常点，在个别点上有零星的突发性异常现象。

在震前半个月时，为临震异常阶段，水氡、视电阻率、地下水位、油井动态、地应力等出现突发性异常，震前1周微、宏观异常增多，震前1—2天动物、地下水等宏观异常大量涌现。震后，多数观测项目出现较大幅度的变化。

但是，文章的作者没有说明，地震台网密集，各种异常现象又很丰富，可是，为什么把这个大地震漏报了呢？相反，当地群测点的许多同志都能有明确地大震将到的感觉和看法，而许多不在现场的专业人员却看不到，也不去系统地观察记录和分析总结。

2. 唐山市地震办第一个提出唐山地区将有大震的预测公告，还两次正式发出动员抗震公告。但领导的“临门一脚”不踢啦，导致了整个地震预报工作“功亏一篑”。

唐山市地震办仅有一位工作人员——杨友宸，是位转业军人，1968 年地震地质科学家将唐山划进地震危险区后，他受命组建唐山市地震办公室。他一个人一部电话硬是在唐山市八中、二中、十中、自来水公司、电厂、钢铁公司、东八里庄、西八里庄、王撵庄、赵各庄、曹家口、常各庄、范各庄、殷各庄、洼里、新城子、供电局的变电站多个，开滦矿十几个矿场等单位建立起测震骨干点 85 个，形成遍布城乡纵横交错的地震监测网和信息联络网！各站点的负责人大都是大学的本科生，观测人员都是教物理化学的老师。

1975 年底，自来水公司水氡出现异常，赵各庄矿地震台和唐山二中观测站出现地应力异常，唐山市请来天津地震局来市里做了一个地下抽水破坏性试验，研究异常与地震的关系，发现地震危险已逼近。

1976 年初唐山市委开防震会议，会上通报了田金武、马希融、周萼、李伯齐、安继辉及杨友宸的调查研究结果。市长同意正式发布了唐山地震中短期预测公告。即唐山市方圆 50km 内，在 1976 年七八月或下半年的其他月份将有 5—7 级强震发生。这是唐山市地震办提出的第一份正式的大震预报报告！

图 5　杨友宸抗美援朝时的照片

随后，全市投入抗震准备工作中。通过唐山地震监测网的信息通道使地电、地磁、地应力、水氡、水位等主要地震监测数据及时送达各站点。

1976 年 5 月，国家地震局在山东济南召开华北水化学地震会商会，杨友宸在大会上发言，列举了大量水氡与水化学等数据图表和异常变化及发震征兆，最后，他提出："唐山在近两三个月有可能发生强烈地震！"经过讨论，会议同意以唐山为重点的京津唐渤地区年内有发生 5 级以上地震的危险性。要求有关地区丝毫不能放松防震工作。这是第二次预报。

随后，几十个观测站都相继发来临震异常资料和预测报告。如唐山二中、唐山八中、开滦马家沟、赵各庄发来最新的震前征兆。十中、电厂、钢铁公司、开滦各矿厂、洼里、王撵庄、殷各庄、新城子、陡河地震台、市自来水公司、省驻唐水文站都发来临震异常资料和预测报告。

7 月 27 日当晚 18 点左右，唐山市召开了地震工作紧急会议。副市长王耐林主持会议。杨友宸再次向与会者通报了唐山地震形势，提出，唐山近期存在发生强震的危险，临震预防工作刻不容缓，要抓紧组织实施，并发布了第二号公告，这是第三次公告。要求全市："必须用临震姿态狠抓防震工作。要高度重视地震前兆的变化，发现宏观异常现象要及时上报，以便迅速采取相应的防震措施。"可是，会后的第二天，领导却通知杨友宸去干校劳动去！列出理由三条，莫名其妙地就把杨友宸赶走了！领导的临门一脚不踢啦！为什么？不知道。其结果就是死伤 40 万人啊！唐山市地震办地震预测预报工作做得好好的，市里发了地震公告，又开了紧急干部会议，这是关乎上百万人口生死安全的大事，领导为什么一转脸就自己否定了呢？转变得这样快，谁起了这样大的作用？

一个杨友宸敢于三次正式宣布唐山地区将有大震！真是英雄胆量！

他之所以敢于做这样的预测预报，一是有自己的群测群防网的观测结果；二是群测群防网站还有大量的海城地震时的观测记录可资对比评价。例如：

田金武——唐山二中老师，是唐山市三、四、五届人大代表，参加过周总理召开的神仙会，地震中牺牲了。与物理老师王书蔚和数学老师李伯齐组成一个科研小组，显然这个小组科技素质是很高的。

在 1976 年 7 月 14 日国家地震局在唐山召开的群测群防经验交流会上，田金武做了发言，他列举了地电、地应力和磁偏角异常数据，磁偏角曲线，一直在上升，地震前几天突然下来了！地电 5 月份是上升趋势，7 月达到高峰，然后又有规律地下降下来；地应力开始很稳定，1975 年 12 月时出格了，没有办法再记录，到 7 月份又一点一点降回来了并发出地震警报，他提出大震就在脚下。会议期间近百名代表还参观了二中的地震科研站。

1976年4月17日唐山地震会商会上，田老师代表二中地震科研组作了发言，提出：“京津唐地区今年7月底8月初将发生大地震，震级在7级以上，可能达到8级。”以地应力为例，“它开始挺稳定，然后就变化，变着变者就出格了；到1975年12月出格，没办法记录了；又过了几个月，直到7月份，又一点点地降回来了，我们一直记录到7月27日。你说仪器不好？可图上显示，把这个大过程都记录下来了。再说，这台地应力测量仪是1975年3月份从北京三河地震地质大队买来的”。磁偏角异常也是“一直上升的磁偏角曲线在地震前几天突然下来了；保持上升趋势的土地电曲线进入7月份也渐渐达到高峰，然后又有规律地降了下来”。

唐山二中老师地震观测小组负责人王书蔚（物理老师）在接受记者采访时说：“我们唐山二中地震科研小组预测唐山大地震比较准，因为我们根据两年多的经验，发现一些与外地地震对应得很好的多个异常数据，比如1975年的辽宁海城7.3级地震预报，所以我们大胆预测了唐山7月底8月初有7级以上大震，震级、方向和时间都比较准确。”看来这些所谓的“土”办法利用了异常突变现象推测地震将要发生，在与外地地震的数据对比中估计未来地震震级大小，预报也是比较有依据的。

唐山二中观测点是在震中区内，异常反应强烈，这也是群测群防的优势所在。

吕兴亚，山海关一中的老师，全国模范教师。他是以地应力、水氡、磁偏角观测为主。地应力最早出现异常。1975年7月以前是平稳的，1975年8月—1976年5月，曲线已形成鼓包形趋势异常，异常幅度达70微安。1976年六七月份曲线开始回升，并出现跳动。7月中旬地应力仪表指针大幅度地摆动，有时又有小幅度的颤动，这反映了震源区局部岩层产生了微破裂的应力变化，可能震源处即将发生大破裂。地下水氡，1975年8月初，氡含量达50多埃曼，1976年4月达到89.1埃曼。我们预测这是大震前兆。1976年5月氡值大幅下降，7月又有回升趋势，突跳变化明显，预示进入临震阶段。磁偏角异常变化，从1975年9月10日开始，到1976年3月10日出现峰值，连续变化182天，最大幅度3.5分左右。按照磁偏角连续变化天数计算，地震震级为8.4级，因无经验不敢报，只报了6级左右。推测发震时间是7月中下旬。震中在渤海及其沿岸陆地。

侯世钧，毕业于北京师范学院物理系，在红卫中学任教。1964年7月成立了地震测报小组。他对1976年7月28日地震后的序列强余震做出基本准确预测，被评为河北省科技先进工作者。主要测量地应力、地磁偏角、地温测量、土地电。一天观测三次，从未中断。1976 年 6 月，乐亭县地震办召开了会，红卫中学正式报出：七月中下旬，我区附近将有大于五级破坏性地震。报告原文如下：“七月中下旬，我区附近将有大于 5 级的破坏性地震。”1976 年 7 月 16 日，异常越来越明显，幅度也加大了。侯世钧经过思想斗争写了书面意见，并加盖了学校的公章后上报。报告原文如下：

地区地震办公室负责同志：

现将我们这里情况简要汇报如下。

从 1975 年 12 月 23 日到 1976 年 4 月 10 日，我们这里东西道土地电出现正弦形异常，见图 6。原来以为是 4 月 6 日和林格尔 6.3 级地震所引起的，现在看起来不是。因为既然有那么明显的长趋势异常，就应该有明显的临震异常，可是没有。据此，我们推算在 7 月中下旬我区附近将有大于 5 级的破坏性地震。此预报意见早在 6 月初县地震会上提出，不知已转告否？

另据地应力 135° 档的情况看，也出现了长趋势异常，且坡度幅度都较大。磁偏角从 4 月初也有长趋势异常。南北道的土地电也出现了明显异常。另外，根据东西道土地电日均差“二倍法”推算，7 月 23 日渤海湾将有较大一点的地震发生……

乐亭县红卫中学地震科研小组

1976 年 7 月 16 日

侯世钧又说，根据我的计算，这个大震最低是 6.7 级，最高可达 7.7 级。

以上内容见《唐山警世录》一书，谈话都有磁带记录。这些记录是实在的、全过程的，因而是极其宝贵难得的！

这些老师科学技术素质高，政治素质也高，是人民的忠诚战士，我们有什么理由不相信他们呢！这些群测群防与专业观测相比，毫不逊色！

图 6 是滦南县胡各庄中学等 10 个单位都观测到地电的临震异常曲线，表现突出（引自仇勇海等书）。

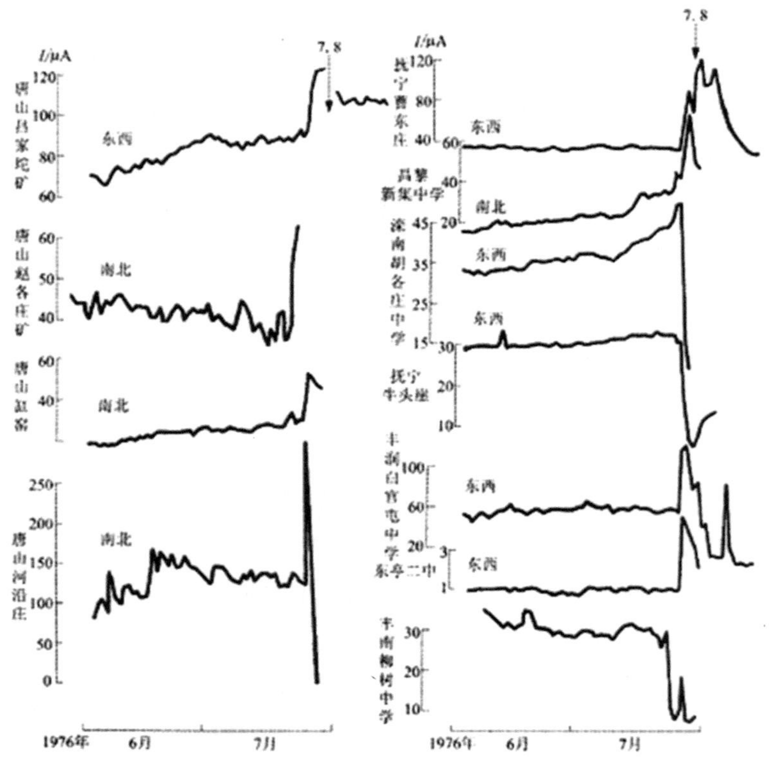

图 6　唐山地震土地电临震异常曲线

从这个例子可以看出，群测群防队伍，第一是，对监测地震有极大的积极性，因为，这涉及自己家乡的生存安全问题；第二是，有利于更广泛地收集前兆异常；第三是，他们对当地情况熟悉，有更丰富的预判前兆是否是地震来临的经验，这是许多专业人员并不具备的。唐山群测群防队伍已成为地震监测的主力队伍之一，不仅是协助性，可有可无的，而是发挥着主力军的作用。他们的观测和预测怎么就不可信呢？

3. 第二个抗震奇迹是开滦矿的抗震减灾奇迹——地下唐山的防震减灾成功之例。

唐山是一个上百年的煤矿城市，根据煤炭工业部规划设计院刊在 1982 年 3 月《地震工程与工程振动》上的一文《唐山地震开滦煤矿井巷工程的震害》，文中谈到了开滦煤矿百年开采历史，地下井巷已达 1000 多公里，各矿井的正常涌水量为每分钟 6.43—85.76 立方米。这次地震造成井巷工程的严重次生灾害是电源中断，井下排水设备停止运转，使水位迅速上升，淹没了 70%的生产水平工作面和 58%的回采工作面，以及大量设备。经采取抢排水措施，到 1977 年 12 月共排水 1 亿 6 千万吨（相当于 3 个十三陵水库的水），可见，地震造成的地下灾害同样是严重的。文中没有提及在大水漫灌下，井下 70%的生产水平工作面和 58%的回采工作面有多少矿工和井下作业人员被困。仅见马家沟矿地下采煤场的报道，由于有了预报，预先制定了种种有效的防震减灾措施，使井下 1 万多名矿工仅仅死伤 7 个人，其余的全部都有序地撤到了地面得救了，这也是防震减灾的奇迹。是非常值得深入总结的宝贵经验。

王建功，1922 年生，1975 年 1 月起任开滦矿务局地震办公室主任，组织和管理着全矿 11 个地震办,共有工作人员 50 多人。地震办设在地勘处或地质科内。

王建功讲，1976 年 7 月 24 日左右，他去参加省地震局的会议。临走之前，根据 11 个台站报上的资料，他写了地震预报意见，是一份正式报告，共复写了三份：一份给矿务局领导，一份带到石家庄，一份留底。

马希融，高级工程师，进修过矿井和物探，任职于开滦马家沟矿地测科和地震台，并先后担任过河北省第六、七、八届人大常委，曾多次发出了临震预报，报给上级王建功，最近一次是王叫他直接报给省地震局的。

矿区地震预报是这样开始的。从 1976 年 5 月 28 日开始，马希融发现，一直平稳的地电阻率值出现了急速下降的现象。北偏西 20 度测道地电阻率值大幅度下降，5 月 28 日到 6 月 14 日下降了 17%；北偏东测道地电阻率值 6 月 7 日—18 日下降了 8%。

他一边加紧观测计算，一边注意观察地下水和动物变化。为慎重起见，马希融还与其他地震台站进行沟通，最后确认监测结果无误。

7 月 6 日，马希融正式向国家地震局、河北省地震局、开滦矿务局地震办公室，发出短期将发生强震的紧急预报。

7 月 14 日，国家地震局派来两位分析预报室负责地电的专家。他们检查了设备、线路，没有发现任何问题，之后指出，地电阻率值下降是干扰引起的。（既然未发现问题怎么就又成了干扰引起，什么水平？）

《唐山警世录》记录了马希融与国家地震局专家那天的对话。

专家：如果按照你的意见，唐山不就在地震中毁了吗？

马希融：我是这个看法。

专家：如果真是大震，发生前将有很多小震。

马希融：如果先发生大震，后发生小震群呢？

专家：世界上还没有这样的震例。

马希融：昌黎后土桥是专业地震台，为什么近两个月来曲线形态和我台那么一致？

专家：后土桥地震台内外线很乱，现在也不承认是异常了。

马希融：那您看我们地震台呢？

专家：很好。以后我给你寄一些资料来，你好好学习学习吧。

1976 年 7 月 26 日、27 日，地电阻率再次急剧下降。马希融思虑再三，于 27 日 18 时，拿起电话，向开滦矿务局地震办公室发出强震临震预报："地电阻率的急剧变化，反映了地壳介质变异，由微破裂急转向大破裂，比海城 7.3 级还要大的地震将随时可能发生。"此时距唐山大地震发生仅有 9 个小时。

1976 年 11 月初，他又预报了 11 月 15 日发生在宁河的 6.9 级地震，事实再次证明他的预报是准确的。以后又多次预报 5 级地震也是成功的。

1977 年 1 月 20 日，地震局分析预报中心的地电专家给马希融发来一封信，信中谈到"关于形变电阻率，7.8 级震前的反映是应该肯定的，你们的预报意见是震前几天提出的，是大家预报意见中震级最大的一家，我们虽然漏报，但增加了我今后的工作信心，说明地震前有人能够做出预报……"地震局专家震前一再否认临震异常，最后还是认错了，肯定了马希融的观察结果，这也是好的，值得赞扬。

这种情况，在松潘地震时也出现过。在处于大地震爆发前夜，国家地震局应邀派了专家去现场检查指导，专家们到现场检查后，既否定了出现的前兆异常，又否定了将要发生大地震的预测。在这一关键时刻，亏得杨超书记提出要亲自带队再下松潘核实异常，才扭转形势（见罗灼礼的回忆文章），取得了松潘三个大震的抗震减灾胜利。

从这个例子也可以看出群测群防队伍中还是有真正的实践专家的。反之，地震局中的一些专家又有什么资格以地震专家自居呢，颇显得有点滑稽可笑！

马希融的地震预测，应属于唐山市区地震预测的一个部分，但又有其特殊性，即在矿山条件下震害和防震减灾的内容和方式应有所不同。

4.“青龙奇迹”——这是第三个防震减灾的成功事例。

青龙县位于唐山市区之东北，为唐山地震的 6 度烈度地区，是个以农业为主地区（当然住房建设的标准是不高的），但是其防震减灾工作做得很好，主要是临震前将全县的 47 万人预先都转移到屋外的安全地带！这个奇迹是怎样创造出来的呢？

成功预测的三个主要工作环节：

（1）唐山地震前，汪成民、黄相宁等一些有水平、有见地的、极其负责的地震专家的大声疾呼。尽管地震官方的主流人士，一再强调无大地震的情况下，尽管一些所谓的专家一再否定地震短临前兆异常的情况，但他们敢于坚持，大声疾呼唐山地区要发生大震，很好地发挥了中流砥柱的作用；

（2）有一个了解唐山市震情预测情况并能及时向县领导转达地震专家不同意见的人——王青春。

青龙县领导派县主管地震的王春青参加国家地震局唐山群测群防工作经验交流会，他非常认真负责地参会。在会上会下的交谈中听到了地震地质大队（黄相宁等）提出要求加强滦县等地的监测意见，小会上又听了汪成民谈的预测意见——至明年，华北可能出现 7—8 级地震。他迅速回县后，将这一信息及时报告给县科委领导，再报县委书记冉广岐同志，冉广岐核对了青龙县地方自建的 26 个台站观测情况，发现在 10 多处观测点出现地下水、地电、地磁、地倾斜都处于异常状态，特别是发现两眼泉水异常突出——翻花、冒泡、温变和混浊等。经与县领导商议后，他怕再上报请示会贻误防震时机，决定随即在 24 日全县召开的农业学大寨经验交流会上作了传达，26 日早 8 点全县 43 个公社干部全部到岗，开始了临震总动员，要求全县立即进入抗震状态，于是全县进入了震前的高度戒备状态。果然，在 28 日当天早晨 3 点便发生了震惊世界的唐山大地震。由于提前防范，与唐山市邻近的青龙县的 47 万人却躲过了这一劫！全县受损毁房屋 18 万多间，倒塌房屋 7300 多间，直接死于地震灾害的仅一个人！这是一个多么了不起的奇迹！是一个防震样板和模式。1996 年联合国经过深入基层调查后，肯定了情况属实，授予冉广岐一枚联合国纪念章进行表彰，并拟向世界推广。

对这一重大历史事件，1976 年 8 月 20 日河北省科委发出地震群测群防简报中有这样的记录：（青龙）县地震办公室主任王春青“在散会的前夕，听到三河地震地质大队预报意见，7 月 28 日到 8 月 5 日，在京津唐一带可能发生 4—5 级地震的消息后，回县立即向县委作了汇报。县委非常重视。当即在全县召开的农业学大寨经验交流会上进行了传达，让各公社回去一个同志，布置防震工作，要求在7月27日以前传达到全县群众中去，发动群众做好防震准备，保护好牲畜。”

地震地质大队的预报在地震预报登记簿（国家地震局制第2册）中是这样记载的。

序号：7608

发布时间：1976年7月14日

发预报单位：地震地质大队

预报地点及范围：集宁、繁峙、束鹿、张家口一带；宝坻、乐亭及渤海地区（最可能在中南部海域）。

预报震级：Ms5.0左右。

可能发生时间地点：1976年7月20日左右；1976年8月5日左右。

预报理由：西拨子、下苇店、昌平等站地应力跳动异常，分别于7月初、7月10日结束，一般结束后半个月内发震。

黄相宁、潘宝棋、黄诗斌等人是这份地震预报的发起人，同时得到了国家地震局地震地质大队负责人王剑一等有关领导的大力支持。

王青春还公布了当时汪成民的一份报告的内容：“汪成民说目前京津唐地区震情严重孕育着7级大震，7月22日至8月5日有5—6级地震，下半年有更大的地震。”

显然，这次大地震基本上验证了汪成民及地震地质大队黄相宁等专家的预测意见。

（3）有一位重视防震减灾工作又敢于担当的领导——冉广岐书记。他重视王青春传达来的消息，发挥了“临门一脚”的作用。

按照汪成民提供的张全景（原中共中央组织部部长）的调查报告，报告中是这样说的：

1）最重要的是，他按照中央文件精神，为了人民安危，也不管是否会得罪持否定意见的地震领导部门，也不顾越权将会引起上级的不快，领导班子豁出去了，果断地宣布全县进入抗震救灾！

2）青龙县领导和全县干部群众向全县群众做了广泛宣传地震防震知识。

3）积极组织群测群防，县里自建了 16 个地震观测站，设置了 442 个测点，加强对地下水、地倾斜、动物异常、地电流、地磁、地应力等进行监测。

冉广岐自己还积极带头学习地震知识，包括地质学、地震学、地震预报知识、地质力学、板块学说等，武装自己，以便更好地组织抗震防震。正是由于有这样将人民安危置于第一的思想和地震知识基础，才会积极对待这次地震。这才是把人民安危放在第一位的真正的共产党人啊！也是做好防震减灾最基本的保证！

21 日王春青回县后立即向县委领导汇报，大家听后都很重视，并立即开会做出 3 项决定：成立指挥部，加强领导，昼夜值班；全县各观测站 24 小时值班，每天报告情况；向群众广泛宣传防震知识并积极行动起来抗震减灾，担心错过防震好时机。

县里抗震减灾是成功的。王春青也是幸运的，遇到了冉广岐书记，如果他遇到的是唐山市那样的领导，没准也得去干校劳动去！当然，还有汪成民、黄相宁这些地震专家提出的好建议。三缺一就不会成功。青龙县取得的成绩值得大书特书，冉广岐这样的好干部好领导也应当树立起来。应当说，这一事例具有典型性、模式性，只有领导与地震专业人员结合才能真正起到防震减灾作用。

联合国经过实地调查肯定了这一成果，给他颁发了纪念奖，见图 7。

图 7　冉广岐接受联合国纪念章时与科尔的合影

可是，奇怪的是，虽然有了张全景调查报告，人们却看不到党和国家有关部门对冉广岐同志的正面肯定表态，不知又有了什么转向。国家地震局还一再以各种借口企图封杀这一典型事件和人物。

5. 以上三例分别代表了三种防震减灾模式，其中：

（1）唐山市地震办是依据市里建的群测群防台网的短临异常反应，对比了自己在海城地震、渤中地震观测的实测经验，做出了将要发生大地震的判断并发布了两次临震公告，一次在全国会议上介绍预报成果并得到肯定。最后，不知为什么市领导又突然将临震公告取消，将地震办负责人送去干校以示惩罚，使防震减灾形势急转直下，带来的是 40 万人的死伤；估计可能是某位主张无大震的权威部门人士的干预和影响。

（2）开滦矿地震办也是依靠全矿 11 个地震办，50 多名工作人员自己作出的将有大震的判断，并采取了有效的防震减灾措施，获得了很好的效益；可能他们也会听到国家地震局唐山无大震的说法，但没有受其影响。这是地下唐山的防震减灾活动的典型！

（3）青龙县群测群防地震成功之例，则是听取了地震专家保卫京津小组组长汪成民和黄相宁的唐山地区有大震的意见，结合中央的 69 号文和本县建立的 29 台站的异常反应，独立地做出全县投入防震的动员令。

三种方式的结果都是以群测群防为基础，专业人员与群测结合抓地震前兆，最后在党政一元化的领导下作出决策，起到很好的救人作用，符合人民、党与国家的要求。这是唐山地震人们创造的防震减灾的三种模式，都丰富了周总理提出的防震减灾体系，是中国人民应当肯定和自豪且应当大书特书的。

6. 河北省地震局对唐山地震也做出了预测。

河北省地震局贾云年同志给汪成民写信表示支持汪的意见，提出：“我完全同意海城地震后华北地区危险性加剧的结论，地震局领导若被东部震情将缓和的观点误导，把工作重点向西部转移，肯定要犯重大的战略性错误，早晚会出事的！这就是我冒昧给您写信的原因！”“我的研究结果表明，华北北部近期还将有一次 8 级地震，会议后我将很快就要带队下去跟踪监测，首先要盯着唐山、滦县一带，但愿我们一起抓住它，再打个海城地震一样的漂亮仗，为国立功、为民造福！”可惜的是，小组 6 人后来全部牺牲在唐山地震现场（见汪成民《回忆录》142 页）。笔者一直注视着寻找贾云年地震小组对唐山地震预测的依据和道理，可惜尚未如愿。

唐山地震成功预报的事实再次证明，周恩来和李四光开创的中国式地震预报实践探索之路是正确的，是可操作的！人们应当树立信心，继续将其推进下去。

我们也要肯定毛远新、李伯秋（辽宁省领导）、冉广岐（青龙县领导）以及杨友宸、王青春、马希融、侯世钧、吕兴亚、田金武、王书蔚、周萼等第一线的勇挑重担的领导和老师们大唱赞歌并在中国地震预报史上写下光辉的一页！

当然，这种预报还是经验性的，还缺乏科学理论的说明，但这是实际情况，可以解决防震减灾的一些问题，提出深化研究的科学问题，应当是很有价值的。

这里，国家地震局一直坚持认为唐山地区不可能发生大震，甚至把一些大量关键性的短临地震前兆给予否认，在关键时刻否定关键性的前兆异常，后果是极其严重的！

五、国家地震部门为什么对唐山大地震失报了呢？

地震失报的两个关键点：

1. 对京津唐地区地震形势的战略误判。

在 1975 年夏天，梅世蓉向中央领导同志汇报海城地震之后京津地区的地震形势。听取汇报的中央领导有邓小平、李先念、吴德、黄作珍等。梅世蓉从中国 3000 年历史地震记录论证起，最后的结论是："请领导放心，认为华北近期内再发生大地震的依据不足！"（见汪成民《回忆录》146 页）。

1976 年 1 月 30 日，国家地震局向国务院报告了京津唐渤张地区今年内存在发生 5—6 级地震的可能，但又说目前未出现明显的短临异常。

以梅世蓉为首的国家地震局当权地震学家，坚持海城地震以后华北地区无大震的地震基本形势估计。她说 1975 年海城地震后，在海城周围几百公里范围内，近年内是否还会有 7 级以上强震发生？多数人都很怀疑。他们认为不会再发生大地震了，并将华北地区监测力量逐步外转。比如，国家地震局分析预报室主任丁国瑜忙于到云南抓龙陵地震（1976 年 5 月 29 日），而副主任梅世蓉则忙于研究松潘地震和出差四川抓大地震去（唐山地震后 1 个月发生），心思都未放在唐山地震！

虽然唐山地震发生在我国台网最密、局里注视的时间最长的地区，但是由于对地震形势判断错误，主观上有了这个框框，就听不进不同意见，也看不到新出现的各种临震前兆异常了。

2. 对唐山大地震丰富的短临地震也未能承认和及时做出预报，相反地却一再地做出否定的评价。

梅世蓉解释未做出唐山地震短临预报的根本原因是，我们对地震规律的认识还很差。直接的原因是：

（1）4 月 6 日唐山以西 530km 的内蒙古和林格尔发生 6.3 级地震后，京津地区原有一部分异常恢复（即消失了）；同月 22 日天津西南大城发生 4.4 级地震，京津之间的部分异常发生转折，人们认为已出现的许多异常都与这两次地震有关。

（2）震前几十天至几天，震中区及其邻近没有出现与海城地震前相类似的突发性异常现象，也没有突出的前震活动。

（3）京津唐地区的地震预报发布必须充分考虑地震预报的社会经济效果，要求地震三要素预报精度较高，成功的概率要大，这在当时的认识水平下都是做不到的。

（4）加之，认为“唐山地区地表仅有小规模的断裂，新构造差异运动并不突出，历史上未记录到 7 级以上地震，以往烈度区划认定该区为 6 度区。”（见 1993 年梅世蓉出版的《中国地震预报概论》一书第 12 页）

可是，唐山震中区出现的大量的地应力、地倾斜、地电、磁偏角、水氡、地温、形变电阻率、动物行为异常作者又为什么视而不见、不予关注呢！

3. 官方对“唐山地震漏报缘由”的分析。

2007 年孙其政等写的《中国地震监测预报 40 年》（1966-2006）一书中表达的国家地震局官方的分析意见是，“1977 年元月，国家地震局在石家庄召开了专门会议，对唐山地震没有做出短临预报的科学技术等方面原因，做了初步分析[国家地震局（77）震发党字第 001 号]，指出：1966 年以来，广大地震工作者和群测群防队伍相结合，积极探索地震的防震减灾的经验，曾经预报了几次大的地震。但是，我们对地震发生和发展的规律还认识不清，这次唐山大地震未能预报出来，在科学技术方面的原因主要有 4 点：

（1）对临震异常的标志认识不清，思想上受过去震例经验的束缚。

（2）在分析预报工作中，对地震异常与非地震异常、前兆和后效、异常与干扰等等，常常分辨不清，判断错误。

（3）对强烈地震的地质构造标志认识不清，对京津唐渤张地区地壳深部结构不明，思想上受历史地震活动规律的束缚，对这一地区地震趋势只预计到 5-6 级，估计过低。

（4）地震科研工作开展不够，地震预报工作缺乏理论指导，地震观测仪器和装备比较落后。该重点研究的反而没人抓。”

1979 年 4 月国家地震局决定将唐山地震的科技总结列为重点科研项目，1980 年 8 月又责成分析预报中心负责将已发现的重要现象和研究成果汇总起来，1982 年出版了《一九七六年唐山大地震》一书。书中新的提法有两点：

（1）有四人帮的干扰，说如果当时没有四人帮的干扰、破坏，适应震情需要的措施能及时落实，对震情分析一下，可能会做得好些；

（2）提出 1976 年 4 月前后唐山及其周围地区的多种前兆观测值改变了前几年的缓慢发展状态，出现了趋势异常的加速、恢复、转折等变化。如重力值，断层位移、地电阻率、地下水氡气、地下水位、渤海湾油井动态异常变化、井壁变形及小震活动加强并向唐山收缩，等等。海城地震后唐山矿井涌水量巨变，反映了地应力向唐山转移。

国家地震局对唐山地震失报问题的总结声势很大，一本一本的大书出来了，但是，都是仅仅限于在某些科技方面的泛泛论述，而没有认真地深入分析，所以，总是显得文不对题，敷衍了事。

与地震部门相反，进行长期观测和对比研究的群测群防队伍则相反，一直坚持着有大震的看法，令人印象深刻！

4. 关于 3000 年地震史问题——这是对地震形势战略误判的基本依据。

据汪成民介绍，当时两派发生激烈交锋，主流派“认为中国东部 3000 年的历史资料分析，历史上很少有两个大震，在区域上相邻，时间上连续发生的先例，认为上一次大震的发生已将该地区多年积累的能量基本释放完，若附近再发生较大地震则需要长时间重新的能量”；另一派，非主流派则强调要从现实地震前兆异常出现的新情况作再认识，应加强京津唐地区的地震监测工作。

地壳应力所原所长谢富仁先生对笔者表示，对华北 3000 年地震史上未见过相邻地区出现两个大地震的说法不能认同，他说，自 1303 年至今的 700 多年，华北地区已有记载的是，发生过 8 级以上地震有五次，7 到 7.9 级地震十多次。因此，未来华北地区依然存在发生大地震的构造背景。

在现代地震研究水平上，在历史资料又不十分完整的情况下，梅世蓉等哪里来的这么大的自信，这样坚持华北无震论，而且向中央领导同志作了保证呢？现在唐山不仅发生了大地震，而且是三联地震，又可以做出怎样的解释呢？

5.有的业务领导还认为汇报唐山有地震是“添乱”。

北京市地震局专家耿庆国是一位资深地震预报专家，对地震的“旱震现象”有研究。他说震前那天晚上正在三里屯的岳母家。家里人说屋外晾的衣服爬满了蚂蚁。耿庆国低头一看，地上一层潮。为预报此次地震已奔走多日的耿庆国立刻做出判断，这是地下水往上涨的结果，要地震啦！他马上跑到三里屯派出所，借用那里的电话跟地震队进行了最后的沟通。7 月以来，北京市地震队监测的各种异常已经非常明显了。7 月 14 日，北京市地震队紧急给国家地震局打电话，提出震情紧急，请国家地震局分析预报室立即安排时间听取汇报。国家地震局说，先到天津、唐山等地了解情况，21 日再听汇报。“可到了 21 日，国家局还是没来人。不能再拖了，于是，北京队业务组副组长张国民就直接给主管华北震情的国家地震局分析预报室副主任梅世蓉打了电话，请求立即听取汇报，但梅世蓉又把汇报时间推迟到了 26 日。”“26 日那天，国家局来了 15 个人，梅世蓉还是没到。国家局的同志听取了整整一天的汇报后，传达了梅世蓉的意见。”耿庆国回忆说，当时梅世蓉的意见是：“四川北部（松潘地震）为搞防震已经闹得不可收拾，京津唐地区再乱一下可怎么得了？北京是首都，预报要慎重！”可是，慎重不等于不重视唐山的地震形势啊！

耿庆国说：“按照当时的地震水平，虽然报不准 7 月 28 日，但 7 月底 8 月初的时间段是可以报出的；虽然报不准 7.8 级，但 5 级以上是可以报出的；虽然报不准唐山这个确切位置，但是京津唐一带是可以报出的。事实上唐山地震前 6 个小时就出现了地声、地光等多种现象，如果及时向老百姓打个招呼，完全可以减轻人员伤亡。”一再慎重的结果贻误了战机，造成大量人员死亡。

唐山地区的群测群报网也提出很多临震异常，甚至还发布过临震公告，而且国家地震局也多次派出专家核实过这些异常，国家地震局又为什么对这些异常视而不见而将京津唐地区地震监测放在一边呢？震中区外的青龙县却是抓住了唐山大地震，防震减灾成功了，取得了惊人的防震减灾实效，可是又受到许多非议！这是怎么回事呢？难道就是因为北京地区特殊论吗？

6.对新出现的区域性地震异常现象不重视不处理，甚至还压制。

梅世蓉等强调经过内蒙古的和林格尔地震和大城地震，已将京津唐地区发现的异常全都抹平了。1976 年 6、7 月份，特别是 1976 年 7 月上、中旬有 6 个地震单位和 8 个群众测报点向国家地震局提出了有大震的预测意见（预报的具体内容是什么？没有提！这是短临预报的关键时刻，为什么不提预报内容？），地震局保卫京津小组的专家们（如汪成民、张国民、耿庆国等）提出四大异常（宝坻地电、昌黎地磁、滦县田疃的水氡、香河水准，见图 8），要求地震局领导重视对京津唐地区的地震监测，但领导没有反应。汪成民无奈地只好在局长办公室大门上贴了大字报，要求局里重视，可是，还是没人理睬，最后有局长出面处理，还是拖着不办；国家地震局在唐山开的是群测群防地震工作经验交流会，汪要求大会安排他介绍京津唐地震形势严重，请各地重视，大会也未予以安排，让汪自己通知代表在大会后开小会，300 位大会代表，2 次小会仅有 60 位代表到会。汪成民的震情介绍至少对青龙县，还有唐山的杨友宸起了作用。

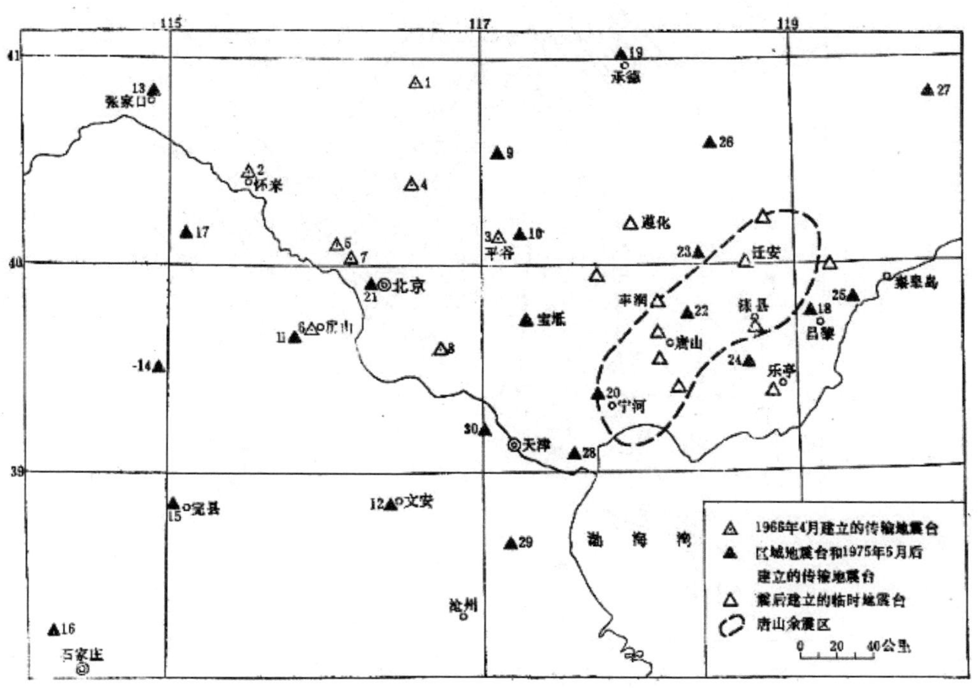

图 8　汪成民提出的四大支柱异常分布图

六、关于海城地震预报实践所形成的中国地震预报实践探索之路

它是新中国首创的防震减灾成功的工作模式。

唐山地震预报实践探索则是对这条工作路线的补充和丰富。

1. 海城 7.3 级地震震中位于海城—营口之间，构造部位是海城—金县断裂与海城—大洋河断裂的交叉部位，1975 年 2 月 4 日发生的，震源深度为 12km。见图 9。

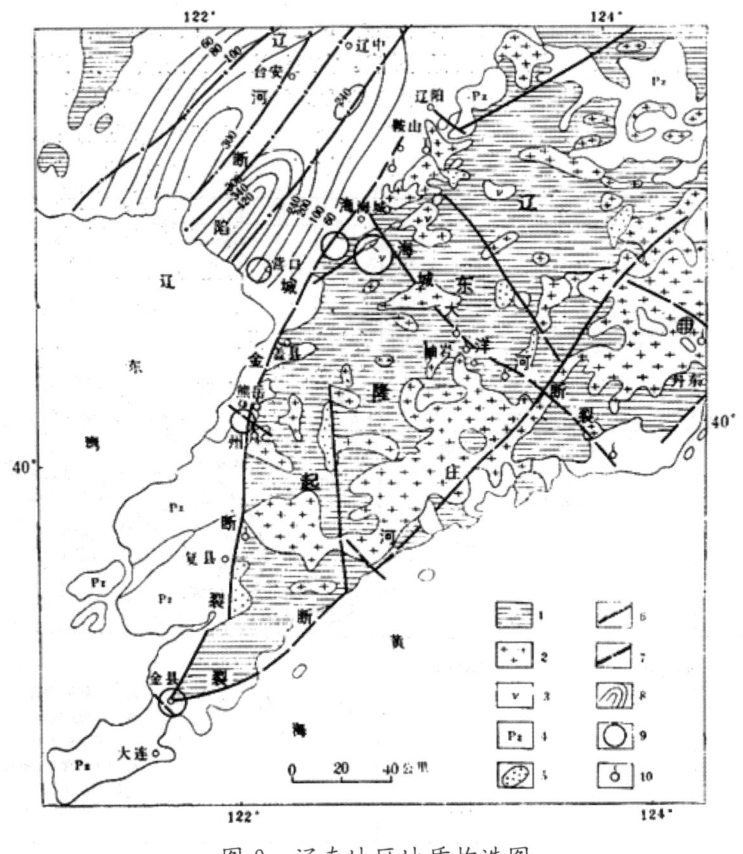

图 9　辽南地区地质构造图

震源机制解的节理面 A 走向 290 度，倾向北东，倾角为 81 度；节理面 B 走向 23 度，倾向北西，倾角为 75 度；压缩轴方向为北东 66 度（或 246 度），倾角

为 17.5 度，也是走滑型的地震。

2. 海城地震防震减灾的做法。

按照《汪成民自传》和朱凤鸣等写的《一九七五年海城地震》以及其他书中介绍的内容，归纳其防震减灾模式是：

（1）地震前 6 年发现了趋势性异常，开始了抓大震的战略部署。

1969 年渤海中部发生 7.4 级地震后，发现了辽宁熊岳与河北丰南地区出现烈度异常，李四光认为可能应力瞬时调整向北转移，周总理要求顺藤摸瓜，抓住不放，进行追踪监测。这是对辽南地震形势的战略判断！当时辽南地区地震是很少的。

(2)在震前 3-5 年决定成立地震机构——沈阳地震大队去追索这一大地震；

地震队首先是收集和整理已有的各种资料，并对区内几条主要断裂进行调查，了解其活动性及其特点，编出了辽宁省地震区划图；第二，收集和整理了区内历史地震资料；第三，对金县和熊岳等几个震级较大的历史地震区进行了重点考察，研究其活动规律及与临区地震的关系，并开始对辽东半岛的区域大地水准路线复测，以后又多次复测；第四，1971 年以后，又对前人的重力和地磁资料进行整理。

（3）震前 1—2 年国务院发布了一系列动员令，特别是 1974 年 59 号令；使群测群防点迅猛发展达到了 4—5 万之多。

（4）在震前半年，提出较正确的短临预测意见。

保卫京津组提出“中国东部 1976 年内存在有 6 级地震的危险，重点地区是京、津、唐、渤、张地区”。

沈阳地震大队根据辽南小震活动加剧、地形变、大连地磁、渤海海平面等异常变化，提出 1—2 年渤海北部可能发生 5—6 级地震的判断；随后，测得金县的短水准测量发现有大幅度的增加，依次提出 1975 年 1 月“辽南地区在 1975 年甚至 1—2 月份，可能发生 6 级左右的地震”。

（5）地震发生前几天，又及时发布了通告，踢出了临门一脚，获得成功。这时短临异常突出，如 102 队的地电、地磁、地应力异常突变大量出现，动物行为异常实例增多，分布面积扩大；营口石硼峪地震活动性，2 月 1 日小震仅 1 次，2 日就有 7 次，2 月 3 日一天记录到小震 500 次左右，4 日出现有感地震，4 日下午小震急剧停止，随后就发生了大震；营口石硼峪地电值，2 月 2 日发生急剧变化，从上升转为下降，达 100 多毫伏，最大降了 1000 毫伏；盘山、辽阳等处水氡也出现大幅度突跳现象；冬眠的蛇都爬出窝外冻死，一天群众就送来 7 条冻死的蛇，各种动物表现惊恐万状，叫声悲惨。大量井水异常，如井水喷流，自流井断流、发浑、冒泡、变色等等。

这里有个插曲，在人们关注海城大地震何时爆发之际，在震前一个多月前，在海城附近的葠窝水库发生一个 4.8 级地震，经研究后认为大震还未到来，这也是一个战略判断！这也是海城地震与邢台地震的不同之处。

（6）临门一脚踢得好。

经有关领导和专家研究后，由朱凤鸣起草报告，2 月 4 日报到省委，报告提出“后面可能将有较大地震，必须提高警惕”。毛远新和李伯秋省委领导非常重视，亲自召开了紧急会议，决定采取防震措施，停止一切春节娱乐活动等等。

半天之后，即 2 月 4 日 19 时 36 分大地震发生了，严重损坏房屋达 500 万平方米，死亡人数为 1328 人。

海城地震后，毛远新向毛主席汇报，讲起当时作出地震防震减灾决定时的心惊胆战、忐忑不安，最后，遵照未雨绸缪的古训，下决心向社会发出了预报。毛主席说：作为省委书记，这是你应该做的，不要骄傲，要干事总是会有风险的，偶然中有必然嘛！大不了历史上有个杞人忧天，今天又出现一个辽人忧地罢了。

这是毛远新省委领导的思想状态，冉广岐或其他领导做决定时心理承受的压力绝不会比毛远新轻松，这也是许多领导人能不能踢好临门一脚的关键所在。这里，领导也要过好思想关、责任关。我们应很好地学习毛主席的教导，处理好这一问题！

3. 汪成民在回忆录中对海城防震减灾成功的经验做了以下的总结

（1）正确的方针政策。这就是周恩来另辟蹊径提出的一套具有中国特色的地震工作两条腿走路的方针。“专群结合、土洋结合、大打人民战争”“广泛实践、多路探索，多兵种联合作战……”

（2）坚强的领导核心。周总理说：“若指挥员本人没有信心，如何带领大家攻城拔寨？”

（3）雄厚的群众基础。

（4）有利的地震类型。“海城地震序列较特别，地震信息较丰富，长、中、短、临异常比较配套。”

笔者认为：把辽南作为地震重点监测区，这一关键性的战略选区和判断最为重要，选错地区就全盘失败。汪成民自传中未谈清楚，而沈阳地震大队的技术负责人朱凤鸣在《一九七五年海城地震》一书中，也强调了“不清楚”“由于这个地区的地震地质工作研究程度较低，作出判断具有地震危险性的依据资料，尤其是判定几年内或十几年内将发生强震的可能性的依据很不充分。”

虽然依据不充分，但是作者说，通过加强以下五方面的工作：活动构造调查，地壳运动状态（水准测量），收集前人的重力和地磁资料和深部地球物理资料，研究了金县、熊岳等几个震级较大的地震活动史，开展熊岳、金县、辽东半岛及其周围海域的小震活动等，取得了经验性的认识，即辽南地区存在可能发生破坏性地震的背景，较其他地区危险性可能更大一些。但这也仅仅是一种初步估计，究竟近几年内能否发生较强地震？震中又在哪里？不知道。这也充分反映地震预测的复杂性，要实事求是，注意新情况的做法还是很有启发性。看来，主动地有计划地进行系统研究地区的地震危险性研究和评估也是好途径好办法，应当提倡！

4.陈运泰院士对海城地震预报工作的评述（见《可操作的地震预报》一书的46页）。他说“海城地震的预测是由以地质学、历史地震学研究、大地形变观测和宏观异常现象等为基础的4个阶段（长期、中期、短期和临震）组成的。海城地震的前震活动对发布临震预测和撤离命令起了重要的作用。然而，中国地震学家采用同样的经验方法却未能对1976年唐山地震（Ms7.8级）作出预测”。

5.关于海城地震的临震前兆异常问题。

海城地震震前出现有“石硼峪2月1日小震仅1次，2日就有7次，2月3日一天记录到小震500次左右，4日出现有感地震，4日下午小震急剧停止，随后即发生了大震；营口石硼峪的地电值，2月2日发生急剧变化，从上升转为下降，达100多毫伏，最大降了1000毫伏；盘山、辽阳等处水氡也出现大幅度突跳现象；冬眠的蛇都爬出窝外冻死，一天群众就送来7条冻死的蛇，各种动物表现惊恐万状，叫声悲惨。大量井水异常，如井水喷流，自流井断流，发浑、冒泡、变色等等”。“在震前一个多月，在海城附近的葠窝水库发生4.8级地震。”这些表现与当地从浅到12km深处岩石力学性质和地应力以及区域构造的关系并不清楚。特殊性又表现在哪里？

唐山地震呢？除去地震活动性异常未见报道外，其他临震前兆异常都与海城地震的很相似，唐山的临震前兆异常更为丰富多样！预报也是成功的。唐山地震的预报实践探索之路，同样体现了海城摸索出的地震预报之路，但做临震预报的主体不同，海城地震是以省地震部门为主，而唐山地震预报则以县市和矿区的地方地震部门为主。

6.2009 年 4 月 6 日意大利中部拉奎拉地区发生一个 Mw6.3 级地震。本来与我们没有直接关系，但是，事后组织的《国际民防地震预报委员会》于 2014 年发表了一本指导性的文献——《可操作性的地震预报：认知状态与应用指南》，书中提出三个问题：

（1）迄今寻找诊断性前兆还远未成功！

（2）基于大地震是累进变形序列到达顶点的结果，在这一过程中伴有区域应力应变场诊断性前兆变化。但这 2 个假设都没有在经验上得到证实。这就是说，基于应力和应变的变化产生地震和依据应力和地应变测量来做地震预报的思路，都是没有获得实际事例证实的假说而已！这就等于明确地否定了基于应力和应变的变化产生地震做地震预测预报的思路。

（3）“中国地震学家用的同样方法（海城地震预报的方法）却未能对 1976 年唐山地震（Ms7.8 级）作出预测。”

这就在国际的权威性地震预报会议上和刊物中明确地否定了中国在邢台地震中开启的，在海城地震完善起来的中国地震预报实践探索之路，在“中国唐山大地震预报中失败了”。显然，这是不符合唐山地震预报的实际情况的，一个 10 人的会议就这样否定了中国地震预报实践探索之路，也太不够慎重了。对此，我们上面通过对唐山地震预报的分析，可以说明这一否定完全是没有依据的。

关于报告书中提到的利用应力与应变关系来预报地震的思路，我们也是在试验探索中，下面将作一些具体讨论。

七、关于我国地应力与地形变观测和应用研究情况

利用地应力测量探索地震预报之路是李四光提出的。邢台地震以后，在李四光的指导下加强了地质力学所和三河地震地质大队（1986 年 2 月 6 日改为地壳应力所）的地应力研究和应用。

李四光的地震预报科技路线是：第一是抓野外地震地质调查，寻找活动断层内的地应力集中的地段；第二是从构造体系观点出发，选择在关键地段进行地应力监测，并依据其结果对其地震危险性进行判断；第三是抓各种地震前兆现象，包括地应力，断层形变位移、地形变、地下水位、超声波法、形变电阻率、重力和地电法、动物行为异常等。

1. 强调抓野外地震地质调查，抓在构造的关键部位进行地应力观测。

地质部 1966 年成立地震地质大队时就明确了大队的主要任务是：查明活动构造带的范围和它们之间的关系，并在活动构造带中选择适当地点，建立地应力和断层位移观测台站，测量地震发生时的地应力变化和断层位移的情况，探索它们与地震之间的关系和内在规律，达到预报地震的目的。这是以野外为主，以关键部位地应力测量为主。

但在 1986 年体制改革中，国家地震局把大队变成研究所，将主要科研任务和方向调整为：研究地壳运动和应力场及其随时间变化的过程与地震孕育发生的关系，包括构造运动、构造应力以及相应的测量技术与实践理论，着重应用于解决地震预报和工程地震中的问题，为国民经济建设服务等。这一调整一下子就远离了李四光所定的以野外地震地质调查为中心和重点地段地应力监测的思路，而使地震预报研究碎片化，使得理论和实际脱节了。

2. 关于地应力测量的重要性

黄相宁是地壳所的老人，大半生都从事地应力与地震预测研究工作。他对 40 年来地应力的测量和应用作了一个很好的概括，现介绍如下：

（1）关于观测地应力的意义。

他提出李四光先后多次谈地应力的应用，如 1967 年提出：“在岩石不能承受那样大的地应力作用的情况下，就要发生形变，以致断裂产生振动，这就是地震。”“如果这个看法是正确的，那我们就应该很好地去测量地应力，抓住这个变化的过程，是解决地震预报的关键。”“观测地应力的变化是抓住问题的本质，它的大方向是正确的。”要用“构造体系特点推测地应力集中情况来布置台站，了解地应力变化情况”。“地应力的观测方法有多种，电感法是其中一种，还有很多方法，如地下水、钢弦法、超声波、形变电阻率法等。”“关键在仪器和元件的性能及稳定性。”

1968 年 3 月 13 日，李四光在听了尧山和新丰江观测结果汇报后说：“新丰江曲线大幅度地下降，是否意味着日本有大地震发生。这个情况，很可能就给日本做了地震预报。因为同是在一个新华夏构造体系之中，不同的只是一个在西，一个在东而已，这反映了整个构造体系的活动。”

（2）在唐山地区开展地应力观测试验和结果。

表 1 为华北强震地区地质构造图。表中显示，邢台地震、渤海地震、海城地

震、唐山地震分别在三条构造带上。其中邢台地震位于束鹿地堑内，束鹿地堑向北可能三河地堑相连，向南与新乡—汤阴地堑的关系还不清楚；唐山地震位于北东向沧州隆起向北东延至山海关的隆起带与东西向燕山构造带交会处，地下有多组断裂；渤海地震位于渤中北东向断裂与北西向的渤中—烟台断裂交会处；渤中—烟台断裂向北西可延伸到天津—北京—怀来；与渤中北东向断裂平行的断裂是庙西断裂，两者同为郯庐断裂带组成部分。海城地震位于北北东海城—金州断裂与北西向小孤山—岫岩断裂（新发现的隐伏断裂），或海城—大洋河断裂的交叉处附近。

下面的列表为唐山大震的震源机制解。压缩轴方向为86.5°—75°NE。应当是挤压型的右行走滑断裂。西向的压缩力来自西太平洋板块向西俯冲的推挤力。见图10。

表1　唐山7.8级震源机制解

编号	节面I			节面II			P轴		T轴		B轴		X轴		Y轴		结果来源
	走向	倾向	倾角	走向	倾向	倾角	方位	仰角	方位	仰角	方位	仰角	方位	仰角	方位	仰角	
1	NE41	SE	85	NW51	NE	70	NE86.5	18	NW13.5	10	102	69	131	5	39	20	[5]
2	30	120	90	120	210	89.9	75	0.01	345	0.01	210	89.9	30	0.01	300	0	[6]
3	35.6	125.6	80	122.5	32.5	73	260	19.4	168	4.9	65	70	212.5	17	305.6	10	[7]
4	20	NW	86	113	SW	88											[8]
5	40	NW	80	130		90											[8]
6	25		90	115	NE	80	71	7	340	7	205		25	10	115	0	[9]

说明：编号为1的震源机制参数的符号矛盾比为21%；编号为2的震源机制参数的符号矛盾比为4%；编号为3的震源机制参数的符号矛盾比为18%。

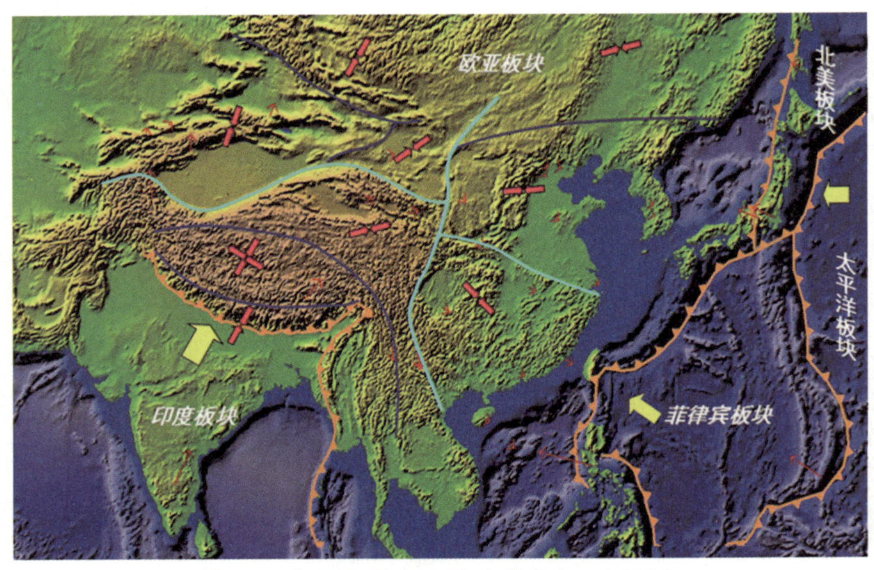

图10　中国区域应力图（谢富仁，2020）

唐山 7.8 级地震的震源深度为 11km，滦县地震震源深度为 10km，而宁河 6.2 级地震震源深度为 19km。似乎是向西加深了一些。

利用人工地震测深方法和转换波法探测揭示，震源层是花岗岩层（笔者：作者图中标示出地表到中地壳为花岗岩层，实际上，上部还存在一层沉积层，约 7km 厚，一层变质结晶基地约厚 3km，这种地质解释对吗？）

震源层的岩石力学性质很重要，可能与花岗岩层有很大不同，花岗岩层厚度可能仅约 10km，大地震都发生在大断裂切割花岗岩层的地段的上界面及其上面的地壳部位，大小地震也最为密集；莫霍界面基本上是水平的；唐山地区存在深大断裂，但不能确定它是否通达到地表；在唐山震区内花岗岩层与莫霍层之间的中、下地壳厚度有所加大（见《中国九大地震》第 23、25、31 页）。确定深度的误差可在几 km。

按照李四光的意见，地壳应力所（原地震地质大队）在河北与辽宁接壤部位布设了 21 个地应力台站，并于 1973 年投入观测，其中一些台站正位于震中区（陡河断裂）。见图 11。

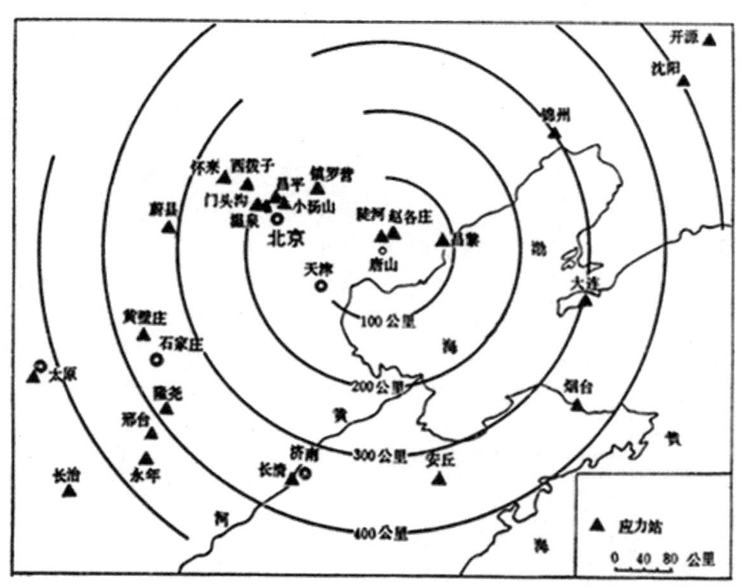

图 11　地应力观测台站布置点

在唐山大震发生前，有 6 个台连续 16—18 个月观测到地应力的趋势异常，有 7 个台出现 1—6 个月的短期异常，在距离大震震中 10km 和 20km 的陡河和赵各庄地应力站把唐山震中区地应力的变化完整地记录下来，出现明显的突跳现象。这就意味着接近临震时。

这样，地壳应力所提出了预报报告，预测了包括唐山在内的地段有发生 5 级破坏性地震的可能性。但一些权威人士又认为测值有干扰，也没有小震不闹大震到的先例，于是报告被冷落（见《地壳应力所成立 40 周年专辑》，2006，第 13 页）。

实际上头一条是借口，在否定唐山群测结果时也是常用这句话，如“马希融所说：如果先发生大震，后发生小震群呢？专家：世界上还没有这样的震例。”显然，第二条原则也是错误的、是教条主义的，就“小震闹，大震才到”这条规律，中国又有几个地点的地震有此规律呢！这需要有关部门能尽职尽责地将这一规律研究一下，其产生的条件是否具有普遍意义。不能乱用，阻碍预测。此外，唐山市群测群防的各站点的地应力测量，用地壳应力所提供的仪器，在震前震后也都有明显反应，展现了地应力方法在唐山地震预报中是有效的，而不是如《可操作性的地震预报》一书中所认知的那样：“仅仅还是没有被事实证实的假说！”

震源区的深部构造不清楚，震源机制解与地表构造情况也不同，三种情况如何判定？下面引用了该书另一结果，很有意思，即地应力趋势异常的最大主应力有大偏转现象，见图 12。

表 2　华北地区地应力绝对值测量结果

地区	测量地点	测量时间	岩性及时代	最大主应力（公斤/厘米 ²）	最小主应力（公斤/厘米 ²）	最大剪应力（公斤/厘米 ²）	最大主应力方向
北京地区	顺义庞山	1973.11	奥陶纪灰岩	4	1	1.5	北 58°西
	温泉	1974.8	奥陶纪灰岩	36	22	7	北 65°西
	昌平	1974.10	震旦纪灰岩	12	8	2	北 75°西
	大灰厂	1974.11	奥陶纪灰岩	21	9	6	北 35°西
	怀柔	1976.11	奥陶纪灰岩	41	11	15	北 83°西
三河	孤山	1976.10	奥陶纪灰岩	21	5	8	北 69°西
隆尧	尧山	1976.6	寒武纪灰岩	32	21	5.5	北 87°东
唐滦	滦县 1 号孔	1976.8	奥陶纪灰岩	58	30	14	北 84°东
	滦县 2 号孔	1976.9	奥陶纪灰岩	68	32	18	北 89°西
	凤凰山	1976.10	奥陶纪灰岩	25	17	4	北 47°西

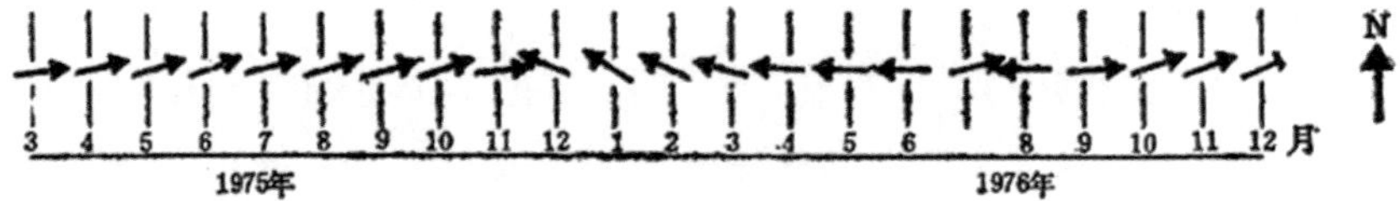

图 12　镇罗营站地应力趋势异常最大主应力方向偏转图

（3）黄相宁还总结了几点观测到的规律

如在邢台宁晋 7.2 级地震前十几小时，获得了一个突然加压，地应力曲线呈“膝”状抬升；谢挺发现在地应力曲线呈“凹兜”状后便发生地震；“凹兜”异常的主应力方向可以指向震中，通过多台主应力交会可定出震中位置，并已有多个地震实例证实了；杨惠甲提出地应力速率变化概念，并以一定阈值划分出异常值，发展了异常主应力方向指向、交会改进震中定位。

此外，他们还试探性地研究了地应力异常变化与震级的关系，得出 Ms=a+blgS 经验公式，式中 a、b 为常数，S 凹兜下的面积。后又改进为 Ms=a+bT±0.5。T 为地应力趋势异常天数。经在华北地区、西南地区摸索试验，得出改进的公式如下：

华北地区用 Ms=3.84+0.0091T±0.5；西南地区用 Ms=5.32+0.0064T±0.5，效果很好。相信，如果发动群众总结回顾一定会有更丰富的成果！

八、关于地震前兆的讨论

1. 预报地震必须以各种地震前兆为基础。

力争前兆的确定性能得到不断改善。但是，如何依靠科技仍然是个难题，最大的是几个部门资料封锁而不能共享，研究也需要更多的台站和复杂的实验设备，群众到现在尚未感动“上帝”。

2. 李四光提出的前兆项目约 10 项。

李四光先后提出的地震前兆项目有：地应力测量，断层微量位移测量、大地形变测量方法、海平面观测、形变电阻率法、次声波法、水文（包括水井，油气井，温泉，地温变化等）观测、动物的异常行为等。

3. 在《中国地震监测预报 40 年》一书中归纳的前兆

官方将野外观测主要内容定为 5 个方面：地震、地磁、地电、地形变、地下流体。可按照 5 个方面内容布局来捕捉地震前兆。但是，按照唐山地震办归纳的主要观测项目有地震活动性、地形变、地电阻率、地磁、重力、水化学、水位、地应力（电感法）、油井动态、气象等 36 项。震前半个月的临震异常阶段，出现了水氡、视电阻率、地下水位、油井流体动态、地应力（电感法）等的突变性异常；震前 1～2 天、动物、地下水等宏观异常现象又大量出现。其中，“唐山地震前唐山地区的地形变异常、重力异常、视电阻率异常是得到国际同行承认的可靠前兆。这些异常大多数是震前发觉的，并非全是震后总结得出的”（梅世蓉的原话）。

因此，必须强调要下地震现场，做观测，做地震地质分析，这是地震预报基础性的工作，是基本功！

4. 梅世蓉、张国民书中讨论的各种前兆异常

他们对各种前兆作了汇总，他们也对前兆异常产生机理作了不少探讨，但定论不多。

5. 关于利用地震台站记录的地震波做地震预报问题

付承义院士在给梅世蓉《中国地震预报概论》写的序言中指出，地震预报必须根据某种前兆。前兆不外来自三方面：地震台的记录、地面上所显示的异常现象，或由某种产生地震的前兆模式所预期的可能前兆。人们一提到预测地震，首先就会想到地震图里去找信息。然而，必须注意地震波是地震发生之后的产物，如果地震图上有什么信息，也只能是关于后来的地震，而不是本次地震的前兆。测震学的方法是很有用的，但是不应忘记它们的局限性。

按照 1990 年《中国震例（1976 年唐山）》中所列举的内容有 30 项，如地震条带、地震空区（段）、地震活动分布、前兆震（群）、震群活动、有震面积数（A 值）；能量释放、地震频数、b 值、h 值、地震窗、缺震、前震活动、断层面总面积、震情指数[A（b）值]、地震活动度 γ、η 值、D 值；小震综合断面解、P 波初动符号矛盾比、应力降、介质因子、波速、波速比、S 波偏振、振幅比、地脉动、地震波形等等。其中地震条带、地震空区（段）、地震活动分布、震群活动等都是近于一个含义。

梅世蓉强调，“地震学者首先从地震序列特征、地震活动性异常、地震波异常等方面进行探索，发现了许多有用信息，据此发展了很多方法，粗算数十种，细算上百种。在过去 30 多年较成功的预测震例中，地震学的贡献经常是第一位的”（见陈章立著《浅论地震预报的地震学方法基础》的序言）。对此，笔者是很怀疑

的。从唐山、青龙县地震预测中我们没有看到地震学作用的影子。再看一看松潘地震吧，这是梅世蓉亲自抓的地震预报工作。松潘这个三联大震都是没有前震的，地震学又如何与地震预报联系上呢？

笔者认为地震或小震群的发生，表明了地下应力在调整，发生地震地区表明了发震点应力有了集中，并增大到达到深部岩石破裂的程度；反之，这点发生地震后，应力得到释放，应力必将在新的地点再集中，所以通过地震的活动图像，可以研究地应力与活动构造运动的关系，从这一角度看地震活动性是很有用的。但是，在汶川地震前，地震界用地震空区空段加上地震活动性参数分析确定的未来地震危险性大的地区，与实际地震发生的地点都是相反的。

九、坚持走边研究边预报之路

1. 意大利拉奎拉地震后意大利政府召开了一个国际会议，2015 年，以国际民防地震预报委员会名义发表一份文件——《可操作的地震预测预报》，对今后地震预报工作提出了 8 条建议：

建议 1：鉴于地震的产生是一个非常复杂的发生于特别难以观测的地下环境中的过程，在未来几年或更短时间内仍无法可靠地预测单个的大地震。换言之，可靠和有效的确定性地震预报迄今还是不可能的。建议意大利民防署应当继续走概率地震预报的科学发展之路，并采用以可操作性为宗旨的使用概率信息所需要的基础设施和专业知识。

建议 2：应支持为研究地震产生过程而建立装备精良的天然实验室。并协调意大利各机构改善进入可操作地震预报系统的资料流程，特别是地震和大地测量监测数据。

建议 3：重点为科学理解地震和地震可预测性的基本研究项目应当成为发展可操作性预报的均衡的国家项目的一部分。但是，委员会对于在不久的将来，诊断性前兆将会为确定性的地震预测提供可操作性的基础并不乐观。

建议 4：关于长期预报模型。最简单、最广泛应用的长期预报模型是假定地震在时间上是随机发生的。它可提供地震将在何处发生、震级多大、多频繁的基本信息。建议意大利民防署应当继续其定向研究项目，发展以改善实用的地震危险性图为目标的不含时间的和含时间的预报模型。

建议 5：关于短期地震预报模型。建议意大利民防署应当把重点放在余震预报的可操作能力的部署上；支持发展基于地震活动性变化的地震预报方法，以定量估计短期地震概率的变化。

建议 6：地震预报方法的验证。拟用于操作的预报方法应当利用可得到的资料进行可靠性和有效性的科学检测，包括回顾性的和前瞻性的，所有可操作的模型均应接受持续的前瞻性的检查。

建议 7：应创建一个独立的专家小组，以评估预报方法并解释其输出的结果。该小组应直接向意大利民防署的首长负责。

应当为决策者确立定量和透明的协议，包括如果地震概率的某个阈值被超过后需要实施的具有不同影响的减灾行动。

建议 8：意大利民防署应当与相关组织合作，按有效的公众交流的社会科学原则，持续地告知公众以概率预报为基础的意大利的地震形势。

委员会最后结论是："没有理由说一系列小震级事件可以被当作一个强地震肯定会发生的预报因子。"中国在邢台东汪地震总结的"小震闹，大震到"的现象是邢台地震的特点，海城地震的特点又有所变化，但是大震前会有小震出现则是一种规律性的现象。

作者们在书中给出了包括拉奎拉地区在内的地震带上概率地震危险性图，拉奎拉地区。"意大利地震官方地震前就没有把这个地区划为地震重点监测区"，所以这一概率地震预报对防震减灾能起什么作用呢！正位于地震发生的高概率带内，但看不出其概率值与 2009 年 4 月 6 日拉奎拉地震发震有什么关系，这一概率地震预报的方法又能解决地震预报到什么程度，在防震减灾中可起到什么作用？此外，文中强调了利用地震活动性，但也没有谈及利用基于地震活动性变化的地震预报方法的本质和实际效果？

为什么要把研究的重点放在余震预报的可操作能力的部署上？

"鉴于地震的产生是一个非常复杂的发生于特别难以观测的地下环境中的过程，在未来几年或更短时间内仍无法可靠预测单个的大地震"，那么支持为研究地震产生过程而建立装备精良的天然实验室又能达到什么目标？实验室模拟的地震过程与野外实际情况如何证明其相似性、可用性？

国际民防地震预报委员会推荐的是今后地震预报走概率地震预报之路，这是鉴于可靠和有效的确定性地震预报迄今还是不可能的。它否定了从研究地震发生机制入手，建立理论模型，并从找到确定性的前兆现象入手，开展地震预测预报。

这一派可以称为机制派。这是国内外主流地震专家们所坚持的。认为这样做，需要长期工作，几十年内都很难取得结果。(《汪成民自传》284 页)。这里，最根本的问题还是在于如何克服地震研究的“三性（震源发生在地下深处，研究人员不可进入做实验；地震又是一个小概率事件，同一个地点重复发生地震的概率极小，研究人员在一地取得的研究成果，很难得到验证其对错；三是地下情况太复杂，人们很难弄清楚。)”

在中国，在地震预报实践中通过多种手段抓前兆异常，抓第一个大震的来临已取得多个成功的案例。现在，也需要深化研究，加强其物理基础的研究，但绝不是上面推荐的工作内容。这里，又涉及地震预报的两条工作路线之争。

2. 另一条地震预测的工作路线是，强调从多个地震发生前产生的各种现象收集入手，探求震前和临震现象的特点和规律，进而探求其与地震发生的关系，开展地震预测的探索，支撑国家的抗震减灾工作，拯救人们的生命。这就是邢台地震和海城地震的探索之路。

这条路线已在前面几篇文章中做有详细论述，在此不再重复了。

3. 地震学家的良心和责任感。

汪成民自传（290 页）中引用了一段话：“1923 年日本关东大地震前，日本地震学家今村明恒曾有过正确预报（不知道如何预测的，概率是多少？）但遭到他的老师地震权威大森房吉的强烈反对，说是“毫无科学依据的”。结果如预报的那样发生了大地震，死亡达 13 万人之多。而大森房吉后悔莫及，无地自容，在沉重的负罪感之下很快就郁闷而死（另一说法是自杀而终）。

汪成民自传第 115 页也提出另一个例子，即李四光对待地震预报工作的负责任态度。在 1970 年 2 月 2 日在第一届全国地震工作会议上，李四光先生作了发言提到，通海地震发生在应力容易集中地区，两年前地质部就在此地布设了地应力观测站，地震前观测到极典型的地震短临异常，由于台站同志没有经验，没有及时上报，以致漏报了这次地震，给国家造成了重大损失……说到此处，李老竟然在大会上抽搐起来，发言稿从发抖的双手中掉到地上，他连连地说：“我对不起老百姓、对不起国家，辜负了周总理的信任，明明发现了异常，却没有做出预报，造成严重损失。我要向中央作检讨，改进地震预测工作……。”这为我们树立了一个榜样。拉奎拉地区的群众在震前的反应是不是客观事实？是客观事实！但在解释上出现两种完全相反的解释，到底哪一种解释符合实际，事实证明了群众的认识是对的。地震专家自己对地震发生与预报是无知的。再说这个地区地震已有 1000 年，群众在生活中已积累了不少经验教训，这些经验难道就可以否定吗？否认拉奎拉地震的 6 位地震学家，你们虽已被释放出来，难道你们就不愧对当地死去的父老乡亲吗？！

参考文献

1. 马胜云、马兰，2003，《李四光年谱》，北京：地质出版社.

2. 李四光，1977，《论地震》，北京：地质出版社.

3. 陈运泰主编，2015，《可操作的地震预测预报》，北京：中国科学技术出版社.

4. 孙其政、吴书贵，2007，《中国地震监测预报 40 年（1966-2006）》上下册，北京：地震出版社.

5. 国家地震局《一九七六年唐山地震》编辑组，1982，《一九七六年唐山地震》，北京：地震出版社.

6. 汪成民，2021，《从唐山到汶川——我的地震预报人生》，东方出版社.

7. 张肇诚等，1990，《中国震例（1976-1980）》，北京：地震出版社.

8. 张庆洲，2006，《唐山警世录——七・二八大地震漏报始末》，上海：上海人民出版社.

9. 钱钢，1986，《唐山大地震》，北京：解放军文艺出版社.

10. 马宗晋、傅征祥、张郢珍、汪成民、张国民、刘德富，1982，《1966-1976 年中国九大地震》，北京：地震出版社.

11. 梅世蓉，冯德益，1993，《中国地震预报概论》. 北京：地震出版社.

12. 张国民，张晓东，吴荣辉，等. 地震预报回顾与展望[J]. 国际地震动态，2005，(5).

13. 傅承义. 关于地震发生的几点认识（红肿现象）[J]. 地震战线，1971.

14. 陈立德、付虹，2003，《地震预报基础与实践》. 北京：地震出版社.

15. 马宗晋. 华北地壳的多（应力集中）点场与地震[J]. 地震地质，1980，2（1）: 39-47.

16. 陈章立，《浅论地震预报地震学方法基础》，北京：地震出版社.

17. 赵玉林，钱复业. 唐山 7.8 级强震前震中周围形变电阻率的下降异常[J]，地球物理学报，1978，21（3）：181-190.

18. 地壳应力所情报资料室，2006，地壳构造与地壳应力——地壳应力所成立 40 周年专辑.

19.《2006-2020 年中国大陆地震危险区与地震灾害损失预测研究》项目组，2007，《2006-2020 年中国大陆地震危险区与地震灾害损失预测研究》，北京：地震出版社.

20. 中国地震局地震预测研究所，2020，《2021-2030 年中国大陆地震重点监视防御区确定工作报告》（送审稿）.

21. 顾功叙，1999，在国家地震局制定规划的全国局长会议上的发言，《顾功叙文集》，北京：地质出版社.

22. 仇勇海、刘春生、戴前伟，2008，自然电场法预测地震，长沙：中南大学出版社.

1976 年松潘地震的防震减灾成功与 2008 年汶川大地震未报原因的分析

赵文津

中国工程院资深院士
中国地质科学院研究员
福星大观遥感减灾研究院研究员

摘要：松潘地震、汶川地震分别位于四川西部龙门山地震带北、中部，先后发生了大地震，造成的后果却极大的不同。本文着重研究了：第一，1976 年松潘地震成功预测的经验和 2008 年汶川地震失报的教训；第二，从巴颜喀拉地块的向东运动的基本态势出发，研究龙门山断裂带上应力集中点变化规律，讨论了龙门山断裂带上地应力聚集点的迁移和前兆异常的特征，提出巴颜喀拉型活动断裂系；文章对汶川地震前出现的种种前兆异常现象进行分析讨论，认为汶川地震是可以做出预报的。第三，对地震部门基于地震地质调查分析、地震活动性研究、大地形变（水平运动、垂直运动、跨断层形表测量、重力场变化）观测，以及全国大陆地震大形势分析等对全国重点地震危险区进行的预测和重点监测对象，通过汶川地震的检验，表明这一套做法，特别是用地震活动性参数评价地震空段的地震活动性，并不能反映地下应力集中的实际情况；第四，提出地震预报不仅科技研究要加强，有关的管理工作也要大大改变；第五，认为已提出的多个“汶川地震孕震模式”都缺乏实际调查资料的支持；孕震模式不确定，各人的计算推导分析的结果也就成为问题，需要提高深部调查技术的分辨率与岩性识别技术，取得震区震前的深部结构资料；第六，要重视周总理提出的地震预报工作方针和多学科发展的要求，以及李四光、顾功叙的建议，要以地震预报为中心，加强科技攻关的规划制定和执行，加强地震实验场捕捉大震的设计，提高识别、采集地震前兆异常的能力。

一、引言

2008年5月12日，四川西部龙门山断裂带的汶川地区突发了一个8.0级地震，地震造成6.8万人死亡，1.7万多人重伤，54万人轻伤，经济损失达8600多亿元，是唐山地震造成损失的86倍，全国人民再次处于严重的悲痛之中，国家主席胡锦涛和国务院总理温家宝亲自下到现场指挥抢险救灾，国务院还成立了由几个部门的科技人员组成的汶川地震专家委员会，协助国务院处理汶川地震的有关问题。

这次大震震前，地震官方没有向群众提前打个招呼。相反地，震前都江堰等地出现了许多临震的异常显示，群众人心惶惶认为将要发生地震了，这时，权威人士在电视台上信誓旦旦地极力否定成都地区将要发生大地震的议论，说龙门山地区没有唐山那样的地质构造条件，不可能发生唐山那样的大地震；还说，这是全国地震专家的一致看法，叫大家放心！话说得很绝！结果很快就被地震事实狠狠地打了脸，当然，也带给了人民更大的苦难！

震后，大家积极探讨了这次大地震带来的经验和教训，提出绝不能再次重演这类地震失报事件。

1. 这次地震失报的缘由是什么？特别是这一次战略误判是怎样造成的？和唐山大地震失报的战略误判做出对比。

2. 通过这次地震失报，我们又取得了哪些正反面的经验？

3. 从海城地震开启的中国地震预报实践探索之路还行得通行不通？

二、汶川大地震发生在巴颜喀拉地块与华南地块的碰撞带—龙门山断裂带中段

见图1东部的8.0级地震震中位置。

龙门山断裂带及其北部的南北向岷山断裂系一起构成了巴颜喀拉地块的东部边缘；巴颜喀拉地块受印度地块北东向挤压而发生了东向运动（图中大、小黑箭头所示），并在新生代时期与华南地块的四川地块在龙门山地区相碰撞并发生造山运动，先后生成三条逆冲断裂组成的龙门山断裂构造带，走向长500km，宽40—50km。

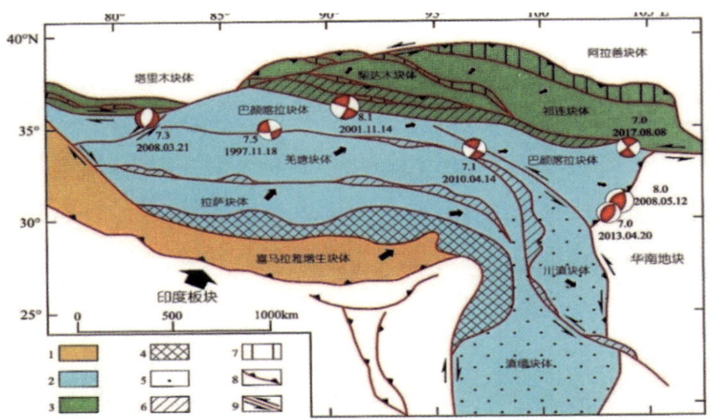

图 1　青藏高原结构与强震分布图（引自《汶川地震震例》）

东部 2008.5.12 地震—即为汶川地震震中位置，2017.8.8 日地震为九寨沟地震震中位置，其南面为南北向的岷山断裂系，为 1976 年 8 月松潘地震的发震断裂，岷山断裂向南与龙门山断裂带相交会。

图 2 为松潘地震所处的岷山断裂系。

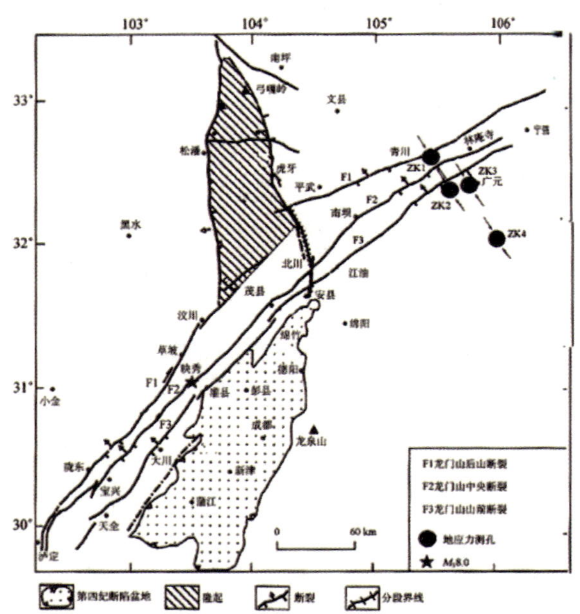

图 2　岷山断裂系的两条断裂（引自《国际地震动态》2009.30（4）：27—28 页）

北部为岷山断裂系，分为西部断裂-岷山断裂，东部断裂—虎牙断裂。

松潘地震三联震就发生在虎牙断裂上。

图中汶川南部的映秀为汶川大地震的震中所在。

各个断裂的产出，如图上所示。

地质图上显示，在龙门山断裂带与北西走向的鲜水河断裂带之间分布有多个花岗岩体和古老的杂岩体，比中新生代沉积地层的刚性要大很多。

从图 1 上标绘的震中位置看，巴颜喀拉地块四周先后发生了多个大地震，这些发生地震的断裂系构成了巴颜喀拉新活动断裂系，控制着地块四周地震发生的先后。1976 年 8 月 16 日，龙门山北部的岷山断裂系发生了松潘 7.2 级地震，标志着巴颜喀拉新活动断裂系活动的开始。随后发生了，1997 年玛尼 7.5 级地震，2001 年昆仑山口西 8.1 级地震和 2008 年 3 月于田的 7.3 级地震，2008 年 5 月在汶川映秀地区发生了 8.0 级大地震，震中又转回到地块的东部边缘带。

这些地震断层的活动性质很不同，如在地块南、北两侧的地震都是走滑型地震，西边的于田地震则以拉张型断裂为主，东部边缘的地震断裂则以挤压型为主，为逆冲或逆冲兼右行走滑的构造。主震源深度约为 15km。但都是巴颜喀拉地块向东运动导致地块四周发生的大地震。

三、位于龙门山断裂带北部岷山断裂上的松潘地震预报是成功的，其主要做法和基本经验

1976 年 8 月 16 日到 23 日在松潘—平武之间爆发了两个 7.2 级地震，一个 6.7 级地震，震源深度为 10—22km。地震震中分布见图 3。地震造成 38 人死亡，损失 2800 头牲畜，倒塌房屋 5000 多间，耕地毁坏 75000 多亩，桥梁建筑毁损 30 多处。四川地震部门地震预报工作做得到位，创造了又一个防震减灾的实例。

这是在唐山大地震后不到一个月时间内发生的。

地震震中沿着虎牙断裂分布。

虎牙断裂属于岷山断裂系，呈南北向展布，向南与龙门山断裂带相交。两者一起构成了巴颜喀拉地块的东部边缘带，其东为华南地块的四川地块。

松潘地震震前出现过大量的地震前兆异常，并沿龙门山断裂带自西南向东北移动，最后落脚在虎牙断裂，爆发了大震。

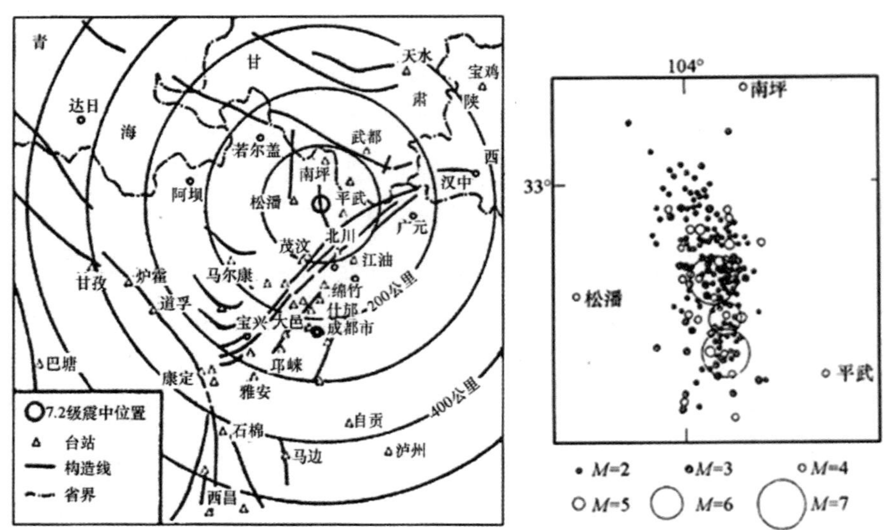

图 3　松潘—平武地区台站及地震震中分布图

（引自《一九七六年松潘地震》）

松潘地震预报是成功的，其地震预测工作历程和经验是很有启发性的。其具体的工作过程如下：

1. 四川省地震办公室主动抓大震，这是防震减灾工作的核心和关键。

省地震办鉴于这一地区是一个地震多发地区，认为需要加强地震监测工作，并从 1970 年起，先后在松潘、茂汶、马尔康等地建立了起一个大的地震监测网，主动开展了地震地质调查和地震活动性研究，进行了地壳形变、地下水、水氡含量、地电、地磁、地应力等前兆手段的综合观测工作，积极准备抓大震！这就是业务领导的主动作为。

四川省地震局罗灼礼同志回忆，从 1973 年炉霍 7.6 级地震（位于松潘西南的鲜水河断裂中部）发生以后，松潘地区的地震活动性明显增加，形成了地震空区和条带；从 1974 年起，该地区泉水流量减少，甚至断流；龙门山地区还出现大范围的干旱现象，饿死的熊猫就达 138 只等等异常。1975 年又对松潘、茂汶等地进行了 910km 长的水准测量，发现在松潘—南坪 50km 的一段地段相对隆起达 312 毫米的异常变化。两个月后复测，发现隆升仍在加速，达到 11 毫米。罗灼礼同志按照地壳形变场理论计算和已往的震例，推算未来地震如发生，将可能达到 6.3—7.3 级。这就是说，早在松潘地震前 3 年本区内已有明显的前兆异常显示——地震活动性增强、区域干旱和地形变异常。

2.地震办公室在对这些资料综合研究后，又发现 1975 年小震活动增多，并在松潘、南坪、茂汶、黑水、北川之间形成地震空区；之前，还在松潘、南坪之间发生过 4 次 5 级以上地震。(笔者：这表明松潘—茂汶—北川区域内地震活动增多，不是没有地震活动，而是由小震活动，已发展到了中强地震的等级，这预示着本区将会有更大震发生，而不是没有前震!)

四川地震局同志按照本区的特点，即一次大震前，往往在其邻近地区发生一些 5—6 级的震群。其他还有水准测量、水氡测量、土地电、磁偏角、视电阻率、干旱现象、水断流、竹子旱死、熊猫饿死等异常现象。于是，在 1975 年 11 月四川地震局在全省地震趋势会上提出了“1976 年上半年，在松潘、茂汶一带有发生 6 级或 6 级以上地震的危险”的中期预报的意见。这是省地震办进一步明确下一步的防震重点，从而迈出了防震减灾的关键性的一步!

3.1976 年 1 月，在全国地震趋势会商会上进一步研究了这些异常资料，领导和专家们都肯定了有发生大震的危险，并将川甘青交界地区列为全国第三个重点危险区。随后，省、县等各级先后召开了地震工作会议，决定进一步加强群测群防活动。

4.1976 年 3 月起，成都平原出现地下水异常、水位升降大、浅井水二价铁离子增加、泡茶茶水变为黑紫色等；绵阳市地震局结合自己的工作经验，判断本区将发生大地震，并正式下发了文件。

5.1976 年 5 月 29 日，云南西部龙陵、潞西发生了 Ms7.3 和 Ms7.4 级地震，省地震办根据过去的经验，即滇西、滇西南地震与松潘、龙门山地震关系密切(笔者注：这里应是缅甸弧和东构造结点向北推进，导致高原东侧特别是川滇地块西侧向北运动力量增加的远程效应)。于是，在 1976 年 6 月 10 日—11 日召开了震情会商会。会上对发震地点出现了两种意见：1）罗灼礼根据地形变数据，主张发震点在北部松潘一带；2）一些分析人员鉴于灌县、大邑出现地下水和动物习性异常增加较明显的情况，主张将重点监测地点放在龙门山南段。为统一意见，将发震地点划定在龙门山断裂带的中、南段。6 月 14 日省地震局发出《地震简报》第二期，提出：近 1—2 个月内在我省龙门山断裂中、南段，即北川、茂汶、天全、泸定一带可能发生 6 级或 6 级以上地震，6 月中下旬尤其要注意这一预报意见。6 月 18 日，省地震办和成都地震大队发文——川震委发（76）第 004 号文，题目是《立即行动起来，捕捉当前大地震的紧急通知》。

6. 省委领导的重视和指导是关键的临门一脚。

四川省委根据省地震局的紧急报告和会商中一些专家认为有 7 级地震危险的意见，专门下发了文件，指出龙门山中南段有发生 7 级地震的危险，要求阿坝、绵阳、温江、雅安、成都、甘孜等地市州各县立即以对人民高度负责的精神加强对防震工作的领导，认真吸取海城、龙陵地区的防震抗震经验，大力开展群测群防运动。有关州县立即成立防震抗震指挥机构，迅速建立起群测点网，张开了捕捉地震短、临前兆的大网。这里，又明确地把阿坝地区包括进去了，扩大了监测范围！

1976 年 6 月 23 日，四川省委成立了以谢正荣、杨超书记等 7 人为指挥，各有关部门负责人参加的省防震抗震指挥部，其办公室设在省地震办。各有关地市州县立即成立相应的防震抗震指挥机构，群测点迅速建立起来，形成了一个捕捉大震短、临地震前兆的大网。

7. 应四川省委的之邀，6 月 22—28 日，国家地震局做了 3 项工作：

1）决定在成都召开南北地震带中段近期地震趋势会商会。中共省委书记杨超及省革委领导、国家地震局领导张魁三、地震专家梅世蓉等 33 个单位的 73 人出席会议。杨超书记说，希望把发震的时间、地点、强度预报得更确切些。经过讨论，肯定了省地震局第二期地震简报的预报意见，并进一步指出，近 1—2 个月内，龙门山中南段可能发生 6 级或大于 6 级的地震。

2）决定加强流动台网观测。

国家地震局以最快的速度抽调了 50 余名专业人员加强了平武、南坪、江油、安县、什邡、黑水、汶川、灌县、大邑等 12 个流动台站；增加了 10 个地震流动站；增加了水氡、高频仪、短水准、流动重力、流动核磁等观测。这里特别强调了要对从平武到大邑整个龙门山断裂带的中南段加强监测。

3）决定派出专家组核实省地震局提出的前兆异常。

1976 年 7 月 1 日到 6 日，国家地震局派出的专家组到松潘、茂汶地区核实地震前兆异常，回来后他们向四川省委书记、省防震抗震指挥部一把手谢正荣汇报了考察的结果。专家组认为：松潘、茂汶地区既没有前兆异常，也没有发生地震的危险。于是，省地震办被省委书记批评“为什么不实事求是，专家组都说没有地震，你们就做预报”。这时，一些造反派借机闹事，如把彭县防震抗震指挥部人员抓起来游街批斗。四川地震局的罗灼礼同志表示不同意专家组的意见。国家地震局的专家又一次起了消极作用！

在这一关键时刻，省委书记杨超出面对省地震局专家做工作，他强调：在科学上有不同认识和意见都可以畅所欲言，但工作应按省委统一部署进行，立足于有震、有大震。并向谢正荣书记解释说：“外来的和尚会念经，四川的和尚也会念经。”随后，他亲自带领科技人员到茂汶、松潘一线检查地震观测质量，核实地震异常，鼓励专群地震工作者增强信心，忠于职守，努力工作，这显示了真正的高水平领导的作用！

8. 省地震局确定，6 月在龙门山断裂带的西南部天全—宝兴出现了异常高潮；7 月异常高潮转移到汶川—彭县一带；在第二次高潮出现的大多数短期异常已经开始趋于结束时，在 8 月初在江油—北川一带又第三次出现更为猛烈的宏观异常高潮。

其中地下水等各种宏观异常于 6 月 20 日前后和 7 月 20 日前后两次出现高潮，在 8 月初异常第三次出现显著增加时，异常的集中地点已从西南端转移到北东端的北川一带，发展趋势十分突出。见图 4。

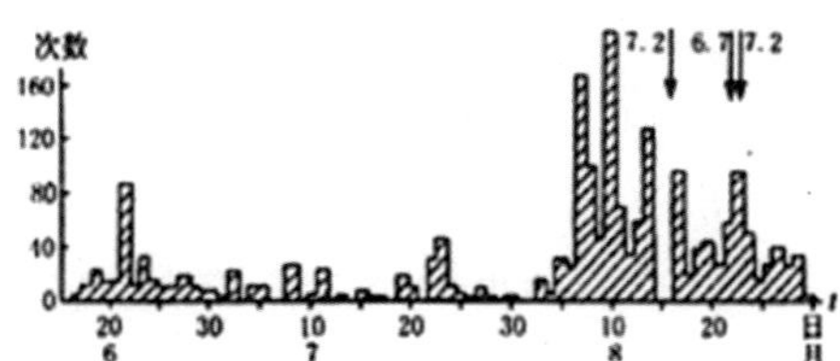

（a）1976 年松潘 7.2 级地震前龙门山地区宏观异常数量随时间变化（四川省地震局，1979）

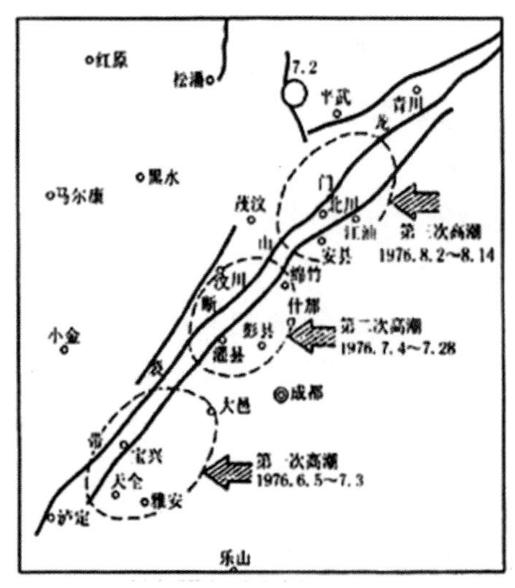

（b）宏观异常分布地质随时间的迁移

图 4　龙门山断裂带宏观异常迁移图

笔者认为从异常的转移情况可以看出西边来的地应力，在宝兴一带是除垂直龙门山断裂带分量外，还有一东北向分量，在宝兴地壳发生地裂或其他形变后，地应力接着转向东北并增强当地的应力，并再次造成地壳破裂或形变，到第三点后，应力转而集中于与龙门山断裂交叉的南北向的虎牙断裂，最后在虎牙断裂上爆发了 3 个大震。

省地震局考虑到四川省 6 级以上地震多发生在 8 月份这个历史现象，再参照地磁等方法对发震时间的估计，于是在 8 月 2 日和 7 日发出《地震简报》第五期和第六期，提出 8 月份，尤其是 13 日、17 日、22 日前后，在茂汶、北川一带或康定、泸定一带可能发生 6 级或 6 级以上甚至 7 级左右地震的意见。

《地震简报》里称，省地震局已注意到异常群已向东北方向转移的现象，表明地应力已向东北方向转移和加强，这是在酝酿着新的大震。但《地震简报》里又提出地应力也将向西南方向的康定和泸定集中，为什么？但没有个说法。

地震预报意见通过省防震抗震指挥部发出后，各地地下水、地光、地气、动物习性异常数量剧增，特别是茂汶、北川、江油、安县、绵竹一带更为集中突出。8 月 10 日康定姑咱台水氡发生 16 埃曼的突跳，一些地磁台出现地磁日变形态异常，专业台和群测台报来大量异常和预报意见，于是 8 月 12 日省地震局发出临震预报。

省防震抗震指挥部和地震局立即紧急电告有关地市县及各地中心站，进入临震戒备状态，采取撤离疏散人员牲畜，转移到安全地带，准备好应急通信和救护队伍、救灾物资以及医疗队伍等。

9. 8 月 14 日晚上，省委听取省地震局震情报告后，16 日下午召开了 20 万人群众大会，部署防震抗震工作。晚上 22 点 6 分，就在龙门山断裂带北部的松潘、平武间的虎牙断裂上发生了 7.2 级地震，而不是人们一再推测的北川、茂汶和康定、泸定！这表明罗灼礼同志根据地形变异常强烈和前兆异常转移趋势的推测更符合北部地区应力集中程度的实际情况，对预报地震防震减灾有着直接的指导意义。

10. 地震发生后，救援队伍和专业人员火速奔向灾区救援。震后判断这次地震为主—余震型，再次发生大震的可能性很小。但随后却又连续发生了一个 6.7 级，一个 7.2 级大震！松潘地震是群震型！群震型和主—余震型判断的标志是什么？没有个说法。程式同志在《松潘震例》中提到，第一个 7.2 级大震是 8 月 16 日发生的，预测到了，接着于 8 月 22 日和 23 日发生的大震，四川地震局根据第一个地震的预测经验，也对其做了预测。但是，他没有进一步说明，隔了 5 天和 1 天的大震又是依据什么具体前兆做的预测？预测结果如何？可能是依据地下水位变化？

这里，从地震大形势讲，罗灼礼先生推测的发震地点在松潘地区也是对的；但是，另一种意见强调发震地点在龙门山带南部的，在这一时段并没有发生地震，龙门山中部的茂汶地区躲过了这一劫，但是茂汶地区是应力解除了，还是仍然保持着高应变能的状态？

松潘三次强震共死亡了几十人。应当说，地震预测和采取的防震减灾的措施起到了很好的作用。

松潘地区是紧接着唐山地震后又一个地震预报实验场试验，四川局同事抓住了大震，得到了较完整的震前、震时和震后的记录，对研究地震发生和发展规律很有作用。对发震地点有不同的估计，可能反映所依据的前兆异常不同所导致的，还应通过总结经验加以提高。松潘地震防震成功与唐山地震失报的差距在于行政领导和科技领导的战略判断上的差距。

这次防震减灾活动一是以省地震办和省地震局为核心，依据地区地震活动较多的形势，及时提出加强地震监测的意见；二是各有关地县都积极参与下大力收集了短临地震前兆异常，由地震部门做出大地震将要发生的判断，并及时上报；三是省委书记杨超的坚定有力地指导和支持，及时听汇报和下达最后命令，指示各有关地县加强防震救灾活动，起到了临门一脚的关键作用；三者缺一不可！这一点与辽宁海城地震时的情况是完全相同的。四川地震局的同志们在松潘地震防震减灾活动中又丰富了中国地震预报实践探索之路，值得珍惜。

国家地震局一直支持省地震局的意见，但在临震前，派出的专家到现场检查地震异常后又提出否定前兆异常、否定将发生地震的意见，使省局十分被动，差一点又酿成大祸！这与唐山地震前出现的情况类似，这表明国家地震局专家工作的弱点，省里是长期观测的结果，而国家地震局是临时检查工作，这种工作方式看来是不能适应当前经验式的地震预报工作要求。

笔者对这次地震预测归纳出以下几点评述：

（1）发震地点

这次地震原预测推测的发震地点有 3 个——松潘、茂汶和泸定，最后大震实际发生在松潘—平武之间的一条较小的南北向虎牙断裂上，而未发生在龙门山断裂带中南段的主断裂上。

虎牙断裂位于松潘、平武之间的南北向隆起带——雪宝顶隆起带的东侧（见《中国九大地震》第 38 页）是几条断裂的交汇点，并且是地形变突出地段。

预测依据是，这一带小震活动多，有发生大震的可能，因而加强了监测。前兆趋势异常沿龙门山断裂向东北转移，6 月在宝兴—雅安，8 月份到了北川，随后转到虎牙断裂爆发。这些异常主要是地下水、地光、地气、动物习性等宏观异常数量剧增，为临震异常。

罗灼礼先生按照本区地形变异常资料，推测地震将在松潘—平武之间发生。

田忠尧文中提到平武县委在听取县地震台震情汇报后作出大震即将在平武发生的判断。

汶川地震办主任蒋永明提出，从当时汶川用的土仪器反映和宏观异常看，肯定汶川地区有大震背景。

实际发生的地震地点表明，原来罗灼礼的判断大震将在松潘一带发生的意见是准确的，表明利用地形变的前兆异常作推测应是更为重要。

（2）地震发生时间

地震不是发生在各种临震前突发性异常高潮之时，而是在突发异常高潮之后平静了 2 天半后（这里的短临前兆和震后效应如何区分？）。显示了突发性异常高潮后，平静两天半，再发大震，与小震闹—平静—大震到的规律有一定的相似性。

在第一个大地震发生之后，各种突发性异常数量和幅度比第一个大震前发生的更多更大，这种情况应是表明了是后续大震的前兆反应还是后续余震的短临前兆异常的显示？或是两者的综合反映，需要进一步研究，得出一个明确的结论。

（3）松潘地震实际是有前震的

从上述回顾来看，松潘地震还是有前震的。从 1975 年以来小震增多，而且还在松潘、南坪之间发生过 4 次 5 级以上地震。但前震到主震的时间相距较长，不是像邢台地震那样小震闹—大震到的特点。其临震异常的特点主要是大量的地下水、地气、火球、地声、动物习性等宏观异常，出现的范围广、时间长，见图 2。

（4）松潘三个地震的震源机制相同

都为逆冲型的，断裂走向近南北向，但错动面倾角不同（马宗晋给出的）。这与地块东部边缘地带宏观动力学作用是一致的。与唐山的三联震构造环境不同（见《中国九大地震》第 38 页）。

地震后，各种异常现象数量比震前更多、范围更广。8 月 27 日省地震局说是“根据余震衰减情况并结合地震地质背景、历史地震和中期趋势（具体内容没有）做出判断：大震危险已经过去，仍然发生的突发性异常是震后效应，不再是下一个大震的前兆”。事实是对的。

松潘地震预测基本上是成功的和有效果的，我国取得了又一个群震全过程的资料，从科学实践讲这是极其宝贵的。这一次的预报经验对研究汶川地震预报问题是很有借鉴意义的。

从地震大形势看，松潘三个大地震造成巴颜喀拉地块东北部积累的地应力应变能量得到大释放，并引起区域地应力的大调整。这样就导致地应力和应变能开始在巴颜喀拉地块中部聚集，最后导致其南缘断裂带上的玛尼于 1997 年发生了 7.5 级地震，北缘阿尼玛沁缝合带上的昆仑山口西于 2001 年发生了 8.1 级大地震，而地块东部和东南部则未见动静。但是，地块中部应力的释放，必然将在西部边界出现拉张作用，在东侧出现应力的加强。

2001 年昆仑山口西大地震之后，下一个大地震将在哪里发生，这需要从活动断裂体系角度和地形变等异常来探讨下一个大地震转移的方向，进行这个地区中期地震危险性评价；第二是，要抓住 1—2 年或更短时间的短临地震前兆异常的捕捉，以预报未来大震的发生。

四、汶川地震前地震形势的误判——认为“不会有大震”，造成的原因

1. 国家地震局 2007 年出版的《2006～2020 年中国大陆地震危险区与地震灾害损失预测研究》（以下简称《地震预测研究》）中，提出活动断裂的地震空段是地应力增强地段，也是下一次地震最可能发生的地段。作者第一步就是根据历史地震记录，沿龙门山活动断裂系寻找和划分地震空区、空段，见图 5。

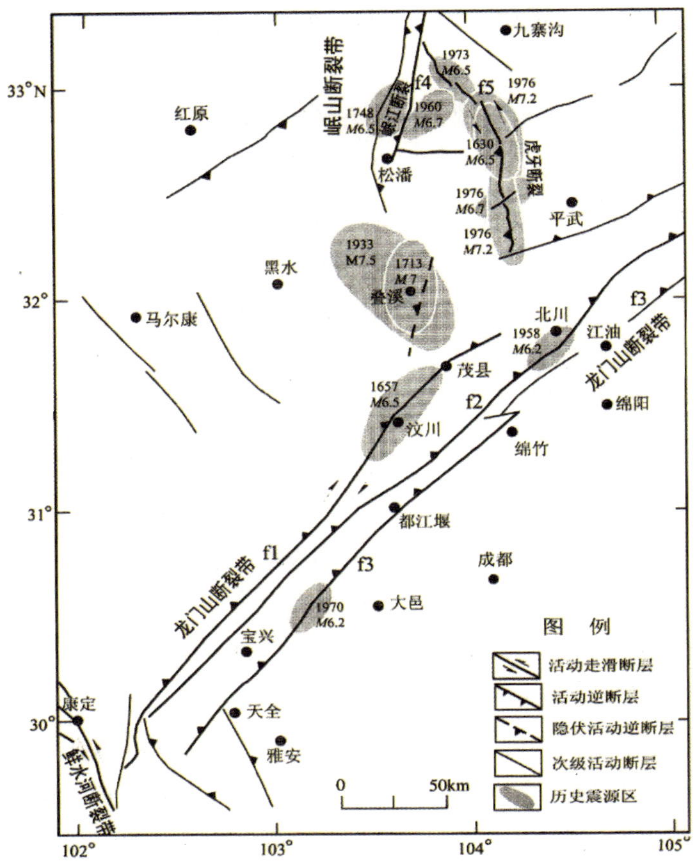

图 5　岷山—龙门山构造带活动断裂与强震震源分布图

（引自《预测研究报告》）

作者论述了最近 400 年期间，岷山—龙门山构造带的主要强震活动多集中于茂汶以北的，位于松潘地区的岷山断裂系，而中—南段仅有几次偏小的地震。因此，划定中—南段属于长期的强震空段，具有发生大震的构造活动背景；第二步，则要对中、南段各地段进行地震危险性评价，并明确在哪一地段大地震将会较早地发生。

作者将这一东缘断裂带划分为 9 个区段，并分别计算了 b 值，计算结果见下表 1 和图 6。

地震活动性参数，包括 b 值、a/b 值、单位时间和长度（或面积）的地震频数和应变能等。

b 值是指古登堡—里希特研究全球 6 级以上地震进行统计得出的一个经验公式：logN=a-bM（见张国民等著《地震预报引论》26 页）。而《中国地震预报概论》（梅世蓉著）第 65 页的描述是，它是 1978 年李全林等提出的，考虑到台网的控制能力，把选取的震级下限定为 2.0 级（西南地区取下限为 2.5 级），并排除个别高震级地震发生的影响，而把震级的上限定为 5 级（西南地区为 6.0 级），这样规定后，统计公式是否还能成立？笔者认为由于小震和强震数字是因台网密度和记录时间不足，很难收集较全的。这样，新的扩展已偏离了原来建立古登堡—里希特统计公式时的条件，扩展了统计震级范围后，上述公式是否还能成立，并没有人做出证明。

b 值区在空间上可移动、可扩展和收缩，认为在其收缩过程中会发生地震；作者认为这种时空扫描方法对强震的中期预报是有意义的，并认为唐山地震、龙陵、松潘、永善等地震都是如此。张国民等在《地震预报引论》中引用的是日本资料，如日本伊豆新岛近海 1957 年 6.3 级地震前震群活动 b 值降低，松代震群前震也出现 b 值降低，余震时升高；认为 b 值小，代表当地的地应力水平增高；b 值高，则代表地区的地应力降低了。两本书都认为这一参数是有明确的物理意义的。

笔者认为，其物理意义并不是肯定和明确。就小震发生多的地区，标志了这是区域应力增加而导致的结果，计算出的 b 值就会降低，这就是作者解释的区域应力水平是高的。但是，在已发生过多个小震的地段的外围未发生地震的地段地应力水平仍然是高的（未卸载，而且可能还较发震地段地应力水平要高，因为未卸载）。这就是“地震空区”的概念！按照作者的概念，“地震空区”内小地震少，b 值就高了，地应力水平反而是低了，这与提出的“地震空区”概念和含义完全相反了。这样，必然导致把地段的地应力高低作出误判，把地段的地震危险性做出误判！再说，在一个统一地应力场作用下，小震的发生多少也与震源区的岩石抗压强度有关；此外，是小震的分布深度可能都位于地壳的浅表层，而不能代表深部的主震震源层的深部应力情况。再有，扫描地块的大小和分区不同，对 b 值也有很大影响。因此，所说的“明确的物理意义”还值得深入探讨。

再看一看具体评价的结果。以易桂喜等作者所做计算和分析为例，他将岷山断裂—龙门山断裂带划分为 9 个地段分别进行了 b 值计算，地震数是用沿龙门山断裂带 1977 年—2008 年 5 月 11 日发生的 M_L=2.0 及以上的地震数。每个区 b 值变化范围也较大，包括从深红到黄色三个色区，见图 6。

表 1　龙门山—岷山断裂带各段落多地震活动性参数值与断裂段现今活动习性判定

断裂段编号及名称	①天全	②宝兴—大邑	③汶川	④绵竹—茂县	⑤北川	⑥江油—平武	⑦虎牙	⑧岷江	⑨叠溪
$\bar{b}$ ±标准差	1.148±0.036	0.924±0.023	1.076±0.016	0.829±0.023	1.194±0.069	0.833±0.022	1.070±0.025	1.058±0.033	1.225±0.021
$n / a^{-1} \cdot km^{-2}$	0.002	0.003	0.003	0.004	0.002	0.001	0.005	0.001	0.004
$\sqrt{E} / J^{1/2} \cdot km^{-2}$	13.73	32.0	20.63	43.91	11.45	5.12	36.01	6.38	19.77
$\bar{a} / \bar{b}$	4.31	4.98	4.65	4.99	4.00	4.15	4.85	4.12	4.10
相对应力水平	低	中等略偏高	偏低	高	低	高	偏低	偏低	低
断裂段现今活动习性	小震滑动	频繁中小地震滑动	频繁小震滑动	频繁中小地震滑动	小震滑动	相对静止或趋于闭锁	频繁中小地震滑动	稀疏小震滑动	频繁小震滑动

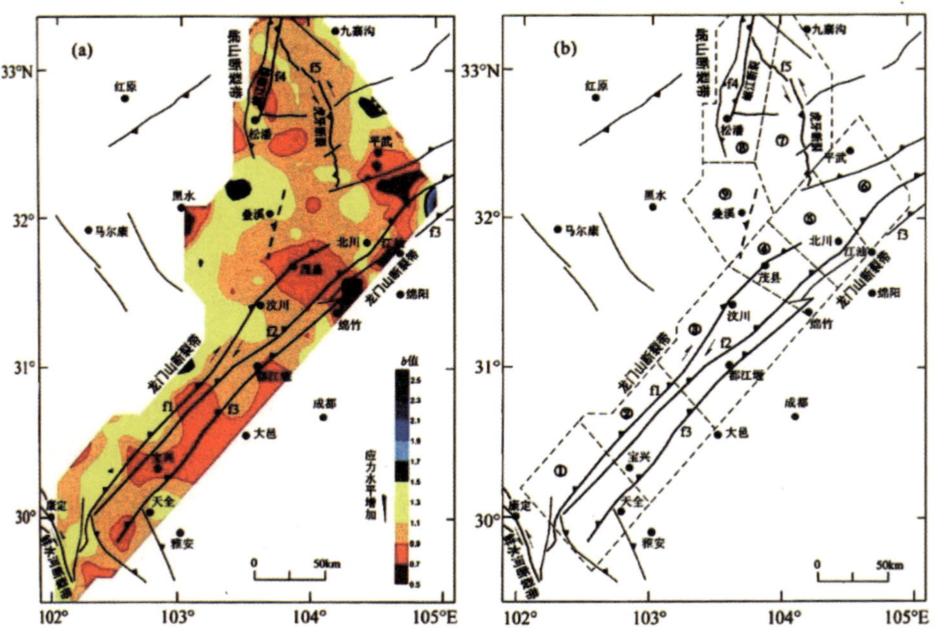

图 6　巴颜喀拉地块东缘—岷山—龙门山断裂带
（a）图为 b 值空间分布图，（b）图为分区划分图。
（见《2006—2020 年大陆地震危险区预测》61 页，
《M7 专项报告》64 页和《汶川震例》254 页）

绵竹—茂县段④，作者认为它处于较高地应力背景下，又中小震活动频繁，是属于未来最可能发生强震的地段之一；

江油—平武段⑥也处于地应力高的背景，但小震少，认为是处于静止或趋于闭锁状态，它可能是另一个未来发生中强震的地段。但是，截至2023年，这两个地段都还没有发生大地震。

叠溪地区⑨，1933年发生过7.5级大地震，认为其地应力水平是低的，虽然现在频繁小震活动，但并不具备发生大地震的危险；

松潘—平武地段⑦的虎牙断裂处于地应力水平相对偏低的地段，但小震频繁，偶有4—5级的，仍有可能发生中强地震；

汶川—都江堰段③，其中映秀和北川一带，作者计算出的b值，得出“汶川地区地应力水平偏低，而小震频繁，是属于长期闭锁的环境，不会就要发生大地震。”这两个判断是矛盾的，小震多表示了该地段的地应力在加强后才导致小震多，作者反而得出地应力水平偏低的结论；在小震包围下的无震区，则可能存在一个闭锁区，需要有更大的地应力冲击才会产生大震，所以也可以看成是未来地震危险区。

但是，在以后的多次研究中，作者又认为汶川地区的地震活动性小，并依此做出了“无震”的结论，理由却没有进一步说明。

进入2008年2月以后，都江堰地区发生了200—300个小震，地震活动性增强了，这表示该地区的地应力增强了。但其附近的无震“长期闭锁区”发生大震风险可能会增加，地震已进入短临阶段（如都江堰鱼类行为异常等），在当地群众已普遍感受到地震就要发生时，地震官方却一再否认，打包票，说不会发生地震。对汶川地震形势的重大误判，最后，必然导致将地震地质圈出的地震危险区去掉而不再设防了。

大邑地段②，作者认为该段地应力水平是低的。但是，图上显示大邑四周都为红色的地应力相对高值区，虽然也有小震滑动；2013年雅安大邑发生了一个7.0级地震。估计，它可能就发生在红色区内的闭锁段。

九寨沟附近，⑦段的南部，易桂喜等也认为应力水平偏低，不会发生大地震，但这个地段中小震是频繁的。中小震频繁正说明地区内地应力水平在加强，小震发生表明局部在卸载，而区域地应力增强，必然会导致局部闭锁段应力的增强，2017年发生了7.0级地震，可能与其有关。

利用b值和小震频数做判断的结果与实际地震发生的情况恰恰相反。为什么会是这样的结果呢？作者认为主要原因是所使用资料的局限性，而不是方法本身。显然，这种解释十分勉强！如何才能达到资料可用以预报地震？作者文中没有具体说明。

笔者认为，一个地区内小地震多，地震数字N大，6级以上地震数少，计算下来的b值就低了，作者就认为地应力水平高了；反之，在发生6级以上地震的地区地震数目要少，算出的b值就大了，就认为地应力水平低了。显然，后者出现大震的危险性要更高一些。所以，作者所形成的概念是与实际情况刚刚相反的。用b值来定相对应力水平的概念上还不清楚，结果适得其反。

再者，还应考虑地壳不同深度的应力水平是不同的，主震源深度多在10—20km深，再有不同深度的岩石性质和抗压强度可能也不同，所以，利用b值来做地区评价是靠不住的，它究竟能代表什么地段的地应力水平？

又：《地震预测研究》报告中，还依据①强震活动与活动地块关系特征、②沿断裂带历史震源分布及破裂时空图像、③平均复发间隔及离逝时间、④破裂空段、⑤现今地震活动性参数与断裂活动习性分段、⑥时间相依的概率地震危险性分析等方法与资料，进行地块边界和主要活动断裂带的强震活动背景及未来危险段落进行研究，对川滇及其邻区活动地块边界及主要活动断裂未来强地震危险段落作综合概率判定，得出：

（1）龙门山中南段250km长的地段，至少近100多年来无≥6.5级强震，属地震活动明显偏弱的Ⅰ级活动地块边界段，2020年前发震概率为C级，即概率很低的地段。显然，这与汶川地震发生的事实是完全不一致，并使得这段分析变得有些荒唐！怎么就得出整个地段地震活动明显偏弱！

（2）玉树—治多段，发震概率为B级，但没有给出数字。

（3）鲜水河断裂塔公以东段，未来15年的合成条件发震概率为B级，0.39，30年的为63%，未来的地震为6.5—7.4级。0.39的概率是大还是小？2022年9月5日于炉定磨西镇发生了一个6.8级地震，这究竟是证实了作者的预测还是否定了这个预测？

2.2012年发布的《M7专项成果报告》是汶川地震后进行的，它进一步细划分了这一地震空区，见图7。

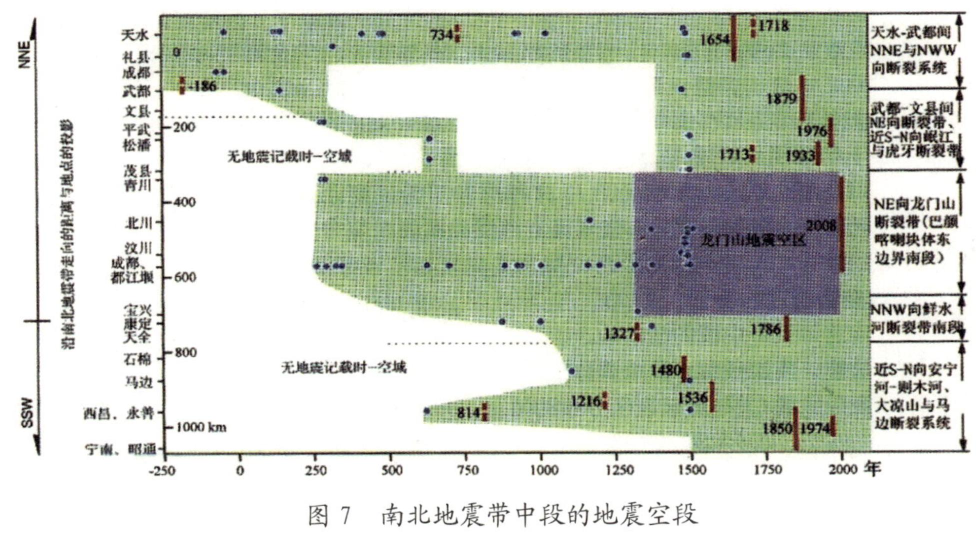

图 7　南北地震带中段的地震空段

（见《M7 专项成果》第 212 页）

图 7 中仅将岷山—龙门山断裂带中—南段的茂县—宝兴之间划为地震空区，对其他多个地震空段作者没有作出划分，如北部的天水—礼县（1654），成县—武都，武都—文县（1879），松潘—茂县（1933），宝兴—天全（1786）各地段，无震的时间都有 100 年以上，都存在发生地震的风险。

作者把汶川—宝兴地震空段再划分出 2008 年汶川地震破裂到 1786 年破裂之间还有约 180km 的破裂空段，至少有 1100 年未发生大震，可能是未来发生大震的地段。

2012 年对汶川地震地段的震后再评价却是肯定的。作者利用 1977～2008 年 5 月 11 日四川区域地震台网记录的 M_L≥2.0 级地震资料（包括 2 月份发生的 200 多个小震）重新进行计算，得到多个地震活动性参数的空间分布图，其中有震级—频度关系式中的 b、a 值及其比值 a/b、预测 6.5 震级时的局部复发周期 T_L。得出绵竹—茂县段和江油—平武段 b 值异常低（小于 0.7）、最低的地震活动速率 a、相对较高的期望震级 a/b，以及较短的复发周期 T_L。作者认为这种参数组合反映了这两个地段在震前已处于高应力闭锁状态，发生强震的概率明显高于其他地段（见 220 页）。这一震后研究结果与上述震前的预测结果完全相反！是主观意识的影响还是有客观性？再说从这 4 张图上看，汶川地段显示也不是很明显！需要再对方法做分析检验，判断其能否成立？

3. 大形势工作组的分析（见《汶川地震震例》386 页）。在 2007 年底提交的 2008 年度地震大形势跟踪报告中的结论是：

（1）中国大陆近年来的地震活动处于低水平的平稳状态，目前转折上升进入到 7 级以上强震多发时段的迹象不明显；

（2）2008 年地震活动水平会有所升高，震级强度为 6—7 级。但是却将龙门山断裂带排除在外（见《汶川地震震例》表 8-1、8-3）。

靠什么确定各段的地震活动水平？地震活动水平与大震的关系是什么？

4. 四川省地震局对 1～3 年期间地震大形势的预测。认为四川地区 7 级地震已平静 30 多年，未来 3 年，尤其是青藏高原东缘未来可能发生 7 级地震。又提出南北带的中段四川和邻区可能发生 6—7 级地震。但又提出，由于龙门山带历史上发生的最大地震为 6.5 级地震，而地震地质和 GPS 测量结果都认为龙门山断裂北段活动较弱，汶川地区综合异常又出现逐年减少的趋势，所以四川省地震部门一直对龙门山断裂带的地震危险形势没有一个肯定看法，一直没有将其列入重点跟踪地区，在 2004—2006 年和 2007—2009 年提出的重点危险区预测中都没有包括龙门山断裂带！但是，在形变测量中发现最大剪切应变率在西藏南部有一显著的高值区、南北地震带的中南部应变率较前一年度增强，反映了应变积累加速。南北地震带跨断层流动形变观测呈现上升趋势。这种情况与未来汶川地震有何关系？

5. 中国地震局 2004 年组织了“南北地震带强化跟踪项目”研究，得出以下认识（见《汶川地震震例》403 页）：

（1）认为西部 8 级地震在平静 50 年后，以 2001 年昆仑山口西 8.1 级地震为标志已进入新的活动时段，因而中国西部强震背景趋势的严峻性应予以高度重视；这是对的。

（2）南北地震带 7 级地震平静期已较长，具有发生大震的背景。目前已存在一些反映 7 级地震孕育的地形变、地电和流体前兆趋势异常，异常起于 2002 年，至今（2005 年）已 3 年，为强震趋势异常。因此，南北带存在发生 7 级地震的背景。

笔者认为，这一点十分重要，地震趋势性异常已出现，如何抓住并加强地震监测，并开始抓短临前兆异常准备，抓住大震？但是没有见到具体的工作安排！反映 7 级地震孕育程度的地形变、地电和流体前兆趋势异常的分布地段，异常变化等都未见具体列出。

6. 1998 年，列入 973 项目“大陆强震机理与预测”（1998—2003 年）（见《汶川地震震例》403 页），由张国民负责。提出了中国大陆活动地块科学假说，将中国大陆及邻区划分成 6 个 I 级地块和 22 个Ⅱ级地块，地块之间存在清楚的边界带，即中国大陆内部的重要的活动构造带；揭示活动地块对强震的控制作用，对强震危险性判定起着关键性的作用；提出中国大陆活动地块的运动和连续变形相结合的动力学模式，揭示了不同层次构造运动与强震活动过程的主要关系，发展了大陆强震中长期地点预测新方法，研究中引入了 GPS 技术。但也未对龙门山地区是否会发生大震做出任何预测，研究得到的强震预测新方法也未加介绍。

7. 2004 年开始的 973 项目“活动地块边界带的动力过程与强震预测（2004-2010 年）”。项目由张培震负责，它以川滇、华南和巴颜喀拉三大活动地块交界部位的川西地区为研究对象，以多学科观测和试验技术为手段，以建立川西地区强震孕育和发生的动力学模型为切入点，发展针对活动地块边界带的具有时间相关性的强震地点预测理论。通过对边界带三维几何结构与深浅部的构造关系的探测，断裂带流变结构和本构关系的确定、变形分布与演化图像的分析、断裂活动习性和发生的动力学模型，研究了活动地块边界带动力过程与强震发生的物理机制，但未对川西地区，这个主要地块边界带的未来的强震危险性进行预测，更未见涉及川西龙门山地区的强震危险性问题的任何内容。奇怪！既然是针对川西地区的国家级研究项目——973 项目，为什么却不提本区最主要的地震带！（见《汶川地震震例》404 页及陈晓非文）。

8. “十五”期间国家科技支撑项目又立了“强地震短期预测技术及救灾技术研究”（张晓东负责）。

9. “十一五”期间又设立了“强震监测预报技术研究”（江在森负责）。

前者提到四川 7 级以上强震发生的时间间隔过长和与全国大震的相关性两点内容，提出四川地区很可能在未来的 1—2 年内将发生 7 级以上地震；后者从地震活动性变化和重力异常变化，提出 31.6° N、103.7° E 为中心的 200km 范围（包括了茂汶地区）内可能发生 6—7 级地震。但未见对地震活动性和重力异常变化与强震发生关系的说明；四个方面的研究，都没有说明强震预测技术的研究成果在哪里？！（见《汶川地震震例》404 页）。

10. 《中国大陆强震趋势预测研究（2008 年度）》（2007 年出版）。提出：

（1）王晓青、丁香等 5 人利用地震震级—频数关系式和伯努利独立试验模型，建立了地震震级概率预测方法，对 2008 年度对巴颜喀拉地震带进行预测，计算得到，发生 5～5.9 级地震的概率为 0.739，发生 6～6.9 级地震的概率为 0.644，发生 7～7.9 级地震的概率为 0.776；发震地点在祁连山地震带、巴颜喀拉山地震带及阿尔金地震带；三年尺度的预测，对巴颜喀拉地震带预测，发生 5～5.9 级地震的概率为 0.869，发生 6～6.9 级地震的概率为 0.717，发生 7～7.9 级地震的概率为 0.790！但位于巴颜喀拉地震带的哪个地段则没有说明，实际上在西边和东边界的于田和汶川都发生了大地震。

（2）进入新世纪以来，全球大震活动频数、强度水平、应变释放特征（特别是释放速度）明显不同于 20 世纪 60 年代以后的状态，目前可能进入了新的大震活动期，东亚及其附近地区是活动的主体地区。

（3）通过 GPS 基线测量，发现中国大陆近年来北东向地壳的缩短有所增强。可能意味着中国大陆大区域大震活跃状态还将持续。

（4）从地磁观测和模型计算绘制的 2005～2010 年地磁等变线看出，构造磁效应与震磁相关性反映出，2001 年昆仑山口西 8.1 级大地震后，南北地震带与青藏构造中南部区域应力场相对增强，特别是南北地震带等变线图形的变化是多年来未曾出现的增强，发生 7 级以上地震的可能性较大。

（5）通过对中国大陆一级活动地块区、带①中长期地震应变积累—释放的计算和状态分析、②地震活动动态特征分析的概率预测、③区域地壳运动和形变场分析、④地磁等变线变化的分析和⑤地球自转变化影响等因素分析，认为未来 1～3 年中国大陆地震活动将从显著偏低状态转为上升的可能性很大，并可能发生多次 6～7 级地震，强震主体活动区域为南北地震带的中南部和天山中西部。2008 年度或稍长时间可能发生 6～7 级地震重点危险区为：川、滇交界东部地区、滇西北地区以及南天山西段。

11.HRT 波法强震短临前兆观测实验研究（编号：8-54）。

这些项目均未涉及龙门山断裂及其附近地区的强震预测结果。

总之，针对川西开展的多项研究，虽有多项研究结果提出南北带中部有发生 7 级地震的可能性，包括地震地质研究提出的龙门山断裂带为地震危险区，但在后期具体研究中又以活动性低为由，将这些内容去掉了，结果又一次战略误判，没有对汶川地区将要发生大地震提个醒。

《汶川地震震例》第 408 页对这些研究结果给了概括的说明：

（1）基于地震地质、历史地震、地壳形变的研究结果认为，龙门山构造带活动水平较低，未来若干年发生大震的可能性不大。（笔者：还是一再强调，龙门山地震活动水平低，其含义是什么？是指地震活动少？其与未来发生的大地震有什么关系？）

（2）大区域背景场、历史地震、活动构造、十年尺度的重点监测防御区、三年尺度的地震大形势分析只是年度预测的背景性依据，而目前不管是从地震活动性或是地形变、电磁和流体的前兆观测，都缺少能够较明确判定年度或半年尺度地震活动趋势和危险区的有效技术依据。

（3）目前使用的年度异常与未来大震关系不密切，对应地震的有效性性差。

（4）四川前兆各异常项次虽有起伏，但总体呈现异常项次逐年递增，与四川前兆监测项目逐年递增大体同步。多年维持在 30—40 项次，但 2007 年底总结得出 2008 年度前兆异常项次却下降到几乎是 1991 年以来的最低水平，这种低水平的前兆与传统的认识——大震前会出现大量的前兆现象的认识截然相反。这说明现在所用异常总和评价地震危险性的方法也需要大加改进，以找出与地震发震关系密切的方法。

（5）有多项成果提出龙门山断裂带有发生大震的危险，但没有引起人们的重视，包括这次震例总结在内，也没有关注。

以上的国家级、局级、行业级的重大项目，都是针对川西地区强震预测研究，都是以不会发生大地震的负面结果为主，忽视了发大地震的可能。显然，其研究途径和方法都存在问题，很需要有个总结，本文做个开头，起个抛砖引玉的作用。

五、从松潘地震预报的四步走经验看汶川地震预报问题

松潘地震从孕育到爆发过程的观测结果：

1970 年鉴于地区地震活动较多，有计划地加强了地区的地震台网建设。

1973 年地区内的地震活动性明显增加，形成了地震空区和条带。

1974 年起，发现该地区泉水流量减少，甚至断流；龙门山地区还出现大范围的干旱现象，饿死的熊猫就达 138 只等等异常。

1975 年又主动地对松潘、茂汶等地进行了 910km 长的水准测量，发现在松潘—南坪 50km 的一段地段相对隆起达 312 毫米的异常变化。两个月后复测，发现

隆升仍在加速，达到 11 毫米。

1976 年 8 月爆发松潘地震。

这是松潘地震震前 3—4 年开始出现的早期地震前兆异常。

川西地区已设有 7 个国家级地震台，45 个区域地震台和 12 个流动台组成的地震网络，见图 8。

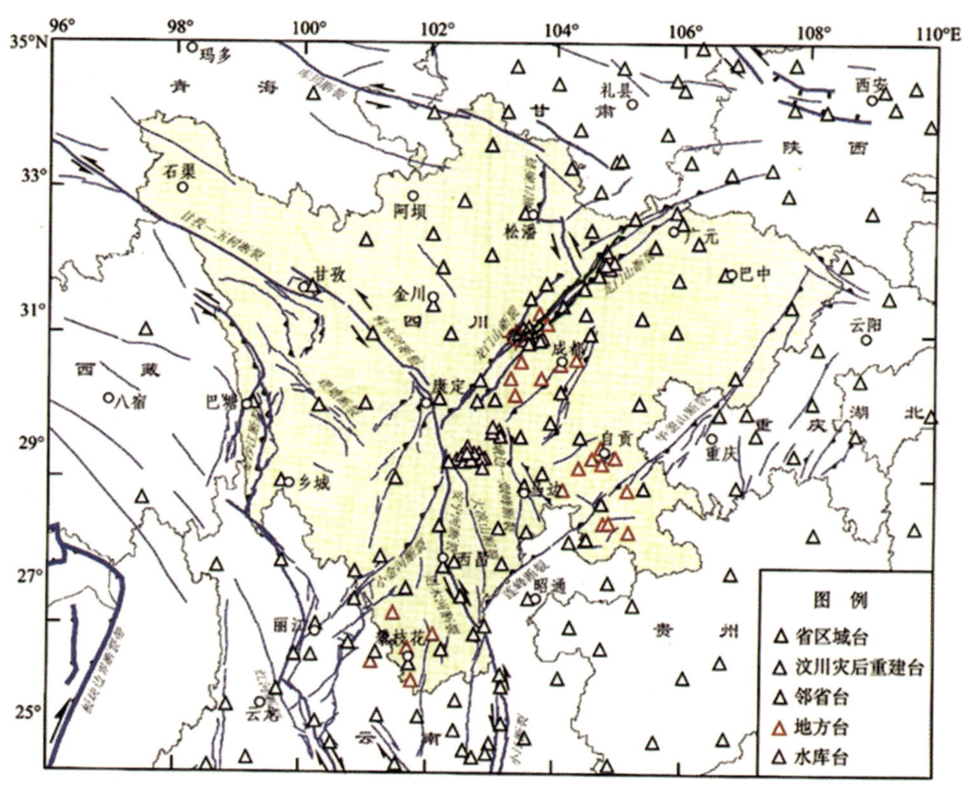

图 8　四川及邻区测震台站分布图（引自《汶川震例》）

四川局提出，2008 年 3 月于田 7.3 级地震和汶川 8.0 级地震标志着大陆西部第六个轮回的 7 级地震的平静期结束和开启了新的活跃期。对四川及邻区 ML2.5 级地震进行时间扫描，2007 年 11 月分析认为：地震危险度 D 值仍处于相对高值，有明显的异常显示，而地震活动因子 A 值、地震空间集中度 C 值则处于由高值转为相对低值的阶段，表明四川及邻区未来 1～2 年有可能发生 6.5 级以上地震。但是预测的范围太大，与汶川地震联系不起来。

此外，在南北带上还设有 14 个定点形变观测项目（距震中为几十到几百 km），12 项电磁学科（主要是电阻率）观测台站（都距震中几百 km，仅成都站距离为 37km），46 个流体学科观测台站（距震中几百到千 km），有近 212 个观测项目。

在近震中区（震中区为 100km 范围内，近震中区即 200km 以内），汶川地震前有异常变化的测项比 7 级地震异常变化的测项数都低。没有 8 级地震异常变化的测项可对比！

笔者认为这种震前异常出现的情况，特别是短临地震异常几乎没有的情况是不可思议的！与唐山 7.8 级地震时发生的异常情况对比，异常项数太低了，也很不合常理。昆仑山口西 8.1 级大地震的情况又没有列出数据！可能也没有收集？

1. 汶川地震前早期（3～4）年前的前兆异常究竟有没有？有，如：

（1）大地测量结果，有明显的变化。

水平运动。汶川地震前 10 年，即 1998 年前 GPS 测定结果，发现龙门山断裂带中段的前山断裂，在北西向上的约 230km 地段内存在垂直于断裂的水平缩短以及平行于断裂的水平右旋剪切变形，缩短率为 0.013mm/a，角变形速率为 2.6×10^{-8}/a。最大上隆梯度带位于后山断裂与中央断裂之间，以及后山断裂的西北侧。表明龙门山断裂处于闭锁期。汶川地震时，沿龙门山断裂中段的破裂释放了大约 94%（前 66 秒）和 60%（前 58 秒）的总能量。见图 9。

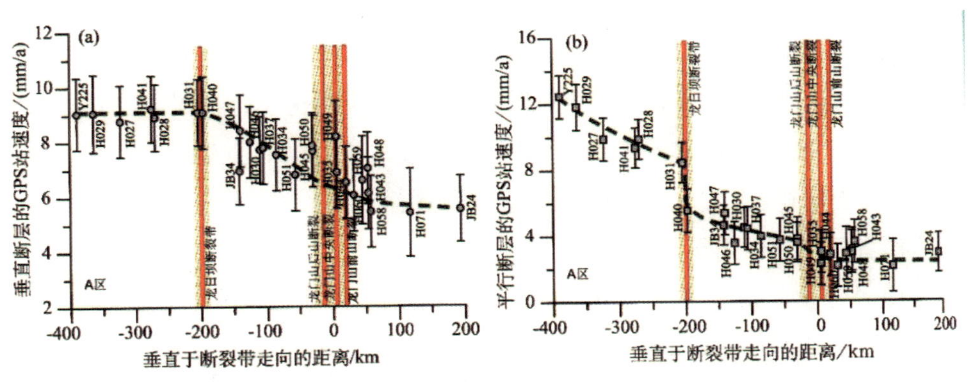

图 9　横跨龙门山断裂带中段的 GPS 站速度剖面图

（2）川西高原水准测量。

这是沿阿坝—成都的一条水准测线，是 1975 年和 1997 年两期 I 等水准复测资料和计算得到的垂直形变速率数据。剖面跨越龙门山断裂带中段。

可以看出，川西高原作为主动的加压单元，华南地块作为受力阻挡单元，在对挤过程中不仅形成龙门山断裂系，也在川西出现地形的抬升现象，其中龙门山带是隆升速度梯度最大的地带。马尔康地区则是隆升速度最大的地区，至于何时抬升，因水准测量时间不够长而缺乏资料来说明。

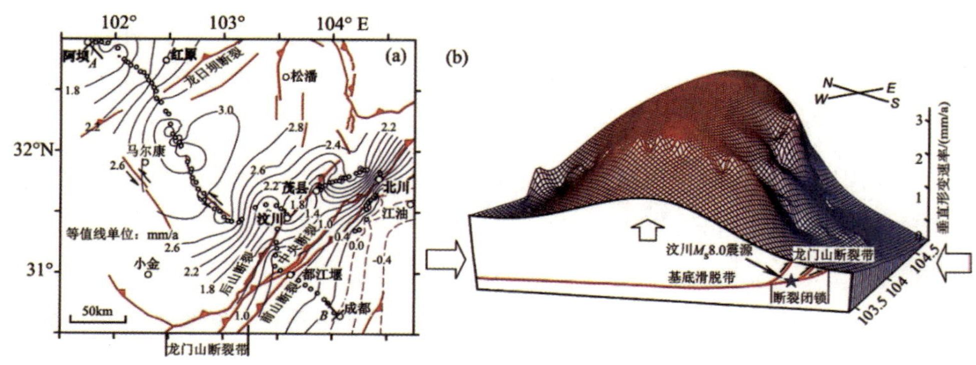

图 10　横跨龙门山断裂带中段地区的垂直形变速率图

从图上可以看出龙门山断裂带西北侧 10 年前就已出现明显的垂直形变的上隆作用，隆起速率的最大梯度带位于后山断裂与中央断裂带之间（北川附近），特别是后山断裂的西北侧（汶川附近），梯度值达到 0.08—0.11mm/km/a，最大地段达到 2—3mm/a，隆升速率最高处在马尔康附近。这表明至少在汶川地震前 30 年间本区已发生较强烈的垂直变形，即发生隆升！这正是表明这一地区水平应力加强、应变加大，应变速率梯度最小的地段是在中央断裂与前山断裂之间。这也反映了中央断裂和前山断裂之间是主要闭锁带，变形区范围很大（《汶川震例》第 186 页）。

作者概括这一结果是：

1）水准测量反映了震前 10～30 年（依据不清！）存在明显的垂直上隆变形，最大上隆的速率在龙门山后山断裂与西北高原之间，速率达 2～3mm/a，而中央断裂与前山断裂上隆速率梯度最小，仅 0.6mm/a/km。这反映了汶川地震前至少 10～30 年，龙门山断裂中段已闭锁。

2）巴颜喀拉地块的上地壳以壳内低速层为解耦层，上地壳向南东方向做水平运动，在龙门山中段转换为逆冲运动。由于龙门山中央断裂与前山断裂的闭锁作用，使巴颜喀拉块体东部的上地壳发生水平挤压变形以及沿断裂的右旋剪切变形。

3）GPS 测量也显示，震前约 10 年，在北段的中央断裂和前山断裂之间发生约 0.9mm/a 的右旋剪切变形。

4）汶川地震前的地壳形变特征与震时的应变释放与同震位错方式是吻合的。地震时，沿龙门山断裂带中段的破裂的前 58 秒释放了约 94%的总能量。

所以，地形变测量对未来地震的发生和可能的规模有重要的指示意义。

（3）耿庆国是最早提出川西将有大震的人。在昆仑山口西大地震后，他提出，依据他积累的旱一震规律，2005 年 5 月 8 日提出以红原为中心 150km 范围内将有 7～7.6 级大震；他并以松潘地震为例，震前 1974 年就出现大面积干旱，竹子开花，熊猫饿死的事例，证明这次红原区域干旱是与未来的大震有关。《汶川震例》402 页记录有“2006 年 11 月 7 日、26 日填写了预报卡片，预报 2006 年 11 月 10 日—2007 年 1 月 8 日，川甘青交界地区（北纬 32.7°，东经 102.6°）为中心 200km 半径范围内有发生 6.5～7.5 级、7.0～7.6 级地震的可能；2007 年 1 月 18 日、2 月 16 日填写预报卡片，预报 2007 年 1 月 29 日—2 月 8 日、2 月 16 日—3 月 5 日，以四川阿坝壤塘为中心 150km 半径范围内，有发生 7.3～7.7 级地震的可能。”耿庆国认为“范围接近，震级接近，但发震时间相差较大”。

看来，还是比地震局的一切预测都要靠谱一些，应认真研究。

（4）关于短临地震前兆异常种种和推测意见。

1）李有才先生是从都江堰的紫云铺水库设防烈度开始讨论龙门山断裂带会不会发生大地震问题。

2003 年 2 月李有才发表了第一篇文章《质疑四川岷江上游紫坪铺水库枢纽工程基本烈度》，认为紫坪铺水库大坝，是建在区域性活动性很强的大断裂交汇部位，这个部位的漩口附近是未来发生 7.5 级左右大地震震中的危险区域；他认为现在水库抗震烈度定得太低了，未来会出大事。为此，他向上级提建议，要改这个规定。这次争论是围绕大坝烈度展开的，争论的焦点实质上是汶川地区未来会不会发生 7 级以上的大地震。

随后，他又与四川省地矿局物探大队曹树恒高级工程师一起发表了《四川岷江上游紫坪铺水库枢纽工程基本烈度几个问题》及《四川岷江上游紫坪铺水库枢纽工程地质构造背景及地震危险性研究》的两篇论文，前篇论文中提出，水库地处甘肃东南，四川西部龙门山，向南延伸至昆明附近地区的南北地震带上。

2004 年 12 月 26 日印度尼西亚发生 9.0 级巨大地震后，在松潘、汶川、都江堰至绵竹间形成了“地震空区”，其附近都呈现十分明显的异常活动，新的地震空区是发生在紫坪铺水库范围内的地震空区。见图 11。

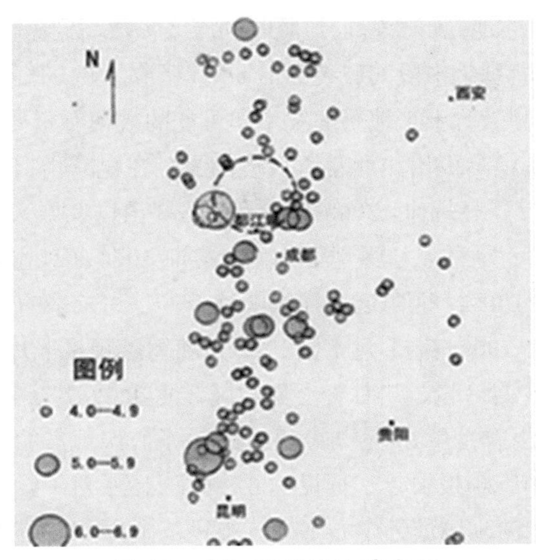

图 11　都江堰附近地震空区

他认为“这一地震空区是在具有深部地质中长期趋势背景上出现的异常变化，使这个危险地区的 7.5 级大地震发震时间，已不再是 10 年、20 年或 50 年、100 年，更不是中国地震局烈度委员会所认定的 5000 年都不能发生的长期危险性趋势预测，而是突然间改变为 1—2 年或 1—3 年时间。”（没有进一步说明根据！在龙门山中段高应力的背景下地震空区或地震活动性低的现象，正是说明地震已处于短临阶段！）

后一篇论文提出，由于坝区地处三组断裂交汇部位，该处又处于高应力的闭锁段，紫坪铺水库建成开始蓄水之后，因水的缘故诱发大地震将随时变为可能，与之相伴的，因大地震的发生，会造成坝区的垮塌而引发巨大的洪水灾难。在 2007 年 10 月上旬他将这一论文上报给四川省委书记杜青林同志。

2008 年 2 月 14—15 日都江堰紫坪铺水库白沙村和玉堂村突然发生 200 多次中小地震群，最大地震为 3.9 级；2 月下旬在龙门山断裂带南端的康定泸定间发生了一个 5.0 级地震后；再加上前几个月缅甸、云南≥3.0 级或 5.0 级地震比较活跃且这一震群正在从缅甸、云南逐渐由南向北有序跳迁的背景下发生的紫坪铺震群。李有才认为这是一些重要的新情况，这样的震群活动情况，可能是未来大地震的短期指示，预示着未来的短期 3 个月左右时间 7.5 级大地震将会发生。

2008 年 3 月初，他与胡先明高级工程师交谈，了解其到现场调查到的情况，研究确定这一小震群不是由于石油开采引起的，胡肯定是天然地震。

2008 年 3 月 21 日、2008 年 3 月 30 日他又向国务院温家宝总理、中央水利部陈部长和四川省委刘奇葆书记发了文函和论文，文中要求启动地震预案的情景。书记批示到地震局，局领导拟组织 7 位专家与李有才讨论。之后，会还未开成，而汶川 8.0 级大地震来临了，大震为这次争论做出了结论。

汶川地震办主任蒋永明在松潘地震时，当时蒋讲“汶川用的土仪器反应和宏观异常看，肯定汶川地区有发生大震的背景，但这次发震地点不在汶川”。新发展，新形势，这次大震终于来到了汶川映秀！

为了抓住这个大震，防震减灾，李有才受到极大的压力，但是他坚持住了。坚持多次上书给总理和省委书记，局里开了几次辩论会，包括省地震局 7 位权威专家开会都坚决反对李有才的建议——提高紫坪铺水库设防等级一事。少数人坚持个人意见而受到围攻，这是我们社会的一种恶习，已见怪不怪了！

有人说汶川地震前无前兆，李有才提出震前一两天，老百姓在都江堰钓鱼，他们说怎么这么好钓，乌龟王八都钓得上来。地震时，都江堰像海啸一样把钓鱼人卷到水里去，死了。这就是临震异常。地下水异常，北川防震减灾局一个观测点 11 号下午开始大幅度下降。他们为啥子报不出来？地方上不知道啥是地震异常。

现在看来紫坪埔水库诱发地震是确切的。因为地层断裂时，有水浸入，减少了断层间摩擦系数可以使地震提早发生，但我不同意一些环保人士认为的，如果不建水库，地震不会发生。水库诱发地震条件是地震本身要处于临界状态。

2）德阳市潘正权从地下水文变化提出龙门山地区将有大震。

2008 年 3 月 19 日，什邡地震办公室告诉潘正权，马井镇万兴社区去年十二月份之后出现井水变色、变味，群众反映强烈，潘正权立即动身去检查，发现水有一股类似青霉素的异味；一条近东西走向的小道之隔，小道北面很多井有异常，南面则没有发现异常。3 月 21 日在与马井相距几公里外的几十户人家出现了同样的情况。老潘反复到现场调查落实情况，访问村民、研究是否是大地震的前兆？

潘正权回想起松潘—平武 7.2 级地震前就发生过同样的事件，将异常水井分布落实到地质构造图上后，其空间展布大体与本地一条次生断裂带展布相吻合。从多次大地震的总结报告可知，一旦地下水异常井的空间分布有序、异常出现时间集中，可能意味着地下断裂活动引起了深层物质向上逸出，深浅物质混合引起水变色变味，这是典型的大地震宏观异常。潘正权认为情况紧急不能丝毫懈怠，立即打电话、写报告要求省地震局派专家下来联合调查，共同分析会商。没有得到反映，于是，潘决定设法发一个文件，通告全市。

由于有了上次汉旺地震成功预报的经验，这次盖章得到领导的同意，顺利盖上章，于是以德阳市防震减灾局的德市震〔2008〕18 号文件发出了第一个地震预报，主要的内容是“这些有序排列的井水变质变味现象是地震的宏观异常。”按常规这种定性结论应该由专家权威来拍板，这次专家权威们迟迟不予理睬，潘正权经过认真研究，勇敢地担当风险独立做出正确的警报。因为熟悉地震知识的人都知道只有大地震震中区才会出现断裂带破裂的地下水异常，因此这是一份前所未有的红头文件，预测了未来的地震强度较大、发震地点、时间较近的地震三要素。文件抄送到德阳市委、市政府、市人大、市政协四大部门三十个单位，4 月 16 日也抄送至四川省地震局。

这是汶川大震前以文件形式提出的地震来临的警报。

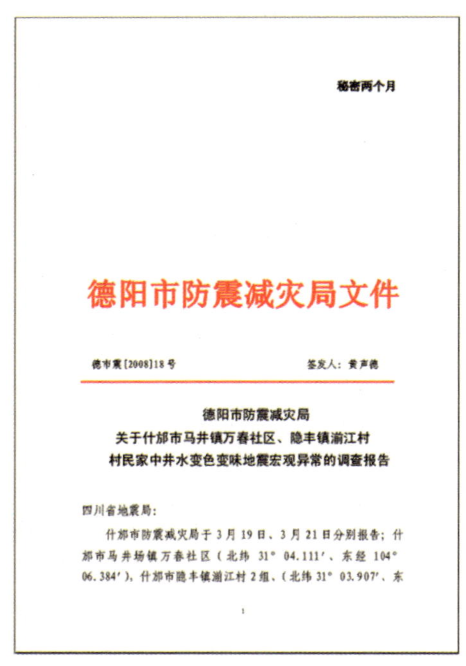
秘密两个月

德阳市防震减灾局文件

德市震[2008]18号　　签发人：黄声德

德阳市防震减灾局
关于什邡市马井镇万春社区、隐丰镇湔江村
村民家中井水变色变味地震宏观异常的调查报告

四川省地震局：

什邡市防震减灾局于 3 月 19 日、3 月 21 日分别报告；什邡市马井场镇万春社区（北纬 31° 04.111′、东经 104° 06.384′），什邡市隐丰镇湔江村 2 组、（北纬 31° 03.907′、东

1

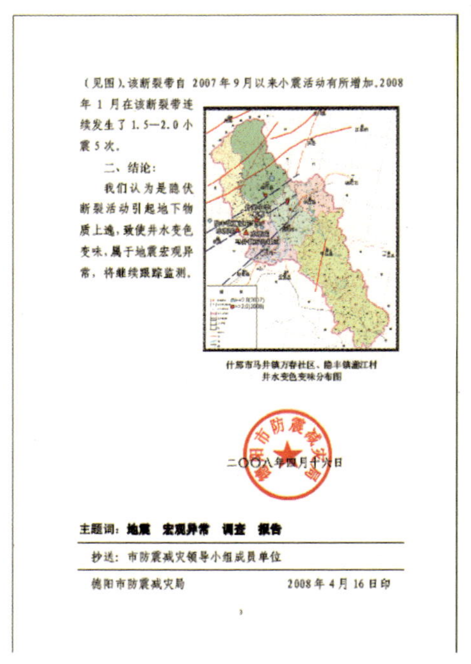
（见图），该断裂带自 2007 年 9 月以来小震活动有所增加，2008 年 1 月在该断裂带连续发生了 1.5—2.0 小震 5 次。

二、结论：

我们认为是隐伏断裂活动引起地下物质上逸，致使井水变色变味，属于地震宏观异常，将继续跟踪监测。

什邡市马井镇万春社区、隐丰镇湔江村
井水变色变味分布图

二〇〇八年四月十六日

主题词：地震　宏观异常　调查　报告

抄送：市防震减灾领导小组成员单位

德阳市防震减灾局　　2008 年 4 月 16 日印

3

图 12　德阳市防震减灾局文件

3）地应力测量结果有明显的显示。

地壳应力所和地质力学所在汶川地区先后做了以下工作：

地壳应力所郭启良、张彦山等于 2008 年 4 月至 5 月 6 日，即在震前，在青川—广元之间完成了 4 个孔的地应力测量，其中 ZK1 孔在断裂带的上盘，3 个孔在下盘；使用的是水压致裂原位压力测量。见表 2。

表 2　汶川大震区水压致裂原地应力测量结果

孔号	测段深度/m	压裂参数/MPa				主应力值/MPa			破裂方位
		P_b	Pr	Ps	P_o	S_H	S_h	Sv	
ZK1	359.53 ~ 360.33	13.53	11.03	10.03	3.25	15.80	10.03	9.35	N46°W
	390.60 ~ 391.40	15.83	13.83	12.83	3.56	21.11	12.83	10.15	N53°W
	408.80 ~ 409.60	21.51	13.51	13.01	3.74	21.78	13.01	10.63	—
	417.60 ~ 418.40	20.10	15.10	13.60	3.82	21.87	13.60	10.86	N50° W
ZK2	200.00 ~ 200.80	10.46	8.96	7.46	1.49	11.93	7.46	5.20	—
	256.00 ~ 256.80	15.51	11.01	9.01	2.04	13.98	9.01	6.66	N50°W
	312.84 ~ 313.64	12.57	10.07	8.57	2.60	13.04	8.57	8.13	N43°W
	355.00 ~ 355.80	—	14.48	10.48	3.01	13.95	10.48	9.23	—
	378.39 ~ 379.19	13.71	12.56	10.36	3.24	15.28	10.36	9.84	N46°W
ZK3	358.90 ~ 359.70	11.52	9.02	7.52	3.52	10.02	7.52	9.33	N31°W
	406.12 ~ 406.92	11.98	9.48	8.48	3.98	11.98	8.48	10.56	N33°W
	420.00 ~ 420.80	—	10.12	8.82	4.12	12.22	8.82	10.92	—
ZK4	349.50 ~ 350.30	13.43	10.43	8.93	3.07	13.29	8.93	9.09	—
	363.00 ~ 363.80	13.56	11.06	9.26	3.20	13.52	9.26	9.44	N25°W
	394.50 ~ 395.30	15.37	11.37	9.87	3.51	14.73	9.87	10.26	N32°W

作者认为水压致裂测量结果是可靠的，水压破裂面的瞬时闭合压力较为清晰，得出以下 3 点结论：

①汶川大震前，位于龙门山中央断裂带上盘的钻孔内约 400 米深度处，最大水平主应力值为 21—22MPa，最小水平主应力值为 12—14MPa；测孔附近以水平应力作用为主，最小水平主应力值一般为其垂直主应力的 1.2—1.3 倍，三向应力之间的关系为 S_H 大于 S_h 大于 S_v；测孔附近 S_H 的优势方向为 N50° W 左右，作用

力来自这一方向有利于发生逆冲推覆构造。

②震前位于断层下盘 3 个测孔，分别距中央断裂距离为 15.75km、18.64km，和 40.06km。最大水平主应力值分别 13±1.0MPa、11±1.0MPa 及 14±1.0MPa，即下盘 300—400m 深度区间最大水平压力值一般为 11—14MPa。其优势方向为 N40°W 左右。

作者认为上述结果，反映了震前有产生向东逆冲运动的条件，即上盘应力比下盘应力高 10MPa，具有发生地震的条件。但是，这一应力差可否导致地震产生？没有分析。

地质力学所廖椿庭等测得汶川地震震后 6 个测点的地应力值，测站位置如图 13 所示。

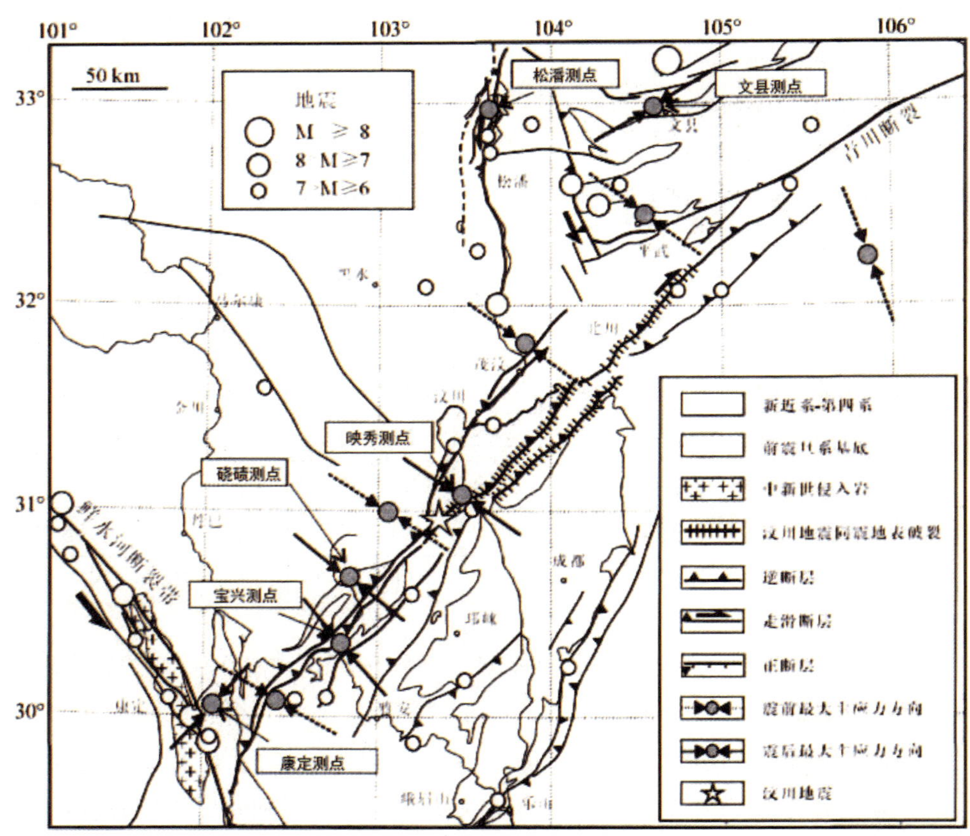

图 13　地质力学所设计的 6 个地应力测站位置图

（映秀测站、硗碛测站、宝兴测站、康定测点、松潘测点、文县测站）

其中，映秀测点：震后测得为 15～16MPa，而地壳应力所震前测得上盘最大水平主应力为 21.5MPa 以上，即减少了 5～6MPa，震中区仍处于中等应力水平；

位于龙门山断裂带南端的硗碛电厂测点，宝兴测点，汶川地震时没有导致该段地表破坏，震后测得 200～350m 深度范围内，最大水平主应力值为 25.7MPa，方向是 N74 °W～N80 °W。这表明，龙门山断裂带西南段仍处于相对高应力水平；而在近鲜水河断裂的康定测点，在 170～180 米深度，水平最大主应力值仅为 6MPa 左右，最大主应力方向为 N81 °E，近乎东—西向作用。

为了对比说明问题，廖椿庭又对比了 2001 年 11 月 14 日在昆仑山口西 8.1 级大地震震前震后测定的地应力值，如表 3 所示：

表 3

测点编号	岩性	测量深度/m	最大水平主应力/MPa	最小水平主应力/MPa	最大水平主应力方向	备注
1	花岗岩	18	12.9	12.1	N45°E	2001 年 8 月，震前
1	花岗岩	18	3.5	3.2	N66°E	2002 年 7 月，震后
2	辉长岩	14	6.8	4.4	N58°E	2001 年 9 月，震前
2*	辉长岩	14	2.2	1.2	N5°W	2002 年 7 月，震后

在花岗岩中的测孔，震前水平最大应力为 12.9MPa，方向为 N45° E，震后测得的为 3.5MPa，方向为 N66° E，变化了 9.4MPa，变化很大；

廖椿廷认为 3.5MPa 是巴颜喀拉地块应力释放完的正常应力水平。这与谭成轩得到的平均 10～11MPa 数值也相差较大，可能表明东部仍然处于应力应变积累之中。

昆仑山地震震前近地表应力值高达 12MPa 左右，震后应力值降至 3MPa 左右，说明地震后应力完全释放了，这是走滑型地震的典型特征。而汶川地震主破裂后能量释放不彻底，沿中央断裂带上盘发生大量的余震，并持续较长时间，表明逆冲型地震后能量释放过程比较缓慢。从目前的应力水平看，震中区应力仍处于较高水平，应力将继续调整，余震发生的可能性仍然很大。

位于震中西南的龙门山断裂带南段，地震前后应力测量结果显示该段地壳应力处于较高水平状态（近地表约 10MPa），在这次汶川 Ms8.0 级地震中，该段的能量没有释放，仍然处于闭锁状态，该段可能反映了 2013.7.20 年雅安大邑 7.0 级地震前的应力聚集状态。

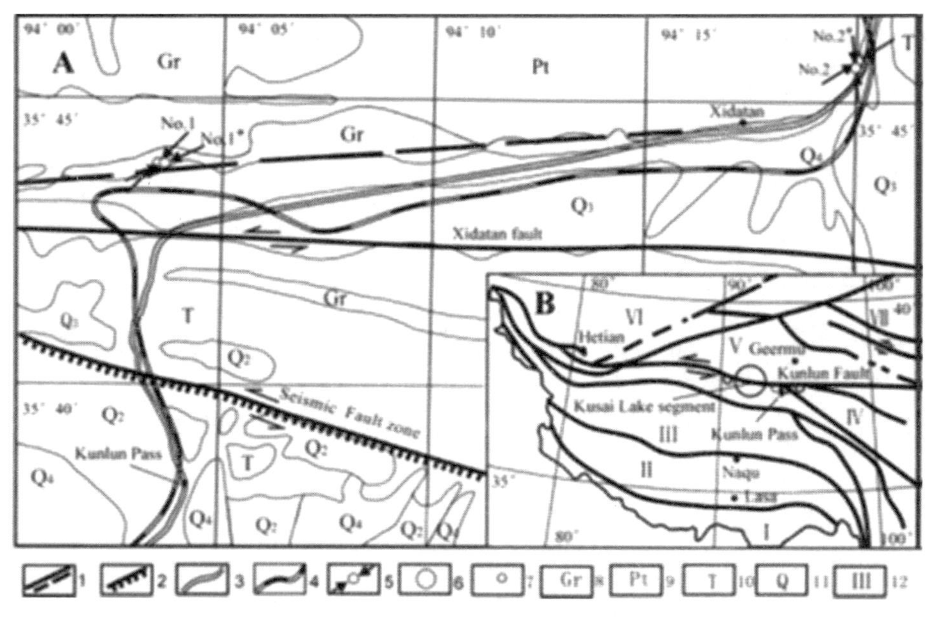

图 14　昆仑山口西大地震地应力测点布置图

康定测点已靠近鲜水河断裂带，测得的应力水平是低的，但比昆仑山口西地震后应力水平要高一些，可能表明鲜水河断裂带左旋走滑活动产生的应力能量有积累但还不大。

4）汶川地震的前后区域重力变化有较好的前兆反应。

《汶川震例》中强调，龙门山地震震中位于西侧松潘—甘孜褶皱带与东侧四川盆地之间，两者的布格重力场都为低缓变化的重力场，而中间区带为一重力变化的高梯度带；梯度带长约 900km，宽约 150km，走向北北东。与龙门山断裂带相一致。见图 15。

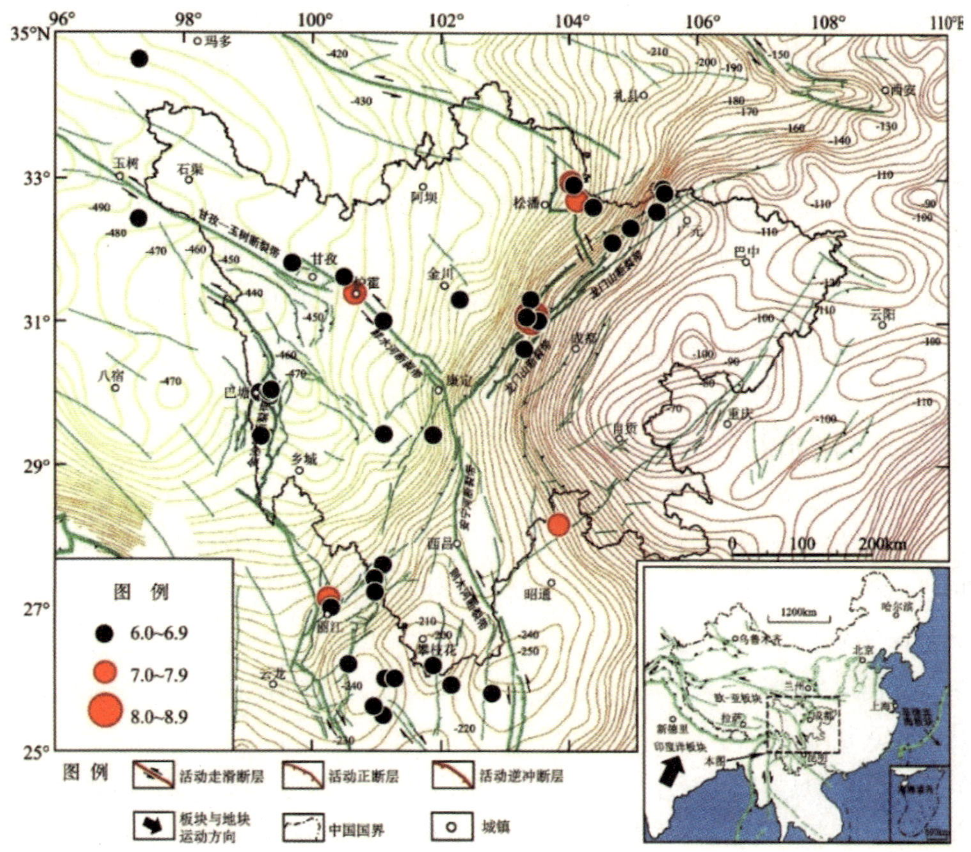

图 15　龙门山地区的布格重力异常图（《汶川地震震例》188 页）

按照作者的解释，重力梯度带主要反映了地壳底部上地幔盖层—莫霍层的深度变化。人工爆破地震测深法得出四川盆地地壳平均厚度为 44.6km，平均速度为 6.24km/s；松潘—甘孜地块地壳平均厚度为 62.6km，平均速度为 6.28km/s。

作者认为，地震在孕育过程中伴随区域构造应力场的变化、震源区应力的不断积累、地壳内部物质迁移，以及地球介质密度的变化，从而使得区域的地表监测的重力值发生变化，这些信息可以被流动重力测量观测到。成都重力网重力点值重复观测了 13 次，其平均精度可达到（9.2-14.8）×10-8m/s^2。并提出祝意青通过绝对重力值和相对重力观测资料得到区域重力场的时空动态变化。发现成都重力网重力场自西向东有序地增加或减少，在映秀和北川的重力异常有变化，汶川地震的震中位于重力梯度带上；区域重力累积变化的高值点位于汶川地震的破裂极震区。笔者认为这些结果令人鼓舞，但文章中并未提供龙门山区域重力场梯度带内局部重力异常图件，也没有提供重力异常的反演结果的图件和数据。从图13中笔者还看不出来存在的局部重力异常。与地震有关的高密度体是如何迁移和构成能量闭锁体的组成部分？还没有一个明确的概念。

5）磁异常。震前，北川中学在物理实验室发现磁针转动很强烈，曾小萍等对此作了总结。“汶川地震后，发现了破坏最大的极震区，在临震前出现特大磁脉冲现象，她称之为‘磁喷’现象，即M=6～9级地震，在震中距1Km处临震前36小时—几分钟出现特大磁脉冲，其量级为10^2～10^5nT，并非5～10nT！（曾小苹、林云芳等，2011）。”

6）各种动物行为异常。

都江堰的鱼和乌龟表现十分反常。

2008年5月12日下午两点多，四川省绵竹市土门镇地震预报员雷兴和，去川39观测井查看时，发现井房边上养鱼池中池水翻滚，大量的鱼跳出水面，雷兴和凭借多年的测报经验，立即大喊“地震了，快跑啊！”随即，向阳村5组80多人跑出屋外，紧接着汶川地震就发生了。向阳村多数房屋倒塌，却无一人伤亡。这一喊真是重如千钧！

7）地表热异常。杨学祥、杨冬红介绍了马未宇利用美国国家环境数据中心（NCEP）数据，获取2008年5月12日发生在我国四川汶川县Ms8.0级地震过程中的增温异常图像。结果表明，震前增温非常明显，最高增温达到9摄氏度以上；作者还附有9张图片。此外，强祖基还开展多年卫星热红外探索，在汶川地震震中区发现明显的热红外异常。

在福星大观遥感减灾研究院的经费支持下，河北地勘院、河北地震局和河北气象局合作用小波变换和时频相对功率谱法两种方法对风云二号卫星数据、TEERA卫星数据和NOAA17卫星遥感数据进行重新处理，结果表明：

①两种方法均显示在汶川地震前出现了热红外异常信息，进一步证明热红外遥感可作为一种地震短临预测的判据；

②时频相对功率谱方法提取的2008年4—5月热红外异常特征在时间尺度上表现出逐渐增大—到达顶峰—逐渐减少的变化特征，在空间尺度上表现出从龙门山断裂带东北远端向震中逐渐靠近的趋势；

③MODIS月均温度产品及时间域RST算法提取的异常特征在时间尺度上表现

为地震当月异常明显，在空间尺度上与龙门山断裂带分布高度吻合；

④将时间域 RST 算法同时运用到 TERRA-MODIS 数据和 NOAA17-AVHRR 两种热红外遥感数据中，二者提取的异常特征基本吻合，说明时间域 RST 算法具有一定的通用性。

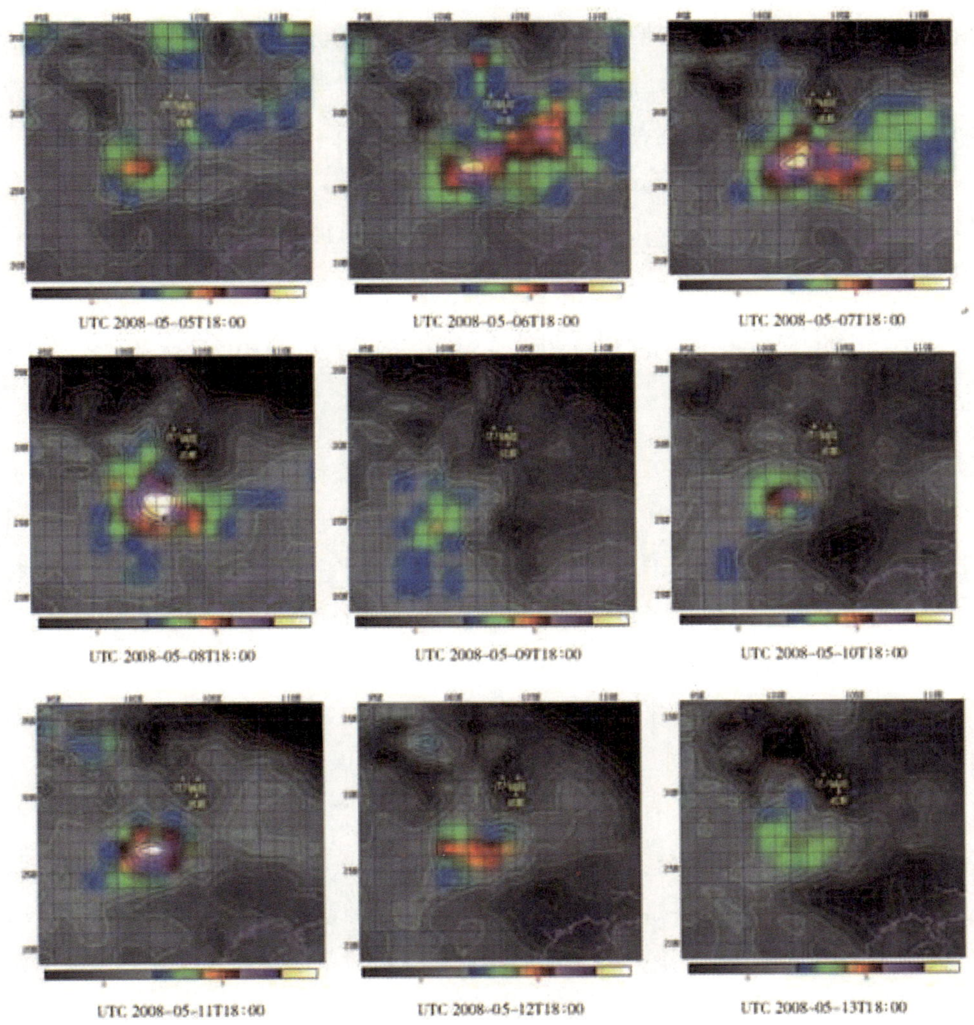

图 16　马未宇利用美国国家环境数据中心（NCEP）数据处理汶川地震前后红外图像

这表明静止气象卫星热红外遥感数据和“时频相对功率谱法”在地震短临预测方面是有物理前提的和应用潜力的。

但是，如何抓住这一红外热异常？这需要与其他方法结合选点做处理。

8）有人提出 HRT 法有很好的作用，该方法实际是测形变电阻率方法，利用测视电阻率随时间的变化，分析其波形变化研究地震发生的过程，但笔者未见实际资料，不好置评。国家地震局还专门立过项研究它。

此外，地震局还宣称，震后到 6 月初，共出现宏观前兆异常 265 起。其中地下水异常有 120 起，动物异常 94 起，地象异常 34 起，气象异常 12 起，这可能反映了地震后大地调整的过程包括余震的影响。但是，震前短临地震的异常没有收集，或收集了没有公布，因为这样大的地震发生之前，地表不可能没有什么异常显示。

六、郭增建先生对地震局《研究报告》中的预报方法的再讨论

郭增建先生是国家地震局兰州地震研究所原所长和甘肃省地震局原局长，十分重视汶川地震的经验和教训，他在汶川地震后做了专门研究，并发表了《汶川地震与大地震预测探索》专著。他在专著中专门讨论了地震预报中的方法问题，为利于读者从另一个侧面了解问题之所在，本文做了介绍。

1. 对《研究报告》提出地震漏报的四条理由，提出不同意见。

漏报的四条理由：深部断裂是陡倾角、低滑动率、龙门山断裂带震前应变率很低、变形小和低异常比，是中国地震人员第一次遇见的震例，更没有研究过，所以漏报有情可原。

（1）深部断裂产出是陡倾角问题。郭增建先生强调，在中国大陆内有几个以逆冲为构造形式的地震，如 1927 年甘肃古浪 8 级地震，是在东北—西南向挤压应力作用下，以造山前陆逆冲断层沿底层低角度滑脱带产生的逆冲——推覆运动面形成的。这里，作者没有按《研究报告》的思路从断层面倾角大小论证问题，而是从固体物理的象力观念来分析问题，认为只要是逆冲型断裂，就会易于发生形变，比走滑断裂出现的前兆可能更多一些。

（2）低滑动率问题。龙门山断裂带滑动速率为 2—3mm/a，是较低的。国际

上普遍认为，“断裂的滑动速率愈低，其地震危险性也愈低。”这种认识会造成对地震危险性的误判。

震前有学者如张培震等人认为：“龙门山断裂存在(4±2.5)mm/a缩短速率，同时还存在（7.5±2）mm/a右旋走滑速率。”郭增建还举出中国大地震小滑动速率的实例统计：华北地区共有15例，8级以上为5个，7级以上有10个；青藏高原及南北地震带有15例大震。因此，这一借口难以成立。日本《地震事典》提出，一条断层“倘若能知其确实是在活动，即使速度极其缓慢，在地震预报方面也必须考虑。”我国学者则将活断层定义为“晚第四纪以来有活动的断层”，对发震断层则定义为：“显示地震活动性的，或者有历史地表破裂的，或古地震活动性影响的，在现在构造条件下曾是地震震源的构造，在关注的时期内可能发生强震的考虑为发震构造。”

（3）震前应变率很低问题。

即强闭锁产生的平静。震前龙门山断裂带应变速率很低，而川西高原上变形显著。

他引用了1965年费道托夫(S.A.Fedotov)和美国人艾伦(Clerence Allen)提出的“地震空区”的概念，认为这是强震孕育区特有的地震活动平静特征而提出的，所以龙门山震前的平静正是强震待发的反映。不管是梅世蓉强震孕育的坚固体模型还是郭增建的组合式模型都如此。

在专著的第7页，作者引述地震局反思报告中的一段话：“龙门山断裂带属于1993年以来垂直运动高梯度带，在20世纪80年代，以及90年代初，龙门山曾出现显著的垂直运动高梯度带，龙门山西侧的巴颜喀拉地块东部为大范围的隆起区……从东西向剖面显示看，显著垂直差异运动就发生在龙门山断裂带地区，达到平均在16mm/a的垂直差异运动的量级。这个结果与完全闭锁的认识是矛盾的。”

《研究报告》的第73页是这样说的：“10—20年前龙门山及其西部高原表现的大面积的快速隆升运动，其上升速率一般在2～3mm/a左右，远大于整个龙门山断裂带1.00mm/a左右的水平挤压缩短速率，汶川8.0级地震发生在龙门山及邻区垂直形变速率的高梯度带上。”“Kirby等（2003）利用岷江水系河谷切割深度和地层年龄测试方法计算求得龙门山区第四纪以来的山升速率在3mm/a左右。”

（4）“低异常比”使汶川地震难以预测问题。本地区主要使用了三类方法：地形变、地下流体和电磁法。作者分别进行了讨论：

跨断层形变测量。仅有两个点——耿达与七盘沟都是跨后山断裂，灌县和双河两个点跨越前山断裂。每年观测 3 个周期。前者连续三年出现张性活动，幅度达 4.26mm，有人认为是当地基建所致，但也有人认为是地基失稳成分；七盘沟点与耿达相距 49km，有背景异常，但无人提及。看来，对这样一个断裂带布点太少了，可能与思想上重视不够有关。

地倾斜观测。龙门山断裂带上仅有 3 个地倾斜观测点——雅安、汶川、茂县，从 2006—2007 年初出现 EW 向倾斜曾出现不很显著的趋势性转折现象，可能与地震具有相关性。康定姑咱台的水管倾斜仪、石英摆倾斜仪发生异常，认为是康定 4.7 级地震引起的。

地下流体。见表 4。有水位和氡气异常，但没有做进一步分析，如异常点位于哪个断裂，与龙门山断裂带的构造关系等。

表 4　龙门山构造带及附近地区观测异常统计

（资料来源：四川省地震局）

观测内容		台站数	有异常台站数	异常比例/%	测项数	有异常测项数	异常比例/%
地下流体	水位	7	3	42.9	7	3	42.9
	水温	3	0	0.0	3	0	0.0
	氡	3	1	33.3	4	1	25
	水质	0	0	0.0	0	0	0.0
	气体	0	0	0.0	0	0	0.0

电磁观测。主要是电阻率台，离震中 280km 范围内有 5 个台，认为 2 个台有异常——成都台和冕宁台。异常与地震有无关系有争论。大地电场台站有成都站、盐源站、康县台、小庙台，都记录到异常信号。地磁台，省地震局认为地磁 Z 分量日变曲线 5 月 9 日出现波谷分裂现象，12 日周一上班时发现异常，随后就发生地震。

2. 郭增建先生对地震局基本预测地震的方法——总合异常比法的分析。

1）以总合前兆异常出现的百分比来预测地震。即以设立观测站，明确观测项目，然后以观测项目存在异常与不存在异常的比率来试图对应地震的发生和大小等级。认为“异常比的分析，构成了汶川大地震预报问题的核心”。《研究报告》共列出以下 6 张统计结果：

表 5　台项异常百分比与发生地震对应关系

（资料来源：中国地震局汶川科学总结与反思报告预报附件，2009）

距震中距离	震级		
	5 级	6 级	7 级
100km	27%	26%	100%
200km	18%	25%	26%
300km	—	26%	—
500km	—	—	38%

表 6　台站异常百分比与发生地震对应关系

（资料来源：中国地震局汶川科学总结与反思报告预报附件，2009）

距震中距离	震级		
	5 级	6 级	7 级
100km	50%	38%	100%
200km	30%	42%	62%
300km	—	38%	—
500km	—	—	54%

注：一个数字表示在该震中距范围内的异常，2 个数字表示二者距离之间的统计结果。

表 7　台站台项中期异常比与发生地震对应关系

（资料来源：国家地震局“八五”攻关，1991）

震级 *M*	200km<△≤500km，300km		100km<△≤500km		△≤100km	
	异常台（点）	异常项目	异常台（点）	异常项目	异常台（点）	异常项目
≥7	24%	20%	45%	42%	64%	54%
6 ~ 6.9	12%	10%	8%	6%	15%	9%
5—5.9	—	—	1%	1%	3%	1%

注：当 M_s≥7 级时为 500km，当 M_s≤7 级时为 300km。

表 8　台站台项短期异常比与发生地震对应关系
（资料来源：国家地震局“八五”攻关，1991）

震级 *M*	200 km<△≤500km，300km		100km<△≤500km		△≤100km	
	异常台（点）	异常项目	异常台（点）	异常项目	异常台（点）	异常项目
≥7	13%	9%	31%	26%	61%	57%
6 ~ 6.9	8%	4%	11%	6%	20%	13%
5—5.9	—	—	13%	9%	24%	17%

注：当 M_s≥7 级时为 500km，当 M_s≤7 级时为 300km。

表 9　台站台项临震异常比与发生地震对应关系
（资料来源：国家地震局“八五”攻关，1991）

震级 *M*	200km<△≤500km，300km		100km<△≤500km		△≤100km	
	异常台（点）	异常项目	异常台（点）	异常项目	异常台（点）	异常项目
≥7	21%	15%	45%	37%	60%	53%
6 ~ 6.9	7%	4%	14%	9%	15%	10%
5—5.9	—	—	14%	9%	14%	10%

注：当 M_s≥7 级时为 500km，当 M_s≤7 级时为 300km。

表 10　2009 反思报告与 1991 攻关报告对 7 级以上地震对应的
台站台项异常比研究结果的比较

	异常台项比		异常测项比	
	△≤1000km	△≤500km	△≤100km	△≤500km
中国地震局反思报告（2009）	100%	54%	100%	38%
“八五”攻关项目（1991）	64%	45%	54%	42%

注：1991 年攻关报告中的数字一是取中期异常，另外在震中距 500km 距离上没有包括震中距 100km 范围内的异常，这样数值略小，对比时请参考。

2）汶川地震可以作出什么预告呢？

报告中认为“2008 年汶川地震是短临预报科学探索中最无奈的震例。汶川地震前，我国主要监测前兆手段是形变、地下流体、电阻率法和大地电场法，工作运行正常，但监测到的震中区及附近地区的异常现象，特别是短临异常非常有限。震区周边800km范围内全部475个测项，震前分析认为存在形变2项、流体6项、电磁7项共15项异常，异常比率为3%”。位于龙门山断裂带附近的仅1项。震后，地震局又组织了400名专家重新审查475个观测项目，结果是除原定的15项外，又增加了14项（形变8项、地下水6项），增加比率达3%，加上原有的也就是6%。在汶川地震300km范围内的异常比是32.5%，有个6级地震，其异常比为26%，32%远大于它，报出近6级地震还可以。在“八五”攻关项目中给出10%的异常比即可发生6～6.9级地震（25～28页）。

表11　汶川大地震前兆异常统计表

（资料来源：中国地震局汶川科学总结与反思报告预报附件，2009）

分类	300km	300～500km	500	500～800km	800km
流变异常	12	23	35	32	67
形变异常	0	9	0	9	9
电磁异常	5	2	7	0	7
总异常	26	25	51	32	83
总台项	80	147	227	248	1475
异常百分比	32.5%	17.01%	22.47%	12.9%	17.47%

表12　汶川中、短期异常比与“八五”攻关所得发震异常比的比较（测项比）

震级 M	200km<△≤500km，300km（注1）		100km <500km	
	中期异常比	短期异常比	中期异常比	短期异常比
≥7	20%	9%	42%	26%
6～6.9	10%	4%	6%	6%
汶川大地震异常比（注2）	20%	28.75%	500 km	
			19.72%	30.6%

注1：当 M_s≥7级时从500km范围内统计，当 M_s≤7级时为300km范围内统计；

2：根据中国地震局反思报告提供数据整理。

笔者认为这种大统计方法既是探索性的，也是很无奈的方法。现用的方法：

一是测项选择太少，各个参数权重应有很大的不同；二是站点与震源发生地点和影响的区域位置不同结果会很不同；三是观测时间和次数，都很值得考虑，存在问题很多！

3.汶川大地震预测觉察的方法案例。

（1）由流动重力观测做出的预测。

地震局第二测量队祝意青等发现1998—2005年以及2002—2005年有一个重力正负异常梯度带从泸州附近延至汶川，并达到马尔康。此外，2008年1月到5月12日在红原—都江堰—荣县，出现一条 M_L≥3级的地震带，与重力梯度带一致，支持了重力的解释，可能在汶川四周200km内发生6—7级地震。

（2）由太阳活动谷年作出的预测。

2007—2008年天水—康定可能发生7.0级以上的地震。这段地段，历史上曾发生过7次以上大震，都是在太阳活动谷年或谷年段。

（3）由大旱做出的预测。

耿庆国用旱震现象做出地震预报，预测阿坝州红原附近可能发生7.5级大地震。郭增建解释为构造挤压加强时使地壳中的大量裂隙闭合，地下热气和甲烷等气体释放不出，加之中西太平洋副热带高压向西伸展到川渝地区上空，两者结合形成旱象，使6级左右的地震区受压形成平静期。大旱与平静期结合，意味着将要发生大地震。

（4）中小地震活动空区做出的预测。

由映秀镇、汶川县和都江堰地区的小震活动空区来预测汶川大地震的发生（李有才等），这是传统预测方法，有物理根据的。然而震级和空区大小，以及震级与空区持续时间之间的关系还是由统计来判定。

（5）灾害链方法预测。

由地气耦合预测2008年可能发生6—7级地震，这是一个非传统方法，

（6）可公度法预测。

汶川地震前龙小霞等用翁文波教授开创的“可公度”法。

七、汶川地震失报，除科技原因之外，管理体制上也存在问题

郑大林先生（原中国地震台网中心预报部主任）就汶川地震漏报原因提出了一个全面分析意见。

郑大林先生2006年10月退休前任中国地震台网中心预报部主任兼西北片区首席预报员，退休后至2009年年底被返聘担任西北片区首席预报员，他谈到汶川地震前所了解的几起重要事件，并对汶川地震未能作出短临预测和预报的原因进行分析。他的视角不限于技术性问题，更多的是从管理角度探讨地震漏报的原因，这是很有道理的。

1. 他认为5件事处理失当：

（1）6级以上地震平静626天。

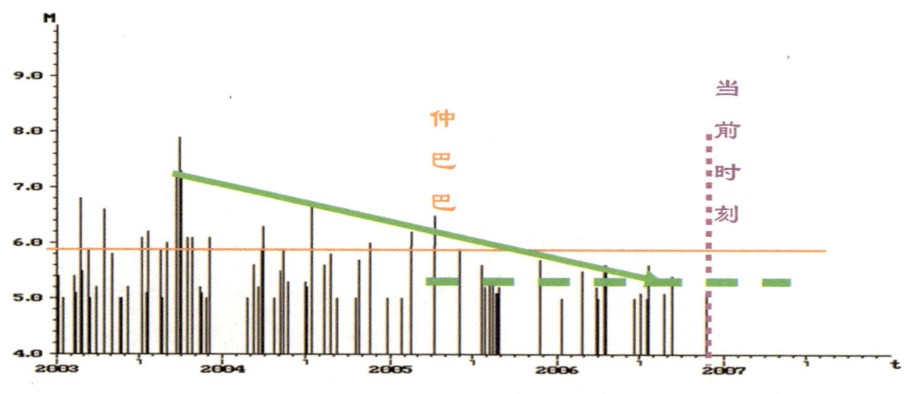

图17 中国大陆及邻区M≥5.0地震M-t图

上图是5级以上地震时序图（我们称其为M-t图），该图常用于分析未来地震发展趋势。由图可见自2005年4月8日西藏仲巴6.5级地震后至2006年12月25日（2007年度地震趋势研讨会商时止）中国大陆的6.0级以上地震已经平静626天，这是1900年以来出现的最长时间的6.0级以上地震平静，是非常大且重要的异常。

表 13　300 天以上 6 级地震平静与 7 级强震对应关系

序号	平静时段	平静时间/天	对应地震			平静结束至强震发生相隔时间/月
			日　期	震级	震中地名	
1	1911.10.16—1913.03.05	507	1913.12.21	7.0	云南峨山	9.5
2	1943.04.06—1944.03.09	339	1944.03.10	7.2	新疆新源	0
3	1955.09.24—1957.01.02	467	1957.01.03	7.0	黑龙江东宁	0
4	1959.11.16—1960.11.08	358				
5	1967.8.31—1969.2.11	531	1969.07.18 1970.01.05	7.4 7.8	渤　海 云南通海	5 10.5
6	1987.02.27—1988.11.04	18 个月 540 多天	1988.11.05 1988.11.06	7.0 7.6 7.2	唐古拉山 云南澜沧	0 0
7	2005.04.09—2006.12.25	626	?	?	?	?

由表 13 可见这样大的异常出现后，1 年内中国大陆发生 7 级以上地震的可能性高达 0.83。在 2007 年度地震趋势研讨会商会上，主流意见认为：“以 2001 年昆仑山口西 8.1 级地震为标志，1900 年以来我国大陆地区地震活动的第五个活跃期已经结束，进入了新的平静期。”这样，2008 年度我国地震趋势预测汇总意见虽然最终定为：“2008 年中国大陆发生 6—7 级地震的危险性较大，危险地区是南北地震带中、南部和新疆西部地区。”但终因决策人对该异常形势的严重性的认识错误而导致对 2008 年度地震形势的判定失误。（笔者认为这与唐山地震前地震局主流意见是华北无大震的误认相同，决策人盲目自信而误大震一样。）

（2）5 级以上地震平静 172 天。

继 2007 年 5 月 5 日西藏日土 6.1 级地震结束了中国大陆 756 天的 6 级以上地震平静之后，中国大陆又出现了自 2007 年 7 月 21 日至 2008 年 1 月 8 日长达 172 天 5 级以上地震平静。这是自 1950 年以来第三长时间的平静，该现象引起有关人士关注并对此进行了研究。但对当时地震趋势的判定太看重对历史地震活动的统计分析结果，而忽略了地震活动动态变化异常致使对短期地震趋势的判定失误。认为 5—6 级地震打破平静的可能性大。实际上，2008 年 1 月 9 日发生西藏改则 6.9 级地震。

（3）都江堰出现震群活动。

2008 年 2 月 14 日—3 月 12 日四川都江堰附近发生多次 3 级地震，小震总计达 400 余次，实属罕见。汶川 8.0 级地震就发生在附近。台网中心预报部有关人员已经注意到都江堰震群，在例行的周会商时还谈及此震群，但因该同志年轻无经验，认为该地区经常有小震，把这次活动当成正常活动对待，未进一步做深入研究，错过了抓住汶川 8.0 级地震的良机，实在可惜，这是又一次大教训！

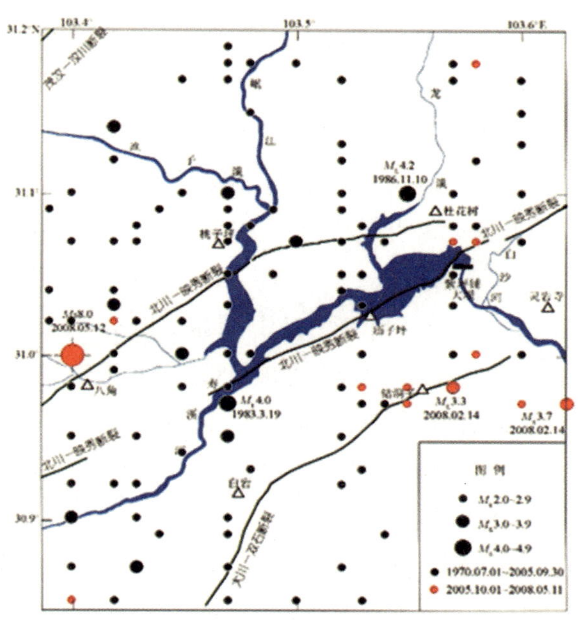

图 18　紫坪储水库区域地震活动分布

（4）对群众预测意见处置不当。

2008 年 2 月 14 日—3 月 12 日四川都江堰附近发生多次 3 级地震，当地很多人有感，比较恐慌。在这段时间前后四川省有关地震部门收到都江堰地区将发生强震的预测意见，有关地震部门即派已退休的原成都市地震局某负责人前去处理震情。该同志到现场后不顾当地严峻的地质构造和地震活动背景，也不做震情调研，而到电视台上武断地宣称：我可以负责任地告诉大家，根据我们所有地震专家的共识，都江堰地区没有发生强震的地质构造背景，不可能发生唐山那么大的地震。他的讲话视频在电视台连续播放了 10 天。这是严重的工作失误，对当地的防震减灾工作起到很不好的负面影响。

（5）7 级地震跟踪组震情研讨会走过场。

2008 年 1 月 9 日西藏改则发生 6.9 级地震，该地震结束了自 2007 年 7 月 21 日至 2008 年 1 月 8 日中国大陆及邻区 5 级以上地震长达 172 天的平静，随后又发生了 3 月 21 日新疆于田 7.3 级地震，地震活动升级明显，引起中国地震局高度关注，并在于田地震后第三天，即 3 月 23 日中国地震局监测预报司在北京组织召开“7 级地震跟踪组”震情研讨会，对未来的震情趋势进行分析和判定。这次会好比军队打仗前的敌情分析和战斗部署会。可以说这次会议开得非常及时，非常重要。如果这次会议开得好，能够正确分析和判定未来的震情趋势的话，我想不会出现“5·12”的被动局面。遗憾的是这次会仅开了一天，只不过是走过场。我有幸被邀参会并在最后一个发言时提出，在当前震情背景下，中国大陆会发生 8 级地震吗？对此问题未引起注意，也没时间讨论，因我发言后局长做总结后散会。

该会的结论意见：“2008 年 3 月 21 日新疆于田 7.3 级地震打破自 2001 年 11 月昆仑山口西 8.1 级地震后，我国大陆地区连续 6 年多 7 级以上地震的平静。中国大陆目前处于地震活动由平静向活跃的过渡阶段，该阶段的持续时间可能是几年尺度，仍存在发生 7 级地震的可能。短期内（3 个月）发生 7 级以上地震的可能性不大。（这又是依据什么？）

2008 年第二季度中国大陆地震活动水平为 6—7 级，主要注意地区是西藏西南部和新疆南部地区。南北地震带存在发生 6 级左右的地震危险（据地震形势动态报告，2008 年第 1 期）。”显然该意见对于田地震后中国大陆未来的震情趋势判定是错误的。

2. 我认为以上事件处置的失误对汶川地震漏报是有影响的，因此我们工作上的失误是汶川地震漏报的原因之一，但漏报的主要原因在于：

（1）地震局偏离了以地震监测、预报和科研为中心的工作。

为了加强地震监测、预报、科研的集中统一管理，1971 年成立了国家地震局（现为中国地震局，国发〔1971〕56 号文），保证了我国地震预报工作的顺利开展。至此以来我国的地震预报事业已奠定了良好的基础。但是，面对地震预报的难度和能否预报的争议，21 世纪初中国地震局进行体制改革，把监测预报、震灾预防和应急救援三大工作体系名义上并列，实际上淡化和转移了地震局的中心工作。削弱了地震监测、预报工作（经费和人力资源，将在下面提及）。（注：还有一个根本性的问题是，地震预测预报走什么科学技术路线，李四光提出的地震预报路线，没有人重视。李四光提出要认真做地震地质分析，不是仅仅划分地震空区，要研究地块的运动；再就是重视地应力的测定，以估计应力应变的积累程度；三是抓住各种地震前兆现象。）

（2）中国地震局分析预报中心的撤销导致地震分析预报工作伤筋动骨。

唐山地震监测预报的重要经验教训是：①监测预报必需与科研密切结合，地震的长中期预报与短临预报要密切结合；②监测大震必须有一个全国震情和观测资料及时汇总、研究的分析预报中心。经过四年的论证审批，1980 年成立了国家地震局分析预报中心。经过 20 多年的努力形成了一个全国中心与省分析预报中心密切配合有效率的监测预报工作体系，在地震监测预测及科学攻关研究中起到了关键性作用，受到国际关注。而中国地震局在 21 世纪初的另一重大改革就是撤销中国地震局分析预报中心，使地震监测预报体系陷入了混乱和不得力的状态。2005 年初原分析预报中心 14 名研究员在给局党组的报告中明确提出：当前的监测预报工作体制不能适应震情形势的需要；并直言："印度洋巨太地震的发生，震惊了全世界。大震在我国引起了强烈效应，我们深切地感受到强震危险正在慢慢地向我国逼近……如果未来的强烈地震也像印度洋大震那样突然发生在我国某个不曾估计到的地方，甚至落在南北带上我们未曾指出过的地方，其后果真是不堪设想"。

（3）地震分析预报队伍问题严重。

1）预测预报人员短缺。近二十年来由于防震减灾任务的增加，在总编制不变的情况下，预测预报人员总数相对明显减少，而且越是基层减少越明显。20 世纪 80 年代全国地震预测预报工作人员总数 1000 多人，而现在（汶川地震时）全国是 530 人，减少近百分之五十。原分析预报中心 20 世纪 80 年代分析预报岗位共 109 人，而现在台网中心预报部是 31 人，减少近百分之七十；河北省地震局由 108 人减少到 12 人，减少百分之八十以上。

2）人才断层显著，领军人才严重不足。从知识结构上看，参加过 1966 年—1976 年地震活跃期地震分析预报工作的绝大部分同志已经退出了工作岗位。现有地震分析预报工作骨干多数没有经历过 7 级甚至 6 级地震的分析预报，经验明显不足，"经验"出现了断层。年轻的一代非地球物理、地质、大地测量专业人员较多，加之近些年地震预测科研项目较少，较大地震较少，这些年轻同志专业知识进步相对较慢，“专业知识”出现了断层。

3）预测预报人员生活待遇低，对地震预报信心不足。目前地震预测预报岗位任务重、压力大、成就感不足，与防震减灾系统一些岗位相比收入较低，造成一些同志思想动荡，期望能有机会跳槽，从而影响了工作的积极性。更有甚者，为了“创收”，监测预报人员去炒股、开餐馆等挣钱，严重影响工作。

4）前兆观测资料可信度与可用性低。

盲目推进数字化观测并未与前面的模拟观测衔接，数字化仪器观测资料 1/3 不能用，1/3 不好用，仅 1/3 能用。大大削弱了地震分析预测预报的工作基础。

5）群测群防工作薄弱。

1966 年邢台地震后，在“土洋结合、专群结合、多路探索、多兵种联合作战……”地震工作方针指导下，在地震监测能力还很弱的情况下我国的地震工作者依靠群测群防成功地预测预报了海城、松潘、龙陵等地震，取得明显的减灾实效。可是 1972 年国家地震局召开临汾会议后，盲目追求所谓的现代化和与西方接轨，逐步放弃了“土洋结合、专群结合、多路探索、多兵种联合作战……”的地震工作方针，群测群防工作大大削弱，以至于在有成功预测、预报 1976 年松潘 7.2 级地震经验和群测群防地震工作基础的地方在汶川地震前都未见群测群防工作的作用。

鉴于上述原因，汶川地震漏报为正常，不漏报才是异常。

地震预报探索的历史就是在不断反思和总结中前进的历史。日本在 1995 年阪神地震之后进行了全面复审与反思，推进了地震预报事业的发展。美国在经过 1997 年地震能否预报的激烈争论之后，加强了基础性、综合性的观测、探测与研究。40 多年来，我国既经历了海城、松潘、孟连等地震的部分预报成功，也经受过更多的挫折与失败，在地震监测预报的实践中不断检验和修正我们的认知。汶川地震造成如此巨大劫难，我们必须进行全面深刻的反思与总结。

可是汶川地震后 5 年过去了，总结与反思作得如何呢？我个人认为很不到位，首先是汶川地震的总结与反思的定位不对，中国地震局把总结与反思定位在摆脱自己的责任上，而不是总结反思中国地震局在大政方针、科技路线、技术思路、管理体制等方面有什么失误。面对当前我国严峻而复杂的地震形势未见中国地震局有何有效对策，以致又遭遇玉树和芦山地震短临漏报的惨痛局面。

如果上述状况不改变，漏报地震是必然的，不漏报才怪！

总之，对汶川地震我们不仅在震前未能作出短临预测，甚至对该地区在未来1—3年内发生5—6级中强地震的危险都未估计到，其原因是多方面的，应该实事求是地进行深刻反思。虽说地震预报是世界上至今尚未解决的科学难题，但我国自1966年开始地震预报探索以来，40多年的实践证明地震是有前兆的，是可以预测、预报的。在一定条件下，对某些地震是能做出预测、预报的。而汶川地震和2010年发生的玉树地震是两次相对来说比较好预报的地震；第一是因为其震前都有前震活动，特别是汶川地震，它具备可以做出成功预测、预报的条件；第二是龙门山地震带是我国地震前兆监测能力较强的地区；第三是我们有成功预测预报过1976年松潘7.2级地震（该震中在龙门山地震带上，距汶川地震震中仅190公里）的经验和群测群防地震的工作基础；第四是四川省地震部门的技术力量在全国位居上等。有这么好的条件又为何未能对汶川地震作出短临预测和预报呢？难道不值得我们认真反思吗？

八、关于汶川地震孕震模式和发震机理的讨论

中国地震局监测预报司组织了专题研究，2009年发表了专题研究报告《汶川8.0级地震科学研究报告》（以下简称《研究报告》）就是一本很有权威性的研究成果。

《研究报告》的中心是探讨汶川地震的成因机理；主要内容有：汶川8.0级主震震源参数和破裂过程、地表破裂带和发震构造、地壳形变和重力场变化、区域地震活动背景、余震序列特征、地震前兆观测资料分析以及成因机理等7个方面，最后落脚在孕震模式。这一研究与2004年973项目“活动地块边界带的动力过程与强震预测”（张培震负责）是相互配套的。

《研究报告》的序言中，陈建民局长还特别强调了，要继续坚定不移地推进地震预测预报的探索和研究，不断提高对强震孕育发生机理的认识，提高地震预测预报的科学性和准确性。也就是更要加强强震孕震和发震机理的研究，以提高地震预测的科学性和准确性。

笔者认为汶川地震已过去了15年，15年中已开展了大量的地震发生机理的研究。这些研究究竟取得了什么重要成果？对提高汶川地震预测预报又可起到什么作用？报告中均未提及，笔者将着重就一些问题进行一些探讨。

《研究报告》中提出的孕震模式有两个（见197页）：

1. 张培震等（2009）等提出的汶川地震多元组合孕震模式，见图 19。

这是在多方面研究的基础上由归纳得出的。即川西高原为加力与变形单元，龙门山断裂带为闭锁单元，四川盆地为支撑单元。在西边来力的作用下，闭锁单元内沿中央断裂发生破裂并发生向上和向右的错动，产生了地震；变形单元发生不同的抬升变形。张培震强调了汶川地震有三个特点：

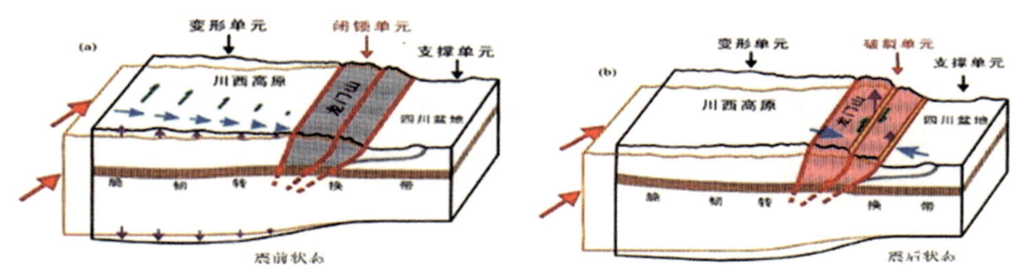

图 19　汶川地震多元组合孕震模式

1）认为世界上发生在大陆板块碰撞带的大地震都处于低倾角（>30°）逆冲推覆断裂带上（如喜马拉雅山南坡的三次大地震）。相比之下，汶川地震地表破裂带在近地表处的倾角为 70°—80°，近震源处 15—20km 深处为 30°—60°。认为这是有地震历史记载以来首次在大陆内部发生的大地震。（实际上近震源处断层倾角是多少没有探测的结果佐证，全是作者个人推测！）

2）认为世界上绝大多数逆冲型的 M≥8.0 的巨大地震一般发生在滑动速率大于 20mm/a，而汶川地震则是有地震历史记载以来首次发生在大陆内部的低滑动速率（不到 3mm/a）逆冲型断裂带内的巨大地震。（深部滑移速度有多大？如何得到的？）

3）作者还提出："过去美国人多数是研究走滑型断裂大震之间的应变积累。国内还缺少对不同运动类型活动断裂带，特别是不同倾角的逆冲推覆型活动断裂带的孕震期间，伴随的应变积累水平与垂直形变特征的研究，以及缺少对这种形变与地块动力作用方式、断裂闭锁与蠕动等、地壳不同深度地质层位的不同力学性质—脆性、脆—韧性转换层、韧性层，等等的变形响应相互关系。"（这些深部物性数据如何才能得到？现在是得不到的！）

由于以上三点原因使得地震学家漏报了这次汶川大地震，看来漏报是情有可原的！这就回答了地震漏报的因由。

2. 杜芳等提出的修正的低速层孕震模式。见图 20（见《研究报告》203 页）。

作者强调了这是考虑了地块的相互作用（图中还绘出了地区垂直变形速率剖面）和壳内低速层的影响提出的。

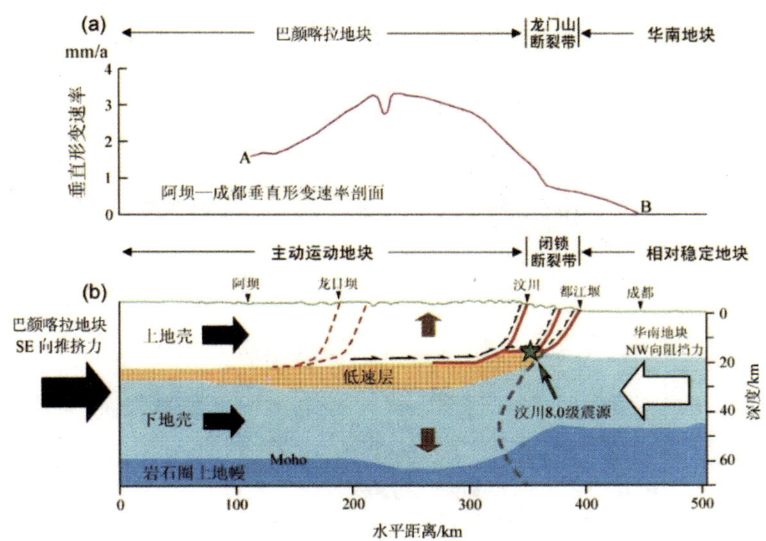

图 20　横穿龙门山断裂带中段的汶川孕震模式（杜方等修改版）（引自《研究报告》203 页）

这一孕震模式，比图 15 标注的内容更为具体和细致了。模式中强调了龙门山断裂系三条断裂都发生了向上的逆冲活动，震源位于低速层的顶部 15km 上下的深度。巴颜喀拉地块的上地壳和下地壳以不同速度都在向东运动，其间存在一区域性的低速层，作为解耦层；两地块碰撞对挤中使龙日坝断裂与龙门山断裂带之间出现上地壳抬升与下地壳增厚。

修改的依据是国家地震局地质所布设了大规模密集流动宽频带地震台阵记录的远震 P 波波形数据和接收函数非线性反演等等多种方法都得出新认识（见《研究报告》193 页），具体内容后面将作讨论。

作者认为这两个构造模式并不矛盾，而是相互补充的。下面将对设计孕震模式的基本依据加以讨论。

3. 建立模式的约束：地表发生的破裂情况，这是地震活动的主要约束条件。地表破裂调查结果见图 21。汶川地震时主要是两条断裂活动了，产生了一系列同震的垂直运动和右行运动，而与上述标有三条断裂活动的两种孕震模式都不同。

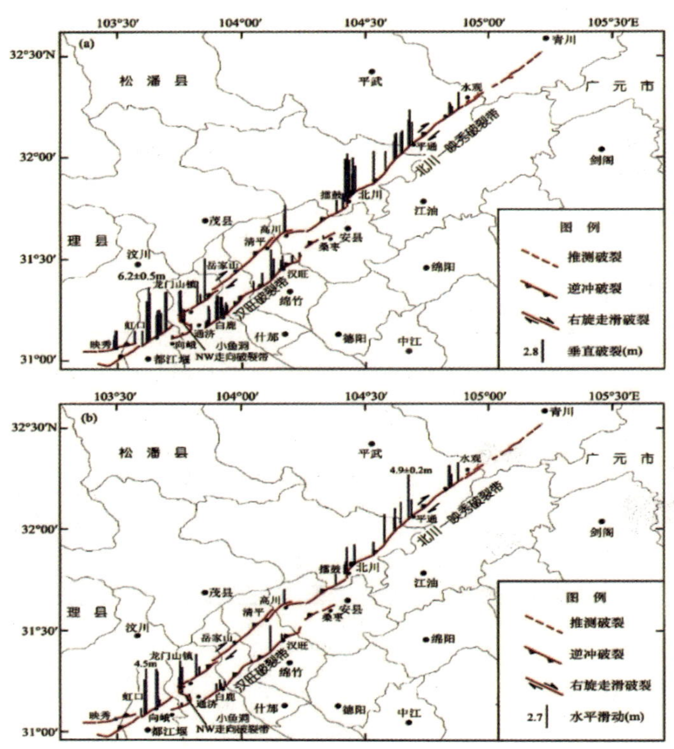

图 21　汶川地震产生的地表破裂带和同震位移分布图

（引自《汶川震例》74 页）

图中显示：龙门山断裂带的中央断裂解了锁，活动起来，活动地段总长为 240km，可分为虹口—清平段和北川—南坝段；前者以逆冲推覆为主兼有右旋走滑分量，后者以右旋走滑为主。前山断裂的汉旺—白鹿段，地表次生破裂达 90km，为纯逆冲运动，最大垂直位移达 3.5m。第三条是发生在龙门山镇的小鱼洞 NW 向断裂，地表破裂长达 6km，最大左旋走滑和垂直位移均未达 3.5m，连接了两条 NE 向大断裂。而后山断裂没有活动，其逆冲作用是造山时期发生的。

4. 沿中央断裂断层面破裂过程。通过它来了解这一地区从浅到深应力应变解锁和仍然闭锁地段的分布情况。

5. 反演求解震源破裂过程，不是唯一的。

《研究报告》叙述了以地表断裂为约束，再根据地震波的到时、初动和波形求出震源处地震矩张量，两个节面和三个力轴的方向和倾角等，求解震源破裂过程。这是一个很复杂的反问题，反问题求解是很难得到唯一解。

作者拟从震源机制解来探讨汶川地震的成因机理，包括震源处断层的走向、倾向、倾角、错动方向、断层传播方向和传播速度、断层面的长度、宽度、错动幅度和产生这种幅度所需时间，以及应力降等。

汶川地震，先后有十组研究人员做了震源过程解。图 22 为其中六组的初步结果。报告作者认为“总体上显示出了一致性”。笔者认为这些结果实际差异是很大的。

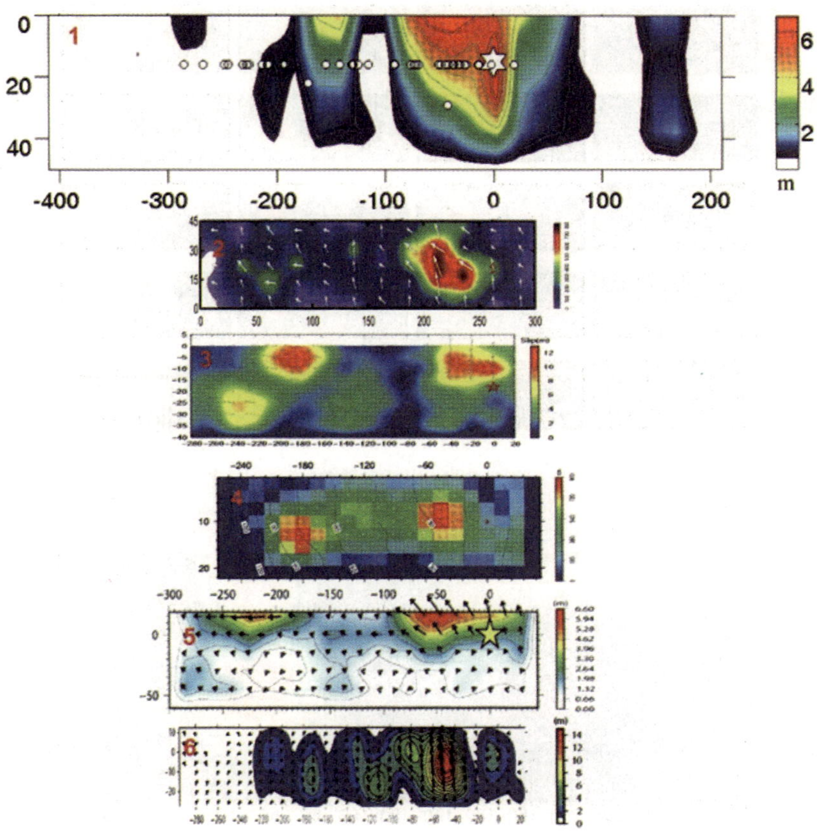

图 22　6 个研究组给出了 6 组震源机制解—断层面上静态滑动量

图中的五角星代表了起始破裂点，最大的红色区代表了发生最大滑移量所在之处。反之，人们也可以把这个区域看成是初始应力应变能聚集区和闭锁区。

破裂或解锁是同时从下向上展开和向下拓展，再沿着上部断裂转向北东。如在映秀地区，是最早开始发震的，也是应力和应变闭锁强度最大地段。解锁是同时向上和向下发展，向上达地表，向下延到 10～20km，即 38km 的深度。

另由王卫民、赵翠萍、张勇、筑波大学 Nishimuru 等四个小组使用了更多数据和改进了处理方法后得到的 4 个新结果。下面图 23 和图 24 为其中 2 个。作者还给出破裂随时间的发展演化图景。

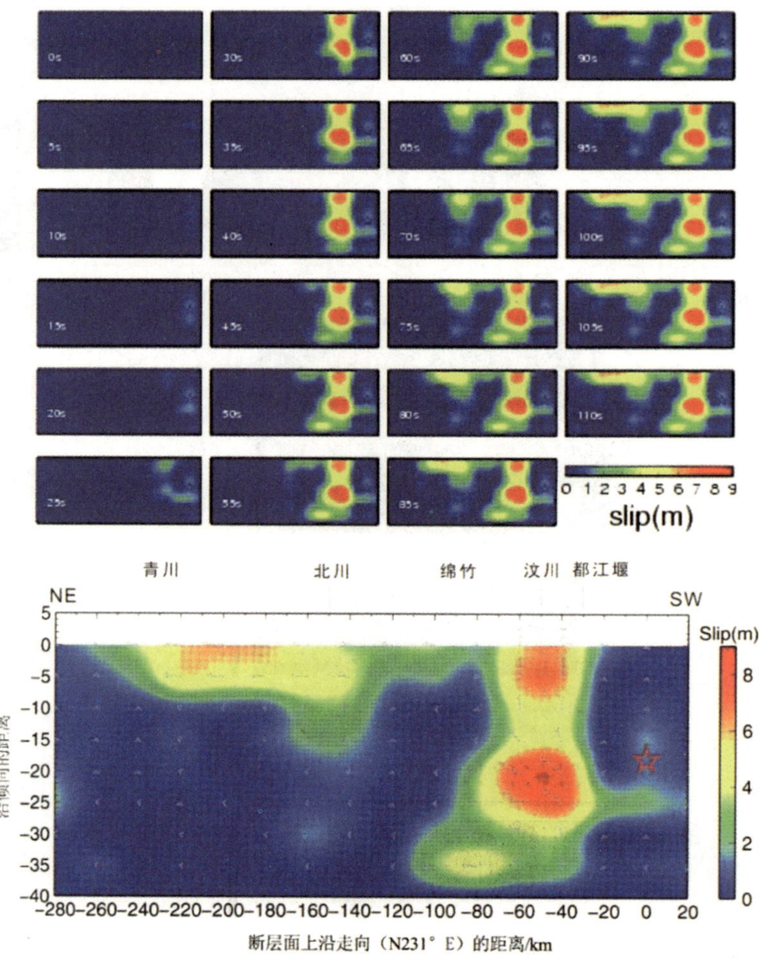

图 23　为赵翠萍改进以后再处理的结果

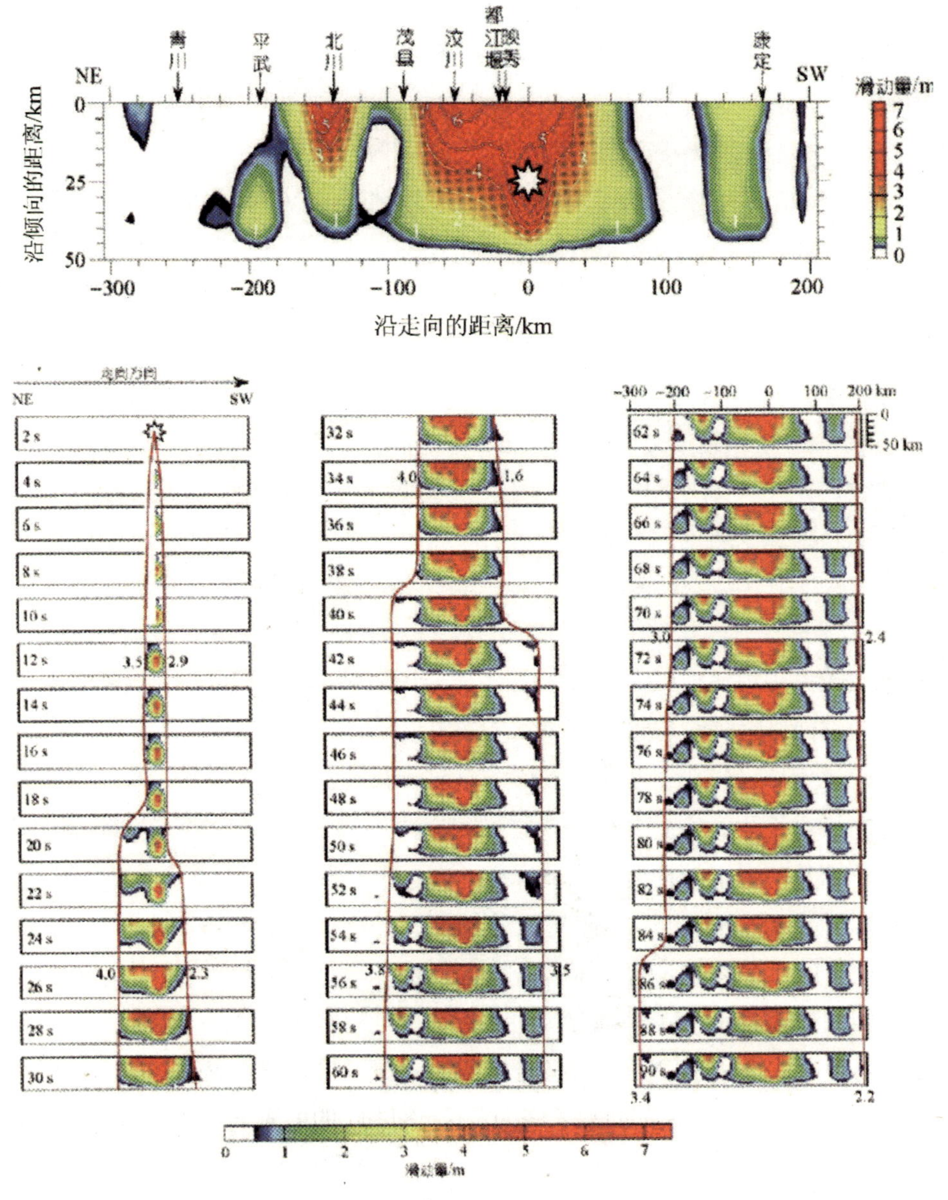

图 24　为张勇改进后再处理的结果

图 24 是张勇等计算的结果。破裂开始向上向下发展，然后向 NE 发展，最后形成 4 条破裂柱，破裂深度达 45km。不同颜色区代表着不同的静态位移量区。不同的破裂位移结果应是地下应力大小和岩石抗压强度不同所造成的最后结果。如

果设定岩石抗压强度一致，则位移量大的区域也可以认为就是震前应力大的区域。四条破裂柱代表了地下四条岩性柱，四条破裂柱之间和两侧则是未破裂段，是新的地震空段，是新的应力聚集段。这一图像给出震源深度约 20km，破裂向下扩展达到约 45—50km，初始破裂点位于最大滑移区内。

10 张静态位移分布图，代表了 10 种位移分布。就一个汶川地震讲，破裂分布应当是唯一的，人们又有什么方法去鉴别它们哪一个解更符合实际情况呢？震源机制解得出的地震造成的地下破坏情况，有什么方法可以验证？可否通过高精度地震测深或层析剖面方法对其结果加以验证？没有看到这类调查结果，现在地震探测技术达不到这个分辨率要求。顾功叙先生提出可以试用一下深反射地震法探测。

10 种静态位移分布又代表了 10 种应力与岩性作用的分布和破裂方式。有什么方法去测定震前地下的应力分布呢？有什么方法和原则可以确定哪个地段正处于亚稳态状态？通过大量的地震记录研究可以解决这些问题吗？

6. 中央断裂中段，即映秀—北川断裂，其破裂图案的特点可否反映与地下岩性的关系？

断裂带内闭锁体的破裂，应和地应力大小及其地段岩石抗压强度有关。映秀—北川断裂两侧的构造岩性是什么？《汶川震例》中提到这一断裂主要发育在古生代—中生代地层与晋宁期花岗岩体（彭灌杂岩）之间，总长约 300km。彭灌杂岩和上古生界至中、下三叠统向东南方向逆冲，但没有见到一条构造岩性剖面，使人看不清楚其上下的构造关系。

许志琴等对此问题进行了研究，还为此打了 6 个 2000 米深的岩芯钻。靠近映秀和都江堰的构造地层剖面，由 WMT、PGD、YBT 和 GAT 四条断裂将剖面划分成 5 个单元，即西边为 SPGZ 松潘甘孜地块，是由 Z-T 地层构成褶皱带，并有多个花岗岩体侵入；WMT 汶川—茂县逆冲断裂与 PGD 彭灌拆离系之间为泥盆系和 Z-P 地层；在 PGD 与 YBT 映秀—北川逆冲断裂之间为 757—844Ma 的彭灌杂岩体；在 YBT 与 GAT 灌县—安县逆冲断裂之间为 T1D-P 地层；GAT 以南和以东为 J-K 的四川红层。在 YBT 的下盘有两个钻孔控制，但控制的深度太浅，更深部的情况还是不清楚。

7. 关于中央断裂、前山断裂向深部的延伸产出情况及与低速层的关系。

两个孕震模式中三条断裂都是直接与 10 多 km 深处的低速层相连接。

震源机制解得出，沿断层面发生静态位移滑动的深度分别达到 38km 和 48km，见图 22 和图 23，发生滑动的最深点不是仅止于主震源点深度 14—20km，而是

38—48km；依此估计：

（1）中央断裂的向下延伸应达到 50km 以下，产状变缓后，巴颜喀拉地块向东运动施力才有可能将 YBT（映秀—北川断裂）上盘地层推向上升。因 YBT 闭锁作用，而形成地应力和地形变的积累。

浅表层闭锁体可能为中生代地层，深部的闭锁体可能主要是彭灌杂岩体或其他变质地层，可能承受和汇聚较大的能量。

（2）龙门山断裂带的后山断裂（汶川—茂县），在汶川地震发生时它没有活动。这表明了，WMT 这一断裂未解锁，它可能没有延伸到深部去，也可能是应力聚集还达不到其解锁的强度，在巴颜喀拉地块东向运动时，WMT 与彭灌杂岩是一起活动的。

图 19、20 和 25 中画的茂县—汶川断裂示意是逆冲断裂，和中央断裂的相同，这应是指造山作用讲的，而不是地震时发生的构造作用。

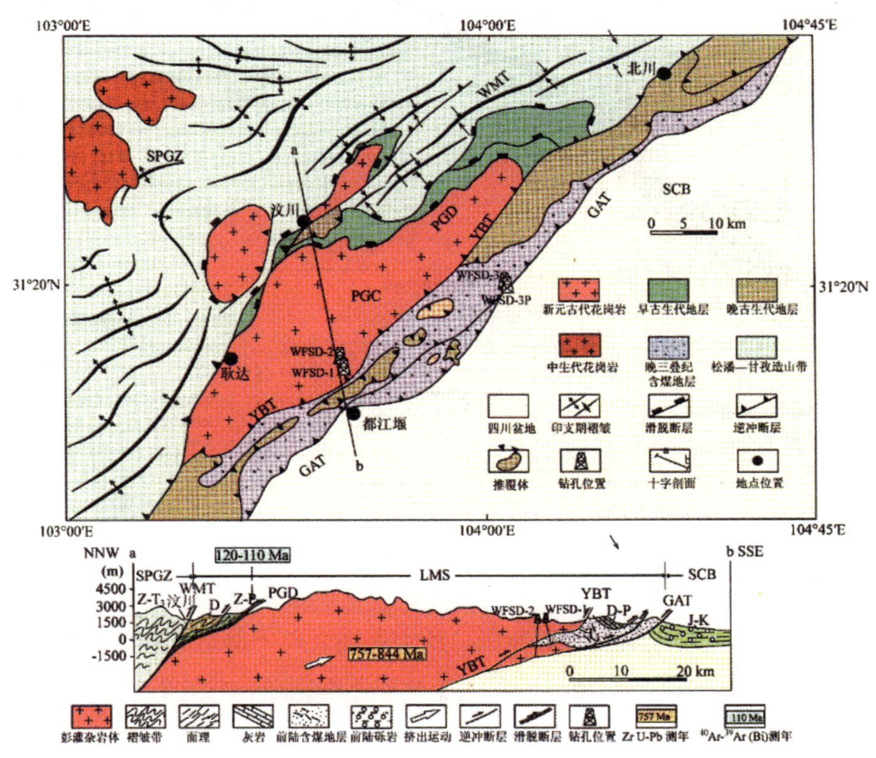

图 25　龙门山构造格架重建示意图（引自许志琴）

（3）利用余震分布确定中央断裂的深部产状。

《研究报告》193 页提出根据国家地震局地质所通过布设的大规模密集流动宽频带地震台阵记录的远震 P 波波形数据和接收函数非线性反演等等多种方法都得出的“松潘—甘孜地块下地壳存在楔形低速区。”“余震密集带的底边界向北西倾斜，且在深度在 15～20km 处倾角变缓。”认为这一壳内低速带属于无震的延展层，其上的上地壳为脆性层，见图 26。但从图中看不出作者提出的中央断裂在深部的产状变化，也看不出哪些余震是反映了断裂带的产出情况。但是，可以看出两条断裂的深部是无震区，也就是岩石抗压强度大的地段，应是深部闭锁体赋存地段。

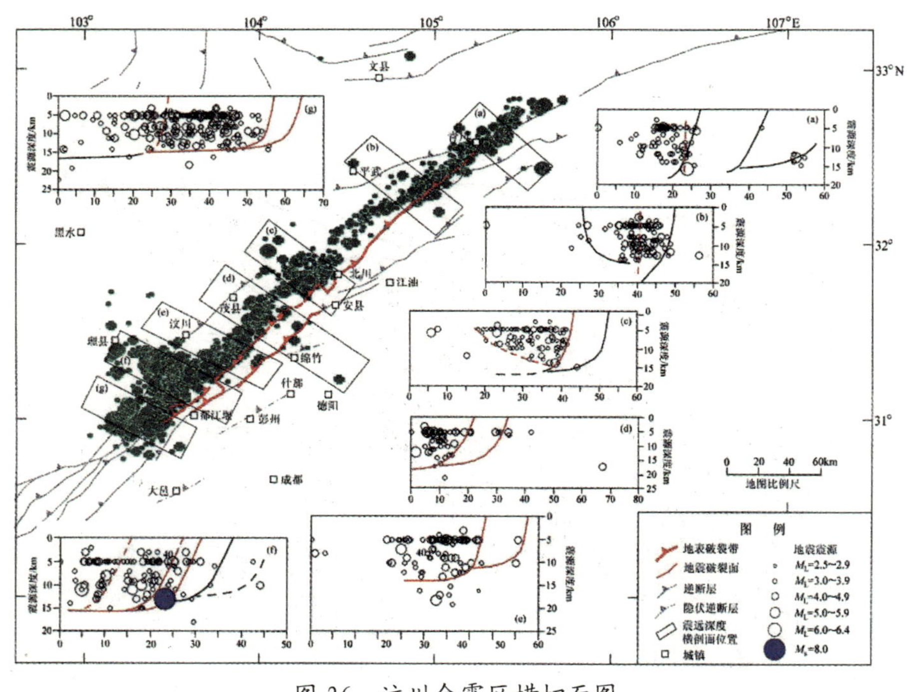

图 26　汶川余震区横切面图

8. 从两条地震测深剖面看低速层，或上部地壳与下部地壳间的解耦层问题。

《汶川地震震例》中引用了两条人工地震测深剖面，见图 27。上图为中科院做的，下图是成都理工大学朱介寿做的。

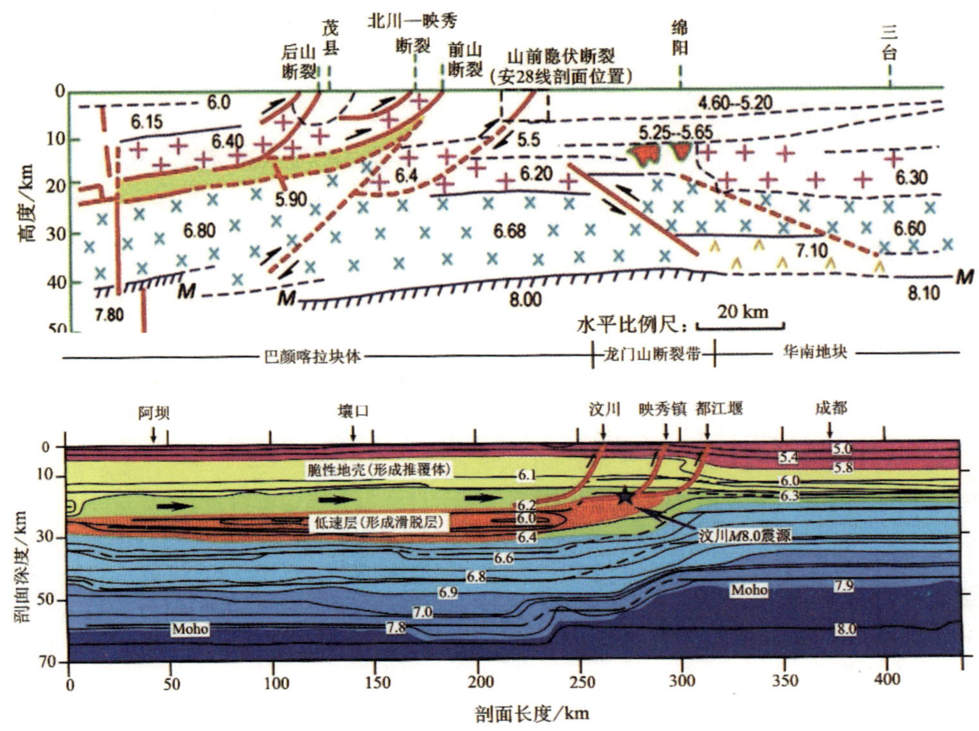

图 27　横穿龙门山断裂带中段的地壳速度结构剖面

这两条地震测深剖面都为地震后做的，没有震前的剖面，不好对比地震造成的变化；就是震后的剖面其速度结构也有很大的不同。

（1）龙门山构造带内的低速层。上图中低速层（速度为 5.9km/s），从 20km 深沿前山断裂一直向上伸展到 10km 以浅的地段；中央断裂与后山断裂产出仅在上地壳，与低速层无关；

下图中，龙门山构造带西北侧的 6.00～6.10km/a 速度等值线范围很小，位于 220km 处，东西向延伸几十 km，深度在 20 几到 30km，中央断裂等三条断裂下端的速度体为 6.2～6.4km/a，它不是低速体，不能构成一个区域性的解耦层。

（2）杜方模式中（《汶川震例》的 193 页），提出本区低速层有两个：一个是龙门山构造带内的低速层，层速度 6.20～6.40km/a，深度在 16～19km；另一个是龙门山构造带的西北一侧，从汶川到阿坝段，低速层的速度为 5.80～5.90km/a，厚度为 3～5km，深度为 19～26km。两个低速层速度不同，但图中又将这两个低速层又画成一个层，标的速度值是对的，但这样绘制就把不是低速层也绘成低速度层了，把局部的低速层改成区域性的低速层了！

图中还把三条断裂直接与低速层相连接，而地表断裂活动仅仅是中央断裂和前山断裂，后山断裂未活动；这样就提出个大问题，即深部主震源区的 8 级地震的闭锁体在哪里？什么岩性和形状、大小？破裂向下发展到什么层位？

笔者认为，按照上述的震源机制解，其震源深部震前应为高速体，震后经过大破裂将变成为低速体。而这条震后求得的速度剖面得到的是（6.2—6.4km/s）正常的速度体就很不好理解了？杜方将其认定为低速体，是不能成立。

再说，震后震源区内断裂滑移区（低速体）将向深部扩展到 30 几 km，向上通达到地变。而这些速度剖面都是震后测得的并没有显示这种情况。

（3）上图中，它将汶川—茂县断裂（WMT）和前山断裂直接与 5.90km/a 的低速层相连接，而把后山断裂和中央主断裂（YBT）看成是一个浅层与低速层无关的，产状平缓的局部断裂。显然，这与实际也不符合。且把后山以西的莫霍层深度标得太浅了，仅 40km 也是不符合实际的。低速层向西延伸有限，应属于局部解耦层。

笔者对比了五道梁—格尔木剖面、曲麻莱—格尔木剖面和成都理工大学剖面，表明这一段地块东西向是有变化的，地块上部向东运动其上、下部之间的解耦层是哪一层还看不清楚，但一定会有，否则如何维持长期向东的运动。有人提到存在通道流，但如何从地震剖面上如何识别和肯定？

相反，在 30—40km 处有一个速度梯度界面 6.3/6.6km/s，可能是中、下地壳的界面，按照地球化学推测可能为奥长花岗岩—花岗片麻岩为主的岩相与麻粒岩相的界面。

应当说，地下深部岩性的研究工作还很不够，知识还很缺乏。龙门山断裂带三条主要断裂与解耦层之间的关系同样也是不清楚的。

《汶川地震案例》在小结中得出的启发如下：

（1）要认识汶川地震的孕震过程，仅研究其发震断裂——龙门山断裂带是很不够的，需要对与发震断裂相关、相邻的地质构造单元，在震前不同阶段的变形状态进行观测与研究，才能获取完整、可靠的信息。

（2）由于汶川地震孕育中的动力来源于川西高原（巴颜喀拉地块）一侧，汶川地震前的长期构造变形也主要发生在该变形单元；而作为闭锁单元的龙门山断裂带，在汶川地震前表现为低速率的滑动/变形以及缓慢的应变积累；因此，震前是否考虑布设横跨龙门山断裂带的区域监测台网和适当的布局密度，可能是能否观测到震前形变信息的关键。而现实是，不仅川西高原，就是沿龙门山断裂带特别是汶川地区的监测台网的密度都很稀疏或者不高，如龙门山断裂带西北侧就没有一个连续观测的 GPS 观测站，而大部分监测台站在四川盆地。与 1976 年松潘地震前的情况很不同。这表明了当局者就没有一个长期抗震的打算！

9.汶川地震的数字模拟研究。

地震数字模拟是一个重要的研究工作内容，也是一些专家大力提倡的热点。我们希望通过已做的工作来看一看其前景。

现引用三个结果看其进展，也不一定代表当前的科学研究水平，希望读者推荐更能说明问题的文章。

第一篇，王连捷等关于汶川地震数字模拟文章。第二篇是：（1）王连捷等的数字模拟计算所用的地震模型及其结果。这是 2009 年《地质力学学报》刊出的文章。是将围岩看成弹性体，断层看成具有应变软化的弹塑性体，断层和围岩组成统一的地质介质系统。在给定的地应力、孔隙压力及边界位移的作用下，应力逐渐积累，当达到断层强度时，断层进入塑性状态，应变随之软化，应力突然下降，能量突然释放，形成地震。他给出的模型见图 28。

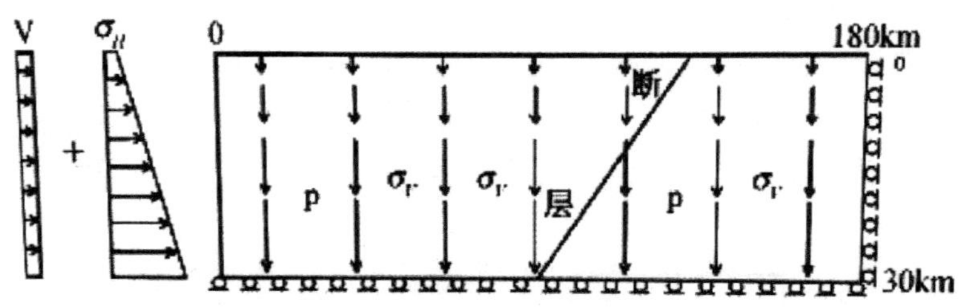

图 28　王连捷的汶川地震数字模拟剖面

根据这个原理，利用有限差分 FLAC 软件，对汶川地震的机理进行了模拟。模拟结果证实：汶川地震是在青藏高原侧向挤压，四川盆地阻挡，使龙门山断裂带受到缓慢增加的挤压应力场作用下形成的应变能的积累。计算结果给出了应力降、能量释放量、断层错动量、地震同震位移、震前位移、地震复发周期等重要参数，结果与野外调查及其他资料给出的数据具有较好的一致性。

1）汶川地震是在重力、水平地应力和孔隙流体压力的环境下，青藏高原向东的侧向挤压，在四川盆地的阻挡下，龙门山断裂带的地应力以 1.5—2mm/y 的速度缓慢积累，当地应力达到临界状态时（平均水平应力为 539MPa），断层失稳滑动，形成地震。

2）地震的应力降为 1.9MPa，转换成地震的效率为 0.18%—0.3%，绝大部分能量消耗在断层的摩擦及破碎功方面。

3）当位移速度保持为每年 1.5～2mm/y 时，地震复发周期为 2450—3260 年。改变或断层参数改变时，地震复发周期将改变。

4）同震地表垂向位移为 5.5m，沿断层的相对错动最大为 8.8m。上盘位移量大，下盘位移量小，上盘效应明显。

5）震前地表发生隆起，地表隆起随时间以 0.3mm/y 的速度缓慢增加，临震前断层上盘地表隆起，可达 1m；地表发生倾斜，距断层线约 10km 内，向断层方向倾斜；10km 外向相反方向倾斜，最大倾斜达 0.01 度；水平应变率约为 1×10^{-8}/y。

这一模型设计得太简化了，离实际探测结果相差甚远。模型设计不对，结果就不能说明汶川地震的问题。但是，他给出一系列数据，这是研究需要的结果。最大设定的平均水平应力为 539MPa 如何得出来的？这个数字很重要。

（2）李平恩、廖力等所用的汶川地震模型及其计算结果。这是 2021 年 10 月《地球物理学报》刊出的汶川地震数字模拟的研究成果。其设定地震触发的机制是不是靠外力的激发而是靠断层具有应变软化产生的。他们提出一条垂直龙门山断裂带的不稳定性地震动力学模型剖面，采用有限元方法计算得到了描述整个岩石力学系统稳定性状态和过程的平衡路径曲线。在此基础上，采用稳定理论研究了汶川地震从孕育到发生的过程。其选用的模型见图 29。

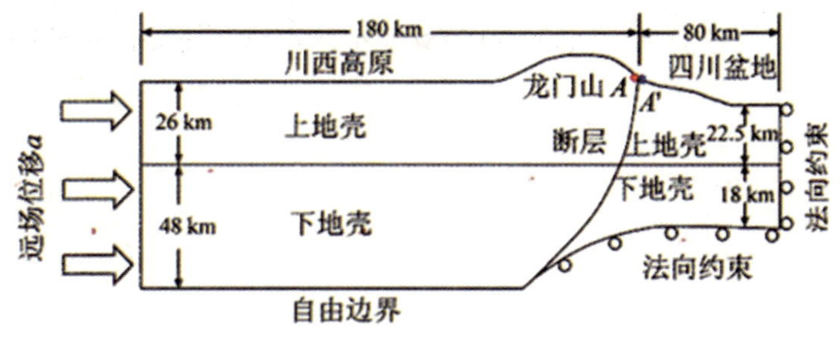

图 29　汶川地震不稳定性地震力学模型示意图（李平恩等）

他的模型是将地壳分为两层，龙门山断裂是 1 条由地表一直延伸到地壳底部（莫霍界面）的断裂，而且设定的断层深部倾角过陡，也缺乏事实依据。把上、下地壳间的界面设为自由边界也不符合实情，此外，对各项参数的选取的依据也缺少说明。

他计算出的结果，主要讨论了断层倾角和断层材料参数对地震失稳的影响，数值模拟结果显示，系统只存在稳定的断层无震滑动和不稳定的地震失稳 2 种情况，断层倾角、初始内摩擦系数、初始粘聚力和强度曲线形状参数的增加会导致系统趋向不稳定的地震失稳状态。而强度曲线胖度参数的增加有助于系统进入稳定的断层缓慢无震滑动状态。在平衡路线曲线的应力峰值点和失稳点之间，断层错动加速，应变能开始释放并且应力开始减小，是失稳的前兆。最后在失稳点发生应力突跳，地震发生，伴随应变能的急剧释放、应力降和断层突然错动。

（3）石耀霖提出的数字地震预报所用的汶川地震的模型及其结果。

石耀霖院士特别强调“只有开展基于物理规律的数值地震预报研究，才是真正地走上物理预报的途径。

如果人们能够建立地下结构和物性的模型，应用连续介质力学、热力学方程和基于岩体破裂准则或断层本构关系，在了解区域边界条件和三维初始应力的条件下，也可以通过高性能计算机计算，了解应力的演变，预测应力由于超过岩体强度而发生地震的最可能位置和破裂类型，预测高应变能积累区的体积大小和未来地震最大的可能震级，根据现有的应力大小和计算的增长速率预测可能发生地震的时段”。

他进一步归纳提出实现地震数值预报必须解决 5 个关键环节：1）对物理机制的认识并通过数学公式和数理方程对物理机制进行定量描述；上面作者已提出“应用连续介质力学、热力学方程和基于岩体破裂准则或断层本构关系”。2）是解这些方程的计算能力；现已具备超算能力。3）对于特定的预报，还要了解所研究区域地下的结构、物性以建立模型；对这点，作者则提出“如果人们能够建立地下结构和物性的模型”。4）边界条件及其随时间的变化；作者提出要“了解区域边界条件和三维初始应力的条件下”。5）初始条件。

他还提出地震孕育和发生的几个主要过程为：地震孕育、地震破裂发生和发展、震后调整及进入新的地震孕育。地震孕育是一个缓慢的过程，需要数十年乃至数千年的时间，其中在临近大地震发生的时段，一般认为岩体可能会出现非线性变形和前兆现象。地震发生时从微小的破裂发展成为大地震，这是一个迅速的过程，需要数秒到数十秒或上百秒时间，但近年发现有所谓的慢地震或静地震，其破裂速度很低，仅有长波地震波辐射或没有地震波的辐射。震后往往还有一个应力调整阶段，在此阶段，断层或周围介质将继续变形，在几个月到几年内，应力仍会有很大的变化，有必要单独考虑，然后才进入下一次大地震的孕育阶段。

对地震孕育破坏的物理规律的了解现状如何？石耀霖院士指出，连续介质力学（弹性、黏性、黏弹性、塑性）发展得比较成熟，并在地震学中（如地震波传播）和其他科学和工程问题中都已得到成功的应用。对临震和破裂最初发生的许多过程目前了解得还不够，这也是人们对前兆不能很好把握的原因。但对岩体破坏准则，对破裂过程中断层速度和状态相关的本构关系，人们的了解却有相当的进展。因此，目前已可以进行一些初步模拟的工作。

对汶川地区地下速度结构，石耀霖利用了多年来深部调查的成果给出以下物性模型，见图 30 及图 31。从图上标出的是速度变化值，按相对变化的百分比，它应是一个天然地震层析成像图切割出的剖面图。它与上述的汶川地区的几个速度模型都不同，其速度分布结构看起来更为不合理。

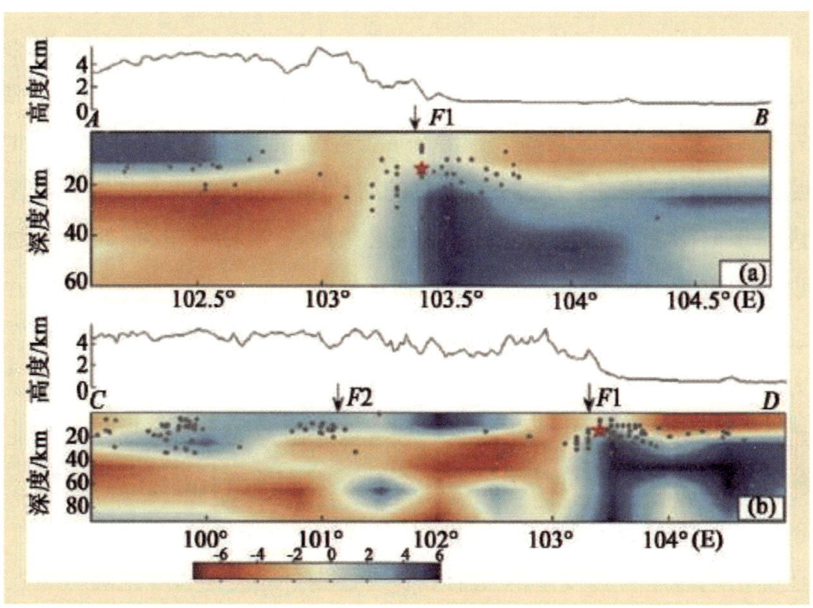

图 30　川滇地区的地下速度结构剖面图。上图为通过震中垂直于龙门山的剖面，下图为通过震中东西向剖面。可以看出四川盆地的下地壳和上地幔为高速区，青藏高原地壳较厚，且下地壳为低速区。这一剖面估计也是震后测的。

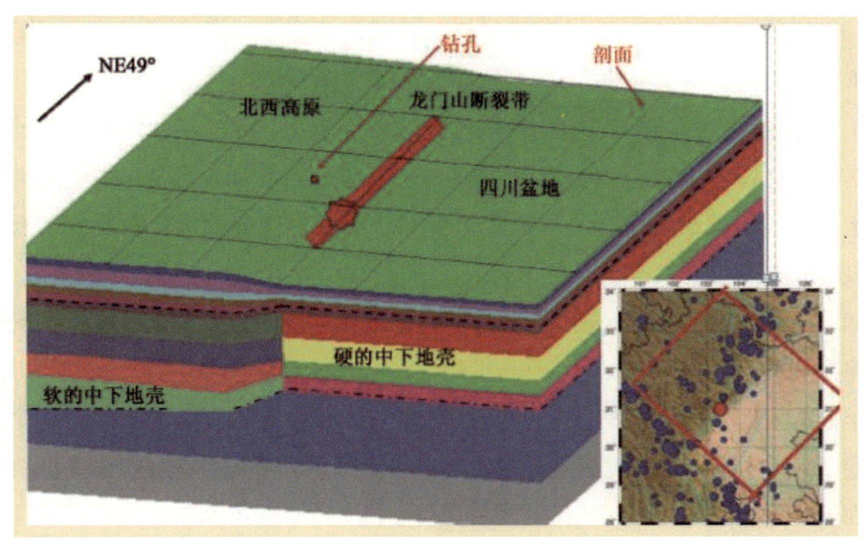

图 31　模拟区域（右下角红框内部分）的结构分层，注意右下角图显示四川盆地一侧无大地震，高原一侧有较大地震，但最大的汶川地震发生在二者交界的龙门山下。

这一模型的低速带分布，向上通地表，是对的；向下达到 60—70km 深则又过深了。

以上 3 人计算时所设计的结构和速度模型都不一样，与其他方法求出的速度模型也不同，再说所设定的地震触发机制也不同，哪个更符合实际呢？有没有方法检验确定其对与不对？这样不同模型计算出的结果又能说明什么问题？

10. 孕震模式与地震前兆。

由地震孕震发震机制研究推导出的前兆现象是什么？没有明确的说法。《研究报告》仅仅提到一些观测项目，如：

（1）形变学科。南北地震带，震前有 14 个点发生异常，主要是地倾斜测量，天水有压磁应力变化。

（2）电磁学科。震前有 12 项存在异常，主要为地电阻率，测点离震中很远，达几百至 1000km 以上。

（3）流体学科。震前有 46 个观测点，都距震中很远，测量项目有：水位、水氡、CO_2、水温、He 等。

总的来说：目前尚缺乏各类异常与地震孕育发生过程之间的关系，难以基于上述异常变化做出地震的准确的短临预报。这里存在几个问题：

1）测站部署都离震中区太远。与唐山地震时大量测站位于震中区不同，如果能改善测站密度，可能会得到更多的异常信息。

2）选择的方法需要再选择。观测项目选得更合适，则可能会发现更多的前兆异常信息，如在第四章中我们提到中期（5—6 年）异常有地形变，主要是地表抬升和水平移动，旱震现象等具体调查，没有收集到地倾斜数据；临震异常有多种也待进一步收集。

3）孕震模式不能确定，发生地震的初始条件也不清楚，又如何能得到确诊性的前兆异常呢？

李四光、付承义、王仁等老师都强调地震是一种地质力学现象．而这个力学过程会引起震源周围相当大区域内地壳岩层的一系列物理化学响应，包括物理、化学性质不断地发生变化，引起各种前兆现象。总结这些经验，找出其规律，就能把地震预报工作做得更好。显然，这些文章，一是没有联系汶川地震前会出现的异常情况和参数变化，与汶川地震地质和构造根本联系不上；二是也没有预测震时和震后会发生的现象。

九、结论和建议

1. 回顾汶川地震的前前后后，看来这次汶川大地震也是可以做到提前打招呼的。这次是又一次的战略误判！

从巴颜喀拉地块几千年来一直向东运动的基本态势看，龙门山断裂带也一直处于应力应变能的积累地带。从 1976 年地块东北角的松潘发生三个大震（逆冲型）以来，地块的南界在 1997 年玛尼发生 7.9 级地震（走滑型），随后，地块北界在 2001 年昆仑山口西发生 8.1 级大地震（也是走滑型），2008 年 3 月在地块西界的于田发生一个 7.3 级大地震，而且是拉张型的，紧随之，2008 年 5 月就在东边缘的龙门山断裂带，在从 1480 年以来就处于地震空区状态的地段的汶川发生了 8.0 级大地震，规律性比较清楚。所以，在这个已有明显的中期地震趋势异常信息的地段，加强前兆信息的收集和认真地做出地震危险性评价至关重要。不能认定“地震活动性小”为由，长期多次取消对这个地区的地震监测呢。

2. 地震预报的关键是早期确定未来大震发生的地段，这是很不容易的。

再说抓住大震也需要几年的时间。如海城从 1970 年起加强了地震监测，到 1975 年才抓到 7.3 级地震；唐山大地震是从 1969 年李四光提出，到 1976 年才抓到大震；松潘地震也是从 1973 年开始加强地区地震监测，到 1976 年 8 月才抓到 7.2 级地震，这都是成功之例。汶川地震没有从抓住地形变着手抓大震，贻误了战机。

确定到哪里抓大震，这是抓地震预报的大的战略方向和明确会战地段。地震局多年抓的地震危险区的分析和强震趋势分析，就是这类性质的工作。需要深入总结过去的经验教训以改进工作。要做好这项工作，设计好全国信息采集网是基础。

3. 抓短临前兆异常具有临门一脚的重要性。只有短临前兆异常的出现，人们才可能判断地震的即将来到，并需要立即采取抗震行动。汶川地震前已出现如 200 多次小震与空区、地形变异常、地下水位变化、强磁异常现象，鱼和乌龟等动物表现突出反常现象（都江堰和川 39 观测井旁的养鱼池），以及水文地球化学异常、热红外现象和特殊的视电阻率的波动（HRT）。

短临前兆观测又必须在区域应力加强的背景下来评价。

常常见到，群众都感到地震要来了，而地震部门斥之为“造谣”，甚至动用公检法。这是危险的。唐山地震是一例，汶川地震是又一例，意大利的拉奎拉地震是又一例。

4. 加强应用基础研究。我们所总结的这些事实都是建立在经验的基础上，为了提高对其认识的深度，需要加强有关的理论研究，弄清楚现象与地震发生的关系。但是，这很不容易做到，需要多部门协作和有较大的投入。已开展的孕震模式都需要求证和深化。在汶川大区域内开展的多项重大项目研究都未涉及汶川地震，这是一件很荒唐的事，说明研究的目标和路线存在重大问题，应改进。

5. 实践再次证明，执行周总理所制定的抗震减灾的工作路线仍然是我们工作的生命线，这一工作路线内容是“在党的一元化领导下，积极深入现场做调查，从实际调查结果出发，将观测到的地震异常现象总结出经验，再提高到理论认识；要专家与群众结合，土洋结合，两条腿走路，打一场人民战争；要广泛实践、多路探索，多学科结合”。特别要关注发挥省地震局作用和吸收广大群众性的参与，唐山大地震和汶川大地震预报中广大群众发挥了关键性的作用。

6. 在多路探索，多学科结合开展地震预测预报工作中，应当重视李四光、顾功叙和付承义先生建议的工作方案。

（1）李四光先生提出的中国式路线，即“李老认为，就多数地震讲，地震都属于构造地震，浅层地震（10—20km 深）。地震之所以发生，可以肯定是由于地下岩层，在一定的部位突然发生破裂而产生的。岩层之所以发生破裂，又必然有一股力量（机械的力量）在那里不断加强，直到超过岩石在那里的对抗强度而产生破裂的。故此，关键的工作是，要开展地震地质调查，查明地下应力聚集地区和构造特点，从构造体系角度探索力的转移和再聚集寻找下一个地震危险地段，即下一个发震地点；再用地应力测量，查明地应力值，及其随应变过程的变化规律，并在大量收集前兆异常的基础上进行预报地震。我认为地震是可以预报的，但要做出艰苦的探索”。

（2）顾功叙先生也是第一批到邢台地震现场开展地震预报研究的老专家，也是唯一在邢台地震现场直接聆听周总理布置任务的老专家。他经过 20 多年的探索研究，提出地震预报是个世界性难题，而我们又要减少地震造成的巨大人员伤亡，所以，地震预报必须走边研究边预报之路，不做研究的人不要做地震预报；要从地震现场的实际调查结果出发，他提出 11 种方法，建议选择几种和地震发生关系密切又有物理前提的方法，加强研究，增加其科学基础；他提出可否利用地震活动性图案探索未来大地震发生的方向；要组织科学家搞好科技攻关的长期规划，并坚持下去。

7.要千方百计地发现下一大地震将爆发的地点，以便提前做好预测预防准备。这需要总结过去的经验并探索一种新途径。

（1）2008 年汶川地震以后，南北地震带先后在 2010 年 4 月 14 日在玉树发生 7.1 级地震，2013 年又转到芦山发生 7.0 级地震，2017 年又转到九寨沟发生地震，随后 2022 年 9 月在鲜水河断裂上爆发泸定磨西镇 6.8 级地震。在 M7 专项报告中（217 页），依据大震累积释放的应变能情况，预测了可能在 2010～2021 年在地块北部和东部边缘将会发生大地震，置信度在 95%。但是，在地震前未见采取什么监测措施，这些大地震都先后相距仅 2—5 年，有利于提前探测到，是没注意到还是不同意？

（2）泸定地震之后将在哪里发生下一个大地震？这是就巴颜喀拉地块四周新活动断裂系讲的。鲜水河断裂是巴颜喀拉地块内部的一条断裂，其向东南延伸与龙门山断裂在康定附近交会，再向南，与安宁河—则木河—小江断裂相连接，构成川滇块体的东边界；其西边界为金沙江断裂，即金沙江缝合带，为巴颜喀拉地块，或可可西里地块与羌塘地块的碰撞带。金沙江断裂向东南与小江断裂相连接，向东进入越南北部。

（3）南北带的南部直到云南红河断裂带，会不会在 5 年左右时间内发生大地震？哪一些地点最可能发生 7 级以上的大地震？国家地震局已确定将在这一地带建设地震科学实验场，能否抓住一个大震，将决定了实验场的成败。图 32 为川滇块体及其邻区主要活动断裂系统图。

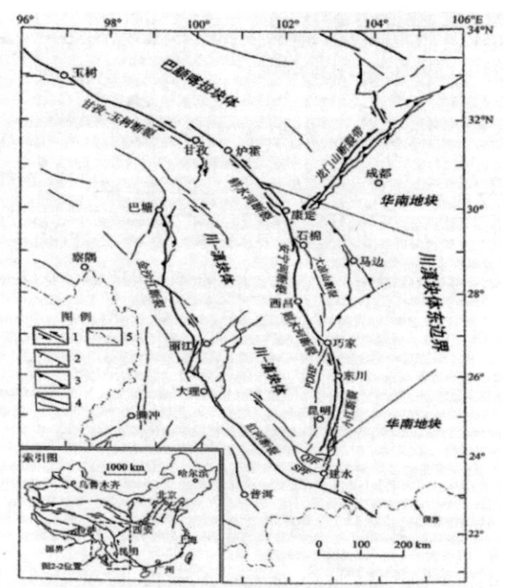

图 32　川滇活动体及其邻区主要活动构造系统简化图（据 Wcn ct al.（2008）修改）
1.活动走滑断层；2.活动正断层；3.活动逆断层；4.主干（粗线）和次级（细线）活动断裂；5.国界分支断裂代号：*QJF*——曲江断裂；SPF——石屏断裂；PDHF——普渡河断裂

其他如青藏地区和北部祁连地块四周断裂系可能发生大震的地区？

参考文献

1.洪时中广播电台讲话录音.

2.程式、任昭明，1990，1976 年 8 月 16 日四川省松潘 7.2 级地震，《中国震例》（1976-1980），地震出版社.

3.四川地震局，1979，《一九七六年松潘地震》，地震出版社.

4.《2006-2020 年大陆地震危险区与地震灾害损失预测研究》项目组，2007，《2006-2020 年大陆地震危险区与地震灾害损失预测研究》，地震出版社.

5.中国地震局地震预测研究所，2007，《中国大陆强震趋势预测研究（2008 年度）》，地震出版社.

6.M7 专项工作组，2012 年，《中国大陆大地震中-长期危险性研究》（简称《M7 专项成果》），地震出版社.

7.杜方、蒋海昆、杨马骏、付虹等，2018，《中国震例——2008 年 5 月 12 日四川汶川 8.0 级地震》（简称《汶川震例》），地震出版社.

8. 中国地震局监测预报司组织编著，2009，《汶川 8.0 级地震科学研究报告》（简称《研究报告》），地震出版社.

9. 陈晓非、吴忠良、石耀霖、张培震等，2022，深化大陆强震机理与预测研究，科学通报，67，1347-1351.

10. 罗灼礼，2018，我所经历的松平地震，《蜀震问道》第六辑，地震出版社.

11. 罗灼礼，2018，关于我省近期内地地震情况的一些说明，《蜀震问道》（增补卷），地震出版社.

12. 廖春庭，2023，关于汶川地震后龙门山地区地应力测量的讨论，第二届李四光思想研讨会文集——《李四光地震预报思想与地震形势》.

13. 吴满路，张岳桥，廖椿庭，等. 2013，汶川 Ms8.0 地震后龙门山裂断带地应力状态研究，地球物理学进展，28（3）：1122—1130.

14. 石耀霖等，2017，《数字地震预报》，中国物理学会期刊，2017-08-10，北京.

15. 郭安宁、郭增建，2018，《汶川地震与大地震预测探索》，西安地图出版社.

云南典型地震预报和对地震预报的认识

付　虹

云南省地震局

云南是我国地震活动最频繁的省份之一，20 世纪 70 年代开始逐步建立了地震观测和以地下流体、电磁、形变等为主的地球物理观测站，80 年代又陆续开始了跨断层、重力等为主要观测手段的流动测量，以期通过观测找到地震的前兆。经过 50 年的地震实践，发现每次 M≥5，特别是 M≥6 地震前，都能观测到地球物理异常，但震前很难用这些异常进行准确的预测预报；事实上，没有一种前兆出现异常都能对应地震，也没有一种前兆在所有地震前都出现异常，这可能是地震预报的困难所在。本文梳理了 1995 年孟连西 7.3 级和 1996 年丽江 7.0 级以及 21 世纪以来云南境内发生的 M≥6 地震的预测预报情况及典型异常，探寻可用的地震前兆，提取异常的共性特征，以期用于指导地震观测和提高地震预测预报水平。

一、1995 年孟连西 7.3 级和 1996 年丽江 7.0 级地震预测预报

1.1995 年孟连西 7.3 级地震短临预报实况

1995 年 3 月 30 日云南省地震局向省政府汇报震情，指出滇西南存在发生 6～7 级地震背景，目前异常较多，形势严峻。1995 年 6 月 8 日省局在报省政府的《震情反映》（9505）中指出“1995 年 7 月中旬特别是 6 月底以前，云南西部腾冲、澜沧、临沧、景谷、勐海一带及其附近的中缅边境地区可能发生 5.5 级左右地震。临沧、景谷、澜沧一带应特别注意”。

云南省政府办公厅四处、云南省政府主要领导当天即对省地震局的报告作了 4 条批示：①省地震局要加强值班，密切对震情的追踪监视，发现新的突变情况应及时报告省政府。②对可能发生 5.5 级左右地震的地区及特别值得注意的地区，可由地震部门通报有关地州领导内部掌握。③为有利于做好应急准备工作，建议对震情分析预测预报涉及的县，由有关地州将震情通报到县的主要领导。④对当

前震情要严格控制范围，坚持内紧外松的原则，稳妥地做好各项应急准备工作；要保持社会稳定，不能影响正常的生产生活秩序。并由省地震局传真至思茅、临沧、保山、大理等地州地震局（办）。

6 月 30 日在孟连西中缅交界发生 5.5 级地震，云南省地震局按三类对策派出现场工作组赶赴震区开展现场监视、灾评和考察工作，并立即组织会商会分析地震趋势。7 月 1 日云南省地震局以《震情反映》（9506）报省政府，指出 6 月 30 日 5.5 级地震之后，“下半年我省及邻区仍存在发生中强以上乃至强震的背景，应引起高度重视”。

7 月 5 日和 7 月 7 日云南省地震局现场工作组分别向孟连县政府和思茅行署通报震情和灾情，指出：①从 1984 年 4 月 24 日孟连 6.0 级地震开始，澜沧江以西的耿马、澜沧地震带已进入一个新的活跃时段，并为云南省强震活动的主体地区。②带内 M≥6.8 级地震，有 47 年左右的重现期。目前接近重现期的是 1950 年勐海 7.0 和孟连 6.8 级地震，因此孟连和勐海是目前最危险的地区。③1994 年 9 月 19 日景谷 5.2 至 1995 年 6 月 30 日孟连 5.5 级地震，区内发生 5 级以上地震 5 次，已形成时空上的中强震密集段和密集区，并与 1983 年越南莱州 7.0 级和 1979 年普洱 6.8 级地震前的时空密集段相似。④建议危房中的群众撤离。

思茅行署听取汇报后当即指示：树立防灾意识，给各级领导打个招呼，利用这段时间对危房、公路、电厂、水库等进行检查，加固危房，加强宣传，增强地震自防意识。利用电台、报纸适度宣传，检查防震预案。

1995 年 7 月 10 日孟连西南中缅边界再次发生 6.2 级地震。震后，云南省地震局立即按二类对策派出工作组赶赴震区。在云南省政府和航空公司的支持下，现场工作组于当晚乘机到达思茅，并在行署的帮助下于深夜 11 点 50 分乘车赶到孟连，为迅速开展现场工作赢得了宝贵时间。20 分钟后在召开的孟连县抗震救灾三级干部会上，云南省地震局现场工作组指出：“这次地震序列为国内罕见，如果将 5.5 级地震作为前震，6.2 级作主震，震级尚小，按一般规律，5.5 级的前震，主震应达 7 级以上。根据滇西南地区两次强震时间间隔多为 10 多分钟至 3 天的特征，3 天内还有发生强烈地震的危险”，并建议“住在危房中的群众立即搬出”。这次预测预报之后不到 30 小时即发生了 7.3 级大震。

孟连地震是云南省类似地震中死亡人数较少的地震，究其原因是该地震前作出了及时准确的临震预报，并采取了积极有效的预防措施，因此使伤亡人数大大减少，减灾效果十分明显。震后，7 月 20 日，思茅地区行署关于 7·12 大震预报成功给云南省地震局的感谢信中说：“短、临预测预报非常准确，抗震措施和建议及时有效，取得了很好的社会效益。”7 月 27 日，国家地震局在震发科[1995]237 号文件《关于表彰云南省地震局较成功预报 1995 年 7 月 12 日云南省孟连西中缅交界 7.3 级地震并取得减灾实效的通报》中指出：“这次 7.3 级地震的预报和预防成功是国家地震局贯彻落实国务院三落实方案中提出的‘防震减灾十年目标’，实施地震会商会改革，加强地震监测预报和防震减灾工作所取得的成果，是地震科学进步、政府职能发挥和社会群众参与三结合的一次成功震例，对鼓舞和振奋地震战线广大科技人员士气，在新的一轮地震活跃时期中开展地震预报攻关研究、推进‘十年减灾目标’顺利实现将起到重要作用。”

7 月 28 日，云南省人民政府在云政发[1995]112 号文件《云南省人民政府关于通报表彰云南省地震局的决定》中指出：“由于震前云南省地震局作了较为准确的中长期预报和短临跟踪监测预报，为各级政府及时采取防范对策提供了可靠的科学依据，使灾区人员伤亡，经济损失减少到最低程度，取得了明显的社会、经济效益，为防震减灾作出了贡献”。

1996 年 1 月联合国教科文组织官员科尔到现场考察后，看到双相中学在 5.5 级地震后的现场，房屋仅有轻度损伤，而 7.3 级地震后完全倒塌，却没有 1 人伤亡的事实后，承认我们孟连 7.3 级地震的短临预报是成功的。因为我们对 7.3 级地震的准确预报，致使房屋倒塌也没造成人员伤亡，这是较成功的预报范例。

2. 1996 年云南丽江 7.0 级地震短临预报实况

在 1996 年 1 月 12 日全国地震趋势会商会后，国家地震局于 1 月 18 日向国务院主持的有十几个部委参加的工作汇报会上明确提出中甸、丽江、剑川、洱源、保山、腾冲一带为 1996 年度 6～7 级地震危险区，并于 1 月 29 日以重大震情动态将上述意见报告了中央及国务院各位领导，此间，云南省地震局亦把会商结论报告了云南省政府（国家地震局震发科[1996]050 号文）。

1995 年 10 月 24 日武定 6.5 级地震以后，云南又出现一批大幅度变化的前兆观测异常。12 月 4 日云南省地震局召开紧急会商会，向国家地震局告急。12 月 22 日国家地震局副局长率专家 7 人在昆明召开滇川地震紧急会商会，确认 1996 年 2 月底以前滇西南及滇西北地区存在发生 5—6 级地震危险。两次会商会都肯定了云南有大量的地震前兆，将发震时间延长到 1996 年 2 月底，震级也提高到 6 级以上，发震地点排除了滇东元谋、易门、弥勒、石屏一带。12 月 25 日云南省地震局以《震情反映》(9516)将近期震情报告给了云南省委和省政府，引起省级主要领导的高度重视。全省地震部门迅速开展短临跟踪监视和应震准备工作。此间，滇西地震预报实验场与大理州地震办公室于 12 月 1 日联合紧急会商提出，1996 年 2 月底以前滇西北的中甸、丽江、华坪、剑川一带将发生 5—6 级地震，并将结论报告大理州政府。

遗憾的是在 1996 年 1 月底云南省地震局震情会商时，根据全省 4 级地震平静了 60 天，同时 2—3 级地震频次出现多次低值，其他如水氡、跨断层短水准短基线测值等 9 项异常，有的属巨变异常，昆明深井电磁波异常持续时间、强度类似武定地震前的变化，异常台项由增加转为减少，预示着预期地震已进入临震阶段。但鉴于当时发现的突出异常主要分布在滇西南地区，并过多考虑了凤庆的宏观异常和云南地区没有 1 年发生 3 次 6.5 级地震的统计特征，把临震地点报到了滇西南地区，造成了临震地点预测错误和震级偏小的错误。

3. 通过孟连西 7.3 级和丽江 7.0 级地震的短临预报成败形成的认识

短临阶段 1995 年 7 月 12 日孟连西 7.3 级地震实现了准确预报，而丽江 7.0 级地震地点错报，总结成功与失败，是提高地震预报水平的必要途径。

1995 年孟连西 7.3 级地震成功预报起主导作用的异常主要有：

①中强震频发，在时间和空间上形成相对集中段和区，并与 1983 年越南 7.0 级强震之前出现的时空密集段极其相似（图 1）。

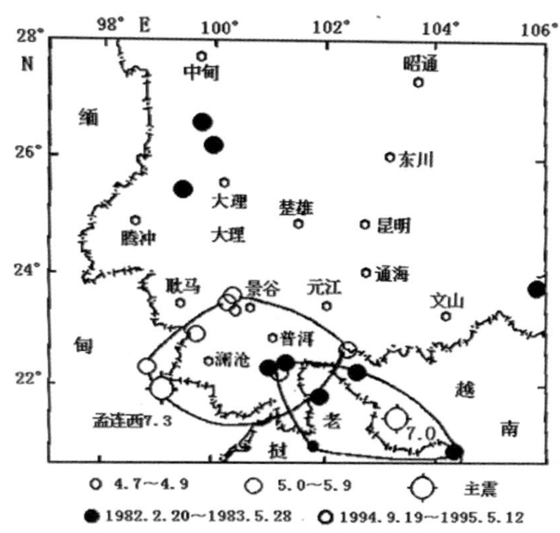

图 1　滇西南 7 级地震前中强震空间分布图

②在一系列中强震发生后，定点前兆异常台项数并未减少，而是继续增多，震前 2 个月异常台项数突然增高（图 2）。

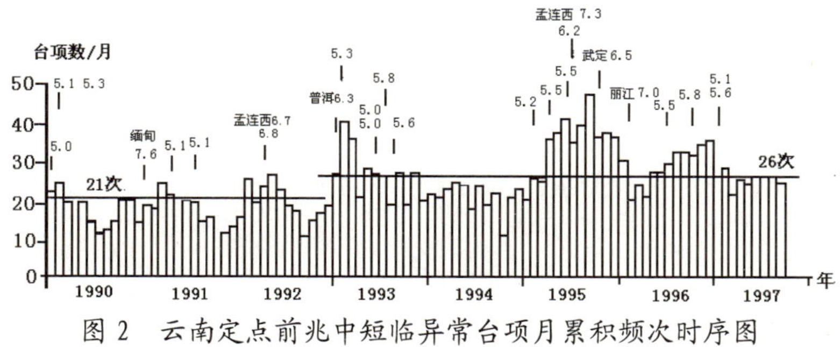

图 2　云南定点前兆中短临异常台项月累积频次时序图

③某些台站前兆异常项目出现巨变异常（图 3），特别是距离震中最近的孟连观测点（60km），水氡在震前 9 天出现了观测以来的最大值（图 4）。

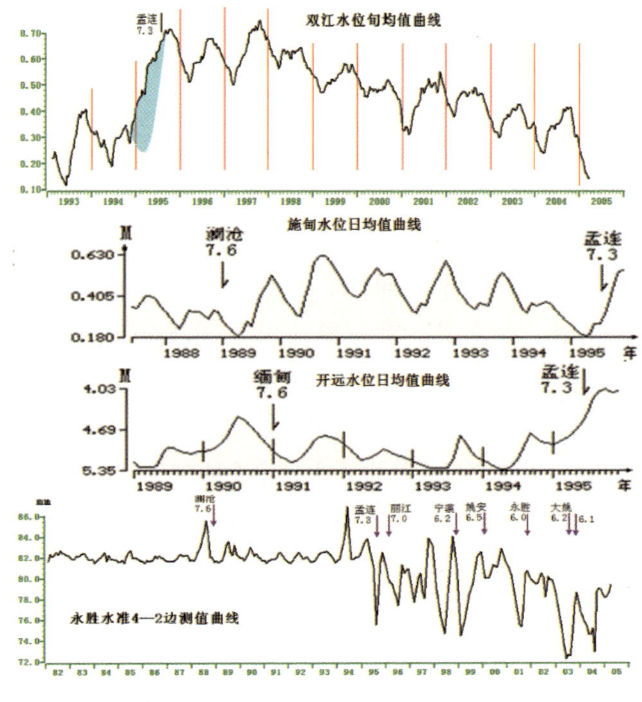

图 3　短临阶段“巨变”异常曲线图

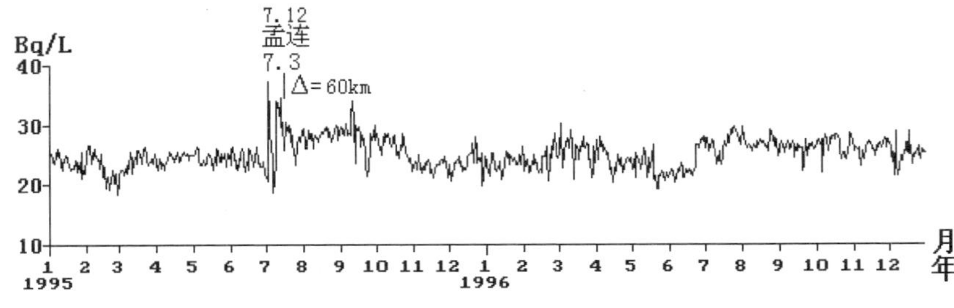

图 4　孟连水氡日均值曲线

④有前震序列，对地点的精准判定起到了关键作用，对区域地震活动特征的正确认识，准确地判定了地震活动趋势。

1996 年 2 月 3 日丽江 7.0 级地震有较好的中长期预测，而临震预测失败。

1985 年《中国南北地震带近期地震危险性判定》和 1986 年云南省地震局向省政府提交的《云南省地震危险趋势预测及防震抗震技术对策》报告就明确提出，未来 10 年滇西南的澜沧—耿马地区和滇西北丽江—剑川—大理一带存在 7 级以上地震危险；1990 年滇西地震预报实验场“八五”计划和中美地震预报实验场学术交流会，再次强调了 1997 年以前滇西实验场区存在发生 6—7 级地震的危险性；1994 年 10 月向省政府提交的《云南 2005 年前强震危险性预测》报告，将滇西北 7 级强震重点监视防御区北移至中甸—丽江—洱源—宾川一带。

1993 年 9 月针对云南地区中强震连发的震情，由国家地震局组织在滇西地震预报实验场召开了“川滇地区震情研讨会”，认为 1993 年底起的稍长时间内川滇边界一带存在发生 6—7 级地震危险。1994 年初在全国地震年度趋势会商会上，云南省地震局的代表明确指出：中甸至永胜一带是值得密切监视的地区。1994 年 11 月云南省地震局在《云南省 1995 年度地震趋势研究报告》中指出，未来 1—3 年内滇西北丽江、剑川、洱源地区存在 6—7 级地震危险；1995 年 11 月，云南省地震局在《云南省 1996 年度地震趋势研究报告》中再次重申上述意见，震级为 6.5 级左右（图 5）。在 1996 年度的预报意见中，指出中甸—丽江以西地区存在 6 级左右地震的危险（图 6），显然预测震级偏低；值得强调的是：“在 1996 年 1 月 12 日全国地震趋势会商会后，国家地震局于 1 月 18 日向国务委员主持的十几个部委工作汇报会上明确提出中甸、丽江、剑川、洱源、保山、腾冲一带为 1996 年度 6～7 级地震危险区，并于 1 月 29 日以重大震情动态将上述意见报告了中央及国务院各位领导，此间，云南省地震局亦把会商结论报告了云南省政府”(国家地震局震发科[1996]050 号文)。

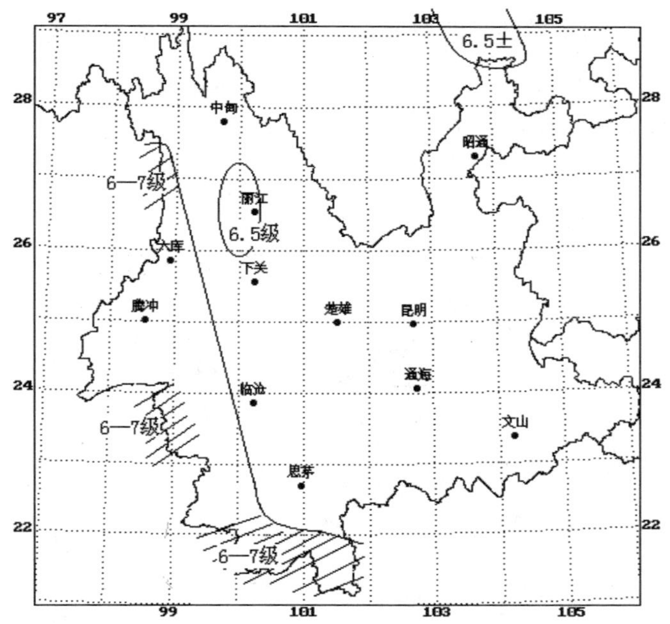

图 5　云南地区 1994—1996 年危险区预测图

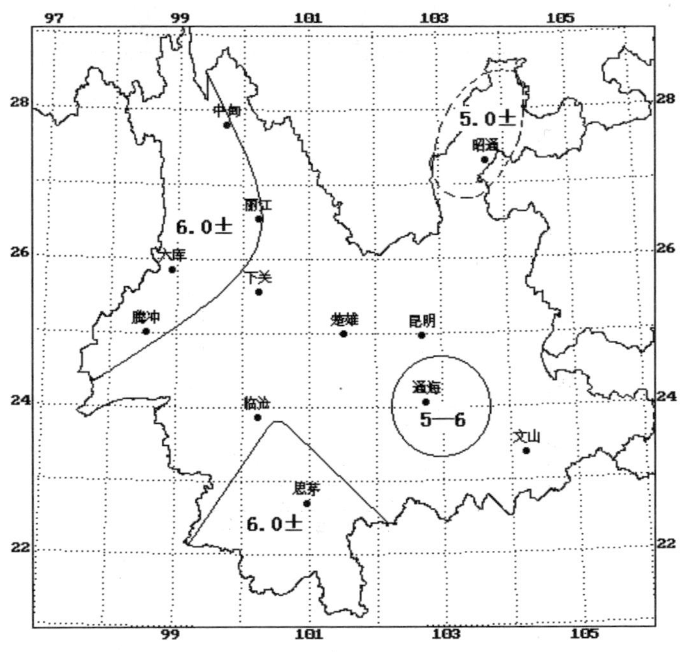

图 6　云南 1996 年危险区预测图

1—3 年 6—7 级地震的主要依据有：①丽江 7.0 级地震周围是 5 级地震条带交会的地方，北东向的条带一直存在，1992 年至 1993 年快速形成的北西向条带，显示 1—3 年的危险性增加（图 7）。②滇西北 M≥6 地震时间间隔已经超越历史极限（图 8）。

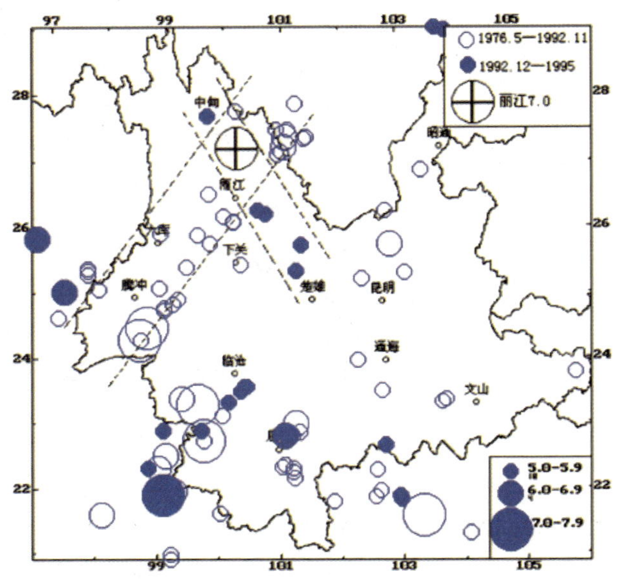

图 7　云南地区 1965—1995 年 M≥5 地震震中分布图

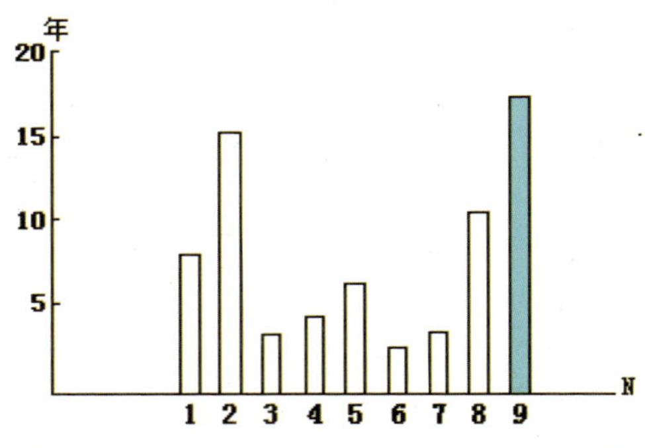

图 8　滇西北地区 M≥6 地震时间间隔图

短临预报震级偏小，地点错报预报震级偏小的主要原因是：云南地区 1995 年

7 月 12 日发生了孟连西 7.3 级地震，10 月 25 日发生了武定 6.5 级地震，自有地震记载以来，没有 1 年发生 3 次 6.5 级以上地震的例子，因此把统计的预测结果看得太重，造成震级预测偏小。时间预测较好是在震前看到了较多的前兆短临异常，当时陈立德老师把这些异常总结为“一多、二大、三广”，即异常非常多，异常幅度大，分布范围广，图 9 为部分显著异常示意图。但之前指导预报的思想，都是震中附近异常多幅度大，因此把地点报到了异常幅度大的区域，结果造成了地点错报（图 10）。从图 10 可知，震前有 7 台项巨变异常，有 5 台项及一项宏观异常（约 70%）分布在震中距 206－455km 的六库、腾冲、龙陵至临沧、沧源一带的腾冲龙陵耿马澜沧地震带上，因此当时认为巨变（幅度特别大的变化）和宏观异常集中区，可能是发震区。

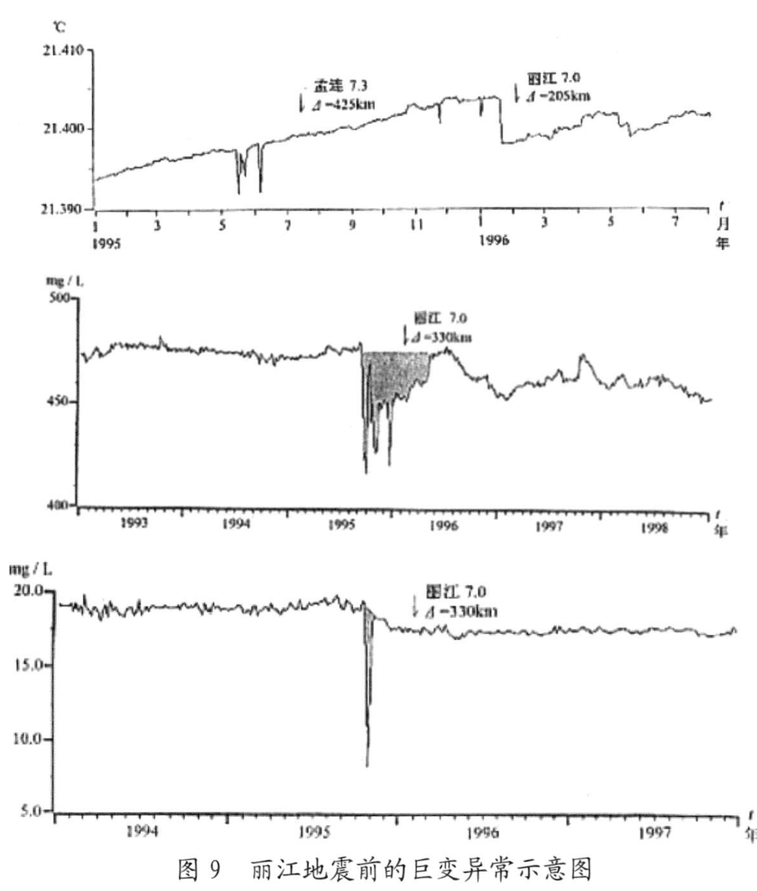

图 9　丽江地震前的巨变异常示意图

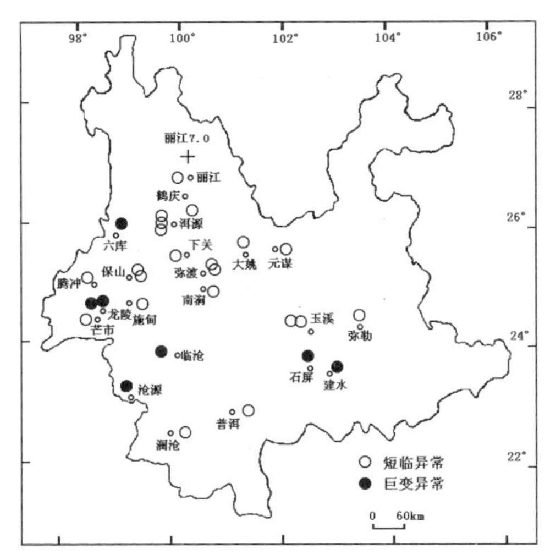

图 10　丽江 7.0 级地震短临异常空间分布图

巨变异常主要分布在震中距 200－500km 范围内，出现早晚与震中距关系不明显，说明巨变异常是区域应力场及内外扰动应力作用的结果，与震源区应力应变关系不大。

通过这两个地震我们重新认识了地震前兆异常，认为前兆观测的异常变化是区域地壳应力水平变化的直接或间接反映，异常和地震是伴生的兄弟关系，地震多发生在应力场增强的晚期，当区域应力场增强时，我们可以观测到多应力集中点的异常（马宗晋，多源场的观点），因此我们可以用前兆观测的群体异常来刻画这种增强过程，达到预报地震的目的，前兆观测异常的增多应力场增强对时间预测有较好的指示意义。这 2 次 7 级地震前能指示地点的都是地震活动异常，因此认为地点预测还得以地震活动为主。

丽江地震临震预报的失败对于云南地震预报来说，是个里程碑。丽江地震后我们不再把前兆观测异常的集中区，作为未来的震源区，而是形成了地震活动图像预测地点，前兆观测异常报震级和时间的思想和方法，在这一认识的指导下，我们对 20 世纪以来的多次 6 级地震作了正确预测。

二、2000 年以来云南 M≥6 地震预测预报

孟连 7.3 级和丽江 7.0 级地震表明震前震中附近地区的地震活动异常，对地

点预测有较好的作用，但不同地区存在较大的差异，1995 年孟连 7.3 级地震前的中等地震活动增强始于 1994 年 9 月，集中发生在主震前 10 个月内，而 1996 年丽江 7.0 级地震前的中等地震活动增强始于 1992 年 12 月，集中发生在震前 30 至 39 个月，对短临预测时间的贡献不大，但总体上都能判断未来主震发生的地点。岩石实验表明，非稳态破裂前会出现准静态的扩展，被称为成核过程。即宏观破裂前，其附近微裂隙的增加过程。因此 2000 年以来我们选用地震学有关单元体中小地震频度、调制比、剪应力值等场扫描的方法，将地震学异常相对集中的地区作为可能破裂的危险区，对所发生的 6 级地震均做了预测。

2000 年以来云南境内共发生 6 级地震 9 组，没有 7 级地震，最大是 2014 年景谷 6.6 级地震（表 1）。结果显示，这 9 组 6 级以上地震前均观测到了震中附近的地震活动增强异常，因此这 9 组地震，年度均有预测；大部分地震，在震前 3 个月观测到了 3、4 级小震活动增强和前兆、宏观等异常，云南省地震局有明确的短期预报意见报云南省人民政府。

表 1　云南 2000 年以来 M≥6.0 地震一览表

序号	发震日期	发震地点		震级	预报情况
		经纬度	地名		
1	2000.01.15	25.58°101.12°	姚安	6.5	有明确预测意见
2	2001.10.27	26.23°100.57°	永胜	6.0	有短期预报意见
3	2003.07.21 2003.10.16	25.95°101.23° 25.92°101.30°	大姚	6.2 6.1	有明确预测意见 有短期预报意见
4	2007.06.03	23.05°101.01°	宁洱	6.4	有短期预报意见
5	2009.07.09	25.55°101.05°	姚安	6.0	没有提交预报意见
6	2014.05.30	25.03°97.82°	盈江	6.1	有意见，地点错报
7	2014.08.03	27.10°103.33°	鲁甸	6.5	有短期预报意见
8	2014.10.07	23.38°100.47°	景谷	6.6	有短期预报意见
9	2021.05.21	25.67°99.87°	漾濞	6.4	有短期预报意见

*有短期预报意见的是震前正式提交过意见给省政府和有关部门；有明确预测意见的是震前云南省地震预报中心提交过可以证明的预测意见。

6 级地震前 1—2 年，4 级地震活动增强是最显著的特征，把云南按照构造分为不同的区域，区域 4 级地震频度达到一定的阈值后 1—2 年均有 6 级以上地震发生（图 11），结合其他地震学参数如：b 值、A 值等异常，确定年度地震危险区。

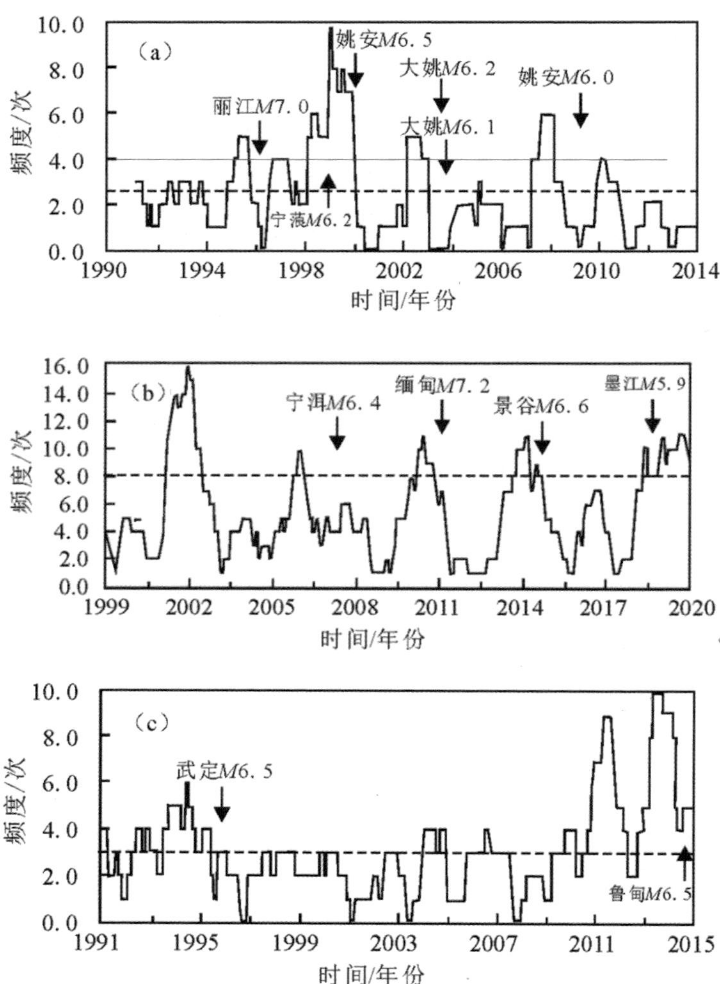

图 11　部分区域 6 级地震前 4 级地震频度增强异常示意图
（a）滇西北地区；（b）滇西南地区；（c）滇东北地区

4 级地震活动增强和地震学异常为年度地点和震级预测起到了支撑性的作用，这些异常是 6 级以上地震的共性特征，每个地震都相似，具有普适性，但短临阶段的异常，每个地震都不同，这可能是短临阶段预报更为困难的主要原因。

1. 2000 年 1 月 15 日云南姚安 6.5 级地震预测预报

云南省地震局在 1994 年 10 月完成并于 1995 年 2 月上报云南省人民政府的《2005 年前强震危险性预测研究》报告中明确指出：南华—楚雄为 6 级地震重点监视防御区。在 1999 年 12 月完成的《云南省 2000 年度地震趋势研究报告》中提出："云南省 2000 年度地震活动水平为 6 级左右，主要危险区为滇西至滇西北的施甸、云龙、华坪一带"这是 2000 年确定的唯一的 6 级地震危险区。

在 2000 年度云南省地震趋势会商的基础上，云南省地震局加强了年度预测危险区的短临跟踪工作。1999 年 11 月 25 日澄江 5.2 级地震发生后，根据地震活动和前兆异常，云南省地震预报研究中心在 1999 年 12 月 28 日的震情会商会上明确提出："2000 年 1 月 1 日至 3 月 31 日，以通海为中心，半径 100km 内和滇西北东条带的腾冲、六库、永平、剑川、宾川、永胜一带，将发生 5—5.9 级地震"此意见于 1999 年 12 月 29 日以 A 类分类会商卡片上报中国地震局、云南省地震局。

1999 年 12 月 30 日接到楚雄州地震局电话报告，姚安县有 3 个水库发浑，当日上午云南省地震局派出工作组前往落实。调查了洋派、胡家山水库，确认水库发浑是构造活动引起的宏观异常事件，并于 12 月 31 日将落实情况通过姚安县地震局向姚安县人民政府打了招呼，要求地方引起警惕和注意，密切加强监视。震后姚安县人民政府出具了社会效益的证明。

落实异常结束后，云南省地震预报研究中心在 2000 年 1 月 13 日以《震情反映》（2000 年第 1 期）上报云南省地震局，坚持 1999 年 12 月底填写的"短临预测意见"。局监测预报处草拟了应急措施，在准备提交局地震预报判定委员会审定的过程中，地震发生了。严格说来姚安 6.5 级地震有明确的短期预测意见，但未来得及报政府，因此只是有预测意见没有形成预报意见。

姚安 6.5 级地震前短临阶段最显著的观测异常是大姚、下关水位和下关水汞的大幅度变化，而下定决心提预测意见的是姚安 3 个水库的库水发浑等宏观异常。即短临阶段的主要异常是流体观测异常。

2. 2001 年 10 月 27 日云南永胜 6.0 级地震

2001 年永胜 6.0 级地震发生在云南 2001 年度"滇西永胜、剑川、大理、永平、保山、腾冲"重点危险区内。跟踪过程中云南省地震局于 7 月 18 日向省委、省政府和中国地震局上报了《震情反映》（200115），指出下半年云南地区仍可能处于中强震连发时段，滇东及滇西强震危险性在增强。2001 年 8 月 10 日，云南省地震局向省政府上报《关于进一步落实地震监视跟踪工作的报告》（云震发〔2001〕137 号），进一步明确指出：（1）坚持 7 月 18 日《震情反映》（200115）意见，即云南地区存在强震背景，下半年云南地区仍可能处于中强地震连发时段，滇东和滇西地震危险性在增强；（2）短期内特别注意建水、石屏、易门、双柏、楚雄、大理、洱源、剑川等地可能发生 5—6 级甚至 6 级左右的地震。

10 月 31 日，《云南省人民政府专题会议纪要》（第 60 期）对永胜地震的预测预报给予了高度的评价："对于这次地震的发生，我省地震部门不久前做出了成功的趋势预报和短临预报，为党政领导干部的正确决策和有关地区提前采取防范措施，减轻可能发生的地震造成的损失做出了贡献。"其后中国地震局发文《关于表彰云南省地震局等单位实现永胜 6.0 级地震短临预报的通报》（中震发测〔2001〕239 号），表彰了云南省地震局。

2001 年永胜 6.0 级地震前云南地区地下流体和形变观测异常非常多，其规模与多次 7 级地震前相当，分析原因可能与 2001 年 11 月 14 日昆仑山口西 8.1 级地震有一定的相关性。鉴于观测异常较多，加之 8 月 2 日开始建水跃进水库出现发浑、冒泡、冒气等宏观异常现象，云南省地震局一直高度重视云南的震情发展，做了较好的短期预测。9 月 6 日宾川又出现了 4.2、3.8、3.7 级小震群活动，为短临阶段的地点的跟踪进一步提供了依据，因此对 2001 年永胜 6.0 级地震作了较好的预报。

3. 2003 年 7 月 21、10 月 16 日云南大姚 6.2 级、6.1 级地震预报

2003 年 7 月 21、10 月 16 日大姚 6.2、6.1 级地震发生在云南省 2003 年度唯一的 6 级地震危险区内，年度预测正确。跟踪过程中发现 6 月云南地区 3、4 级频度增加显著，1—5 月仅 48 次，而 6 月就发生了 24 次，其后 7 月初在滇西北漾濞、鹤庆、洱源一带发生多次 3 级地震，因此云南省地震局决定 7 月 21—24 日在中甸召开震情研讨会，代表们到达目的地的当晚就发生了 6.2 级地震。因此 7 月 21 日 6.2 级地震前，仅仅是有预测意见，未向政府提交预报意见。7 月 21 日 6.2 级地震后，分析认为大姚 6.2 级地震类型为主震—余震型，震区仍有发生 5 级左右地震的可能。同时指出 6.2 级地震附近地区 1993 年以来中等地震频发，已演化成广义的震群地区，和七十年代思普地区的情况较为类似，因此该区今后一段时间内还有继续发生中等及强地震的可能。

鉴于仍未缓解的震情形势以及新出现的突出异常情况，云南省地震局于2003年8月22日以“云南省近期震情分析”《震情反映（200305）》上报中国地震局和云南省人民政府，明确提出滇西北至滇中地区存在6级左右地震的危险。2003年8月28日，云南省地震局制定《云南省2003年下半年及近期地震短临跟踪实施方案》（云震发测〔2003〕71号）。要求有关地、州、市地震部门立即进入地震短临应震状态，并在全省范围内开展地震短临跟踪工作。

9月9日中国地震局监测预报司在成都召开南北带地震会商会，9月26日，中国地震局党组召开全国重点地区省局局长会议，部署地震应急工作。9月30日分管地震工作的副省长到云南局检查工作，云南局汇报了震情，云南省委、省政府高度重视，10月11日省政府召开全省防震减灾工作会议，要求立即开展地震应急、地震防御、地震救灾准备工作。

10月16日大姚再次发生6.1级地震，该地震完全在我们预报的三要素里，2003年12月4日，云南省政府发文“云南省人民政府关于表彰省地震局的决定”（云政发[2003]175号），明确指出“省地震局对大姚‘7·21’和‘10·16’地震作出了较为准确的中期、短期预报”，对大姚两次地震的预报给予了高度评价和表彰。

大姚6.2级地震短临阶段看见的显著异常是3、4级地震活动增强，形变异常显著，而支撑预报6.1级地震的异常，主要是形变和流体。

从科学上说，我们对6.2级地震序列是主震—余震型，注意5级余震的判断是错误的，没有想到6.1级地震又发生在大姚老震区。能把第2次6.1级地震作为新地震进行成功预测，主要原因是对云南地震活动规律有全面的了解和认识，研究了震后异常和新异常的识别方法，正确认识到前兆观测异常在6.2级地震后持续发展，是区域应力场持续增强的结果，经验的积累是把这次地震跟踪从失败转为成功的基础。

4.2007年6月3日云南宁洱6.4级地震预测预报

2007年6月3日宁洱6.4级地震发生在云南2007年度“思茅、宁洱、石屏、建水”重点危险区内。随着震情形势的发展，2007年3月8日，中国地震局监测预报司在昆明主持召开“川滇震情跟踪工作会议”，对川滇地区的地震趋势进行分析研究，根据地震活动和前兆异常，形成2条判定意见：（1）川滇地区存在发生 6～7 级强震的危险背景，短期内有发生 6 级左右地震的危险。（2）重点关注川滇交界地区、滇南—滇西南及滇缅交界地区。2007 年 4 月以来云南省内部分水温、水位、水氡及水质等前兆观测出现大幅异常变化，显示了云南地区有发生 6 级左右地震的危险性。

2007 年 5 月 16 日老挝发生 6.6 级地震，地震距离滇西南边境仅 60km，这个地震前的异常是显著的，但这次地震能否解释云南的异常缓解地震形势，是后续判定的焦点。震后云南省地震预报研究中心根据历史上老挝地震和滇西南境内地震有较好的相关性以及前兆异常进一步发展的情况，正确判定滇西南地区仍有继续发生 6 级地震的危险，并提交预测意见。经判定委员会审定，5 月 25 日云南省地震局以《震情反映》（200706）上报省委省政府和中国地震局，指出：老挝 6.6 级地震的发生，没有缓解我省面临的严峻震情形势，首先需要关注的是近期我省存在发生 5～6 级地震的危险。发震危险区主要为我省 2007 年度判定的地震重点危险区，特别要注意滇西南及边境地区、滇西及川滇交界地区。

《震情反映》上报后不到 10 天，6 月 3 日宁洱发生了 6.4 级地震。

宁洱 6.4 级地震前 3、4 级地震活动不断向近场区和震源区迁移，是地震孕育进入短临阶段地震活动异常的显著标志，这种时间上进入短临阶段的标志和在空间上的显示，为这种类型的地震预测奠定了良好的基础，多点水温观测的同步异常，且老挝地震后不断出现新的异常，进一步证实了前兆异常是区域应水平增强的产物，区域应力场的增强有利于地震的发生，为老挝 6.6 级、宁洱 6.4 级成组地震活动中，后续宁洱 6.4 级地震的准确预报提供了依据。

震后云南省普洱市人民政府给了证明：“省地震局对宁洱 6.4 级地震较准确的中、短、临预测判定和震后高效的现场应急工作，为我市各级政府安排部署防震减灾工作，尤其是为宁洱地震抗震救灾和恢复重建工作的顺利进行发挥了重要作用，最大限度地减轻了地震灾害损失，取得了较好的社会和经济效益。”中国地震局和云南省人民政府对云南省地震局进行了联合表彰（中震发〔2008〕1 号）（图 12），云南省人民政府奖励云南省地震局 100 万元，中国地震局奖励 25 万元，这在我国地震系统是首例。“云南宁洱 6.4 级地震预报成功”被评选为 2007 年度十大地震科技进展之一。

中国地震局
云南省人民政府 文件

中震发人〔2008〕1号

关于表彰云南省地震局的通报

云南省地震局：

2007年6月3日，云南省普洱市宁洱县发生6.4级破坏性地震。

地震发生前，云南省地震局根据全国地震形势跟踪判定意见和本省震情动态跟踪分析结论，按照中国地震局和云南省委、省政府的安排部署，全面加强了震情监测预报、地震灾害预防和地震应急准备工作，强化了前兆异常信息监测、传递和调查核实、震情分析与会商、地震短临预测预报，严密监视震情发展趋势，对宁洱“6·3”地震做出了较为准确的短临预测预报。

地震发生后，云南省地震局又迅速地组织开展高效有序的应急处置、震情监视和灾害损失评估等工作，对震后震情发展趋势

— 1 —

做出了及时、准确的判定，为各级党委、政府做好抗震救灾和恢复建设工作提供了科学依据。受灾地区仅3人死亡、28人重伤，最大限度地减轻了地震灾害损失，取得了明显的减灾效益。

根据云南省地震局在宁洱“6·3”地震预测预报和应急处置工作中做出的突出成绩，中国地震局、云南省人民政府决定对云南省地震局给予表彰奖励。

希望云南省地震局再接再厉，发扬成绩，认真总结经验，继续扎实开展工作，为云南省防震减灾工作做出新的贡献。

主题词：地震　表彰　预报　通报

抄送：各省、自治区、直辖市地震局，中国地震局各直属单位。

中国地震局办公室　　2008年1月4日印发

— 2 —

图12　中国地震局和云南省人民政府表彰文件

5. 2014年云南5月30日盈江6.1、8月3日鲁甸6.5、10月7日景谷6.6级地震跟踪预报。

2014年云南省先后发生了盈江6.1、鲁甸6.5和景谷6.6级3次6级地震，图13为云南地区M≥4地震震中分布图，其中图13（a）是2007—2009年的地震，图13（b）是2010—2014年的地震，从图可见，震前1—3年盈江6.1级地震震中附近滇西保山、腾冲、龙陵、盈江一带出现了4级地震活动增强，鲁甸6.5级地震的4级地震增频出现在滇东北昭通地区及川滇交界附近，而滇西南思茅、宁洱一带的增强和景谷6.6级地震有较好的相关性（图11b、c），因此这3次地震都符合6级地震前附近地区4级增频的特点。但如果分析更近期的地震活动，发现2013年以来的增强滇东北和滇西南更为突出（图14），因此年度危险区没有包括盈江6.1级地震，只有鲁甸6.5级和景谷6.6级地震发生在年度重点危险区内。

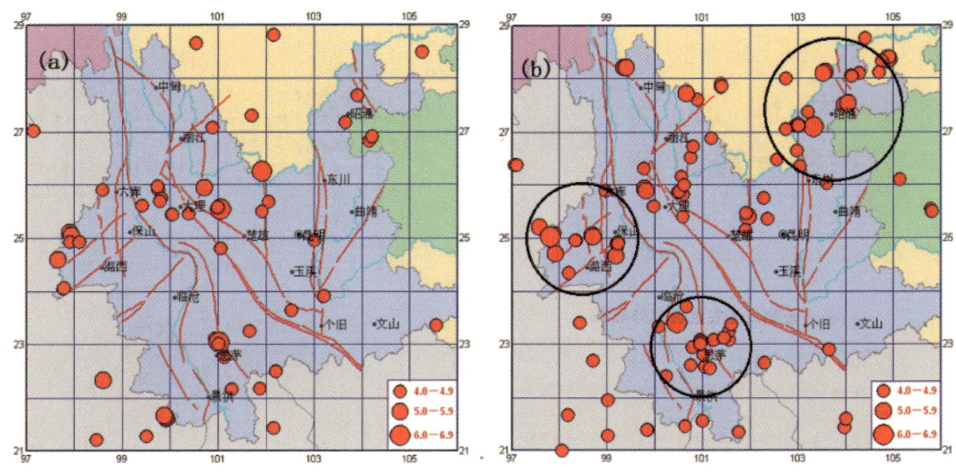

图 13　云南地区 M≥4 地震震中分布图

（a）2007—2009；（b）2010—2014

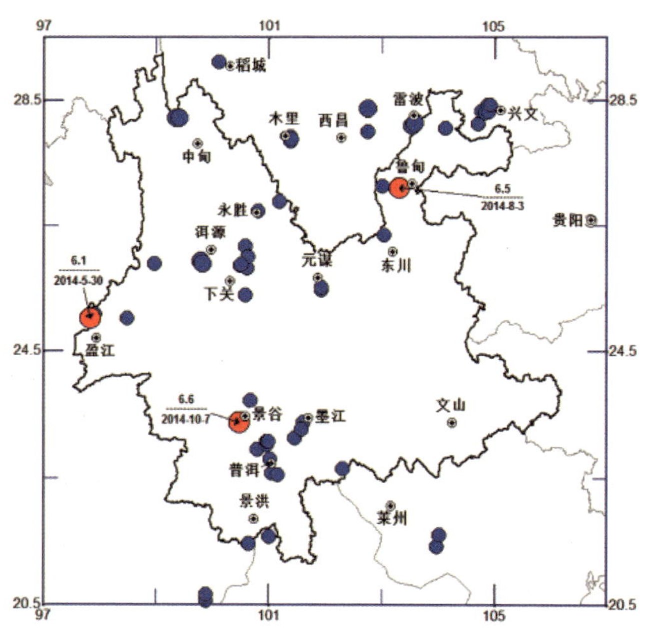

图 14　云南地区 M≥4 地震震中分布图（2013—2014）

在 2014 年的震情跟踪过程中，云南省地震局 4 月 4 日向云南省人民政府上报《云南省地震局关于 2014 年 4 月 4 日永胜 4.2 级地震震后趋势分析的报告》（云震发〔2014〕36 号），4 月 5 日向云南省委、省政府上报《关于 2014 年 4 月 5 日永善 5.3 级地震后云南地区地震趋势分析的报告》（云震发〔2014〕38 号），报告中指出，“云南地区发生 6 级地震的危险性进一步增强，主要危险区为：1. 滇西弥渡－剑川－永胜－香格里拉一带；2. 滇东北东川－会泽－巧家－永善及川滇交界一带；3. 滇南至滇西南宁洱－墨江－江城－石屏－建水一带可能发生 5—6 级地震的危险”。云南省地震预报研究中心 2014 年 4 月 15 日填报了短期预测意见。4 月 22 日云南省地震局向云南省人民政府和中国地震局上报《云南省地震局关于云南地区地震趋势短期预测意见的报告》（云震预发〔2014〕1 号），指出：未来 3 个月云南地区存在发生 6 级地震危险，主要危险区：（1）滇西北地区主要注意弥渡—剑川—永胜—香格里拉及川藏交界一带；（2）滇东北地区主要注意东川—巧家—永善及川滇交界一带；滇南至滇西南地区注意石屏—建水—墨江—宁洱一带发生 5～6 级地震的可能。

结果 5 月 30 日盈江发生 6.1 级地震，短临预测时间正确，而地点判断错误。盈江 6.1 级地震后，云南省地震局进一步组织全省地震系统对盈江震区和全省震情进行强化监视和跟踪，开展了多次专题会商分析研判，并在中国地震局的组织下，与中国地震台网中心、四川省地震局等单位开展了多次联合视频会商。在 2014 年度全省年中地震趋势跟踪会商、全国西南片区年中地震趋势跟踪会商和全国年中地震趋势跟踪会商的基础上（2014 年 5—6 月完成），形成《云南省地震局关于 2014 年下半年云南地区地震趋势分析的报告》（云震发〔2014〕74 号）于 7 月 4 日上报云南省人民政府，指出：（1）2014 年下半年云南及周边地区继续存在发生 6～7 级地震的背景，主要注意 6 级地震的发生；（2）未来 3 个月，云南地区有发生 6 级左右地震的危险，主要危险区为滇西北至川藏交界重点危险区、四川道孚至川滇交界东部重点危险区、滇南至滇西南重点危险区及以西地区。

7 月 26 日、31 日云南宾川发生了 3.5、3.4 级 2 次显著地震，引起了当地政府和公众的普遍关注，8 月 1 日云南省地震局向省人民政府上报《云南省地震局关于宾川 3.5 级、3.4 级地震及其震后云南省地震形势分析的报告》（云震发〔2014〕81 号），坚持 7 月 4 日上报省政府的短期预测意见。对 8 月 3 日云南鲁甸 6.5 级地震作出了较好的短临预报，做到了震前给政府打了一个招呼。

鲁甸 6.5 级地震的短临预报工作得到了国务院、省委、省政府和中国地震局领导的充分肯定。这是在长期地震预报思路的指导下，持续对滇东北地区开展地震活动和前兆异常跟踪与研究的一次成功实践。

鲁甸 6.5 级地震发生后，云南地区的 3 级地震继续活跃，扣除鲁甸地震的余震，8 月的 3 级地震频度继续大于 20 次，达到预测指标，此外滇西南地区镇沅水温、普洱的多项水化学离子组分钙、镁等以及滇西龙陵水温、保山水氡等观测出现新异常，8 月 25 日云南省地震局向省委书记秦光荣和中国地震局上报了《关于云南地区地震趋势短期预测意见的报告》（云震发〔2014〕93 号），指出：短期内（未来 3 个月）云南地区存在发生 5～6 级甚至 6 级以上地震的危险。重点跟踪滇南至滇西南地区。

10 月 7 日云南景谷发生 6.6 级地震。

鲁甸 6.5、景谷 6.6 级地震前，短临阶段对地震趋势做出了及时研判，向云南省委、省政府报告了地震趋势分析意见，明确的地震趋势判定意见，为省委、省政府抗震救灾重大决策及时提供了重要科学依据，得到李克强总理、汪洋副总理，中国地震局和云南省委、省政府领导的充分肯定。

盈江 6.1 级地震前，云南地区 4—5 月有部分前兆出现异常，特别是震中附近小滇西地区，梁河气汞，腾冲钙离子，龙陵水温、水氡，耿马水温，洱源钙离子等多个流体观测出现异常；而鲁甸地震前，7 月宾川的 3 级震群活动，昭阳水位大幅度上升，丽江钙、镁、碳酸氢根等多个离子组分的显著异常，为短临预测敲响了警钟，由于宾川震群活动和丽江离子异常属于滇西北地区，因此预报的时候把滇西北排在了第一位，滇东北排在了第二位；景谷地震前地下流体观测出现新异常对预报起到了关键作用。

在成组地震连发过程中，震后异常与新地震异常的识别是准确预报的关键，同时前兆异常分布广，更不容易用于地点预测。

6. 2021 年 5 月 21 日云南漾濞 6.4 级地震预报

2021 年 5 月 21 日漾濞 6.4 级地震发生在年度重点危险区里。跟踪分析过程中，3 月 7 日云南省地震局向云南省人民政府提交的短期预测意见指出：云南地区短期内（未来 3 个月）发生 6 级左右地震的可能性较大，重点关注滇西地区的宾川、大理、鹤庆、剑川、永胜、宁蒗一带。

4 月 28 日，在丽江组织召开云南大震危险性研讨会，中国地震局监测预报司领导到会指导。关于大震危险性，台网中心、预测所、地球所、一测中心、二测中心、四川局、西藏局、云南局等单位的专家一致认为：云南地区短期内有发生6级地震的危险。

5月18日，召开2021年年中云南省地震趋势跟踪会商会，研判认为：2021年下半年云南地区震情趋势维持年度判定意见，下半年地震活动水平 6—7 级；云南宾川至西藏芒康、云南华宁至澜沧、四川道孚至云南巧家仍是值得重点关注的地区。

5月21日漾濞发生6.4级地震。这次地震前，短期阶段向政府提交了预报意见，做了正式预测。但这次地震前5月18日开始有前震活动，18日发生1次4.2级地震，19日又发生1次4.4级地震，之后云南地震台紧急会商认为，漾濞4.2、4.4级地震构成了震群型地震序列，漾濞震区近几天存在发生4级左右地震的可能，漾濞4级地震的发生，滇西北6级地震的危险性增大。当晚，云南局派出由云南地震台、中国地震科学实验场大理中心、大理州地震局监测预报人员组成的工作组连夜赶赴漾濞开展地震现场监测工作，他们 20 日就在现场开展了工作，为后来的地震应急处置赢得了主动和时间。

这次6.4级地震短期预报是成功的，但对直接前震的判定是错误的，因此错失了临震预测的机会。

在漾濞地震前震的判定过程中，太注重统计结果和地震学得到的应力状态，可能是判断失误的主要原因。4级震群发生后，分析了漾濞地区的4级震群活动特征，没有4级地震作直接前震的震例，用地震波资料计算的视应力，在该区的地震中处于平均值，没有出现很多文献里给出的高值，因此没有判定其为直接前震。

漾濞地震前，地震活动、形变、地下流体观测异常，配合得比较好，特别是3月1日开始，滇西北4级地震空区解体，洱源水温、离子组分，龙陵水温、水氡、流量等多项流体出现突变异常，为短期预测提供了良好的支撑。但对地点判断有贡献的是地震活动和重力，特别是重力 79 微伽的异常，对地点和震级的判定，具有约束作用。根据重力异常计算结果，未来地震震级在6.0—6.5之间。

认识：2000年以来云南境内的9组6级地震中，只有盈江6.1级地震没有发生在年度重点危险区里，年度预测的正确率为 8/9，短临阶段只有 2009 年姚安6.9级地震没有预测意见，盈江地震地点错报，7/9的地震预测意见正确，6/9的地震有预报意见提交政府。回溯云南的地震预报，2000年以来还对多次5级地震实现了成功的短期预报，值得总结的还有2012年云南省地震局只提交了2份《震情反映》预报意见，分别对应了 2012 年 6 月宁蒗 5.8 和 9 月彝良 5.7、5.6 级地震，2013 年同样只向省政府提交了 2 份《震情反映》，分别是在 3 月 3 日洱源 5.5 和 8 月 31 日香格里拉 5.9 级地震前提交的。说明地震是有前兆的，在现有的观测条件下，我们能对某些类型的地震作一定程度的预报。

从已有的震例看，4 级地震活动增强可以作为年度地点预测指标，而短期阶段有的地震观测到了 3、4 级地震的增强、向震中迁移等异常，但也有较多的地震没有看到类似现象，短临阶段异常最为突出的是流体，特别是水温异常，有 90%的水温突变异常出现在震前 3 个月内，对时间有较好的预测意义。同时大部分幅度较大的巨变异常，出现在震前 70 天内，但没有 1 种观测出现异常后都在几天内发震。

1996 年丽江 7.0 级地震后，对前兆观测异常成因的认识，对云南成组地震活动中震后异常与新地震异常的识别研究在云南地震预报中起到了关键作用，在这一思想的指导下，把震后持续异常数量多、新异常增多看作是区域应力水平增强的结果，对后续地震有预报意义的认知，为地震连发过程中后续地震的预报提供了较好的帮助。

三、2018 年以来云南大震跟踪工作及认识

云南强震活动的动静特征，一直是大震预测的重要依据，而云南从 1996 年丽江 7.0 级地震后至 2018 年，7 级地震已平静 22 年（图 15），超越了 20 世纪以来的极限时间，因此云南的 7 级地震危险性受到了极大的关注。2018 年开始在跟踪大震的过程中，通过对地震活动图像、地震学参数，地球物理定点、流动观测等资料的全时空分析，提取云南 6.5 级以上地震前，不同孕震阶段具有动力学意义的异常判别指标，结合由地震记录得到的区域介质参数变化，建立不同构造区域具有能表征地震的物理过程的 6.5 级以上地震预测预报方案，并应用于震情跟踪。

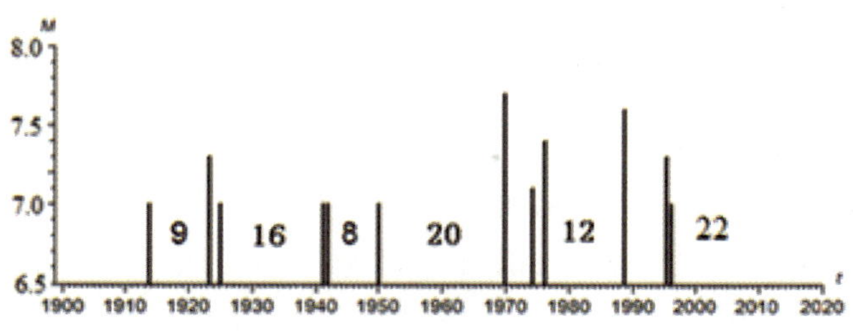

图 15　云南地区 M≥7 地震 M—T 图

主要工作有：

1. 云南 6.5 级以上地震前地震活动图像和地震学基本参数异常特征

在梳理历史大震前的活动图像时，发现中等活动图像地震对未来强震的地点有判断能力，通过对自 1900 年以来云南地区大震前 M≥5.0 地震活动图像的研究，得到以下认识：

云南的中等地震活动较为频繁，平均每年 3 次 5 级以上地震是正常活动水平，且中等地震发生地点有很大的随机性，不像大震沿断层发生。研究结果显示云南 1900 年以来 86%的 6.8 级以上地震前，震中附近半径 150km 范围内均出现了 5、6 级中等地震 7—14 年长时间的平静现象（图 16），不遵循这一规律的地震仅发生在火山区附近；平静后地震活跃期（以 6.8 级以上地震划分）的首发大震前，3—4 年均有中等信号地震在未来大震震中附近发生，而活跃期内的大震，大多是中等地震平静后，又活动几年才发震，但这类大震前 3—5 年震中附近地区均有 5 级中等地震活动在时间和空间上出现丛集，且呈条带分布，图 17 给出了首发和活跃期内的大震前，中等地震在平静区域内的 M-T 和地震丛集示意图。据此出现平静的区域，可作为未来强震发生的潜在危险区，为长期预测提供参考，平静区出现中等信号震和中等地震丛集，可作为 3—5 年可能发震的中期指标。

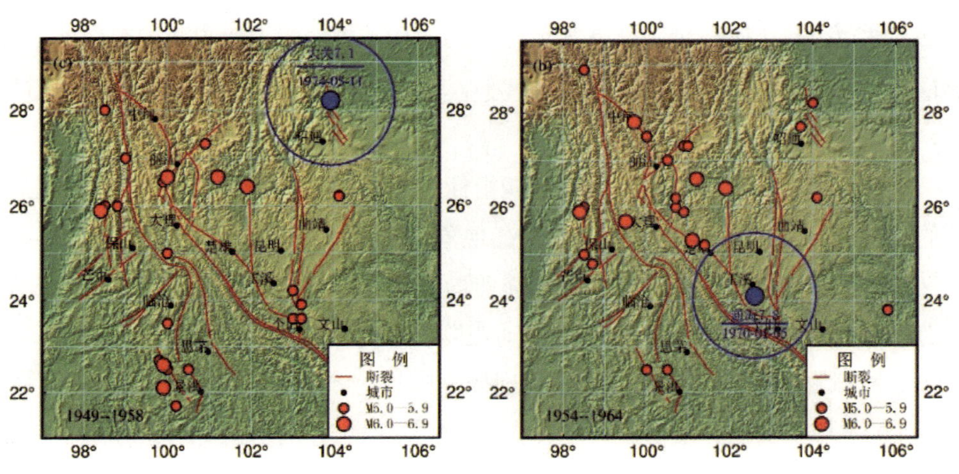

图 16　云南大震前中等地震活动平静图像示意图

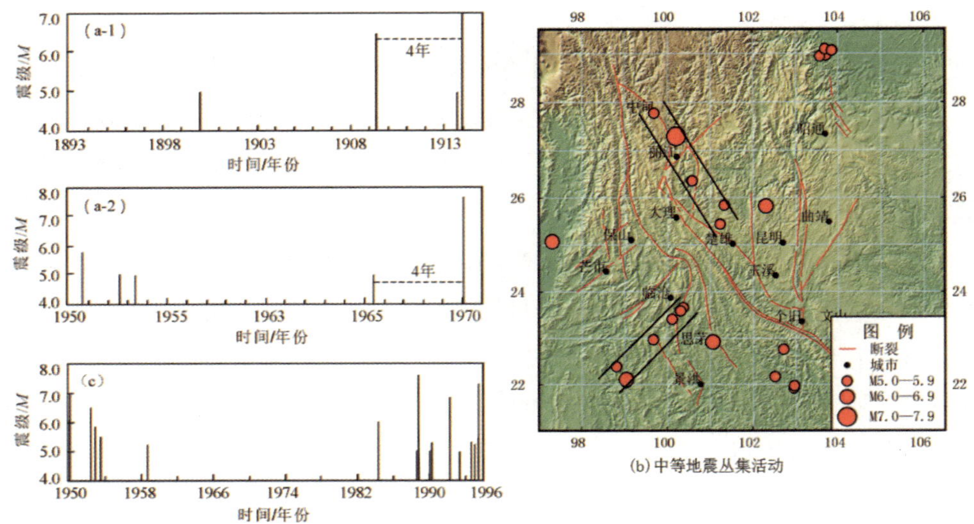

图 17　平静后大震前 2 种中等地震活动类型示意图

应用 1971 年以来云南地区 M_L≥3.0 地震目录，对大震前震源和近场区的研究结果显示，大震发生前，除部分地震有直接前震是震源区的信息外，很难找到更多可用的信息，但近场区在以大震为圆心半径 100km 范围的近场区内，特别是震前不知道大震位置的时候，采用 2°×2°的区域进行扫描，在震中附近震前 1—2 年均有 3、4 级地震活动增强现象，特别是 4 级地震的增强，因此在能量释放增高、b 值降低区域，通常都有大震发生，出现异常后可作为 1—2 年的发震指标。

3 级地震月频次增高是预测的短期指标。发现多次 6 级以上地震前，云南区域的 3 级以上地震月频度有显著的增高现象，如果把月频次大于 20 作为指标，在 2014 年鲁甸 6.5 和景谷 6.6 级地震前均出现过异常，表明短期阶段，场上的构造作用增强，小震增多，是地震活动在发震时间上需要重点关注的现象。

2. 地球物理观测资料的进一步梳理研究应用

定点形变、水位异常以年尺度的居多，水温异常短期指标占多数。在多次 6.5 级以上地震前，均有大幅度的定点形变异常出现，在地震趋势判别中，定点形变显著异常的数量与云南区域 6.5 级以上地震有较好的相关性，定点形变变幅增大的显著异常数量增多，可以作为云南 M≥6.5 地震的年度预报指标，发生地震的构造区内，均有幅度较大的异常出现，也可根据异常情况大致判断不同构造区的大震危险趋势。滇东北和滇西北高水位异常井孔集中，可作为发生6级以上地震的指标应用，滇西南部分井孔出现水位降雨不上升，是区域6级以上地震的年度判定指标；通过对水位、水温和水化学（氡、汞为主）观测资料与地震关系的全面梳理，得到水位异常开始时间集中在地震发生前的300天内，但异常展布范围较大，可以达到500—600km，水温异常展布范围也较大，但异常开始时间多集中在100天内，水位的突升是短期异常，但年尺度的中期异常更多，水温异常主要是短期的，水温、水位异常的震中距与震级关系显示，5级地震异常也能达到500km，因此水位、水温异常大部分是场上的信息，是场兆，难以用于寻找未来地震的震中位置，水化学异常主要集中在400km范围内，展布范围比水位、水温小，异常中短期都有，这一结果改变了以往前兆异常5级地震异常展布200km、6级地震300km、7级地震500km的认识，进一步说明不能用前兆报地点是有大量震例支撑的，中国地震局的震例总结方法需要改进。采用GNSS观测资料，在获取各个测点点位移时间序列的基础上，引入克里金插值方法对位移场进行格网化，以1°×1°为单元把云南地区划分成了56个格网，单独计算每个网格点的应变场，提取不同区域应变场张量，作空间分布图，2011年以来每月1张的应变图显示，只有2014年3次6级以上地震和2018年墨江5.9级地震前1个月，在震中附近观测到了一定量级的挤压，因此我们把这种挤压达到5×10^{-8}，作为5.9级以上地震的短临预报指标。

3. 波速比变化研究

采用了云南数字地震台网记录的2009年以来$M_L\geq2.0$地震的震相到时数据，利用单台多震和达法计算云南51个台站的波速比。

结果显示，云南$M_S\geq5.0$地震大多发生在低波速比异常区域或其边缘地区。震中附近台站波速比时间进程图显示震中附近台站震前波速比都会出现下降现象，但地震发生时间存在较大差异，有的在波速比下降过程中发震，也有的在下降后回升过程中或回升结束后发震，其中下降后回升阶段或回升结束后发震的震例居多。但研究结果没有找到6.5级以上地震和5—6.4级地震波速比异常的显著差异。

4. 综合预报方案的建立

在构建预报方案时，发现周边动力作用是预测起始时间的一个重要参量，因此研究了缅甸弧中深源地震和羌塘块体4、5级地震活动增强与云南6.5级以上地震的关系。结果显示，缅甸弧中深源7级地震与云南7级地震有较好的相关性，可以作为云南 7 级地震预测的短期指标；羌塘块体 4、5 级地震活动增强可以作为云南 6.5 级以上地震年尺度的预报指标。

结合地震异常的共性特征，建立了云南大震预报综合判定方案（图 18）。

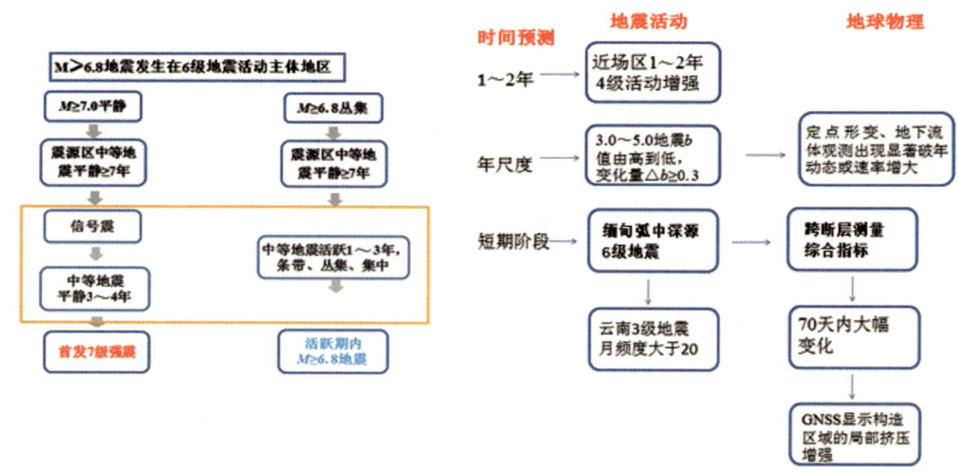

图 18　综合判定方案示意图

从 2018 年至 2023 年，应用此方案进行跟踪，在每个月提交的跟踪报告中，判定结果均为发生 6.5 级以上地震的可能性小。事实证明，在云南大震危险性引起高度关注的状态下，我们的安全判定结果都是正确的。

5. 流动重力和流动地磁观测的作用在不断增强

云南流动重力观测开始于 20 世纪 80 年代，但观测区域较小，2014 年才实现了全省观测，图 19 是云南不同时期的重力观测区域示意图。

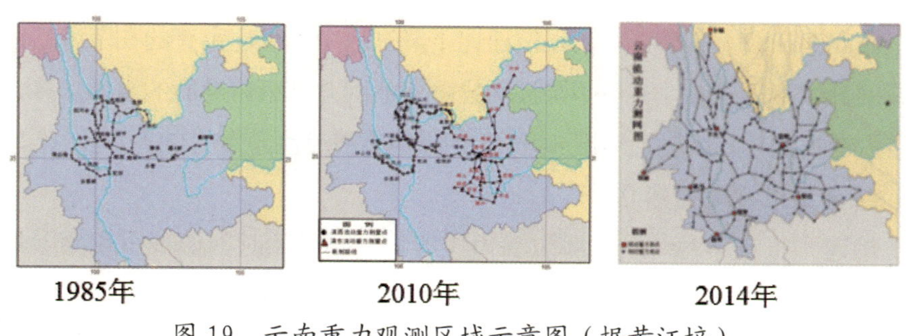

图 19　云南重力观测区域示意图（据黄江培）

经反复查阅，发现有观测网的区域，网内所有 6 级以上地震前均观测到了重力异常。

网内的 6.5 级以上地震有：

1996.2.3 丽江 7.0 文献记载

2000.1.15 姚安 6.5 年度报告

2014.8.3 鲁甸 6.5 重力学科组

2014.10.7 景谷 6.6 重力学科组

滇西北网内的 6 级地震有：

2001.10.27 永胜 6.0 重力学科组

2003.7.21 大姚 6.2 重力学科组

2008.8.30 攀枝花 6.1 重力学科组

2009.7.9 姚安 6.0 重力学科组

流动地磁自 2011 年重新开始观测以来，在川滇地区，对中等地震的捕捉能力也在不断得到显现，且流动地磁观测给出的危险区面积特别小，能更好地逼近未来的地震（图 20）。

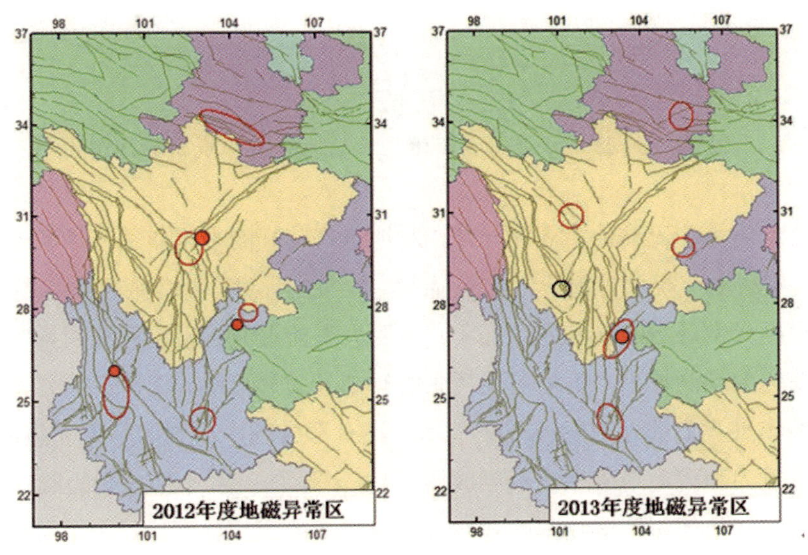

图 20　流动地磁观测异常区与地震分布示意图（据倪喆）

从 2018 年至 2023 年的跟踪过程中，得到以下几点认识：

①地震是一个物理过程，当这个物理过程发生时，我们能通过地震活动和地球物理观测看到这种变化过程，从而进行地震预测。这个认识说明综合预报应是一种思想，而不是简单的计算。如 2018 年滇西北的 GPS 观测结果显示北西向部分基线活动挤压减弱，这一过程应该是来自羌塘块体南东向的挤出活动有所减弱所致，在这一动力环境作用下滇西北的定点形变变化幅度也出现了减小，反映出

整个构造区的地壳变形在减弱，而这种减弱的过程不利于地震发生。事实证明这一时期滇西北的地震活动确实是平静的，表明重视与地震相关的物理过程，是提高预报水平的重要途径（图 21）。

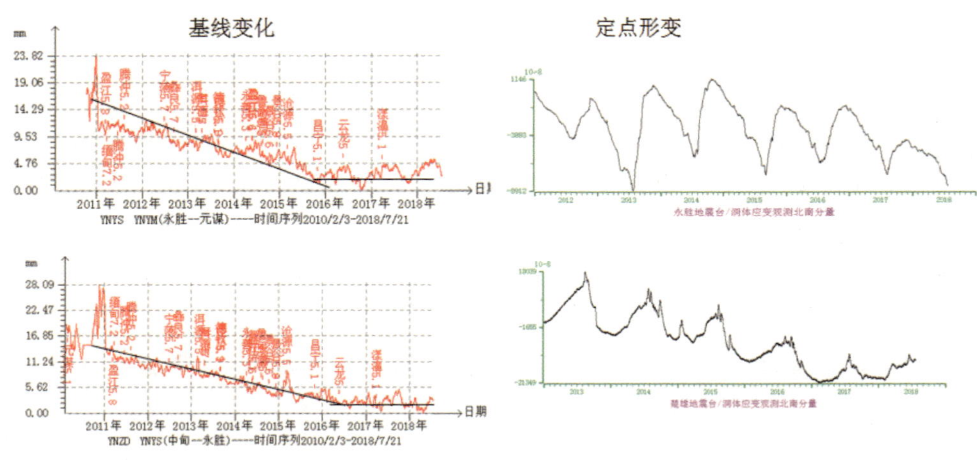

图 21 滇西北形变同步变化显示的地壳变形减弱示意图

②流动重力和流动地磁观测异常，对地点有较好的判定作用，异常出现在震前 1—2 年居多，祝意青的研究结果显示，异常的幅度和积累时间与震级有关，倪喆也根据异常画危险区和判定征集，表明大震前震源区附近有介质异常，提高对介质变化的观测技术，可能是捕捉大震短临异常最可靠和有效的方法。

③多年来我们的地球物理观测基本上没有形成场，得到的是不完整的信息，只有流动重力和流动地磁观测可以成场，但每年观测 1 期，不能获得短临的信息，在空间和时间上加密地球物理的观测，获取更多的短临异常信息是必要的。

④地震预报需要在一定的理论指导下进行，这样才能不断发现问题，及时总结和完善预报思想、方法，达到真正提高地震预测预报水平的目的。我国早期的地震预报主要是在以源为前提的模型指导下进行的，事实证明源的模型和预测方法在川滇地区的很多地震中不适用（丽江 7.0 和汶川 8.0 级地震异常可以证明）。再好的模型也要符合观测事实，根据已经获得的观测事实，研究适合中国大陆不同区域地震的孕震模型，以此指导地震中短期和短临预测预报，是提高预测预报水平的重要途径。

就提高地震预报水平的实验场建设，可能需要突出这些重点：

在地震危险区利用地震观测台阵，获取地震发生前地下介质、震源动力学参数在地震孕育不同阶段的变化特征；加密危险区的地下流体观测密度，获取地震孕育进入短期阶段，前兆异常的场、源变化特征；加密流动重力、流动地磁的观测周期，获取短期阶段的动态变化特征，从场到源捕捉更多介质变化的短临异常。短期阶段的地球物理观测异常以场上的信息居多，增加场源关系的研究，增加对地震孕育过程的认识，从多学科不同阶段的异常特征出发，结合已有的观测事实，建立地震进入短临阶段的综合预测方法和地震预测的物理模型，是提高地震预报水平的重要途径。

参考文献

1. 陈立德，罗平. 1997. 1995年7月12日孟连中缅边界7.3级地震短临预报及前兆异常特征——预报过程、思路及科研进展[J]，地震研究，20(2)：151~156.

2. 付虹，陈立德，罗平等. 1997. 1995年7月12日云南孟连中缅边界7.3级地震中短临预报及前兆异常特征(2)——云南强震活动特征及孟连7.3级地震前的地震学异常[J]. 地震研究，20(3)：249~258.

3. 付虹，陈立德，罗平等. 1997. 1995年7月12日云南孟连中缅边界7.3级地震中短临预报及前兆异常特征(3)[J]. 地震研究，20(4)：345~356.

4. 陈祺福，郑大林，刘桂萍等. 2003. 中国震例(1995~1996)，1995年7月12日云南孟连西7.3级地震，1996年2月3日云南丽江7.0级地震. 北京：地震出版社，97~140，288~318.

5. 陈立德. 1998. 丽江7.0级地震短临异常特征及震源硬化模型[J]. 地震，18(1)：7~13.

6. 陈祺福，郑大林，车时等. 2008. 中国震例(2000~2002)，2000年1月15日云南省姚安6.5级地震，2001年10月27日云南省永胜6.0级地震. 北京：地震出版社，1~34，392~424.

7. 蒋海昆，付虹，杨马陵. 2013. 中国震例(2003~2007)，2003年7月21日、10月16日云南省大姚6.2、6.1级地震，2007年6月3日云南省宁洱6.4级地震. 北京：地震出版社，112~165，774~807.

8. 付虹，王世芹，秦嘉政等. 2007. 2007 年 5～6 月滇西南地区 M≥5 成组地震活动中、短临异常特征及预测[J]. 地震研究, 30(4): 303～310.

9. 付虹，钱晓东，毛玉平等. 2015. 2014 年云南鲁甸 Ms6.5 地震异常及预测[J]. 地震研究, 38(2): 181～188.

10. 付虹，洪敏，王光明等. 2020. 云南区域强震活动中短期异常的共性特征及应用研究[J]. 地震研究, 43(2): 241～252.

11. 付虹，刘自凤，胡小静等. 2021. 2021 年云南漾濞 Ms6.4 地震异常跟踪分析[J]. 地震研究, 44(3): 301～308.

12. 付虹，倪喆. 2017. 从云南地震预报实践探讨地震中短期预测的新途径[J]. 国际地震动态，No. 6: 2～8.

13. 洪敏，邵德盛，王伶俐等. 2014. 利用 GNSS 连续站时间序列空间相关性提取区域形变异常[J]. 大地测量与地球动力学, 34(2): 175～182.

14. 黄江培，曹颖，刘东等. 2022. 漾濞 Ms6.4 地震前后的重力变化特征及其孕震含义分析[J]. 地震地质, 44(06): 1557～1573.

就张国民《地震预报科学及其探索历程》一文的分析讨论

赵文津

摘要：本文对张国民写的地震局开展地震预报实践总结一文进行分析。主要关注于作者总结出的各个地震事件的孕震早期、中期和短临阶段的前兆异常特征，多学科的前兆异常特征；探讨地震预报的多学科综合研究方法等，以及十年期地震重点监测区规划想解决的问题和能解决的问题。

关键词：地震预报实践　前兆异常　张国民

一、引言

中国地震局成立之后，遵照周总理的指示开展了地震预报的实践探索，经过几十年探索取得了很大的成绩。张国民研究员从 1966 年邢台地震时开始了地震预报工作，几十年来一直从事着地震预报研究和实践，他曾任国家地震局分析预报中心的副主任，并先后在华北、新疆、云南、华东等地的十多个地震现场开展地震震情预测和强余震预报分析等工作。他主持过多项国家级和省部级重点地震预报的科技研究攻关项目，对中国几十年间进行的地震预报的实践进行了总结，写了多本专著和大量论文。他是中国地震预报界的代表人物之一。他写的《地震预测科学及其探索历程》一文，虽以地震预测科学为标题，但实际是地震预报实践的总结性的文章，文章虽然是以 1995～2005 年地震预报活动为主，但是内容也涉及其前后时段地震局地震预报工作，所以可以将其看作是地震部门在实践中推动地震预报工作的初步成果的总结。本文将对他总结中的一些要点进行梳理，并结合地震局多年的地震预测研究实践成果进行分析，现将意见作以下介绍，与读者们交流和共议。下面就五个问题分述如下。

二、作者对 1976. 8—1988 年地震预报研究工作的梳理

1. 对 7 级以上地震研究的梳理。

1966 年 8 月～1988 年 11 月的耿马地震，前 10 年连发了 15 次 7 级以上大震，后 12 年 3 个月，仅发生了 1 次 7 级以上的大震。

作者对邢台、海城、唐山、龙陵、松潘、通海、炉霍、昭通、龙陵等地震逐个进行了系统研究。研究内容有：地震孕育的地质构造环境和条件、大震前的地震活动背景、地震活动图像及其时空演化过程、地震前兆的监测条件及前兆异常、震前的多种前兆异常的综合特征及其时空演化以及震源机制、地震序列特征及其与发震构造关系，并从大震群体性活动的区域构造环境条件、区域地震活动的时空演化图像、大震前的地球物理场、地壳形变、地下水流体和空间环境因素等多学科角度进行深入研究和撰写出一系列专著。

2. 对 5 级以上的地震研究的梳理。

对有地震台网和前兆台网监测能力的区域内共发生的 Ms≥5 的地震的 60 次的震例资料（1966～1985 年）作了全面清理总结。内容包括有地震地质背景、地震序列、震源机制及主破裂面、地震台网及前兆异常、前兆异常特征及其时空演化等。60 个震例共记录到 922 条异常，其中：

（1）311 条（占异常总数的 1/3 左右）为地震活动性异常，包括地震活动空区、条带、增强、平静等异常图像，地震波速、应力降、介质衰减特性 Q 值等震源和介质参数，以及频度、应变、能量、b 值等地震活动性参数。

（2）611 条异常为地震学以外的其他学科的前兆异常，包括有：地壳形变、重力、地电、地磁、地下水物理参数和水化学成分的前兆异常。

60 次地震的总结得到的效果是：使地震工作者对强震的孕育背景、条件和过程、地震前兆异常的综合特征，以及如何用于实际地震预报问题，取得了系统的认识。

3. 经过两次清理攻关，取得了几方面的重要成果。

（1）对地震监测与预报方法的清理。计有测震、地形变、水位、水化、重力、地电、地磁、地应力和综合研究 9 个方面。具体内容有四项：对观测仪器的评价；观测条件的清理；观测信息资料处理；最后是监测预报能力的评价。

（2）对强震危险区的判定研究。以华北和南北地震带为研究区域，从清理过去的危险区划分原则与方法入手，结合地应力场随时间变化的动态资料，探求 10 年尺度的地震重点监测区危险性判定方法，以填补区划与每年地震趋势判定之间的空当。

(3)清理了 1966 年～1985 年间的 60 个震例分三册出版了《中国震例》(注：到 1999 年的震例已达 180 个震例，出版了 8 册《中国震例》)。共观察到各类异常 2000 多条，其中地震学方法的前兆占 1/3 左右，地形变、电磁、地下流体等方面的占 2/3 左右。从中归纳出以下 6 点认识：

1）地震前兆的普遍性和多样性。

2）前兆异常的阶段性特征。大致可归纳为两种类型：趋势性异常和突发性异常。

3）前兆异常的空间分布的集中性和非均匀性。

4）前兆异常的特征量与未来地震的关联性。

5）前兆异常的时空转移性。

6）短临异常及地震发生与外因的相关性。

可惜的是，作者没有对这六点认识作具体描述。如，如何确定是前兆异常，这些前兆异常的阶段性的特点，特别是对孕震早期、孕震中期还是地震短临阶段的前兆异常都是什么特征和如何识别，没有进行描述；再就是，这些前兆异常的特征与不同类型地震及震区地质岩性特点有无关系？

4. 在 1966 年～1976 年期间接连发生的 10 大地震的情况，应当说这是我们关注的重点，作者没有深谈，这是最为可惜的事。这一期间的 10 个大震，有 1966 年 3 月 8 日邢台隆尧 6.8 级地震，国务院号召大家投入抗震救灾，开启了我国抗震、预报地震的探索；1969 年的渤海 7.4 级地震，1970 年云南通海 7.8 级地震，1973 年四川炉霍 7.6 级地震，1974 年云南昭通 7.1 级地震，1975 年 2 月 4 日的海城地震，1976 年 7 月 28 日唐山 7.8 级大地震， 1976 年 8 月 16 日和 8 月 23 日松潘两次 7.2 级地震等等。正是人们取得了最为丰富和深刻经验教训的期间，也是中国地震预报实践开启的阶段。

海城和松潘的地震预报和抗震取得了成功经验，收到防震实效；也取得了大地震从孕育开始、发展到爆发的全过程的观测数据和完整的经验，并使中国的地震预报实践之路开始形成；而唐山大地震失报事件，也取得了丰富的正反两方面的经验，更显得宝贵难得。但是，地震的早期前兆异常效应，最早的也仅在 5—6 年前后。

为什么海城地震取得很大成绩，而唐山 7.8 级大地震反而失报，酿成大灾难？地震局有关人员有多种解释。张国民在文章中转述这种官方的解释，也许作者同意这种解释！即（1）对基本形势估计不足，认为不会再有大震了；（2）内蒙古和林格尔 6.3 级地震和大城 4.4 级地震发生后，京津地区的一部分异常现象消失了；（3）地震前几十天至几天，震中区及其周围没有获得像海城地震前那样大量的突发性的异常，也无前震。故此，错过了这次地震预报。

笔者研究了相关情况，认为唐山大地震的情况，地震前的战略形势与海城地震前的形势是一样，存在早期前兆异常的，加之有 69 号文和李四光作出的战略判断，地壳应力所并已坚持在唐山市陡河断裂上作了 4 年的地应力监测；它的另一个突出的特点是震中区短临异常特别丰富。京津保卫小组组长汪成民，天津地震局贾永年小组，唐山市地震办杨友宸，学校的田金武、周葶、李伯齐、安继辉、吕兴亚和侯世钧，开滦矿的王建功、马希融等都多次提出唐山地区将要发生大地震的建议，并在不同场合下多次呼吁，奈何当权者却不认为会发生大地震，以致酿成大祸！看来，一些大震预测难度大，但从观测地震短临异常入手也会是有效的，群测群防的办法正是最有利于抓住短临异常，及时抓住战机。详见笔者的另一专文。

三、关于 10 年尺度地震危险区判定的研究，这是作者着重总结的

作者提出，未来会发生多少次大地震？按照历史地震发生情况估计，认为过去 1901～2001 年间共发生 417 次 6 级以上浅源地震，其中 7 级以上大地震是 66 次（8 级以上为 7 次），平均来说未来 15 年内将会发生 10 次左右的 7 级以上大地震。研究还发现了地震活动在时间上具有活跃与平静、高潮和低潮相交替的轮回特征。我国 20 世纪前 80 年共经历了 4 个轮回。大体十一二年的平静和十一二年的活跃状态。据前人研究，全球整体和全球各大区地震活动也有 11 年左右和 22 年左右的优势周期。作者称，这为判定 10 年时间尺度的地震危险性研究提供了基本条件。（笔者认为这是过去 100 年的统计结果，而且有 10—15 年大的周期变化，未来的 10 年是按哪种统计规律行事？不清楚。显然这一规律并不能成为研究提出十年地震监测计划的基础！）

与此同时，大震发生前 10 年至几十年某些物理力学过程所显示的孕震过程中的早期背景空区、空段等，地震活动性图像及相应的参数及其演化，以及地壳

变形的早期背景异常等可为十年尺度的地震危险性研究提供早期的判别依据。还可能与多种天文、气象因素有关。这就是作者总结的大地震早期出现的主要的前兆现象,并把它作为十年预测工作的基础。这一认识十分重要！也是人们抓孕震早期的基本抓手！是我们进行地震预报的核心问题。但是空区空段可以划分出很多，显然不可能都是未来 10 年发生大震的背景，加上地震活动性判定也不一定可以解决问题，汶川地震就是一例。

但是，寻找和发现孕震过程的早、中、短临各个阶段的前兆异常应是地震预测人员的核心任务和主要抓手！作者作的上述归纳，内容显得太笼统，需要细化，并要注意来自其他学科的更为有效的初期前兆异常！

作者基于上述看法，提出了开展 10 年尺度的地震危险区预测研究，设想的任务是：（1）为地震中、短期预测提供长期预测的背景依据；（2）也是社会的需求，即希望知道未来十年地震危险区；（3）并对地震工作的整体部署起着战略的指导作用。

笔者认为十年预测重点地震监测区的研究应当起到以下三方面的作用：

（1）从实际经验看，提出今后 10 年前后大地震潜在的发生地震的地段的依据并不清楚，文中未见有任何进一步的论述，可能是没有太多根据。

（2）按照海城地震和松潘地震监测的经验看，抓住一个大震大体需要 5 年时间。大震孕育过程出现的异常，可能是在大震震前 5 年才可能有明显的显示，并引起人们的注意，去抓出震前的这些异常现象。所以，作者提出的震前十年重点监测地段，还应进一步判定这些地震带内哪些地段的地震孕育程度要高一些,并可成为五年计划选定重点地段,以便加强监测抓大震。仅靠地震活动性参数是不够的。

（3）如果能够在 1—2 年内将要爆发大震的地点判定下来，就可以立即动员投入抓大震活动之中。这就是属于中期和短临预报阶段的工作了。

下面看一看这一预测结果的实际执行情况：

国家地震局已先后公布了三次十年预测报告，情况如下：

1. 1995 年～2005 年开展了十年时间尺度的地震危险性判定的研究，并制定了我国华北和南北构造带 10 年的地震危险性区划图。

关于大地震潜在发生地点的判定，采取的方法是地震地质和地球物理方法相结合，历史地震与近代地震活动准周期性统计分析与地震活动早期震兆图像相结合，强震群体活动的韵律性特征研究和地壳形变、断层活动等背景前兆图像相结合，深浅结合、定性分析和定量分析相结合，区域、地震带及危险点分析相结合，综合筛选、综合评定，以期对未来10年至几十年时间尺度的地震危险性判定工作探索出若干可行的原则和方法，对未来地震形势的发展作出合理的估计。最后提出了21个地震重点监测区，但对每个重点监测区的判定没有具体说明。

成效检验。

10年内实际发生的大地震为14处，其中8个是在预测监测区之内，6个大地震发生在监测区之外，预测到的监测区占预测区和应预测区的总数的29.6%；而70%的地震监测区都没有发生大地震。见下表。

表1　1996—2005年我国大陆东部5.7级以上、西部6.7级以上地震

时间	地点	震级	
1966.2.3	云南丽江	7.0	滇西至川滇交界预测区
1996.3.19	新疆阿图什	6.9	南天山西段预测区
1996.5.3	内蒙古包头	6.4	呼包预测区
1996.11.9	南黄海	6.1	苏皖沪浙预测区
1996.11.19	喀拉昆仑	7.0	无监控能力
1997.1-6	新疆伽师	强震群 M_{max}6.7	南天山西段预测区
1997.11.8	西藏玛尼	7.5	无监控能力
1998.1.10	河北张北	6.2	晋、冀、蒙交界预测区
2001.11.14	昆仑山口西	8.1	无监控能力
2003.2.24	新疆巴楚、伽师	6.8	南天山西段预测区
2003.8.16	内蒙古巴林左旗	5.9	辽蒙交界预测区
2004.3.24	内蒙古东乌珠穆沁旗	5.9	（预测区外）
2004.7.12	西藏仲巴	6.7	无监控能力
2005.11.26	江西九江、瑞昌	5.7	（预测区外）

8个重点监测区内发生的地震，都是5～6级的地震，而6个真正未列入监测的地区却是发生了7.0、7.5和8.1级的大地震。显然，这次研究对大地震的监测是没有起到作用的，而且产生的误导作用大！因为我们研究的目的就是要明确抓大震的方向！

没有抓住大震，仅仅提出大震地区“无控制能力”是没有认真研究吸取教训的。

1996 年的喀喇昆仑 7.0 级大地震，1997 年西藏玛尼 7.5 级大地震和 2001 年昆仑山口西 8.1 级大地震，都是在预测后的第 2 年、第 5 年及第 6 年发生的，应是处于我们预测的时间段之内，这个地区还是我国的战略地段，也正是我们最需要重点监测，却没有去加强监控的地区。这是总体战略安排上出了问题，也是我们今后要大力解决的任务。

7.5 级和 8.1 级大地震所处的构造部位，正是位于活动的巴颜喀拉地块的南、北两侧的缝合带地带，是Ⅱ级地块之间的对接或碰撞地带。这里，在印度板块向北东推挤下，巴颜喀拉地块一直在向东运动，并导致地块四周形成应力与应变的积累和释放而成为一个大的地震带。1976 年松潘三个大地震发生后，可能促成新的地段为未来发震的地段，又为什么会成为无监控能力的地带？

地质力学所的廖椿庭在这个地段进行了地应力测量，当时是从工程建设的需要进行的。2005 年 8 月，我们正在这个地段开展深剖面研究，还专门到了昆仑山口西地应力测量工地探测和了解情况。事后了解到震前测到的地应力为 16Mpa，震后测得地应力值下降到 3～4 个 MPa，异常变化十分明显。但这个数字没有引起人们的重视。更没有人把这组地应力数据与大地震联系起来。下图是笔者 2005 年在地应力测点与工作人员交谈时的留影。

图 1

再有，如南天山西段监测区，从南到北范围很大，震前有无提出加强监测，在北段、中段或南段监测的意见？监测了，结果是什么？作者都没有谈及。见图2。这是又一类问题。

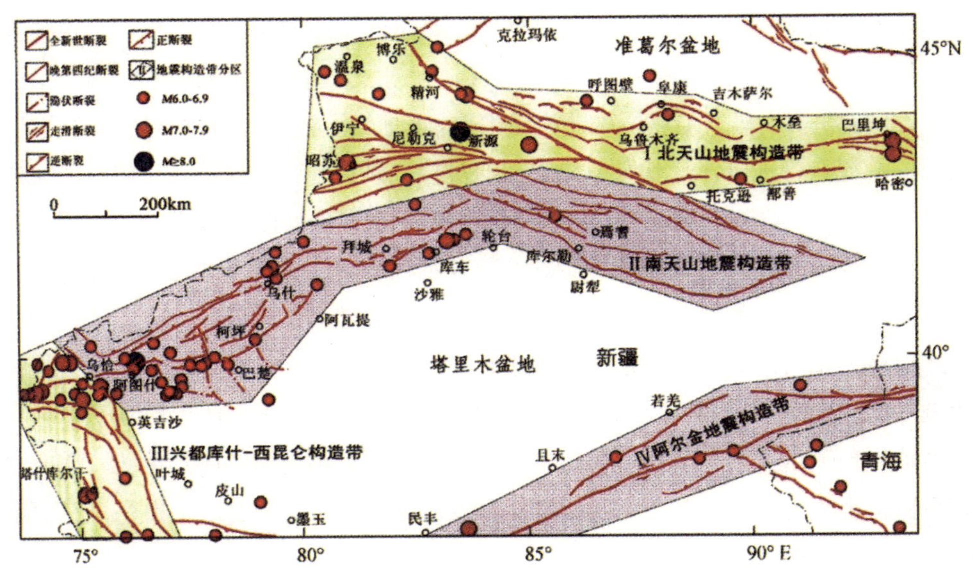

图 2　新疆天山地区的地震构造分区图

如果对这些发震的重点监测区和可能发震的重点地段都没有监测，这样的研究工作又有何必要呢！又如何达到其预测研究工作的目的呢？

这一地区在十年内在三个地区都发生了地震，三个地区是：新疆伽师、新疆阿图什、喀喇昆仑，三地都位于南天山西段的西南端，是北西向断裂与北东向断裂的交会部位，这是一条多发的地震带，也是我国中亚的战略走廊，不设防也总得有个说法。

按照海城地震和松潘地震的经验看，震前 4—5 年正是出现长期前兆异常的阶段，也是大震区域构造运动和构造应力转移，使得大震活动背景异常加强之际，再经过 3 个阶段的发展和监控，最后抓住大震的关键时刻。更早的地震前兆异常有何显示还需要进一步探索。

作者在文章开头时也强调了“大震发生前 10 年至几十年某些物理力学过程所显示的孕震过程中的早期背景空区、空段等，地震活动性图像及相应的参数及其演化，以及地壳变形的早期背景异常等可为十年尺度的地震危险性研究提供早期的判别依据。还可能与多种天文、气象因素有关。”认为这是进行十年地震重点监测区预测的研究基础。但是这些超过5年时间显示的前兆异常是什么？还不清楚。作者总结文章的通篇也没有明说。但是，作者笼统地的评价“我国在十年尺度的中长期预测方面有了明显的进步，取得了十分可喜的预报效能”。这项工作从无到有建立起来是应予肯定，但是科技的进步点在哪里呢？

2.2007年出版了《2006～2020年中国大陆地震危险区与地震灾害损失预测研究》的研究报告。这是第二本长期预测的报告书。在2008年汶川大地震失报后以后，又再次进行未来十年（2010～2022年）重点地震监测区的研究，并发表《中国大陆大地震（7、8级）中—长期危险性研究》，即M7专项成果报告，第三本报告又提出一个未来10年及稍长时间（2010～2020或更长）大地震的重点危险区预测。同一个时间段，两个报告，三个结果。看看实践检验的结果。

（1）第二本报告中用的是根据中—长期强震时—空概率增益综合预测模型计算方法，综合了多种因素（地震地质、地壳形变、活动地块边界带及其内部的b值与复发周期，边界带应变积累状态、地震活动性即地震空区分析、伯努利模型等等）。

1）地震大形势分析：中国大陆地震以浅源地震为主。1901～2001年间，我国大陆共发生6级以上地震417次，7级以上大地震为66次，8级以上的为7次，平均来说，2006～2020年的15年内将发生10次左右7级以上的大地震。

2）大陆地震主体活动地区。按历史地震发生的情况，以107°E为界，西部地震占大陆全部地震的88%，而东部仅占12%。因此，未来发生地震的地区仍将以大陆西部为主。西部的南北地震带为主要地区。因为公元1300年以来，我国大陆共发生18次8级大地震，7次即40%发生在南北地震带上。按20年为步长统计，2006～2020年南北带可能是发生7级大地震危险的主体地区之一。

3）发生的地震最大的震级，7.5～7.9级地震复发周期约7年，8级大地震平均复发周期约为14年，因此，未来一二十年发生7.5级大地震的可能性非常大。

4）作者利用了泊松概率公式和伯努利模型计算了中国大陆强震的发震概率。

计算出以下发震概率分布，再按地震发生的最高概率圈定了地震危险区，共27个，其中西部为17个，东部为10个。西部的重点监测区见图3和图4。图中

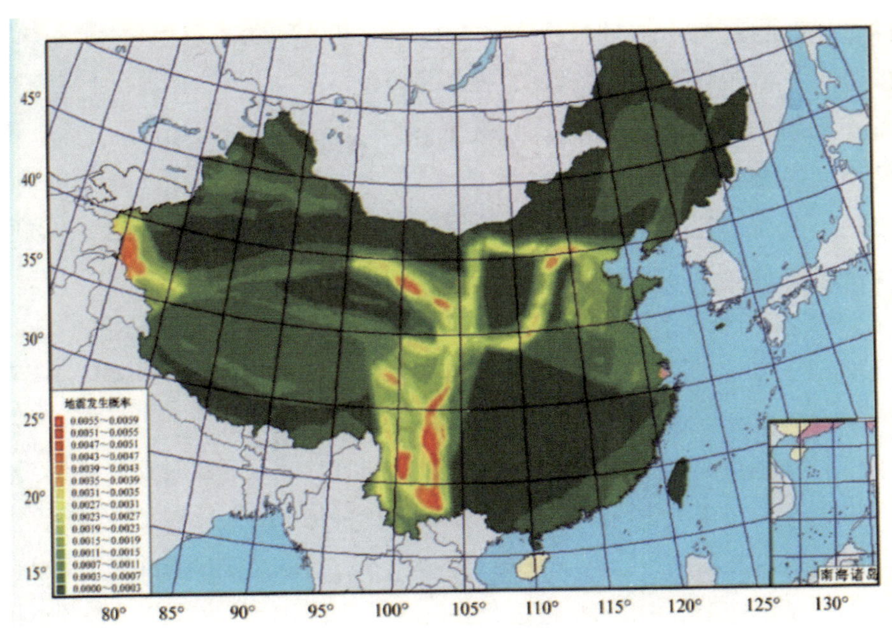

图 3　2006～2020 年中国大陆强地震危险综合概率预测

东部，M≥6；西部，M≥7，0.1°×0.1°

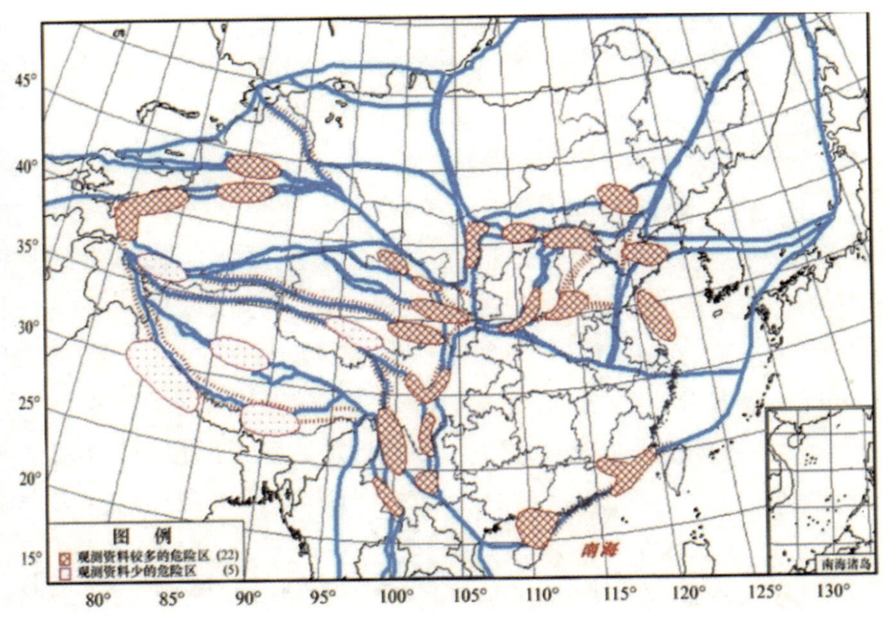

图 4　2006～2020 年中国大陆强震危险区预测图

东部，Ms≥6；西部，Ms≥7

的红色地段有 9 段，都是发震概率最高的地段。西部地震重点监测区 17 个，其中列出有：北天山断裂带的中段；南天山断裂带的中段；南天山断裂带的西段—西昆仑断裂带的北西段；西昆仑断裂带的东段；喀喇昆仑—嘉黎断裂带的中段；喜马拉雅逆冲断裂带中西段；喜马拉雅逆冲断裂带中东段；祁连山断裂带中西段；祁连山断裂带中东段；西秦岭北缘断裂；东昆仑断裂带东段；玉树断裂带中段；鲜水河断裂带的中段—龙门山断裂带的中南段；安宁河、大凉山断裂；金沙江断裂带南段—红河断裂带北西段；等等。但是同样也未标出哪一段或几段是应当优先加强监测的。现以发震概率最高的鲜水河断裂带的中段—龙门山断裂带的中南段为例。图中南北地震带的中南部，是北东向红色条带显示处。

2007 年发表了这一预测结果后，随后，2008 年 3 月 21 日于田发生了 7.3 级地震，这是预测之外的地区；2008 年 5 月 12 日汶川发生了 8.0 级大地震，2010 年 4 月 14 日玉树又发生了 7.1 级地震，2013 年 4 月 20 日雅安芦山发生 7.0 级地震。其中汶川大地震死亡 8 万多人，玉树地震死亡约 3000 人。这三个地震都在鲜水河断裂带的中段—龙门山断裂带的中南段内。从死亡情况来看，也都没有采取防震措施。汶川地震是在预测 3 年后爆发了 8.0 级大地震。应当说这三年，汶川大地震已处于中期到临震阶段，并已出现了短临异常现象。2008 年初，群众已行动起来避震时，地震局长还在电台连续多日播放讲话，请群众放心，成都地区不会发生大地震！说成都没有唐山地区那样的地质构造！几位专家提出异常现象后又不被承认是大地震的前兆！甚至遭到专家组集体的反驳。这样，这一地震活跃周期内唯一的一个特大震就这样地被放过去了！

这个地区是地震监测网较密集的地区，在 1976 年松潘大地震成功预报，积累了本区发震时的许多前兆异常出现规律的认识；松潘大地震、玛尼 7.5 级大地震和昆仑山口西大地震，再加上 2008 年 3 月的于田大地震和汶川大地震都属于巴颜喀拉地块运动产生的同一个地震动力学体系。

这里的综合概率地震预报做法，各个地震重点监测区的发震概率都是相同的，没有分出哪个可能是近期发震的地段，也就无法及时加强监测工作。汶川地震就是预测后 2—3 年后发震的，这已属于中短期的预测阶段了。

《汶川震例》390 页指出，当地的地震部门，即四川地震局 1～3 年地震活动大形势分析预测研究认为“四川地区 7 级地震已平静了 30 多年；未来 1～3 年，尤其是青藏高原东缘未来可能发生 7 级地震。位于南北地震带中段的四川及邻区可能发生 6～7 级地震”。但是，又说，“由于龙门山构造带历史上发生的最大地震为 6.5 级，且地震地质、GPS 等研究认为龙门山断裂北段活动较弱，中期时间尺度上认为该带没有发生巨大地震的可能，所以四川省跟踪的未来可能发生强震的重点地区也一直没有包含龙门山断裂带，而是选定了安宁河—则木河断裂带。这样，从实际效果看，四川省地震大形势预测，并未涉及龙门山构造带”。

2008 年 1 月 7～9 日，“全国地震趋势会商会”的判定结论则是，2008 年度我国大陆地区发生 6～7 级地震的危险性较大，危险地区是川滇交界及其附近、南天山与西昆仑地震带交会区域。依据是，“2001 年 11 月昆仑山口西 8.1 级地震后，我国大陆已经连续 6 年未发生 7 级以上的地震，发生 7.5 级地震的可能性不大。”这里，还是笼统地从全国形势着眼的，而没有从巴颜喀拉地块一直向东运动的背景下去思考地震形势。

再就是，十年预测与省局和国家局的 3 年和年度地震研究是脱节的，后两者的研究都是认为最近不会发生大地震！汶川地震失报至少说明他们对大地震的短临异常是不了解和不认识的！可是正是省地震局很好地预测了松潘地震。

第三本预测报告中列出两个预测结果：一个是根据本书 1～10 章各专业方法研究的结果提出一个 15 个地区方案；一个是经综合研究后改提出的一个 17 个地区的方案判定结果。主要是增加了福建的漳浦和河北邯郸，其他地点作了一些调整。

预测的基本流程见图 5。

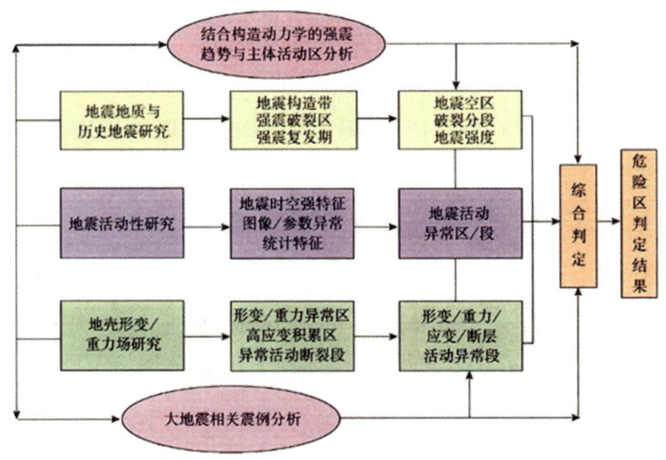

图 5　本专项工作采用的、多学科综合综合判定 M≥7 级地震危险区的技术路线

预测的依据：（1）大震初期的前兆现象；（2）认为本时间段内可发生 10 次 7.0 级以上的地震，其中可能有 1～2 次大于 7.8 级的大地震；（3）认为 M≥7.0 级地震的主体地区是青藏高原活动地块的中、北部，及南北地震带。其次是新疆天山和华北地区（见以下图 6、图 7）。这次没有用概率预测方法。

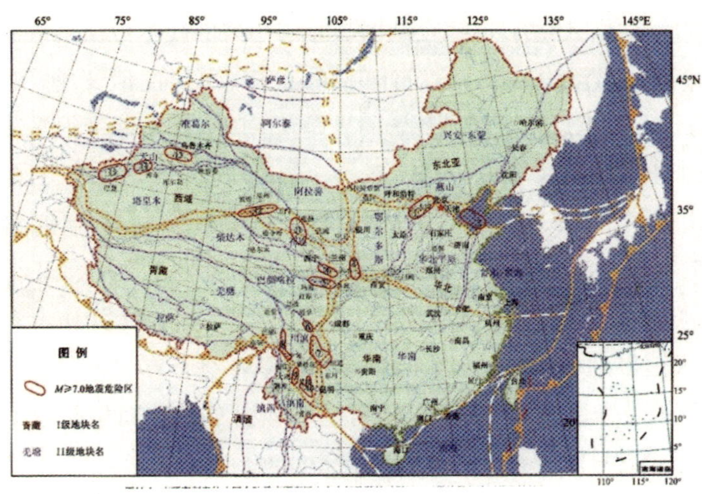

图 6　本研究判定的中国大陆重点研究区未来十年及稍长时间 M≥7.0 级地震危险区阶段性结果

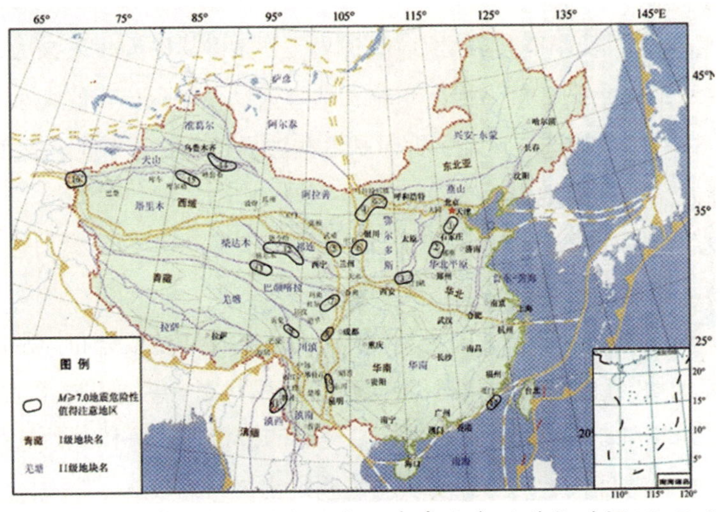

图 7　本研究判定的中国大陆重点研究区未来十年及稍长时间 M≥7.0 级地震危险性值得注意地区的阶段性结果

这次工作的特点：划定的监测区比上两个预测方案中的各个重点监测的地区面积都大大缩小了，再就是将每个监测区的判定的依据也列出来，可供读者作进一步分析。

关于大地震潜在发生地点的判定（M7，7 页）：按 M7 书中的解释。

首先，设法鉴别出活动断裂带上的大地震空区或者是已有的高应力/应变积累的地段/构造部位；然后，再综合利用与时间相关的技术方法与观测资料（如地震活动性及其时—空变化的定量/统计分析、区域形变场、应变场、重力场的时空变化等），进一步缩小危险区的范围。问题是，中国大陆活断裂很多，哪一些断裂更有可能是未来大地震主要发生场所？

在张国民领衔的 973 项目“大陆强震机理与预测”中，他研究归纳出这一结论：86%的 7 级以上的大地震，100%的 8 级大地震都发生在Ⅰ、Ⅱ级活动地块的边界带上（张培震等，2003；张国民等，2004、2005）。图 7 为作者对Ⅰ、Ⅱ级板块的划分和大震震中在图中的投影点。这结论基本符合实际。但是，这类地块边界很长，能将地震空区都划出来吗？会不会出现新的隐伏断裂而成为新的大震震源？不能设想大震只限于在旧断裂框架内发生。

现将图 7 中的几个监测区列出如下：4—11 号监测区位于南北地震带，12—14 号三个监测区属西北地区。每个地震监测区判定的依据都已列出。

判定的依据：

（1）通过划定Ⅰ、Ⅱ级活动地块的边界带，并将其作为找未来大震的重点研究地区。在从地震空区、重力梯度变化、地震活动性空区、b 值大小、构造运动变化、大震时间序列等选定监测区。但是这些边界带都是很长的，又如何选定 10 年内最可能发生大震的地段？

（2）关于地段地震危险性程度分级，即哪些地段发生地震紧迫性最大，或发震概率最高。作者提出了 3 点做法去解决：

1）分析现代地震活动异常的区域、识别出小震及其参数分布异常的断裂段。

2）研究地块/断裂带的现代运动与变形/应变状态，鉴别出异常地段。主要是利用跨断层测量和 GPS、水准、重力、基线等测量资料，分析地块边界、地块内部重要活动断裂的现代运动与应变状态，判定出异常地段。

3）再计算地震引起的库仑应力影响场，综合判定未来大地震危险区和可能的震级范围。

这些内容基本上与上述总结的大震前将会出现的“大震发生前 10 年至几十年某些物理力学过程所显示的孕震过程中的早期背景空区、空段等，地震活动性图像及相应的参数及其演化，以及地壳变形的早期背景异常等”相一致。但是，这里缺少大地形变资料和其他学科的一些有效异常显示，松潘地震、汶川地震爆发前，大地形变异常是很明显的。

表 2

值得注意地区		潜在发震构造	主要判定依据	估计震级 M
编号	名称			
5	甘肃天祝—大靖地区	（1）毛毛山—金强河断裂。 （2）天桥沟—黄羊川断裂东段	（1）I 级地块边界带上的地震空区（图 7-6、图 7-22），最晚事件离逝时间与平均复发间隔相当。 （2）最近十年天祝、景泰一带存在重力异常变化梯度带（图 5-10）。 （3）1990 年代以来发生多次中、强地震，同时，沿主断裂存在 $M_L \geqslant 2.5$ 级地震活动的相对空缺段（图 7-7）。 （4）沿主断裂带存在异常低 b 值段（图 7-15）	7.0 ~ 7.4
6	宁夏同心—灵武地区	（1）六盘山断裂带北段、香山—天景山断裂带东南段。 （2）黄河断裂带灵武段，等等	（1）I 级地块边界带上的地震空区（图 7-6、图 7-22）。 （2）沿断裂带存在小震相对平静的段落（图 7-7），同时也是低 b 值异常区（图 7-15）。 （3）位于青藏高原东北缘重力异常变化梯度带的北东缘（图 5-10）	7.0±
7	四川阿坝北部地区	NE 向龙日坝断裂带、近 S—N 向岷江断裂带、NW 向塔藏断裂，等等	（1）区内主要活动断裂上存在多处大地震空段（图 7-24）。 （2）GPS 测量显示龙日坝断裂带两侧呈现 4 ~ 5mm/a 的右旋剪切变形，且 2008 年汶川地震后，这一地区的 SEE 向运动加强（图 4-17）。 （3）位于甘、青、川交界地区 2008 年以来形成的 $M_L \geqslant 4.0$ 级地震平静区的南缘（图 7-8）。 （4）根据巴颜喀喇地块东边界大地震的时间序列外推，未来十年存在发生下一次大地震的可能性（图 7-31、图 7-32）	7.0 ~ 7.3

续表

值得注意地区		潜在发震构造	主要判定依据	估计震级 M
编号	名称			
8	龙门山断裂带南段	龙门山断裂带南段	（1）紧邻 2008 年汶川大地震破裂段的、大地震空段（图 7-25），并已在 1941 年和 1970 年分别发生过 $M6$ 和 $M6.2$ 强震。 （2）根据巴颜喀喇地块北、东边界大地震的时间序列外推，未来十年存在发生下一次大地震的可能性（图 7-31、图 7-32）。 （3）存在偏低 b 值的部位（图 7-38）。 （4）龙门山断裂带南段是 2008 年汶川 $M8.0$ 级地震引起的库仑应力显著增加区之一（Toda et al.，2008;Lei，2009，个人通信）	7.0 ~ 7.3
9	川、藏交界	NW 向理塘断裂的北西段、近 S—N 向金沙江断裂带北段（巴塘北）	（1）主要活动断裂上存在大地震的空缺段（图 7-28）。 （2）2001 年和 2008 年以来，分别存在 $M_L \geqslant 5.0$ 级和 $M_L \geqslant 4.0$ 级地震平静背景(图 7-37）。 （3）附近存在四象限分布的水平与垂直形变异常地带（图 4-13）。 （4）西侧存在 3 年和 10 年尺度的重力异常高梯度带，差异达 $150 \times 10^{-8} m/s^2$（图 5-12）	7.0 ~ 7.5
10	巧家—东川	小江断裂带北段	（1）小江断裂带北段已在 I 类地震空区(图 7-49）的背景上发生过 1930 年 $M6$、1966 年 $M6.5$ 和 $M6.2$ 强震。 （2）近年来巧家附近的 4 级地震活动明显增强	7.2 ~ 7.6
11	云南腾冲—瑞丽地区	腾冲断裂带、大盈江断裂带、瑞丽—龙陵断裂带，等等	（1）瑞丽至潞西之间、腾冲至盈江之间均存在大地震空区（图 7-51）。 （2）2008 年以来，腾冲至盈江地区及其附近中强地震活动显著增强，已发生 7 次 5.0 ~ 5.8 级地震。 （3）据喜马拉雅项目实施的水准复测结果，在 NE 向瑞丽—龙陵断裂与南汀河断裂之间存在异常的垂直隆升变形	7.0 ~ 7.3
12	柴达木盆地北缘	柴达木盆地北缘断裂及鄂拉山断裂等	（1）属于 II 级活动块体边界断裂带上的地震空区（图 8-11）。 （2）存在异常低 b 值区（图 8-25）。（3）柴达木盆地北缘是最近十年来中强地震活跃的构造带	7.2 ~ 7.6

续表

值得注意地区		潜在发震构造	主要判定依据	估计震级 **M**
编号	名称			
13	昆仑山口东	（1）东昆仑断裂西大滩段。（2）昆仑山口一达日断裂等	（1）属于Ⅱ级活动块体边界带及块体内大型活动断裂带上的地震空区（图 8-11）。（2）附近近年出现局部的加速矩释放（AMR）异常（图 3-22）。（3）历史大地震的时间-序次关系反映巴颜喀喇块体北边界的下一次大地震可能在未来十年及稍长时期内发生（图 7-30 至图 7-32）	7.0 ~ 7.3
14	新疆博格达—鄯善	阜康—博格达断裂带、吐鲁番—哈密盆地北缘断裂系	（1）属天山、塔里木和准噶尔三个活动块体分界断裂上的地震空区（图 8-10）。（2）博格达—鄯善一带存在低 b 值异常区（图 8-13）	7.0 ~ 7.5

检测结果：

这一预测时段内，发震的情况是：除 2008 年 3 月 21 日于田 7.3 级地震、2008 年 5 月 12 日汶川 8.0 级大地震、2010 年 4 月 14 日玉树 7.1 级地震外，新的大震有 2013 年 4 月 20 日雅安芦山 7.0 级地震，2017 年 8 月 8 日九寨沟 7.0 级地震，2021 年 5 月 22 日青海的玛多县 7.4 级地震，2022 年 9 月 5 日四川省泸定 6.8 级地震，2024 年 1 月 23 日新疆乌什 7.1 级地震，共 5 个大震。

其中芦山地震位于图 6 的 8 号地震危险区，九寨沟地震位于 7 号阿坝州之内；玛多地震、泸定地震、乌什地震都位于预测区之外；但是泸定地震和乌什地震却在图 5 的预测区之内，而芦山地震又不在图 5 的预测区内。总之，预测的命中率都很低，仅 2—3 个预测区内见大震！但是，这次研究将各条断裂带的空区划分得细致一些，并有 4 个大震入预测区，占 15 个预测区的 4/15，有了很大进步。从这三个十年预测结果看，作者强调的大震的十年长期前兆，还是不十分明确，而可预测的又多是处于中短期孕震阶段的地震。可能因为当前是科技发展阶段，还是以五年预测为宜。

四、强地震中短期（一年尺度）预报技术研究

这是针对中国进行一次年度地震会商的需要而开展的，要求预测当年会发生哪些大地震。1972 年开始建立了这一制度。科技部还于 1996—2000 年专门立项

开展这一课题研究。

就大震讲，一年的尺度，应当是处于三种情况：有的处于短临阶段，有的处于中期阶段，有的则处于孕震的早期阶段，不能一视同仁，需分别对待。

作者说，已提出一套中短期地震前兆识别和综合预报方法，建立了一套预报指标体系；研制了 16 种数字地震前兆观测仪器和设备；发展了基于区域动态应力—应变场和相关地球物理场的地震中短期动态预报技术和方法。这些成果非常重要，但遗憾的是，通篇文章中不见有进一步的描述和使用后的效果，看不到十年来预测技术的进步内容，也未看到科技部专项研究的成果。

文中仅见到作者提出的 R 评分法，R=1－漏报率－虚报率。认为 R 值从 1990 年的 0.097，到 2000 年的 0.470，11 年的平均值为 0.220，已提高了很多，预测是有科学含量的。

五、关于地震短临前兆异常的系统清理和应用研究

1. 系统清理工作。

中国地震局动员了 24 个省和市的地震局 2000 余人投入清理研究，研究项目有测震、大地形变、地倾斜、重力、水位、水化、地磁、地电、地应力等 9 个学科预报地震的理论基础和观测技术、方法、预报效能作出评价。再加上综合评价，并对各手段各台站建立了干扰排除方法，给出异常识别的判据和指标，筛选出出一批较为可靠的震前异常。如：地倾斜。从 16 万张图纸中发现有前兆异常图例 140 个，其中既有前震的，也有同震的。前兆异常为 10^{-7}～10^{-8}，同震阶变幅度大于前兆异常，又如重力。经清理后，肯定了唐山地震前观测到的震中区为 110 微伽的重力变化，否定了海城地震前有 100～500 微伽重力变化的结论。

2. 提出地震短临预报方法及其判据研究。

20 世纪 1980 年—1995 年期间，在对一系列大震系统研究和 60 次 5 级以上地震的综合研究，以及对前兆和预测方法进行系统清理研究的基础上，对地震前各阶段前兆异常特征及其时空演化等进行系统深入研究，得出了某些稳定的识别特征，提炼了预报判断、指标与方法，对其预报能力作出了不同方式和不同程度的估量，提出 R 值评分法，减少预报工作中的主观随意性，增加科学性，从而建立一套各地震预报学科预测地震的方法、判据和指标，并应用于地震科学预报实践，尽可能地提高地震预报的水平和能力。在地震短临预报方法方面应注意以下

两点：

（1）主要是对地震学方法进行了深入研究，得出可用以确定孕震到发震的各个阶段。作者强调了地震活动图像演化的研究，认为它可以给出从中期到短期，特别是短临阶段的地震活动图像演化过程，即依次为中短期空区、显著地震、地震窗与震群、中小地震条块分布、逼近地震，到主震的孕震到发震的几个阶段。还研究了地震学方法的地震短临预报指标和方法研究；进入地震短临阶段时的多种前兆标志体系的研究；地震序列和震后趋势的早期判定研究。

（2）在强震短临预报研究中，还对地形变、地电、地磁、地下流体和综合预报等内容，采用一致性方法对资料进行统一处理，并在此基础上分别建立短临预报的判据和指标体系，形成物理意义明确的短临预报方法，还研究了地震的触发因子（如月相变化、引潮力触发作用、太气降水的触发作用、太阳黑子活动引起的磁暴对地震的触发作用等各种天文因素）与发震时间的关系。建立了大量统计关系，在短临预报中发挥了很好的作用。

3. 成效检验。

作者称，地震短临预报处于地震预报这一世界难题中的最前沿。中国地震工作者不畏艰险，努力拼搏，取得了令人瞩目的成绩。现详细摘录了 8 个例子，以利于传播这些宝贵的经验。

1975 年 2 月 4 日辽宁海城 7.3 级地震，估计至少减少 10 万人伤亡。

1976 年 5 月 29 日云南龙陵 7.4 级地震。

1976 年 8 月 16 日四川松潘 7.2 级地震。

1995 年 7 月 12 日云南孟连 7.3 级地震。这次预报是根据：（1）在地震序列发展过程中对序列的判断；（2）对地下流体、地形变等作出判断。震区 1995 年 6 月 30 日发生一个 5.5 级地震，7 月 10 日发生一个 6.2 级地震，7 月 10 日赴现场的地震专家依据地震活动性背景和地形变、地下水等短临地震异常情况提出预测，未来 3 天内还可能发生 6～7 级地震，并向地方政府报告，孟连地区政府随即向震区发布临震预报，并采取了一系列防震措施，将群众从危房中撤离，7 月 12 日凌晨发生了 7.3 级地震，大大降低了人员伤亡。

1997 年 4 月 6 日新疆伽师发生了 6.4 和 6.3 级地震。这是一次对持续数月的强震群中后续强震的预测。1997 年 1 月 21 日新疆伽师发生 6.3 级、6.4 级地震，之后又连续发生 5 级以上地震，至 6 月 16 日，共发生 6 级以上地震 7 次。

新疆局地震人员认真分析了该强震序列的变化特征，并结合前兆台站观测到的短临异常变化，即自4月1日至6日，该地震序列的地震活动在正常背景上异常增强，同时前兆台站也观测到地磁、地倾斜等异常，4月5日后，突然平静下来。其间，北京工业大学、中国气象局和地壳应力所的专家们也预测一周内伽师地区可能发生6级地震。新疆地震局及时抓住这些短临异常，做出预报，并上报到地方政府，第二天4月6日凌晨就发生了6.4和6.3级强震，倒房1000多间，无一人伤亡。

1999年11月29日辽宁岫岩5.4级地震。地震震级虽然不大，但其短临地震预报效果的社会影响和实际效益都十分突出。这次地震发生在1998年之后的中期背景比较显著的地区。1998年11月1日在华北北部的大同一带发生了5.6级地震，紧接着岫岩地区地震活动迅速增强，出现最大地震为4级多的群震性活动。之后，地震活动逐渐减弱。从11月24日开始，岫岩地区地震活动又突然增强，到26日连续发生3次4级多地震和大量小震。辽宁局根据地震系列的特征，再结合中强地震的中期危险性背景及其他前兆，于26日夜作出了一周内岫岩地区可能发生5～6级地震的预报意见，并将发震地区缩小在两个乡镇的范围内。11月27日向省委办公会上作了汇报，省政府立即采取防震措施。11月29日中午发生了5.4级地震。房屋倒塌很多，但无一人伤亡。

2003年夏，南北地震带地震活动性显著增强，另有形变、地下流体、电磁等多学科前兆异常的数量在7月、8月、9月出现连续上升，有关地震局多次召开紧急震情会商会和工作部署会，10月上旬云南省地震局和甘肃省地震局分别做出滇中地区和祁连山地区可能发生中强地震的短临预报。并由省政府作出防震安排，结果在10月16日和25日在云南大姚和甘肃的民乐山丹分别发生了6.1级地震。两次地震预报都取得了防震实效。

对比以前的唐山地震、松潘地震和汶川地震时对短临地震前兆异常坚决否定，终于酿成大祸的情况相比，当然是大有进步。作者对此的结论是，“我国在长、中、短临的地震预报工作中都取得了可喜的进步。但这些进步是局部性的，而非全局性的，是现象性和经验性的，而非本质性的”。就短临地震讲，这一结论又有些偏低。

（1）从以上实例看出，抓住大地震的短临前兆，是地震科技上的“临门一脚”，是行政领导及时下达、全民投入防震活动的“临门一脚”的前提。唐山大地震时开始忽视中、短期的前兆，来了短临前兆又否定；松潘地震时上级派来的专家否定省里专家的短临地震前兆异常的意见，还向上级提出建议否定，亏得省委领导对这个否定意见有保留，亲自下去核查，还是证明有短临地震异常，这才下令全区动员防震，避免了大量人员死亡。

（2）理想的情况应当是重点监测区发生预想大震的长期异常前兆，随后经过中期监控，最后到短临阶段，再经过对短临前兆异常的监控，达到最后抓出大震的目标。整个监测预报链条应是连续的，如海城地震时的情况。链条连接不上监测工作必然陷于被动；本时段提出了 21 个重点监测区，其中仅仅 8 个监测区发生了地震，而已列出的 5 个地震短临预报实例，与 8 个有震的监测区没有关系！更与 6 个监测区外的震例没有关系！这种状况产生的原因，可能是整个链条管理就是分散化，互不衔接的；也可能是对大地震孕育的各阶段，在技术上就不能衔接起来。这方面还没有见到分析意见。这是就第一个十年预测成果讲的，第三个十年预测的重点监测区如何？有待进一步分析。

（3）民间创造了许多方法，可以直接发现短临地震前兆，也非常值得地震部门重视。

六、对地震序列类型和震后趋势的早期判定方法研究

在一定意义上讲，这也属于地震短临预报的一个重要部分，也要尽快做出判定。主要谈的还是地震学方法，如在前震和前震序列的判定方面，除了定性地给出前震序列具有密集—平静—主震、序列中的频数和强度都随时间增长、低 b 值特征外，还给出 H 值、U 值、K 值、ρ 值等定量参数，以及振幅比、初动一致性、小震应力降等识别前震的方法。还有，如有无强余震、双震和强震群的后续强震等等提出判据。我国已提出大陆地区地震的分类，如主震—余震型、前震—主震—余震型、孤立型、双震型、强震群型等主要类型，已取得十分重要的进展。作者还具体地引用了 1997 年 1—6 月新疆伽师县发生的 7 次 6 级以上的强震群。提出了强震群的发震构造模式，并对未来强震的危险性进行了评价。取得了较好的效果，不过谈及地震活动性特征时，完全是就事论事，没有进一步联系当地的地质岩性背景和动力作用特征。这些参数本身的实际意义，如 b 值的概念就有问题；同时，也没有注意其他方法异常的变化。

七、今后应加强的科技攻关内容。攻关的目标就是如何及时抓住大震，进行监测和及时预报

1.走滑、逆冲、拉张、张扭、压扭等不同构造动力条件下大震孕育发展过程出现的各种前兆异常现象还需要深入收集和清理。没有前兆现象就没有预报的抓手。今后仍有必要对不同地区不同地震类型的各阶段的前兆异常分别作进一步的梳理和改进，并在梳理的基础上进一步开展研究和给以理论解释。张国民在文章中强调的是:“强化地震观测基础”和“加强基础性研究与地震观测实际的结合。”这里，应重视群众测震中发展的许多短临地震的监测方法，是很有生命力的。

2.加强地震地质的调查和活动地块运动学测定和分析，开展各地震带地震动力学研究，明确地震类型和致震的条件，找出断裂带上未来应力应变易于聚集的地段（不仅是地震空区、空段），明确抓大震的战略方向和地段。张国民建议要注重中长期预报的先导作用。

3.中国是个多地块拼合的大陆，在周围几个方向应力的作用下，内部各块体发生相对运动造成内部多条地震带，分布在全国。大地震是全国范围内移动的，为了及时抓住大震既需要固定的监测台网，也需要有流动的监测台网以便及时部署在重点监测地段，抓住大震。李四光先生一开就注重建立流动队伍的建设，成立的都是地震地质大队。这便于一有新的情况、新的前兆发展可以及时调整主要探测网的部署，以实现抓住大震。

4.地震实验场的建设，现分为地震预报实验场和地震科学实验场，不管哪一种实验场都必须抓住大震，才能开展下一步的研究。五年或十年抓不到大震，设备或设计可能将过时。而地震发生机制研究则是更长远之事，很难取得成果。我认为应当将主要资金和设备投到地震预报实验场的建设。

张国民的第3点建议也是抓地震预报实验场的建设。但是，地震局这期的实验场建设强调的是地震科学实验场建设。张国民在文章中还总结了过去实验场建设的经验，他说20世纪70年代以来，我国在新疆天山地区、山西临汾地区、云南滇西地区和首都圈先后开展过地震预报实验场研究，都积累了不少经验，至今都取得了很可喜的发展（具体内容没有谈到!）。

但是他提出，实验场的研究工作尚需进一步探索，包括地震预报的科学思路、基础研究与预测实践的结合、新观测技术的发展运用等。他提出要注意的两点内

容：“（1）地震实验场的建设要有一定的空间尺度，一个大地震涉及范围很大，与其相关的各种前兆的物理信息覆盖的区域可能很大，认为实验场还需要配备一支灵活机动的野外观测队，以便有效地扩大实验场的观测范围。（2）实验场内台网建设应达到一定的密度，仪器型号要统一，还要考虑多学科的配合，等等。”

5.地震台网和前兆台网预报技术系统的建设和发展。张国民建议：（1）地震观测系统的完善和发展；（2）地震前兆台网的优化；（3）地震观测资料数据库建设；（4）分析预报数据处理系统；（5）会商演示系统；（6）分析预报专家系统的研制和试用。

张国民还提出已开展了新的预报方法探索，如地下气体、地温、加卸载荷响应比、电磁波、S 波分列、非线性方法等，以及 GPS 和卫星热红外遥感技术和 CT 在地震预报中的应用探索。如：地下逸出气的研究，开展了不同构造条件及物性条件下对地下气体灵敏组分选择等基础性研究工作。在重点地区建设布局合理的台网，观测汞（气、土、水汞）、气氡、二氧化碳、气体总量等，取得一批可供区域性对比的群体异常资料。可惜的是，李四光主张的以地应力监测为中心的监测体系不见踪影。原金日光提出的 300 个地应力基准站的监控方案也不见介绍。这些都是应加强的。

6.关于深部精细的结构探测。作者认为 20 世纪 90 年代地震预报加强基础研究也表现在加强震区细结构的探测，用了近垂直的深地震反射法、宽角反射/折射法、地震转换波法、大地电磁测深法等，编制了多种图件，如地壳和上地幔的二维结构图、Q 值剖面图、大地热流及温度—深度分布图等和提出一系列的新认识。以唐山地区探测为例，作者给出的认识有以下几点：（1）大震震源位于浅层铲式正断层的下盘下方为与壳内高角度的隐伏深断裂所围限的空间内；（2）壳内存在着拆离带且为隐伏的高角度深断裂所阻，在壳内形成结构交汇区，大地震就发生在交会区；（3）大震震源区附近有壳内低速层发育，地震就发生在低速层上方或上角隅的脆性地壳内；（4）大地震震源体一侧或其下方有上地幔局部隆起。初步给出华北大地震构造模型。

这些探测结果一是没有说明是震前测得的，还是震后探测到的；二是没有说明震区地震的类型和当地的地质岩性；三是所用的方法探测精度如何？可否达到要求；四是唐山地区存在多条断裂构造，得出的这些结果如何得到证实？第五，震源定位的精度为几公里，如何与断裂联系起来？

如果是在南北带地震带，特别是泸西三叉点周围，其断裂极为发育，如何得出精细的速度剖面？已得到的汶川地震的深部震源结构争议很多，达不到建模的要求。

7. 地震预报最关键的事项是两个决策：（1）地震科技人员对有无地震、地震发生地点和震级的判断。（2）领导拿到地震科技人员的预报意见后“临门一脚”下达全民动员抗震命令。这需要有关人员有大智慧和“敢于担当”。地震战线已涌出许多这样优秀的人才，要善用，要善于保护和培养。张国民的第 5 点建议是对地震预报科研群体的培养和建设问题。他强调了地震科技人员的“三性”——一是热心于地震预报事业，具有远大的战略眼光和奋斗精神；二是合作精神强；三是要一专多能，能吸收其他学科的科学成果，有综合分析能力。

参考文献

1. 张国民，2022，《地震预测科学及其探索历程》，《风雨兼程》（内部资料）.

2. 张国民，傅征祥、桂燮泰等，2001，《地震预报引论》，科学出版社.

3. 《2006～2020 年中国大陆地震危险区与地震灾害损失预测研究》项目组，2005.

4. 《2006～2020 年中国大陆地震危险区与地震灾害损失预测研究》，地震出版社.

5. M7 专项工作组，2012，《中国大陆大地震中-长期危险性研究》，地震出版社.

尼泊尔大地震发生的构造背景及发展趋势

赵文津

中国工程院资深院士
中国地质科学院研究员
福星大观遥感减灾研究院研究员

摘要： 本文介绍了 2015 年 4 月 25 日尼泊尔 8.1 级地震是发生在喜马拉雅弧形地带的逆冲构造系内，是 20 千米深处的主喜马拉雅逆冲断裂（MHT，或拆离层）的上盘发生向南逆推活动导致主边界逆冲断裂（MBT）再活动，或可能是产生了一条新断裂；印度大陆持续向北移动（4cm/年）与亚洲大陆挤压，MBT 南、北的上地壳楔抬升；地应力的释放将导致其东边或北侧地段地震的活动加多；喜马拉雅弧形地带大震的周期可能在 50—60 年，新地震发生在弧形地带内的临近发震地段内，是专家早已推测的将要发震的地段；喜马拉雅弧形地带是地震监测力量薄弱地带，从“一带一路”建设角度讲今后也应加强监测工作，寻求地震前兆现象。

关键词： 尼泊尔 8.1 级地震　喜马拉雅弧形地带主喜马拉雅逆冲断裂（MHT）　MBT　一带一路

一、引言

2015 年 4 月 25 日 14 时 11 分尼泊尔发生了 8.1 级大地震，位置是北纬 28.2°、东经 84.7°，深度为 20km。随后，2015 年 4 月 25 日 14 时 45 分在震源点附近（北纬 28.3°，东经 84.8°）又发生一次 7.0 级地震，震源深度为 30 千米；2015 年 4 月 26 日 7 时 16 分又在其南部浅层，即北纬 27.8 度、东经 85.0 度，深度为 10 千米处发生了一个 5.0 级地震；2015 年 4 月 26 日 15 时 09 分又在其南部尼泊尔的北纬 27.8 度、东经 85.9 度，深度为 10 千米处再次发生一个 7.1 级地震。地震已造成巨大人员伤亡与城市建设的破坏。

与此同时，25 日在西藏定日县发生一次 5.9 级地震，震中位于北纬 28.4 度、东经 87.3 度，深度为 20 千米处；26 日又在聂拉木县的北纬 28.2 度、东经 85.9 度，深 10 千米处发生一次 5.3 级地震（有人认为这次地震是被 8.1 级地震引起的地震）。看来 26 日的震源点出现向南移动，向东开始活动的迹象。迄今已发生余震 30 多次了。

地震预报是个世界性难题，大家都在探索。为了便于与大家交流，现将我们在喜马拉雅地区多年工作形成的一些想法提供给大家参考，欢迎讨论。

二、尼泊尔地震产生的基本地质构造背景

许多人都说这次地震是印度地块与欧亚板块或汇聚，或碰撞，或俯冲引起的，这样说是无可厚非的。整个青藏高原内部及其周边发生的地震都是与印度地块向北推进有关。但是，在高原不同部位发生地震有各自的特定的地震地质条件，以及所受地应力作用方式也不同，如昆仑山口西地震、汶川地震、芦山地震、玉树地震等的情况都不同，这要就地震点发生的地震地质构造条件及受力的情况做具体研究分析。

三、尼泊尔大地震的具体发震地段与构造

这次地震发生在喜马拉雅弧形地带，见图 1。图中红点是这次地震的震中位置，在加德满都的西北方向的博克拉地区。这一弧形地带是由多条逆冲断裂及双重构造、多重构造组成，从北向南分别为，主中央逆冲断裂(MCT)、喜马拉雅多重构造、主边界逆冲断裂（MBT）及主前缘逆冲断裂（MFT）等，这些断裂都是由一个称为主喜马拉雅逆冲拆离层（或逆冲断裂）（MHT）所控制。

主喜马拉雅逆冲断裂(MHT，或拆离层)是印度地壳中部的一个隐伏的拆离层，其深度在喜马拉雅地块的南部为 20 千米上下，向北逐步加深，在高喜马拉雅之下达到 42 千米上下，约 5 千米厚，分隔了印度大陆的上、下地壳。在两大陆长期相对挤压的过程中，经过一定持续时间的应力积累后，上地壳将发生破裂并产生向南逆冲推覆，向北缓倾斜的断裂构造，或多重构造（高喜马拉雅山区很多），使上地壳叠覆起来增厚了上地壳，同时也缩短了上地壳；在逆冲断裂发生后，沿断裂还会在其浅部出现一系列强度较小的余震。震中与震源点在平面与构造剖面上的位置见图 1。图 2 示 MHT 的成像图，它是中美合作在 1992 年用深反射地震方法确定的，以后又经过天然地震波接收函数成像图及广角地震、大地电磁法验证过的。

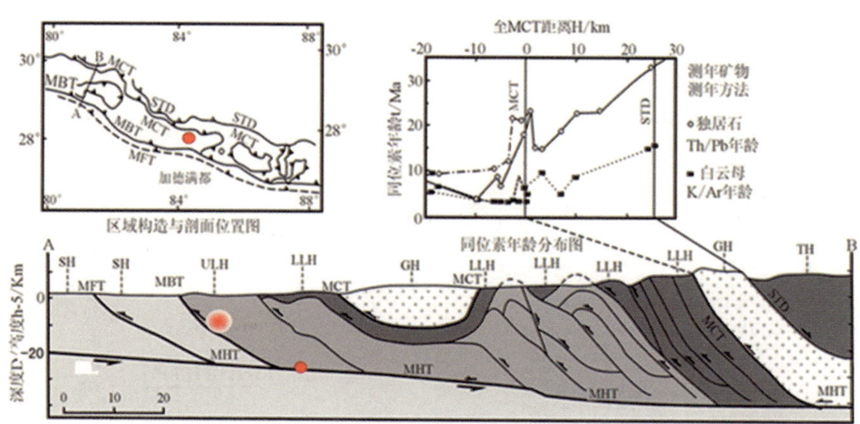

图 1　上左图为平面图，红点代表 8.1 级地震震中位置，MFT、MBT、MCT 代表三条主要逆冲断裂带，MHT 代表主喜马拉雅拆离层（或逆冲断裂），GH 为高喜马拉雅，TH 为特提斯喜马拉雅，SH 为下喜马拉雅，LH 为低喜马拉雅；红点表示 8.1 级地震震源点，带白色晕的红点表示其多个余震（5 级以下）的范围。7 级余震 1 次在震源点附近，1 次在剖面东约 100 千米，深度为 30 千米。

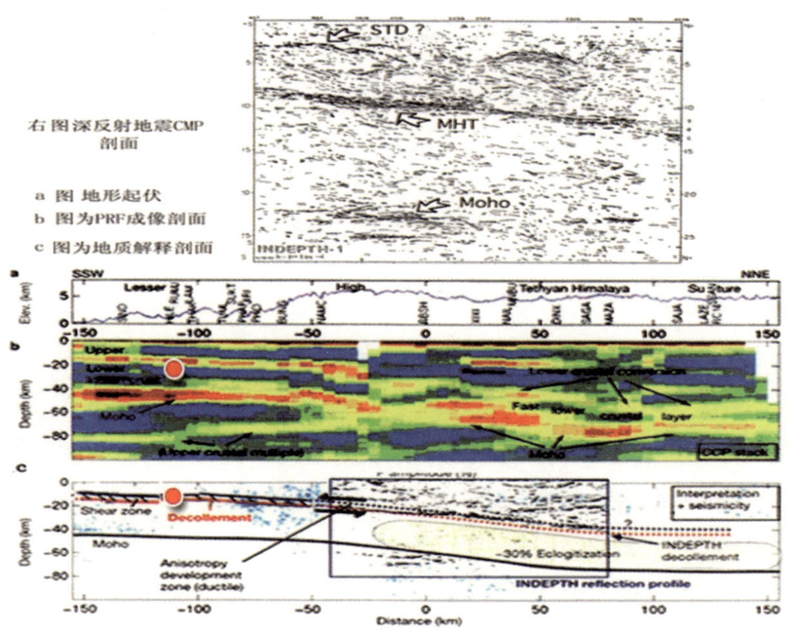

图 2　深反射地震（赵文津等，1993）与接收函数法（Pelkum 等，2005）成像图。上图中 MHT 在深反射图像上的显示；中图中上面第一条红色转换震相，代表 MHT，向南伸展到印度中地壳；下面的第二条红色转换震相，向南与印度大陆莫霍面相连接，代表 Moho 界面；下图是上图与中图的复合图及其地质解释。

图 3 是 1993 年推测的深部构造图，红点代表尼泊尔刚刚发生地震的位置。

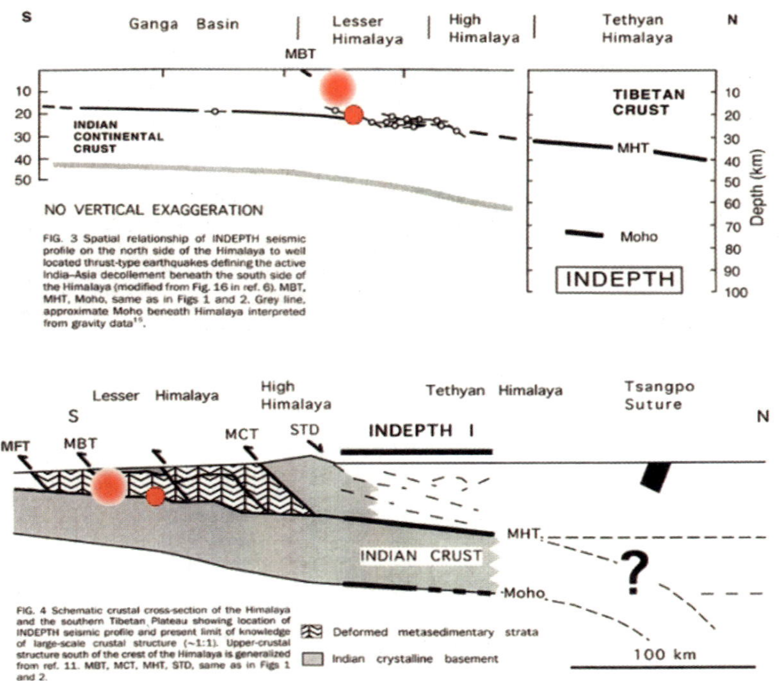

图 3　表示 MHT 向南与印度中地壳相连，印度下地壳及岩石圈地幔的走向不清（此图是 1993 发表的），2011 年发表的接收函数成像结果（Nature-Geoscience）表明它向北伸展出去。

这次大地震震源点赋存于 28.2° N、84.7° E,深度为 20km，正好位于主喜马拉雅逆冲拆离层（MHT）上，可能是主边界逆冲断裂（MBT）再活化所致,或者是新产生的一条与 MBT 平行的逆冲断裂。因为震源点正好发生在 MHT 上盘并向南的浅部发展。现已得到的震源机制解表明断裂面积约为 90 千米×150 千米（据李海兵介绍 USGS 反演的结果），断层产出很平缓，倾角约为 10°（陈运泰口头介绍），美国给出的矩震级为 7.8 级，依此估计可能断面错动约 3—4 米（按 Bilham 等，2001）。

四、喜马拉雅弧形地带是高原地应力最集中的地段

印度地块随着印度洋的扩展而向北运动，并在雅鲁藏布江一线与欧亚板块碰撞后形成宽阔的碰撞挤压带（碰撞时间国内多数人认为是 6500 万年时，国外专

家则多数认为是 5000 万年，或 5500 万年），随后印度大陆以每年 4cm（国外也有提为 2cm）速度持续向北运动。按照过去 5000 万年计算，印度地壳已向北推进了约 2000 千米，其中 1/3 以上为喜马拉雅逆冲带所吸收。考虑到山体受强烈剥蚀及高山隆升质量的再平衡，这一逆冲带可能吸收的地壳物质量还要增加。所以这一逆冲构造带是应力最集中的地带，这是人们公认的。此外，一部分上地壳在喜马拉雅造山及高原隆升的过程中遭受强烈的地表风化剥蚀作用，被剥蚀的物质则顺着几条大的水系带到高原之外，例如，由雅鲁藏布江带到孟加拉湾的河口沉积其厚度即可达 20 千米以上，可见剥蚀外运的地壳物质量是很大的。

经过 20 多年多种地球物理成像方法探测结果表明，印度大陆的岩石圈地幔并没有随同印度地壳一起俯冲到北部高原岩石圈之下，而是在两大陆对挤中向北进入高原地壳底部，向北伸展出去。

五、喜马拉雅弧形地带各段地震发震是有先后的

沿弧各地段过去曾先后发生过多次大震，但也有一些地段长期没有再发生大的破坏性地震，这些地段已处于或超过了大震发生的周期，它们可能随时爆发大地震。见图 4。印度大陆整体向北推进，相应的北部向南的反向推力是一致的，

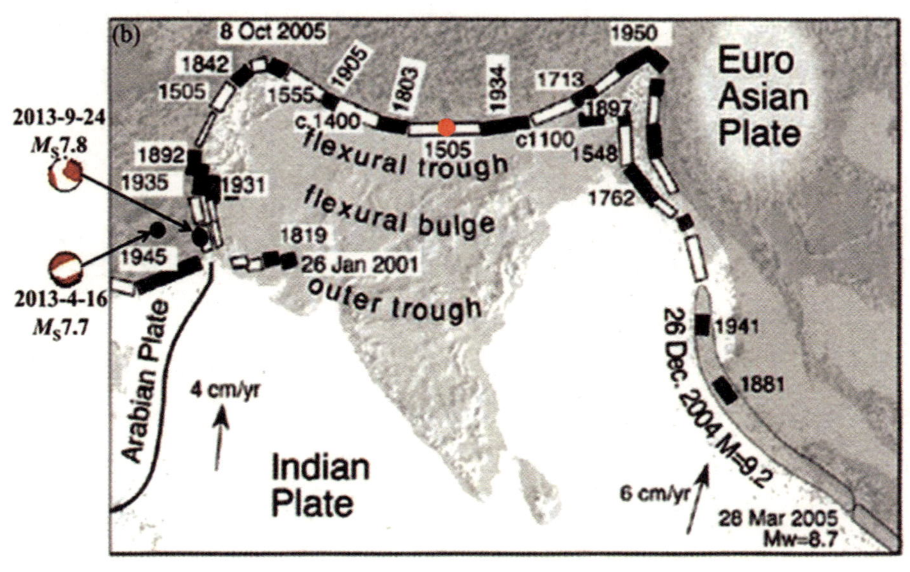

图 4　图中红色点代表这次发生的尼泊尔大地震的位置（估计的）

但各段物理性质不同，在向南推力作用下各段响应情况也就不同，发生地震时间将会有先后，图中黑色地段为近期发生过强震地段，年代数字代表了发生大震时间。白色地段已长期未发生地震了，认为这些地段已临近发震时间，或已超过发震周期，人们可以作这样推测，即，这些长期安静的地段随时可发生大震。但是发生大震的具体时间，则需要依靠对地应力积累程度和其他指标来判定。

喜马拉雅弧形地带逆冲型大震发生的周期（不包括上图中的两侧走滑型地震发生地段），强震发生周期估算约为50—60年，相当于每次大震发生时相当于北移了2—3米。但是，按1934年发生大地震到现在计，印度大陆已向北运移了80年×4cm/年≈3米，应力已有较大积累了。为什么白色地段安静期这样长？

六、关于大地震前兆问题

这次大震发生后还没有公布任何地震前兆信息，在此只能做些初步探讨。按照李四光地震预报理论，要着重地质构造体系分析，了解各地段的相互关系。喜马拉雅构造系构造体系较为简单，大体为几条近平行的逆冲断裂带；地表出露地层为前寒武系变质地层，性质较脆，各向异性较强，但20千米深处温度可达600度上下，在这种温度下岩层物理性质会有变化的；10千米深度处岩层可能仍然较大脆性,易脆裂产生小震，估计主震前会出现许多小震的。

在MBT与MCT之间的构造楔体可能会出现高程变化，甚至有较灵敏的响应；关于地应力特别是南北向地应力也可能测量出来，有明显增强；要调查震区内有无电磁场等扰动等等。

七、今后地震发展趋势

1.由于南部卸载可能造成北部MCT附近有应力相对增强而引发一些地震；

2.由于MBT锋面应力的不平衡而可能导致弧的东部地震发生；

3.与龙门山断裂带，或南北地震带相比，喜马拉雅弧形地带构造结构规律性更强，大地震也多，涉及多国边界地带，涉及未来“一带一路”建设，建议要加强地震的监测研究，采取措施减少地震灾害。地震破坏是不分国界的，这应当成为加强多国合作的理由，改变现在的地震监测不力的局面。

参考文献

1. Zhao wenjin, K.D. Nelson, & Project INDEPTH Team, Deep Seismic reflectionevidence for continental underthrusting beneath southern Tibet, Nature, V366: 557-559, December 1993| doi:10.1038/366557a0.

2. Bilham R, Gaur V K, Molnar P., Himalayan seismic hazard. Science, 2001, 293: 1442-1444.

3. Schule-Pelkum Vera, et al., Imaging the Indian subcontinent beneath the Himalaya. Nature, 435, 1222-1225, June 2005 | doi:10.1038/nature03678.

编者说明：本文已在 2015 年 5 月《科学通报》60 卷 21 期发表过。经过多年实践检验，表明可能大体符合实际。这是针对国内外一些地震学者认为将在尼泊尔首都加德满都西边会接着发生更大地震而提出的不同意见。它表明了喜马拉雅弧形地震带地震发生的一种规律，有自己的特点。内容不过时，现修改后再发表，主要想提供一个地震震源与深部精细结构(深反射地震结果)关系的实例，以与大家交换看法。

震磁效应及我们的预测回顾

曾小苹　林云芳

中国地震局地球物理研究所

摘要：本文作者回顾了 1987—2010 年期间，以震磁关系为依据研发的 3 种地磁预测地震的方法，在预测实践中取得了较好的中、短期预测效果。另外，作者收集了包括中国汶川 8.0 级地震的全球共 5 个接近震中区地磁观测点的临震磁异常震例，发现临震前几十分钟～1.5 天，极震区出现特大高频磁异常现象，震级 M=6～9 级地震对应的前兆磁异常归算到距震中 1Km 处的量级为 102～105nT，我们称之为“磁喷现象”。此结果，对震磁效应概念和理论、地震预测预警、防震减灾以及地磁台站选址和观测技术等方面，将产生积极的影响。

关键词：震磁效应　地磁预测预警地震　临震磁异常　磁喷现象

一、前言

震磁现象的观测与研究，迄今已有近百年的历史。全球和中国震磁效应的观测与研究和预测过程，证明了新技术是提高观测精度、发现新现象并促进理论发展的基础。20 世纪 50 年代末，精度高、稳定性好的质子旋进磁力仪的问世和广泛使用，改变了震磁现象的观测状况，获得了较为可信的震例结果。1970 年代数字化磁饱和磁力仪、质子旋进磁力仪、光泵磁力仪和超导磁力仪的出现，提高了观测精度，特别将采样率提高到了 1～0.01 秒，为发现新的震磁现象提供了新的依据，并提出了新的震磁效应概念。2008 年 5 月 12 日四川汶川 M8.0 级地震临震前特大磁异常现象，就是在 2008 年 2 月下旬中国数字化地磁台网正式产出地磁秒数据的基础上才有可能发现的。

本文第四和第五部分是本文作者对地震磁效应的观测预测方法的探讨和研发以及预测实践的回顾。其中第四部分是作者及其团队在 1986—2001 年期间研发的地磁预测地震的三个方法及预测实践的回顾，内容基本上摘抄自《地磁方法预报灾害》

（曾小苹、林云芳等，1998），第五部分关于《临震前地磁特大异常现象的发现》，摘抄自《震前特大地磁异常及其短临预警意义》（曾小苹、林云芳等，2011）一文。

二、地磁为什么能预测预报地震

中国地球物理研究所的主要创始人、首任所长、中国两弹一星功勋科学家赵九章曾多次说过：地磁学是物理性很强的学科。表现在：①地磁学是试验性很强的学科，是精密观测的学科；②地磁学研究的对象是地磁场的分布和变化，规律性很强；③地磁现象的理论性很强。地磁现象反映了上至太阳活动、行星际空间、磁层、电离层，下至地壳、地幔、地核中发生的与电磁过程有关的各种物理过程。”（章公亮，1988）。

因此，可以说地磁学是比较成熟的学科，它在震磁关系研究和地震预测预报中的有效性应该肯定。理由如下。

1. 地磁学是具有重要科学价值的地球物理学科

地磁场由基本磁场、变化磁场和磁异常三个部分组成：①基本磁场：由中心偶极子磁场和大陆磁场组成，来源于地球内部，占地磁场 98%以上；②变化磁场：主要指短期变化磁场，来源于地球外部，占地磁场 1%以下。无论是全球性的还是局部性的地球磁场变化，都有周期与非周期变化；③磁异常：主要有两部分，一部分是地壳浅部具有磁性的岩石或矿石所引起的局部磁场，它叠加在基本磁场之上，基本上不变化，其空间范围不大，属于内源磁场，占内源磁场中很小的一部分；另一部分是与地震和火山有关的局地地磁异常，仅在一段时间内出现在地震或火山地区。

地磁场及其变化是反映地球内部物理过程的主要途径之一，可以直接反映地壳至地核各种深度的物理过程中，包括深部的温度、压力、物质运动等变化过程。如果按来源看，地球磁场划分为外源场和内源场。外源场是来源于外空电流体系产生的地球变化磁场，其余部分是外源场的感应场。内源场的变化不仅与外源场的强度和分布有关，而且还取决于地球内部电导率的分布。所以，利用外源场在地球内部的电磁感应，是研究内部电导率及其变化的一种较好的方法。

2. 地磁背景场的时空分布具有规律性，场源可以区分

地磁背景场的时空分布特征可以用物理意义明确的数学函数表达，从而可以从空间有限个点的观测值推算其他点的未知值；可以用过去的变化预测未来的趋势，在地震预测预报中可用来区分内外源场，识别异常。

3. 地磁在地震预测中具有重要的地位和作用

近百年来，科学家从不同角度和各种观测资料的分析研究中揭示了地磁场的规律和异常，并不断发现了地磁场的异常变化与自然灾害，如地震、火山、地质灾害、旱涝灾、气象灾害、空间环境灾害等都有关；基本证实了震磁信息是存在的，地磁异常与地震预测预报是有关系的（Rikitake，1976）。1966 年邢台地震后，经过几十年的努力，中国的地磁工作者在震磁关系理论、实验、仪器研制、预测方法的探索和预测实践方面，取得了一些成果。1966 年以来中国的震例总结说明与地震有关的磁异常现象，是客观事实。

这些都说明地磁学在地震预测预报中具有重要的地位和作用。

4. 近百年来地震磁现象的观测史

地震磁现象的观测史，显示了地震磁效应量级与观测技术十分相关。观测史可以划分为三个阶段：

（1）20 世纪 50 年代以前，与地震有关的地磁变化是不可靠的，其中大多数是地震波引起的机械振动效应，部分是由观测仪器性能差引起的。日本著名科学家力武常次综合了以往文献报道的资料，发现与地震有关的地磁变化幅度随着时间的推移而迅速下降，由 1891 年的 900 多 nT 下降到 20 世纪 70 年代的 1～10nT（图 1）。（力武常次著，冯锐等译，1978）

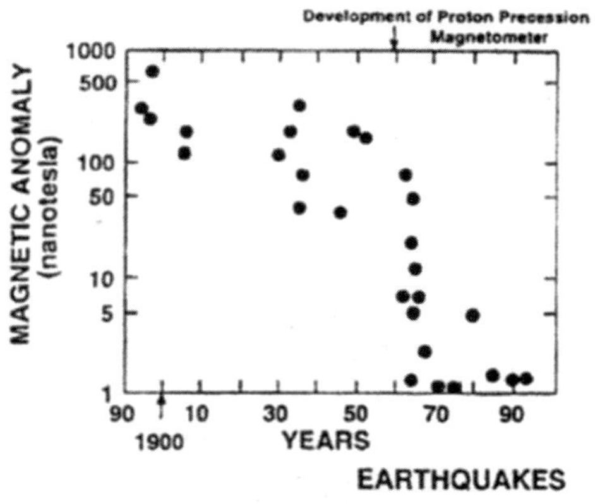

图 1　地震磁异常幅度随时间下降

（摘自《地震预报》，力武常次著，冯锐等译，1978）

（2）20 世纪 60 年代末起，精度高、稳定性好的质子旋进磁力仪的出现和广泛应用，改变了地震磁现象的观测状况，获得了较为可信的震例结果。

（3）20 世纪 70 年代以后的震磁观测，其主要特点是在地震试验场进行加密的高精度地磁观测。近年来，卫星观测技术也倍受重视。

三、2010 年之前的震磁现象及理论

1. 震磁效应和局部地区磁异常的定义

局部地区出现与地震的发生相关的异常磁场的现象，称为震磁效应。实际观测的地磁场与正常磁场的差异称为磁异常。局部地区地磁场随时间的异常变化称为地磁场的局部变化，或称为局地变化。由于磁异常是局部变化，其空间范围不大，属于内源磁场，且占内源磁场中很小的一部分。

2. 20 世纪以来的震磁效应探索研究

“1922 年威尔逊首先提出压磁效应是与构造活动相关的地磁异常变化的科学基础。1952 年开始，卡拉尼科夫等人进行了压磁实验，并认为，岩石的压磁效应可应用于观测地壳应力的变化……压磁效应的研究历史较长，其实验与理论工作比较充分，因此，目前，压磁说已为多数学者所接受。然而，不少观测事实与压磁说并不相符，故近年来又提出了其他的地震磁现象的物理机制。”（詹志佳，1988）。我们将其中有代表性的震磁效应理论及估算的量级列入表 1。

表 1　1964～2001 年地学界震磁关系理论计算的量级

No	震磁效应	量级（nT）	作者及论文发表时间
1	压磁效应	5～10	Stacey, F.D.,1964; Yukutake,T.and Tachikawa,H.,1967; Sasai,Y.,1994
2	构造磁效应	5～10	Nagada,T.,1969; Sasai,Y.,1980;1983;1991;1997
3	热磁/热压磁效应（包括火山磁效应）	5	Stacey,F.D., et al.,1965; Davis,P.M.,1976; Sasai,Y.,1979; 李存悌等,1980
4	感应磁效应	10～15	祁贵仲等,1977; 1981
5	膨胀磁效应	10	Rikitake,T.,1976; 祁贵仲,1978
6	流体动电磁效应	10	Mizutani, H.T., et ali.,1976; Fitterman, D.V.,1981
7	电离层感应磁效应	15～20	曾小苹、林云芳等, 2001

从上表中可以看到，理论模型计算的震磁效应量级为5～10nT，即10^0～10^1nT。我国地处中低纬度地区，地磁场的最大扰动量（磁暴）为200nT（即10^2nT）左右，日变化幅度约为10～几十nT（即10^1nT）。全球地磁脉动幅度为10^{-2}～10^2nT。可见，要从扰动磁场中提取10^0～10^1nT量级的震磁异常，相当困难。

四、三个地磁预测地震的方法及效果

1966～2000年，我国地磁学者应用多种预报方法，对近百个地震的每个地震前后全过程资料进行了研究，这些研究结果表明，地磁预报地震的各种方法可以在地震预报的中、短、临各个阶段发挥一定作用。

我国地磁预测地震的方法，据不完全统计有二十多个。主要有：转换函数法、加卸载响应比法、空间相关和加权差分法、差值法、日变低点位移法、磁暴二倍法、统计参量法、比值法、幅相法、谐波振幅比法、谱分析法等。迄今为止，预测地震的地磁学方法中较为成功的有转换函数法、空间相关和加权差分法、加卸载响应比法、低点位移法和磁暴二倍法等。以下介绍本文作者研发的三种预测方法，内容摘自《联合国“地磁方法研讨会”专用教材》（曾小苹、林云芳等，1998）。

五、提取震磁信息的方法

提取震前磁异常信息是以磁报震的前提和基础，一般多从地磁记录和野外巡回磁测数据中减去正常背景值（包括有规律的地磁扰动值），找出异常值。如空间相关和加权差分法、差值法、日变低点位移法等。我们还采取了另一种提取磁异常信息的方法，即利用地磁扰动，从中突出与地震有关的磁异常信息，如转换函数法和加卸载响应比法。

1.地磁转换函数法

转换函数法实际上是一种根据电磁感应原理发展的磁测深方法，所利用的入射信号—地磁短周期变化—就是来自磁层、电离层的天然磁场。其特点是频带宽、分布广、近似平面波，有穿透力。在消除了源场效应后，转换函数的时空变化特征应看作地下电性构造的函数，因而地磁转换函数及其参量随时间发生变化，作为研究局部和部分地区地壳和上地幔电性结构及其变化的一种手段，被广泛地用于磁测深方法和地震预测中，了解和监视地震活动区地下电性环境的变化，并获得与区域地震孕育过程活动性相关的前兆异常。

Rikitake&Yokoyama（1955）和Parkinson（1959）证实了地面各测点所记录

的天然磁场信号：地磁垂直分量 Z、水平分量 H 和偏角 D 的短周期变化幅度 ΔZ、ΔH 和 ΔD，具有稳定的线性关系：

$$\Delta Z=A\Delta H+B\Delta D \quad (1)$$

其中的 A 和 B 就是转换函数，是位置（λ，φ）、深度（h）、频率（ω）或周期（T）和时间（t）的函数，即

$$A=A(\lambda(\phi,h,\omega,t)$$
$$B=B(\lambda(\phi,h,\omega,t) \quad (2)$$

A 和 B 是复转换函数，角标 r 和 i 分别表示实部和虚部：

$$A=A_r+iA_i$$
$$B=B_r+iB_i \quad (3)$$

对某一测点 j、某一频率 ω_j 的地磁场，由电磁波的趋肤效应即可得到该测点对应 ω_j 的穿透深度：

$$hj=(2/\omega_j\mu\sigma)^{1/2} \quad (4)$$

其中 μ 和 σ 分别为介质的磁导率和电导率。

由转换函数的实部 A_r 和 B_r，得到帕金森（Parkinson）矢量的磁方位角 α_p：

$$\alpha_p=\tan^{-1}(B_r/A_r) \quad (5)$$

在方法研制过程中，我们处理了全国近 20 个地磁台约 4 万张地磁短周期变化的磁照图，“分析研究国内沿海地震、水库地震、断层地震和内陆地震等四种类型的震级从 M_L=4.5 至 Ms=7.8、震中距 L=25～350Km 的约 45 个震例……使地磁信息的提取方式由人工量取有限周期到采用谱分析技术，提取更多周期（9，12，15，20，26，35，45，60，75，90，120，150 和 200min）的谱”，按（1）、(3)、（5）式求解，得出转换函数 A，B 及其参量：转换函数的模|A|和|B|及其实部参量，帕金森矢量的方位角 α_p，以及总方差 σ_z。“从而可能透视地下多层介质电导率横向非均匀介质的动态，及其与地震发生的定量关系”，并用于年度预测中，“取得了突破性的进展……大大加深了对震源过程的认识。”（《地震电磁观测技术》教材，1995）

主要进展：

①震前出现的磁异常从深部向浅部传播。Ms=5 级、6 级和 7 级以上地震由深部向浅部的传递时间分别约为 1 年、2 年和 3 年（见图 2）。我们与山东省地震局的同行合作，利用马陵山地磁台转换函数总方差 σ_z1987.1.-1991.12. 的序列，震前向山东省地震局成功地预测了 1992.1.23. 山东莒县 Ms5.3 级地震（见图 2 之上图）。

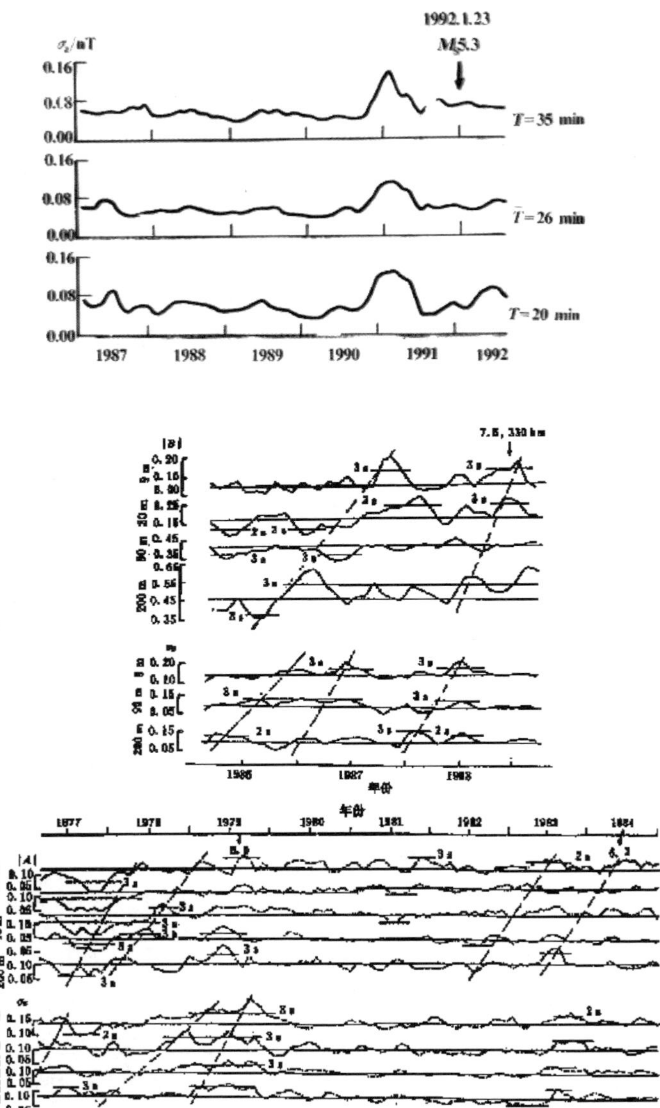

图 2　山东马陵山地磁台σz、云南通海地磁台|B|、上海佘山地磁台|A|及总方差σz 的逐月变化与地震（曾小苹等，1998）

上图：1992.1.23.山东莒县 Ms5.3 级地震，震中距 L=264Km，此地震有成功的短期预测

中图：1988.11.6.云南耿马—澜沧 Ms=7.6；7.2 地震，震中距 L=330Km；320Km

下图：1979.7.9.江苏溧阳 Ms6.0，L=192Km；1984.5.21.Ms6.1，Ms6.2；L=173Km；148Km

②帕金森矢量方位角 α_p 指向未来震中。帕金森矢量有指向良导体的特性，即处于构造断裂附近的台站，正常情况下帕金森矢量垂直于构造断裂带（或海岸线）。图 3 分别是南黄海和渤海海边的地磁台站及其近震分布；图 4 是云南地区处于中国南北地震带南端的通海、金沙江附近的永胜和楚雄，以及火山区的腾冲地磁台及其近震分布。它们的共同特征是：地震前帕金森矢量 α_p 指向未来震中。

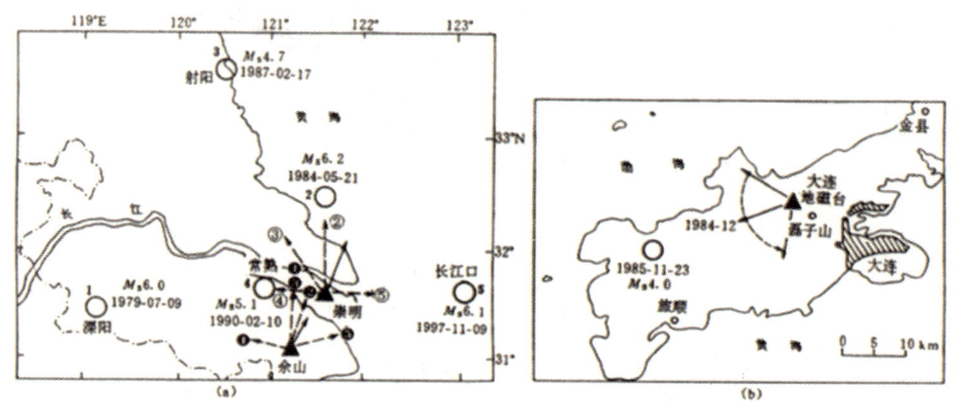

图 3　上海、大连地磁台的帕金森矢量方位角 αp 地震前指向未来震中

（a）上海佘山台、崇明台（b）大连台（曾小苹等，1998）

虚线箭头——地震前的；实线箭头——正常时 αp 垂直于海岸线；▲为台站；○为震中

预测效果：在 1990—1996 年期间，用此法每年向国家地震局呈上的年度预测中，正式提出预报的 75 个/次危险区中，虚报 30 个（虚报率 30/75=40%），预测与实际发生的地震三要素（时间、地点、震级）基本接近的有 12 个（成功率 12/75=16%）。

2. 空间相关和加权差分法

相关分析方法在震磁关系和地磁资料处理中有重要应用，主要解决以下几个问题：①对缺记资料算出弥补值，解决数据连接问题；②检验仪器和资料质量以及资料处理方法的优劣，判断资料的可靠性，找出并剔除不能使用的数据资料；③对于共同影响观测结果的许多物理因素中，找出哪些是重要因素，哪些是次要因素，这些因素之间有什么关系，等等；④通过分析地球磁场的时空变化特征，提供震磁背景规律，判断异常，提取震磁信息。

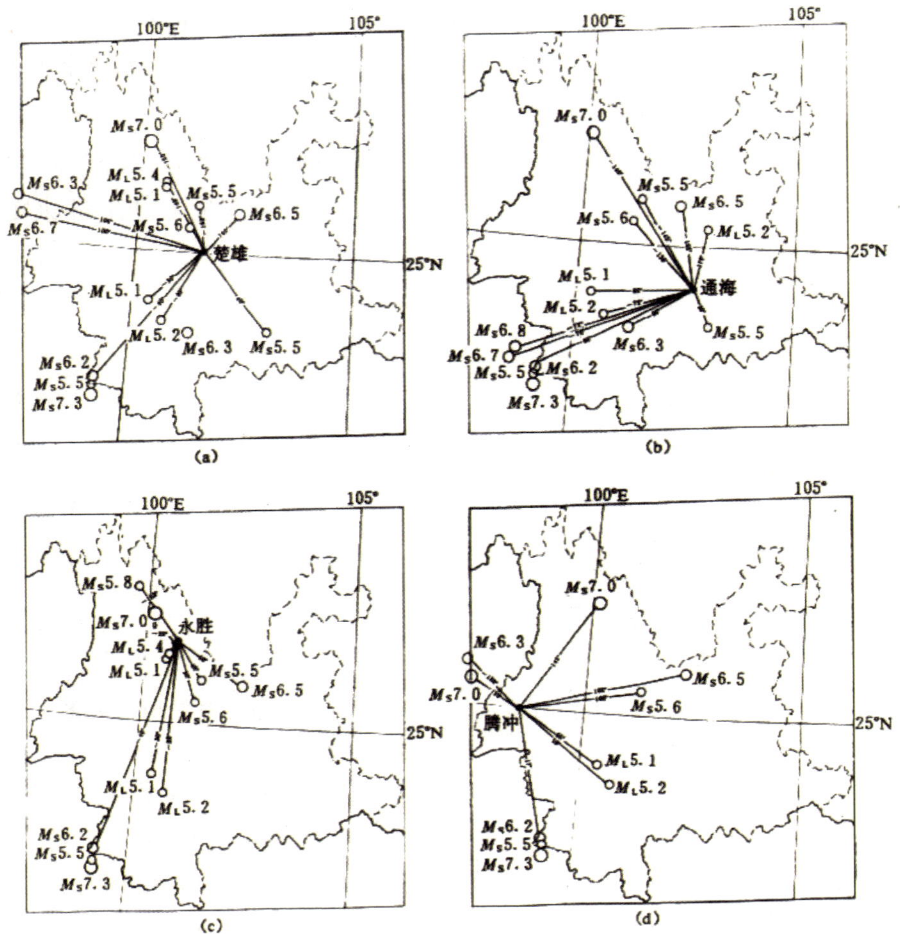

图 4　云南省 4 个地磁台帕金森矢量方位角 αp 的异常变化与震中（曾小苹等，1998）

（a）楚雄台（b）通海台（c）永胜台（d）腾冲台

●为台站；○为震中

回归方程。由于地球磁场时空分布的规律明显，地面上相距较近的两个台（X 和 Y）的地磁观测值之间基本呈线性相关关系，可用一条直线来表示。

$$\hat{Y} = a + bX \tag{6}$$

称为 Y 对 X 的回归方程。根据极值原理，求得回归直线的系数 b 及常数项 a，代入上式，回归直线方程（6）便可确定。

相关系数 R 和剩余标准差 S′ 是反映回归效果的重要参数。

相关系数 R 的取值范围是 0≤|R|≤1，|R|越接近 0，两组观测数据之间的线性相关程度越小；反之，|R|越大，越接近 1，表示两组观测数据之间的线性相关性越密切，线性回归效果就越好，则两组观测数据之间的线性相关性显著。剩余标准差 S′ 越大，回归效果越差；R 绝对值越大，则回归效果越好。所以，S′ 和 R 均是反映回归效果的重要参数。

回归系数 b 和常数 a 判断回归方程的稳定性。

由于观测数据受到各种随机因素的影响，致使 a 和 b 值在一定范围内波动，波动程度越小，回归方程越稳定。S′ 越小，观测数据个数 N 越多，且原始数据是从一个较大（比较分散）范围内取得的，求得的 a、b 的精度就越高，波动就越小。

考虑到外空源场，特别是平均高度在 110km 左右的电离层电流体系，对地面相距几十至二三百公里不同测点影响的差别，力武常次提出了更为合理的加权差分法（Rikitake，1976）。

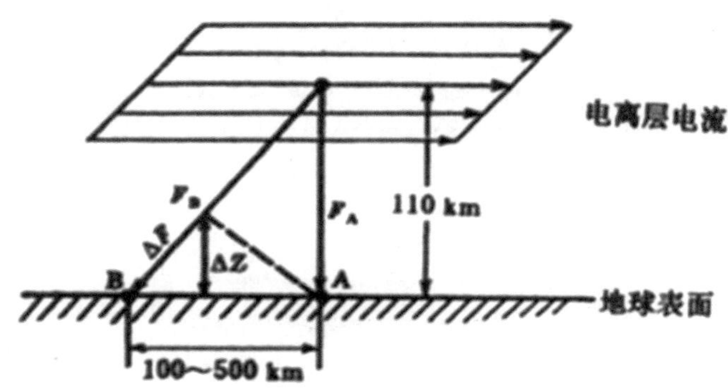

图 5　电离层电流体系在地面产生磁场的地区差异示意图（曾小苹等，1998）

我们对中国 100 多个核旋磁力仪测点数据分析发现：①加权差分法是一种提取震磁效应信息比较合理而简便的监测和预测地震的方法；②Z 分量对局部地区磁异常的反应，较其他地磁要素更灵敏（见图 6（a））。

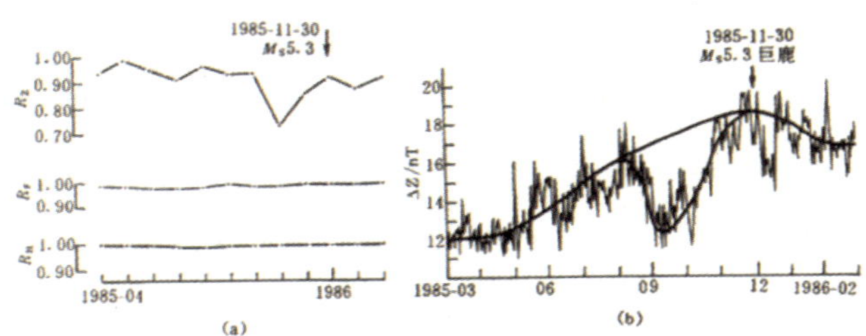

图 6　河北红山地磁台对 1985.11.30. 巨鹿 Ms5.3 级的震磁效应（箭头—地震）
（a）F、H、Z 相关系数 R 的逐月变化（b）Z 分量加权差分值△Z 的逐日变化
红山地磁台的震中距 L=24km（曾小苹等，1998）

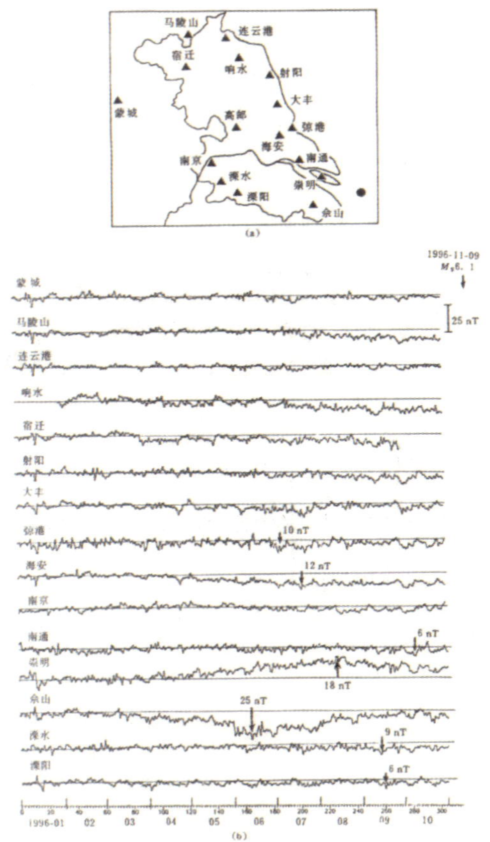

图 7　华东地区地磁核旋仪台网与加权差分△Z 曲线（各台与高邮台之差）与
1996.11.9. 长江口 Ms6.1 级地震（曾小苹等，1998）
（a）台网分布图（▲-台站；●-震中）（b）△Z 曲线
（曾小苹等，1998）

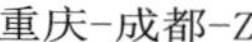

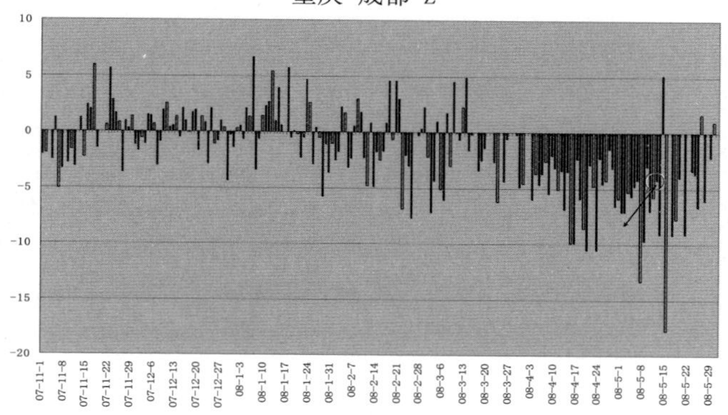

图 8　5·12 汶川地震前 4 个月成都与重庆地磁 Z 分量日变幅差值 ΔZ 异常序列（杨冬梅提供）

地震：红色圆圈和箭头；震中距 L：成都台 30km；重庆台 355km。

图 6、7、8 分别展示了在河北巨鹿 Ms5.3、长江口 Ms6.1 和四川汶川 M8.0 级地震震中附近的地磁台数据，经过加权差分处理后，显示地震前 4～5 个月左右出现明显的磁异常。

3. 加卸载响应比法

太阳以紫外辐射和粒子流辐射两种形式影响地球磁场，并形成变化磁场，其中最主要的两种地磁变化是太阳静日变化 S_q 和地磁扰动场 D。地磁扰动场可分为以下几部分：

$$D=D_{st}+D_s+D_p\ (B) \qquad (7)$$

其中 D_{st} 为暴时变化，D_s 为暴时扰日变化，D_p（B）为极区亚暴。

从加卸载的观点看，太阳风是太阳向行星际空间辐射的高速等离子体粒子流，其速度为 200～400km/s（微风）至 800～1000km/s 左右（暴风）。太阳暴风的地磁效应是全球同时发生的地磁扰动现象，即 D 场，中低纬度地区表现为磁暴（$D_{st}+D_s$）。由统计可知，平均大约每 5～6 天地球上被强烈的太阳暴风加载卸载一次。

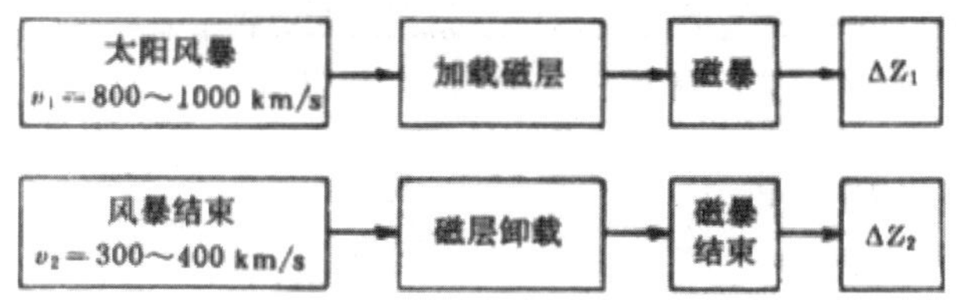

图 9　地球磁场对太阳风的加载卸载响应示意图（曾小苹等，1998）

另一方面，地震是一种非线性失稳现象。孕震区地下介质系统由稳态变为非稳态的过程中，介质的物理性质—其中包括电导率—必然会有相应的反应，因而会使中低纬度地区地面任一测点记录到的暴时扰日场 D_s 与该测点正常时期的不同，并与稳定地区测点的 D_s 有差别。在地震前，这种差别必然会在磁暴过程的加卸载响应比值 P（Z）上有所反应。由于中低纬度地区地磁垂直分量 Z 与地下介质及其变化较其他地磁分量的关系更密切（赤道地区则是水平分量 H），我们取 Z 分量作为计算 D_s（Z）的加卸载响应参量：

$$P(Z) = {D_S(Z)_+}/{D_S(Z)_-} \tag{8}$$

其中“+”号表示加载，“-”号表示卸载。

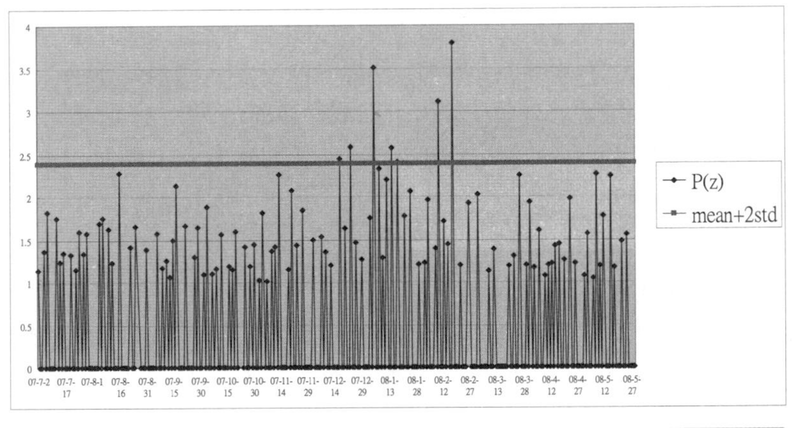

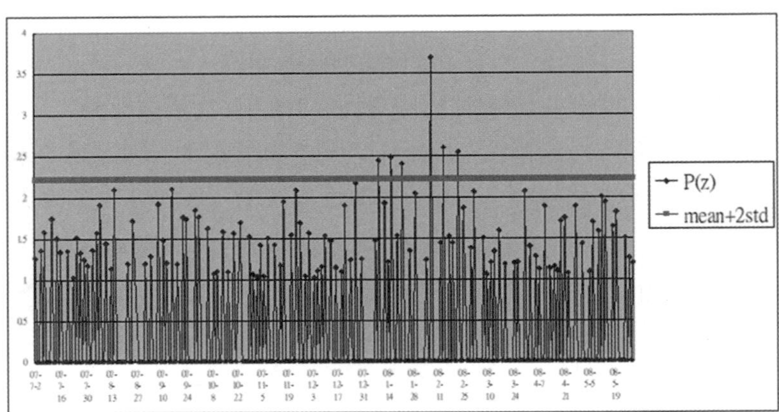

图 10　2007.7.2-2008.5.29.成都（上图）和重庆（下图）地磁加卸载响应比 P（Z）序列 2008.5.12.汶川 M8.0 级地震前 3～5 个月出现明显异常。（杨冬梅提供）

图中粉红粗线值为P（Z）变化值的2倍方差。震中距：成都台30Km；重庆台355Km。

磁异常在汶川8级大震前3～4个月出现。具体日期是：成都台——2008年1月5日和2月18日，即分别是地震前127天和83天，P（Z）值分别为3.5和3.8；重庆台——2008年2月7日，即于震前94天，P（Z）=3.7。这3个异常值均超过P（Z）值变化的2倍方差，异常值的精确度为95%。

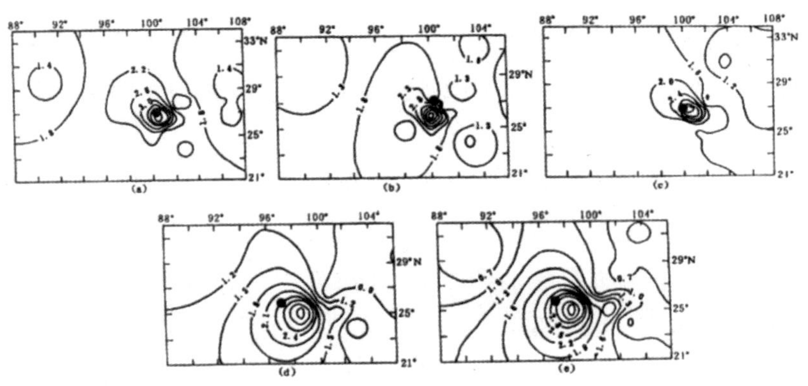

图11　滇缅地区P（Z）等值线与震中（●）分布图（曾小苹等，1998）

（a）-（c）1996.2.3.云南丽江Ms7.0级地震

（a）1994.11.6./11.9.（b）1995.11.25./11.27.（c）1995.12.7./12.10

（d）-（e）1994.4.6.缅甸Ms6.3级地震

（d）1994.1.31./2.6.（e）1994.2.3./2.6.

地磁加卸载响应比法至今是中国各省地震局的监测方法之一。据我们的经验，用此方法分析每个台站附近的震例，算出的P（Z）中找出震前P（Z）异常的最低值，即阈值P_0（Z）（thresholdvalue）。P（Z）<P_0（Z）时，属正常情况；如果P（Z）≥P_0（Z），则该台站地区有可能在异常出现后1～10个月内发生的地震或灾害性天气相对应。也有可能与较大磁暴的其他地球物理效应有关，但这种效应多是大范围的，甚至是全球性的事件，可以与地震信息区别。

4.预测总结

设上述三种地磁方法中的参量出现的异常量为a，S为均方差，如果a≥（2-3）S，有可能在异常区附近发生地震；a≥2S会对应M<6.0级地震，a≥3S会对应M≥6.0级地震。

（1）转换函数法：1987 年开始调研文献、研制软件、分析震例。1989 年 10 月开始正式向中国地震局地球物理研究所和中国地震局提交年度预测意见。

①观测台转换函数的模｜A｜或｜B｜出现异常，之后 3 年内，在该测点 550km 范围内，可能发生 M=5 级以上中强地震；

②台网转换函数模的变化量△｜A｜、△｜B｜和总方差变化△σZ 出现三种空间分布后，4-16 月内，在其中心附近有可能发生中强地震。这三种分布是：等变线密集、负中心和“四象限分布”；

③构造断裂带附近台站的帕金森矢量的方位角 α_p 及其方差△α_p 出现异常，该异常对应的 α_p 指向未来震中，或多台异常 α_p 的交汇点可能是未来的震中地区。

（2）空间相关和加权差分法：1990 年开始研制软件、分析震例。1992 年开始与转换函数法共同提出年度预测意见。

①Z 分量的空间相关系数 Rz<0.9 和△Rz≥0.10，1—4 月后，在 2～200Km 范围内，可能发生 M_L>4.0 级地震；

②加权差分值△Z 出现异常后 6 月内，2—300km 范围内，可能发生 M_L4.0～Ms6 级地震。

（3）加卸载响应比法：1995 年 7 月开始研制软件、分析震例。

①计算不同地区测点的 P（Z）值，分析近震震例，找出阈值 P_0（Z），如 P（Z）≥P_0（Z），则为异常。

对北京地区，P（Z）≥P_0（Z）后 10～4 个月，可能发生 Ms5～8 级地震；

对华北地区，P（Z）≥P_0（Z）后 7 个月～6 天，可能发生 Ms5～6 级地震；

对西南地区，P（Z）≥P_0（Z）后 8 个月～25 天，可能发生 Ms5～7.5 级地震。

②对测点组成的台网，P（Z）异常的空间分布中心，可能是未来的震中区。

（4）预测效果

1990～2001 年：以我们研发的转换函数法向中国地震局提出年度预测意见。1997 年开始加卸载响应比法与转换函数法和空间相关及加权差分法综合分析，每年向中国地震局提交正式年度趋势预测意见。1999～2018 年：用研发的其他方法每年向中国地球物理学会下属的天灾预测会提交年度预测意见。

按联合国推荐的地震年度和短临预测评分法，即 ESTAPE 法（JeanandCol，1998），我们对 1990～2001 年共 12 年的年度预测进行评分检验（见图 12）。由直方图可见：在 143 个（次）预报中，①及格 P≥60 分 80 个，约占 56%；②虚报 P≤30 分，46 个（次），约占 32%；③优秀，地震 3 要素预报与实际发生基本接近，P≥85 分 31 个（次），占 21.7%。（见图 13）

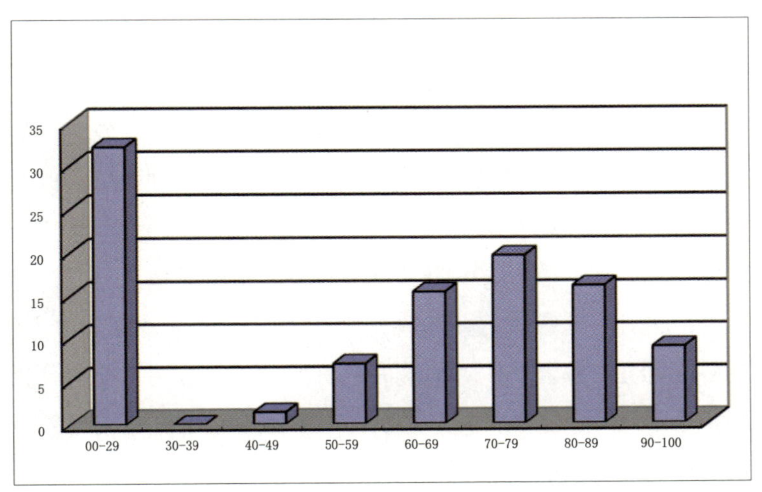

图 12　三个预测方法预报效果评分 P 的频次直方图（1990—2001）

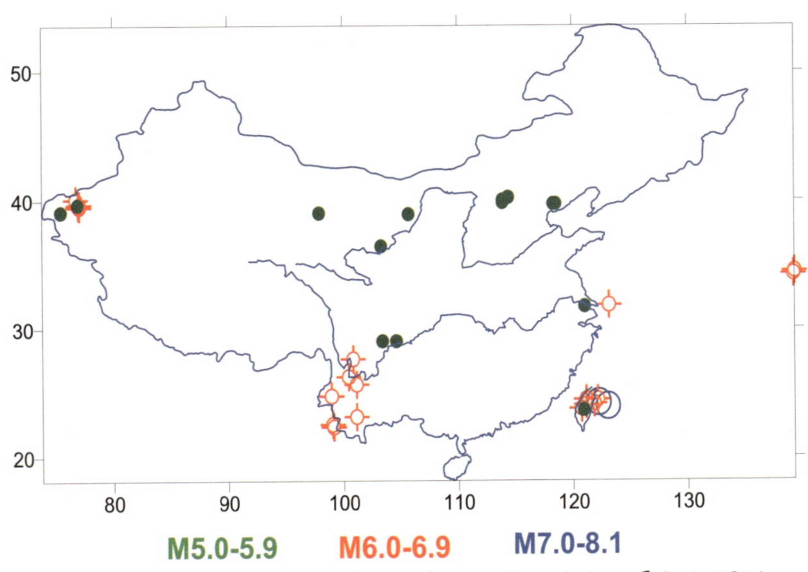

图 13　1990—2001 年地震三要素（时间、地点、震级）预测与实际发生基本接近（评分 P≥85）的 31 个地震震中分布

5. 关于联合国主办的研讨会

联合国经济与社会事务署（UNDESA）（纽约）、联合国开发计划署（UNDP）（北京）、中国科学院和中国地震局于 1998 年 2 月 14～21 日和 2 月 23 日～3 月 1 日联合在北京举办了“地磁方法预报灾害”国际研讨会，分“国际”和“中国”两期。

“国际期”有 14 个国家 20 人参加，“中国期”有来自中国 29 个省、市的 49 位地磁工作者参加。我们介绍了上述三种地磁预报地震和气象灾害的方法和软件系统（GMUP1.0 版）；地震短临和年度预报评分软件（ESTAPE）；以及仅对中国的数字化仪的采图程序（SAMPLE）。

截至 1998 年 11 月，参会的中国各单位通过大量的震例总结，认为联合国出面推广的地磁方法对应地震较好，特别是加卸载响应比法，既简单方便又实用。从事预报的人员反映“整套软件对地震有良好的响应，看到了地磁预报地震的新希望，增加了信心”。研讨会后 8 个月统计，中国地磁工作者用地磁方法写出研究论文 25 篇，其中已发表 9 篇，待发表 7 篇，修改中 9 篇。此后，国内外还不断有用我们介绍的方法写出论文和博士论文的消息传来。所有 29 个省、市参加研讨会的人员，除个别无计算机者外，会后均将我们介绍的三种方法做了近震震例分析，且有的至今还用于本单位每周、每月和年度地震会商中，并得到部分专家的肯定、重视和好评。有多个单位用此方法申请到了地方的研究课题。

六、临震前地磁特大异常——磁喷现象的发现

1. 汶川地震的启示

2008 年 2 月下旬，中国地震局新建的数字地磁台网基本建成，正式产出数据。恰逢 5 月 12 日发生了汶川 M8.0 级大震和 8 月 30 日攀枝花 M6.1 级地震。本文作者及团队处理了距汶川地震震中分布约为 30km 的成都台和 355km 的重庆台，以及距攀枝花地震震中 6km 的攀枝花台的秒数据，发现极震区内震前 1.5 天（36 小时）到几分钟，出现特大磁异常现象（曾小苹等，2011），见图 14。

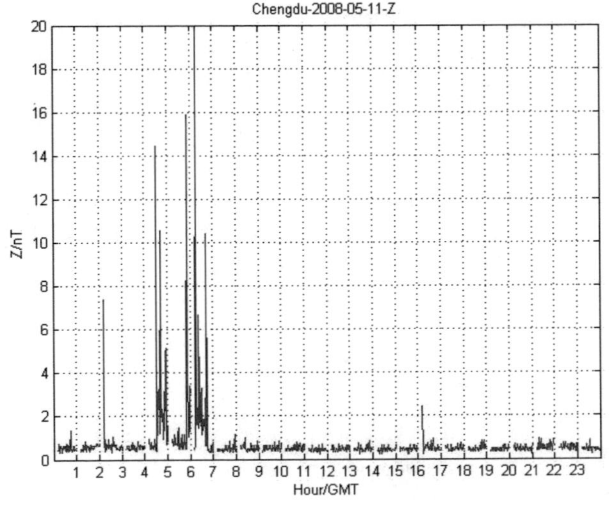

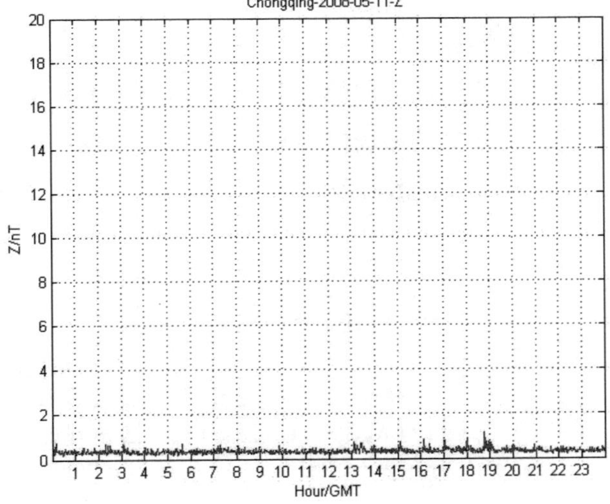

图 14　汶川地震前 1 天垂直分量分变幅△Z 的变化对比（曾小苹等，2011）
上图：成都台（L=30km）下图：重庆台（L=355km）

为了证明此现象是否具有普适性，我们又搜索到了全球另外 3 个地磁测点在极震区内的震例，它们的记录同样显示临震前出现地磁特大异常（Moore，1964；Fraser-Smith，1990；Uyeda，2002）。这 5 个震例和震中位置见图 15。

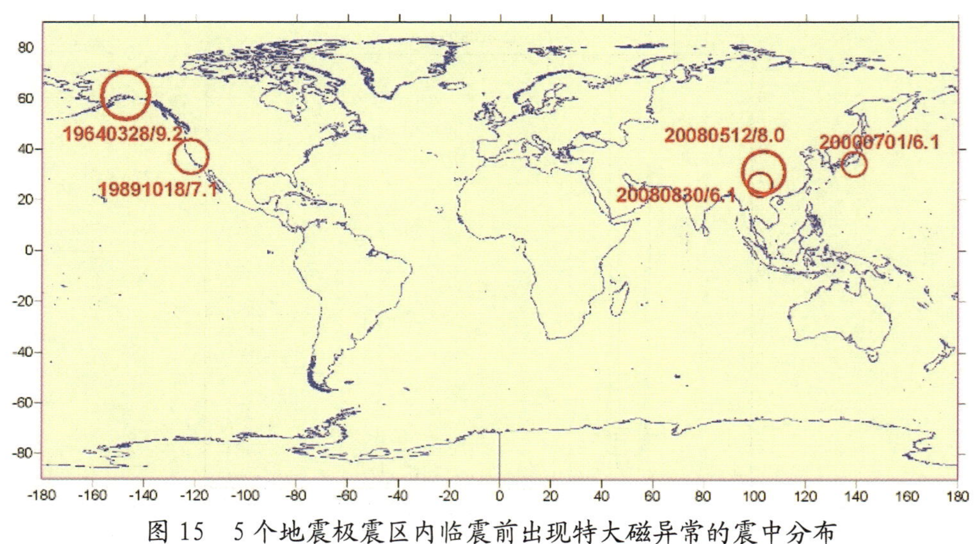

图 15　5 个地震极震区内临震前出现特大磁异常的震中分布

2. 地磁前兆磁效应的量级

根据磁场强度与距离平方成反比的关系，我们将不同震中距 L（km）记录到的地磁异常值归算到 L=1km 处的磁场值（表 2 和图 16）：M=6～9 级对应的临震磁异常量级分别为 102～105nT 量级，因此，可以称为是一种磁场的突然喷发一磁喷现象。

表 2　距震中 1km 处的临震前磁异常

地磁台	地震名	震级（M）	震中距 L（km）	L 处磁场最大异常值&出现时间（nT/时间）	L=1km 处磁场之异常值（nT）
中国平地 日本伊豆	中国四川攀枝花 日本伊豆岛震群	6.1 6.1/6.3/6.4	6	13.0nT/震前 1 天 震前 40 分钟	468 ~ 102
美加州大学	Loma Prieta，USA	7.1	7	59nT/ 震前 3 小时	2940 ~ 103
中国成都	中国四川汶川	8.0	30	13.6nT/ 震前几分钟 ~ 1.5 天	12252 ~ 104
USGS	Alaska Kadiak	9.2	30	100.0nT/ 震前 66 分钟	90000 ~ 105

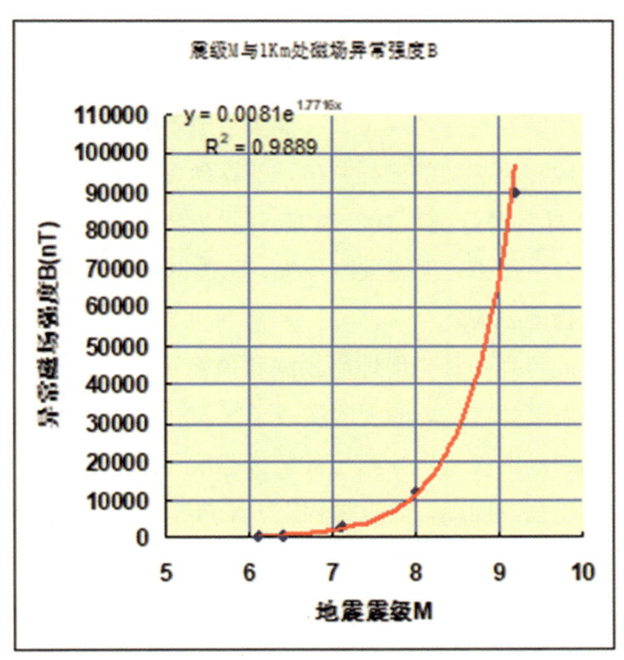

图 16　L=1km 处的临震磁异常强度 B 与震级 M 的关系（曾小苹等，2011）

七、结论和讨论

1. 近 100 年来，人类对震磁效应的认识过程再次证明了观测技术和新现象的发现和理论研究是相互影响促进的。例如，地磁观测由读数，到照相记录，再发展到数字采集，比人工量图更精确，效率更高，又可以对地磁数据进行谱分析，得到更多的谱周期，进而得到地下多层介质的电导率信息。再发展到质子旋进（核旋）磁力仪、磁通门磁力仪的自动数字记录，得到了采样率为 1～0.01 秒的数字记录，从而有可能捕捉到临震前极震区出现的特大高频磁异常信息。这一新的观测现象又对震磁效应机理和研究课题提出了新的要求和发展需要。

2. 本文作者及团队近 30 年以震磁关系为依据研发的三种地磁预测地震的方法，取得了较好的中、短期预测效果，证实了地震前有地磁异常，利用地磁异常是很有希望的一种预测地震的方法。

3. 由国内外的观测事实可知，临震前几十分钟～1.5 天，出现磁场高频特大异常——磁喷现象。此现象只能出现在震中及其周边极小的范围——极震区内。

这种临震前地磁异常的特点是：范围小、频率高、强度大，是地震预警的重要和可靠的依据。

4.本文作者及团队发现磁喷现象，并证实了地震磁效应的量级：将震中附近地磁台记录到不同地震临震前的磁异常值，归算到震中距 L=1Km 处，则对 M=6 级到9级地震，其前兆异常值分别为102～105nT（见表2），而非此前的100～101nT。它对地磁学、震磁关系理论、地震预测预警、防震减灾以及地磁选址和观测技术等方面，将产生积极的影响。

5.本文作者在此特别强调当前地震预测和预警问题。由于城市、交通、能源输送等等现代化的发展，对磁场的观测造成了时间和空间上的环境干扰，而临震前极震区出现高频磁场的磁喷现象给出的特大强度（量级）的磁异常，可以在很大程度上大于环境干扰，因此，要求量程大、采样率高，而灵敏度不高的磁场观测仪器。但是，由于磁喷现象仅出现在未来震中及其周围很小范围内，所以要求加密观测点布局。如能满足以上条件，实行专群结合，即群测群防和大数据专业监测网配合，6 级以上强震的地磁预测和预警问题有望实现。群测群防点需要设计记录大幅度变化而灵敏度不高的磁场专门手机，布点尽量密集，而专业监测网则要求布设仪器采样率为 0.1～0.01 秒、稳定性和量程大的磁力仪监测网，并要实时监测、收集、分析处理磁力仪监测网和群测点的数据，发现异常地区，迅速处理。

6.存在的问题

（1）更多的预测实践表明地震预测的复杂性和当前人类预测地震能力的局限性，主要原因在于我们远不能正确地识别多样而复杂的地震前兆。其复杂性表现为前兆异常的多样化、异常空间分布的非均匀性、异常时间进程的起伏不定异常幅度的不规则性，以及异常与地震关系的不确定性，等等。这正是我们和我们的同行需要去努力攻克的难题。因此，目前，震磁关系的研究仍然处于探索阶段。

（2）现代化城市建设和交通（高铁、公路网）、电力系统的发展，对磁场的时间空间观测环境带来越来越多的干扰，本文介绍的三个甚至此前所有的地磁预测地震的方法很难应用。在此情况下，对地磁工作者提出了新的课题。磁喷现象是有望能解决此问题的一种方法。

（3）磁喷现象的发现仅仅是初步，还需更多的震例样本充实和证明。另外，更需建立有合理解释的理论模型。

参考文献

1.曾小苹，林云芳，续春荣，赵明，赵跃辰著，1998,《地磁方法预报灾害》，联合国“地磁方法研讨会”专用教材，北京：联合国经济与社会事务署（纽约），联合国开发计划署（北京）。（中、英文）

2.曾小苹，郑吉盎，王嬰燚，张素琴，林云芳，2011，震前特大地磁异常及其短临预警意义，中国工程科学，第13卷，第4期，48-53页。

3.章公亮，1988，地磁观测、震磁现象与地震预报，国家地震局科技监测司主编：《地震监测与预报方法清理成果汇编 地磁地电分册》，3-8页，北京：地震出版社。

4. Rikitake, T., 1976, Earthquake Prediction, Elsevier, Amsterdam.

5.力武常次著，冯锐等译，1978,《地震预报》，北京：地震出版社。

6.詹志佳，1988，地磁观测、震磁现象及其物理基础，国家地震局科技监测司主编：《地震监测与预报方法清理成果汇编：地磁地电分册》，88-107页，北京：地震出版社。

7. Stacey, F. D., 1964, The seismomagnetic effect, Pure Appl. Geophys., 58: 5 - 22.

8. Yukutake, T. and Tachikawa, H., 1967, Geomagnetic variation associated with stress change within a semi-infinite elastic earth caused by a cylindrecal force, Bull. Eqrthq. Res. Inst., Univ. Tokyo, Vol. 45, 785-798.

9. Sasai, Y., 1994, Piezomagnetic fields produced by dislocation sources, Surveys in Geophys., 15, 363 - 382.

10. Nagada, T., 1969, Tectomagnetism, IAGA Bulletin, No. 27. 25-38.

11. Sasai, Y., 1980, Application of the elasticity theory of dislocations to tectonomagnetic modeling, Bull. Earthq. Res. Inst., Univ. Tokyo, 55, 387 - 447.

12. Sasai, Y., 1983, A surface integral representation of the tectonomagnetic field based on the linear piezomagnetic effect, Bull. Earthq. Res. Inst., Univ. Tokyo, 58, 763 - 785.

13. Sasai, Y., 1991b, Tectonomagnetic modeling on the basis of the linear piezomagnetic effect, Bull. Earthq. Res. Inst., Univ. Tokyo, 66, 585 - 722.

14. Sasai, Y. and Y. Ishikawa, 1997, Seismomagnetic models for earthquakes in the eastern part of Izu Peninsula, Central Japan, Ann. Geofis. XI, 2, 463 - 478.

15. Stacey, F.D., K.G. Barr and G.R. Robson, 1965, The volcanomagnetic effect, Pageoph, 62, 96 - 104.

16. Davis, P.M., 1976, The computed piezomagnetic anomaly field for Kilauea volcano, Hawaii, J.Geomag. Geoelectr., 28, 113 - 122.

17. Sasai, Y., 1979, The piezomagnetic field associated with the Mogi model, Bull. Earthq. Res. Inst., Univ. Tokyo, 54, 1 - 29.

18. 李存悌，郑香媛等，唐山地震的震磁效应，科学通报，No.15, 1980.

19. 祁贵仲等，1977，地震感应磁效应（1），地球物理学报，Vol.20, 70-79.

20. 祁贵仲等，1981，地震感应磁效应（2），地球物理学报，Vol.24, 417-424.

21. Rikitake, T., 1976, Crustal dilatancy and geomagnetic variation of short period, J. Geomag. Geoelectr., 28: 145-156.

22. 祁贵仲，1978，“膨胀”磁效应，地球物理学报，Vol.21, 18-38.

23. Mizutani, H., T. Ishido, T. Yokokura, and S. Ohnishi, 1976, Electrokinetic phenomena associated with earthquakes, Geophys. Res. Lett., 3, 365 - 368.

24. Fitterman, D.V., 1981, Correction to “Theory of electrokinetic-magnetic anomalies in a faulted Half-space”, J. Geopgys. Res., 86, 9585 - 9588.

25. 曾小苹，刘正彦，林云芳，王吉易，续春荣，2001，幔羽现象与地震电磁流体效应的可能联系，地学前缘，第 8 卷，第 2 期，P.253 ~ 258.

26. Rikitake, T., and Yokuyama, I., 1955, The anomalous behavior of geomagnetic variations of short period in Japan and its relation to the subterranean structure, Bull. Earthq. Res. Inst. Univ. Tokyi, 33, 297-

331.

27. Parkinson, W. D., 1959, Direction of rapid geomagnetic fluctuations, J. R. Astr. Soc. 2, 1-14.

28. 国家地震局科技监测司主编,1995,《地震电磁观测技术》,30页,北京:地震出版社。

29. Jean, J. Chu and Col, J. M., 地震短临和年度预报评分法(ESTAPE),1998,曾小苹等著,地磁方法预报灾害,联合国“地磁方法研讨会”专用教材,北京:联合国经济与社会事务署(纽约),联合国开发计划署(北京),104-106。(中、英文)

30. Moore, G. W., 1964, Magnetic disturbances preceding 1964 Alaska Earthquake [J], Nature, 203: 508-509.

31. Fraser-Smith, A. C., Bernard, A., McGill, P. R., et al., 1990, Low-frequency magnetic field measurements near the Epicenter of the Ms7.1 Loma Prieta Earthquake, [J], Geopysical Research Letters, 17: 1465-1468.

32. Uyeda, S. 2002, Electric and magnetic phenomena observed before the volcano-seismic activity in 2000 in the Izu Island Region, Japan[J], PNAS, 99: 7352-7355.

中国地震地电场研究回顾与展望

马钦忠

上海市地震局

摘要： 本文回顾了自 1966 年邢台 7.2 级地震以来我国地震地电场观测与研究从模拟观测到数字化仪器与不极化电极并用进行观测的发展历程，并从这一发展过程中地电法大量震例的研究可以看到，地震地电场方法在地震短临预测的效果是非常值得肯定的。同时，展望未来地震地电场方法也非常值得进一步发扬光大。

一、引言

众所周知地震预测是国际性科学难题，每次国内外发生引起重大灾害性的大地震后大众对地震预测与预报的问题总是格外关注。与地震预测尤其是短临预测有关的方式方法也备受瞩目，地震地电场方法便是其中之一。地电场是重要的地球物理场，其研究内容较为丰富，涉及多个方面的内容，包括：用于地质勘探的地电场电法勘探、与地震预测有关的地震地电场研究、与空间电流体系密切相关的地电场日变特征及地电暴研究、潮汐变化、源自人工源大电流源的地电场分布特征研究等。地电场主要包括大地电场和自然电场。大地电场的场源是高空电离层、磁层、对流层的电流体系的电磁感应，其影响分布于整个地表广大地区。自然电场场源主要来自地球内部（特别是地壳的浅层）由于正负电荷分离而产生的电流体系，与大地电场相比，它们主要影响较为局部的范围。地电场既受场源的控制，又受局部介质电性结构的影响，而显现区域性差异。自然电场场源的空间尺度与大地电场的场源相比要小得多，因此局部结构所造成的场的空间分布的差异，自然电场比大地电场要大。而地震地电场研究的主要目标就是利用地震前地电场异常信息进行地震三要素的预测，即对未来所发生的地震震中位置、震级和发震时间的预测。在地电场观测中，目前主要研究的是地电场在地球表面投影的部分，可以作为平面矢量，其大小和方位可以通过平面坐标系各分量来确定之。地电场分量的测量，则是在特定的方位上（一般取 NS 和 EW 方位），布设一对电极接收电场信号，用该对电极上测得的电位差与电极距之间的距离的商，作为电场在该方位上分量的度量。当场源随时间变化时，地电场也将随之改变。在地电场观测活动中，1849 年 Barlow 使用以英国的德比为中心的电信线路系统进行的观测是第一次。Varley 提出的在 1871 年 3 月 17 日加拿大的纽芬兰岛附近发生的地震产生地电流异常的报告是最早的例子。日本学者在 1923 年关东地震、岩手县地震、福岛县近海地震时曾观测到地电场发生了异常变化，1944 年永田在鸟取地震（1943 年 9 月 10 日）时观测地电场，调查了余震活动和地电位的变化关系。这些都是开展较早的地震地电场观测研究的例子。之后，国内外相继开展了许多关于地震前地电场异常现象的观测与研究活动。许多研究表明，在地震预测研究中，地震地电场的震前异常现象是值得重视的研究内容之一（Corwin and Morrison, 1977；赵玉林等，1981；Kinoshita, M., et al 1989；Varotsos et al., 1993, Nagao et al., 1996；钱复业等，1998；毛桐恩等，1999；Uyeda S, et al.,2000；Tsutsui,M.,2002；Orihara,Y.,et al, 2002；Telescal L, et al, 2004；马钦忠等，2004；P. A. Vartosos, 1991）。因此，分析和研究地电场中自然电场变化的特点，是将地电场观测用于地震预测研究的重要分支之一。本文对国内地震地电场观测研究概况进行有益回顾与介绍，并对其未来发展前景进行了有益的展望，以期为我们基于地震地电场学的地震短临预测方法的进一步发展提供良好的认识基础。

二、我国早期地震地电场研究与实践

1966 年 3 月 22 日我国邢台发生 M7.2 级地震后，视电阻率法被移植到地震预报中来。当时一般采用供电极距 800～3000m，测量极距 300～1000m，同时测量电阻率和自然电场两个参数（陈有发等，1999）。与此同时，我国的业余地震队伍也广泛开展“土地电”预报地震的观测与研究工作，1968 年河北香河群测点开展了“土地电”观测是较早的例子（钱复业等，2005）。这里所谓“土地电”是相对于当时的地震专业队伍开展的地电测量（有人称为“洋地电”）而言，其特点是通过人工读数的方式测量某一方向两个接地铅电极之间的电位差（即单极距观测），计算地面电场。“土地电”实质上是自然电场和大地电场的混合电信号，因为它的装置是两个接地铅电极，一个微安表，用导线连起来构成一个回路，平时断开，测量时闭合。“土地电”并不土，曾记录到许多震前异常变化。如 1975 年 2 月 4 日海城 7.3 级地震、1976 年 7 月 28 日唐山 7．8 级地震、1976 年 8 月 16 日松潘 7.2 级地震、1988 年 11 月 6 日云南澜沧—耿马 M7.6 地震的电场前兆。

1975 年 2 月 4 日海城 7.3 级地震前，冶金部 102 队利用被称为“土地电”的方法测量到（震中距 15km）自然电位前兆异常，在震前几小时提出预测意见，为地震成功预报做出了重要贡献（全国地震综合分析预报清理攻关组，1986）。有证据表明，海城地震前冶金 102 队等单位的地电异常，即使在今天看来，也是最可靠的电场前兆之一（赵玉林等，1995），如图 1 所示。在 1975 年辽宁海城 7.3 级地震前辽宁省设有 46 个“土地电”观测站，其中有 25 个“土地电”观测站观测到了临震前土地电突跳异常，达到 54%；石硼峪地震台等 18 个“土地电”观测站没有观测到临震前的异常变化，仅仅占 39%（朱凤鸣等，1982）。

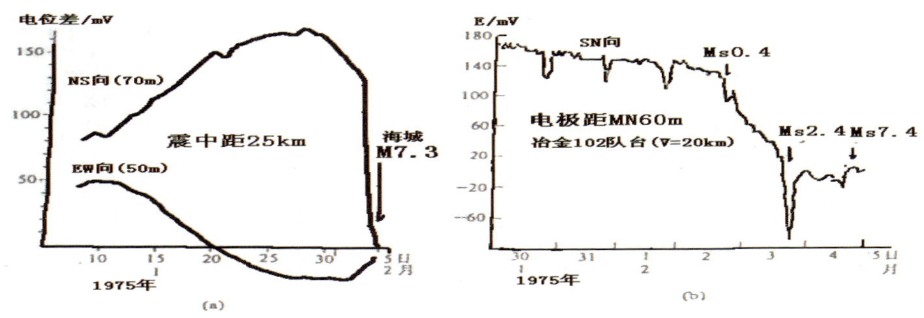

图 1　大震前地电场观测曲线变化的例子

1975 年 2 月 4 日，海城 7.3 级地震地电场震前突变异常

（a: Δ=25km；b: Δ=20km，冶金 102 物探队）

1976 年 7 月 28 日河北省唐山市发生了 7.8 级地震。地震前西集台（Δ=120km，MN=380m）地电场大幅度反向变化，如图 2 所示。据研究该异常可信度很高（赵玉林等，1981；1996）。从唐山地区的 51 个简易地电测点的观测资料来看，震前数月，有 34 个测点出现了和往年正常变化很不相同的变化，达到 67%，17 个测点震前无变化，仅占 33%（国家地震局，1982）。

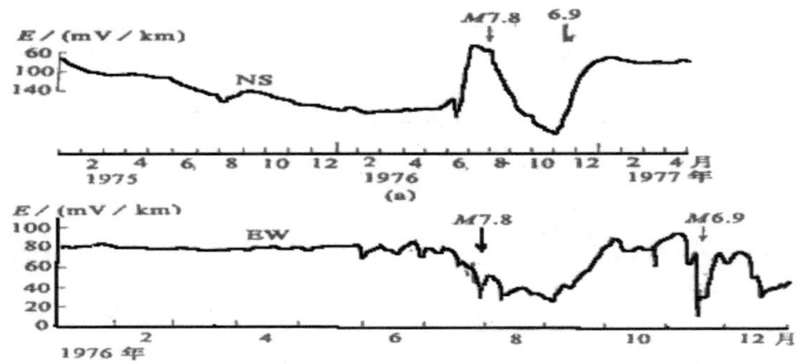

图 2　唐山 7.8 级地震前西集台（Δ=120km,MN=380m）地电场大幅度反向变化（赵玉林等，1996）

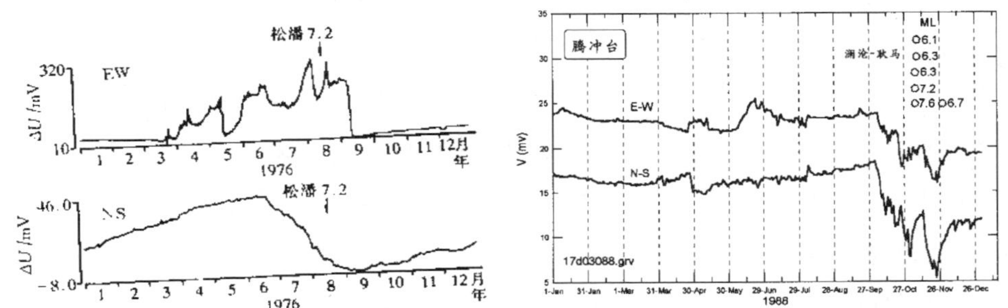

图 3　1976 年松潘 7.2 级地震前地电位差异常（左）和 1988 年澜沧—耿马 7.6 级地震前自然电位异常变化（右）

我国早期地震地电场观测研究积累了大量震例，但这些震前地电场观测中所记录到的地电场变化的特征都无法回避这样一个事实：由于在观测中在 NS 和 EW 方向布设的电极距都是单个测道，且埋设的电极都是容易极化的铅电极，因此无法分辨出电极极化噪声、降雨引起的噪声、每日温度变化引起的噪声、人为噪声等。所以，对于所记录到的震前地电场变化形态及其特征的分析就出现了许多仁者见仁、智者见智的经验性认识。20 世纪 80 年代初我国的地震地电场观测（当时称土地电）之所以被废除，其主要原因就是使用的铅电极在当作地电流接收装置的同时，又因电极电位的极差变化大而成为地电流的发射装置，因而观测量中有许多变化成分不是地电场物理量，而是金属电极的化学电位变化所致，加之观测技术问题，导致有用信号与干扰成分相混（陈有发等，1999），为提取真正的震前地电场异常信号增添了难以克服的困难，所以也就无法从观测资料中分辨出可信的、准确程度高的有用信息。

三、新时期地震地电场数字化观测与研究

20 世纪 80 年代初希腊雅典大学三位物理学教授 Varotsos 和 Alexopoulos、Nomicos 于 1981 年开始了同一方向布设 5—6 道长短不一的极距并采用了非极化电极作为传感器以及数字化和模拟量并举的记录方式进行地电场观测和研究工作，为地电场观测带来了革命性变化，解决了电极极化噪声和环境噪声识别问题，1982 年开始连续观测，后来在国际上简称“VAN 法”，所测量与地震相关的信号称为地震电信号 SES（Varotsos.P et al，1984a；b）。

在我国最早开展地震地电场数字化观测始于 1990 年，当时兰州地震研究所钱家栋教授等与法国国家科学研究中心（CNRS）在甘肃天祝建立松山地震地电场国际合作观测台。松山台全部使用法国数字化仪器（包括地电场、磁场和不极化电极），采样率为每分钟 1 次采样，在同一方向采用了多极距观测，以便印证资料的客观真实性。如果同一方向上某测道的形态和幅度长时间与其他测道不相同，并且与正交地磁分量的变化不一致，则该测道被视为无效测道，数据不被采用，因为在均匀介质条件下地电场某方向的场强与极距大小应该无关。该台采用无人值守的自动连续记录方式。在 1995 年 7 月 22 日永登 5.8 级地震（△=84km）和 1996 年 6 月 1 日天祝 5.4 级地震（△=65km）前出现显著异常，天祝台观测到地电、地磁日变形态畸变和突变（赵和云等，1998）。永登 5.8 级地震发现频率更低的非正常谱（周期为 9.6 小时），在震前几天有明显的增大，如图 4 所示（赵和云等，2002）。

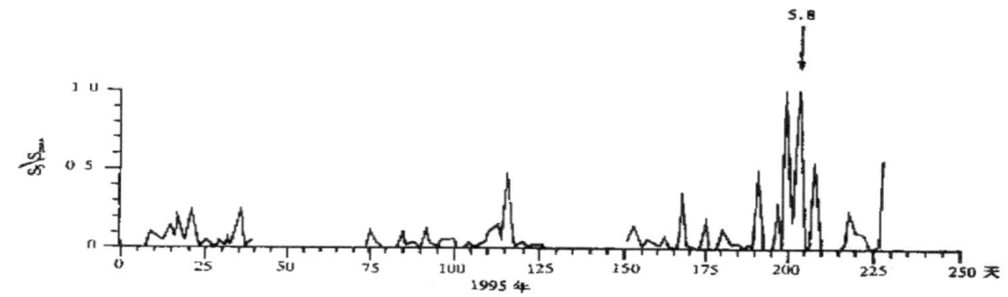

图 4　1995 年 7 月 22 日永登 5.8 级地震前地电场异常变化（赵和云等，2002）

20 世纪 90 年代我国研制了专门用于地震地电场观测研究用的数字化大地电场仪（赵家骝等，1995），即 ZD9 大地电场仪，同时期兰州地震研究所研制成功固体不极化电极（陆阳泉等，1998a；b），研究表明不极化电极的使用极大地提高了观测数据的质量（陆阳泉等，1998a；赵和云等，1998）。数字化仪器和不极化电极的使用给地震地电场观测带来了质的飞跃。至今在全国已经建设 120 多个地电场观测台站，频率范围 DC-0.005Hz，同时采取了两种措施以确保地电场观测量的客观性：一是在东西、南北及北东或北西方向布设了两道极距长短不一的测道，长极距在 300—400 米范围、短极距在 150—250 米范围的测道；二是使用了非极化电极作为传感器，这种观测构成了包括 45 度方向电场分量的六个测道的测量装置，分别在三个方向上都有长短不一的两个测道，构成了地电场多极距观测系统，以便通过比测实现排除噪声的目的（马钦忠等，2004；马钦忠，2008；赵家骝等，2010）。

在 1998 年 1 月 10 日河北省张北 Ms6.2 级地震之前天津宝坻台 ZD9A 地电场仪所记录到的地电场变化曲线，如图 5 所示。其 EW 方向的侧道上于张北 6.2 级地震前 36 天开始就记录到了地电场的异常变化，且该异常变化持续了一个多月（毛桐恩等，1999）。

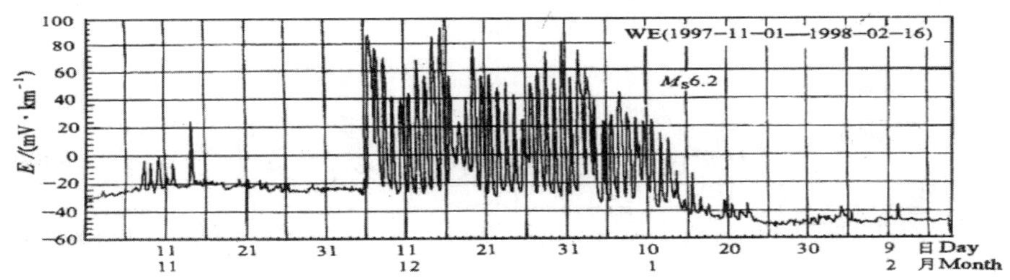

图 5　1998 年 1 月 10 河北省张北地区 6.2 级地震前宝坻台观测到的地电场异常变化（毛桐恩等，1999）

2001 年 11 月 14 日昆仑山口西发生了 8.1 级地震，地震前在甘肃省陇南地区“地震电场前兆仪-SE-3D 型地电场仪”观测站观测到了非常强的地电场异常信号，幅度达到 2571mV/km。该仪器属于数字化自动采样（采样率每分钟一次），该仪器将地电场的多极距观测原理贯穿在整个观测系统中，当时由于研制经费所限，该仪器在模数转换 A/D 数据输出端口没有转接数据存储芯片，而是采用模拟记录方式记录下了强烈的地震电信号。根据该台观测到的地震电信号特征并基于“选择性”效应，2001 年 11 月 6 日一份地震短临预测意见通过预测卡的方式被寄往中国地震台网中心预报部，该预测意见为：“在 2001 年 11 月 6 日至 11 月 26 日期间内将发生地震；震中位置为藏北玛尼以东附近；震级为 Ms7.5 以上。”结果一个星期以后，即 11 月 14 日，在昆仑山口西发生了 M8.1 级地震（马钦忠等，2009），该预测卡后来得到中国地震局地震预报委员会的奖励。2001 年江苏南通地区 3.8 级和 4.1 级地震前几天或几十天出现的异常波动信息也被观测到（马钦忠等，2004）。

2006 年 7 月 4 日河北文安县发生了 Ms5.1 级地震，首都圈有 6 个地电场观测台站，观测仪均为 ZD9 大地电场仪。在所考察的 6 个观测站中，利用多极距信号识别原理，天津宝坻台和河北昌黎台于震前记录到了文安 Ms5.1 级地震前的地震电信号，而在其他四个台站（静海台、通州台、兴济台、阳原台）则没有记录到震前地震电信号，其中包括在最近的静海台和通州台没有观测到异常信号，是这次震例所揭示的特征之一。基于地电场多极矩观测原理进行数据资料分析，在宝坻台观测到了典型的地震电信号，如图 6 所示，形态是典型的地震电信号活动性形态（SES activity），与希腊“VAN”法观测到的 Seismic Electrical Signal （SES） Activity 形态非常一致（P. Varotsos, et al, 1991）。在震前 17 天 21 小时 26 分、12 天 21 小时 26 分前昌黎台记录到了地电场异常前兆信号（马钦忠，2008）。

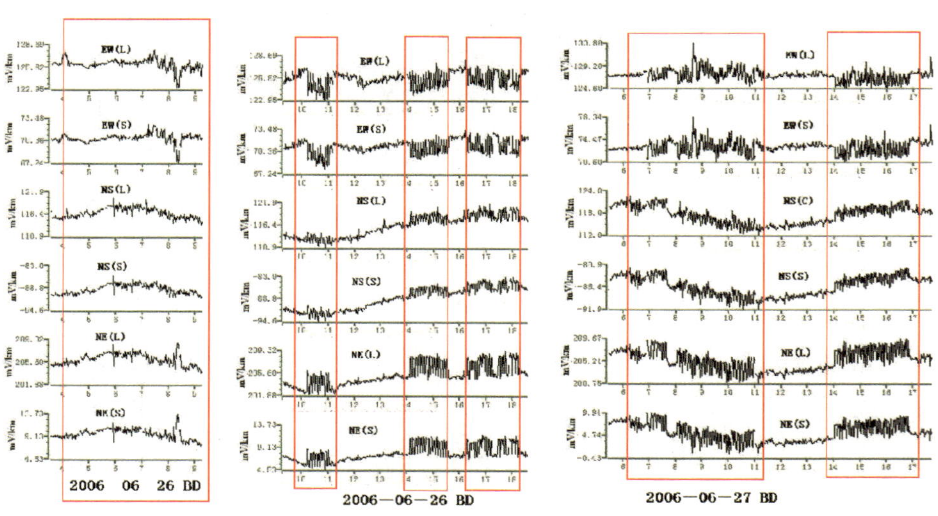

图 6 2006 年 7 月 4 日河北省文安县 5.1 级地震前宝坻台观测到的地震电信号（马钦忠，2008）

2008 年 5 月 12 日四川省汶川县发生了 8.0 级地震，给我国造成了重大人员损失和财产损失。汶川 8.0 级地震前在南北地震带分布着超过 20 个地电场观测台站，观测仪均为 ZD9 大地震电场仪。震前也观测到了显著的地震电信号，基于地电场多极距观测原理进行数据资料分析，发现震前地震电信号（SES）的特点为：1.震前地震电信号并非在所有的台站被观测到，而是只在 6 个台站被观测到；2.在秦岭以北的台站没有观测到地震电信号，显示出秦岭构造带对地震电信号具有阻隔作用；3.由于异常台站的台址电性结构的差异性，这些异常地震电信号的形态和强度都不相同（MaQZ，2010）。在震中范围内（距震中位置 35 公里）郫县的成都地电场台观测到了非常强烈的短临地震电信号，如图 7 所示，利用地电场多极距原理针对该信号进行了较为深入论证和分析（马钦忠，2018）。在 5·12 汶川 8.0 级地震后 2008 年 5 月 25 日发生青川 6.4 级强余震前也观测到了一系列地震电信号（SES），并根据这些地震电信号的分析结果在现场强余震跟踪工作中提前一天给出了较准确的未来 3 天发生强余震三要素的临震预测意见（马钦忠，2008；2023）。2013 年芦山 7.0 级地震前、2017 年九寨沟 7.0 级地震前及 2008 年西藏发生了 4 次 Ms6.0 级以上地震前也观测到了地震电信号（SES）（马钦忠等，2011；2013；马钦忠，2024）。

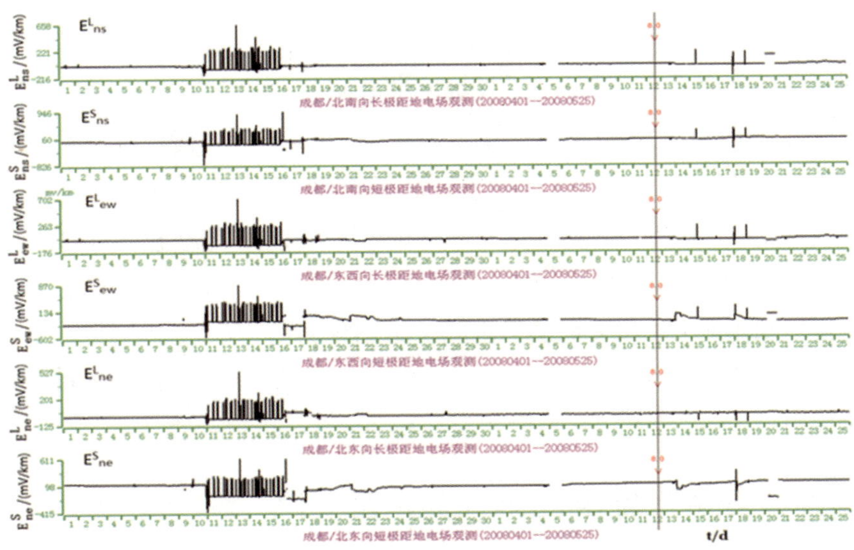

图 7　2008 年 512 汶川 8.0 级地震前 2008.4.10-17 成都台观测到的非常强烈的地电场异常信号。图中 E^L_{ns}，E^S_{ns} 和 E^L_{ew}，E^S_{ew} 以及 E^L_{ne}，E^S_{ne} 分别表示 NS，EW，NE 方向长极距和短极距测道观测到的电场分量（马钦忠，2018）

许多研究者都针对汶川8.0级地震前的地电场异常现象进行了多方面的不同程度的探索，包括地震前 1～2 个月出现了地电场日变曲线的畸变现象（安张辉等，2013；高曙德等，2010；范莹莹等，2010；解滔等，2013）。目前地震地电场研究的震例不断增加和积累，2010 年玉树 7.1 级地震前周围多个台站出现的异常现象（谭大诚等，2012）、2013 年芦山 7.0 级地震前的地电场异常、2017 年九寨沟 7.0 级地震前的地电场异常、2021 年 5 月 22 日青海省玛多县 7.4 级地震前地震地电场异常也被观测到（谭大诚等，2013；安张辉等，2013；席继楼等，2022）。此外，地震前正常的潮汐波波形发生了畸变是另一种地电场异常变化的特征（黄清华等，2006；张学民等，2007；谭大诚等，2010）。震前异常幅度和震中距有关（马钦忠等，2009；郭建芳等，2013），也与台站所处的构造部位有关（黄清华等，2006）。

地震电信号产生机理研究目前存在不少模式（陈有发等，1999），如过滤电场模式（傅良魁，1983；孙振江等，1984；钱家栋等，1985）等。对地震电信号“选择性”效应的机理研究方面也做了许多研究工作（Huang Q，et al，1998a，b；陈有发等，1999a，b；马钦忠等，2003，2016；黄清华，2005；黄清华等，2010；王继军等，2005；张丹等，2013；赵文舟等，2022）。

2009 年发布了《地震地电观测方法：地电场观测》行业标准（赵家骝等，2010）。在地震地电场观测方式方面也尝试性地做了很有意义的探索，如全方位自然电场观测方法和观测技术（席继楼等，2013）；地震地电场点阵观测系统采用了微型地电场观测仪（微型化、低成本、低功耗、高采样率、数据无线传输）、小极距（低成本、高密度布点等特点）观测系统的观测方式并取得了一些较好震前预测的震例（马钦忠等，2019）。这些观测技术的尝试与探索为进一步推进基于地震地电场学的地震短临预测方法研究提供了非常有意义的参考依据。

总之，随着科学技术的不断发展，国内地震电场观测与研究的进步一定会取得更大成绩。

四、我国地震地电场研究的未来之路

探测地震前兆以预报地震是人们由来已久的期望，前兆的出现反映的是地震前大地中应力逐渐积累而出现的异常变化现象。电磁前兆是很典型的震前异常信号。到目前为止国内外研究结果已经证明地震电磁学是非常可靠的可用于地震短临预测的方法，1999 年 IUGG 地震电磁专题指出：“过去几十年，地震发生时电磁场的异常变化已经被大量观测到。尤其是近年的研究表明，这一灾难性事件之前的电磁效应确实是存在的。如果能够说明它们与地壳物理过程之间的关系，就能依次对地震事件做出预报。”（赵国泽，2023）。而从本文上述可以看到，无论是在我国地震地电场研究的早期还是在数字化时代的近期，震例研究都说明，地震地电场方法是完全可以给出较好的地震短临预测结果的。地电场观测有其独特的地方，首先就是因测量仪器轻便和整个观测系统成本低廉，因而在布网观测中完全可以做到以较简单易行的方式获得地震电信号的信息。

近年来人工智能技术的发展迅猛，也为地震地电场的深入发展带来了活力。但同时也应看到，我国地震地电场研究的未来之路还有很长的路要深入探索下去。目前急需解决的问题是：一是要对我国 120 多个地电场观测台站进行优化改造，有些台站以前观测地震电信号较灵敏，但跟换电极并移动电极位置后就对地震电信号不敏感了，急需提高观测数据质量。二是需要增加观测台站数量，尤其是加快建设低成本高效率的台网。三是要重视地震地电场研究的人才队伍建设，不断增加新生力量，不断提高研究水平。

近年的一些基于地震地电场方法的地震短临预测震例进一步说明地震地电场方法有更好的希望之路。

参考文献

1. 安张辉，杜学彬，谭大诚，范莹莹，刘君，崔腾发. 2013. 四川芦山 Ms7.0 和汶川 Ms8.0 地震前地电场变化研究. 地球物理学报，56: 3868-3876.

2. 陈有发，马钦忠，张杰，丁慧，1999，震前自然电场的前兆及其可能机理. 华南地震，19 (3): 26-34.

3. 范莹莹，杜学彬，Zlotnicki Jacques，谭大成，刘君，安张辉，陈军营，郑国磊，解滔. 2010. 汶川 Ms8.0 大震前的电磁现象. 地球物理学报，53: 2887-2898.

4. 范莹莹，解滔，安张辉，杜学彬，谭大诚，刘君，陈军营. 2014. 2008 年汶川 Ms8.0 与 2010 年玉树 Ms7.1 地震前电磁现象研究. 地震学报，36: 275-291.

5. 高曙德，汤吉，杜学彬，刘小凤，苏永刚，陈彦平，狄国荣，梅东林，詹艳，王立凤. 2010. 汶川 8.0 级地震前后电磁场的变化特征. 地球物理学报，53: 512-525.

6. 郭建芳，马钦忠，佟鑫，周剑青，薛志芳，胡秀娟. 2013. 昌黎台地震前地电场异常特征分析. 地震学报，35: 50-60.

7. 国家地震局，《一九七六年唐山地震》编辑组，一九七六年唐山地震。地质出版社，1982.

8. 黄清华. 2005. 地震电磁信号传播的控制模拟实验. 科学通报，50: 1774-1778.

9. 黄清华，林玉峰. 2010. 地震电信号选择性数值模拟及可能影响因素. 地球物理学报，53: 535-543.

10. 黄清华，刘涛. 新岛台地电场的潮汐响应与地震. 地球物理学报，2006, 49（6）: 1745-1754.

11. 陆阳泉，梁子斌，刘建毅，1998a，固体不极化电极的使用效果及其在地震监测预报中的应用前景，地震，第 81 卷增刊: 21-26.

12. 陆阳泉，刘建毅，王玉祥等，1998b，固体不极化电极[A]，石特临主编: 地震地电学发展与展望[C]. 兰州: 兰州大学出版社，1998: 167-170.

13. 马钦忠，钱家栋，2003，地下电性非均匀结构对地电场信号的影响，地震，Vol.23, No.1 p.1-7.

14. 马钦忠. 2008. 地电场多极距观测装置系统与文安 Ms5.1 地震前首都圈地电场异常研究. 地震学报，30（6）: 615-625.

15. 马钦忠，冯志生，宋治平，赵卫国. 2004. 崇明与南京台震前地电场变化异常分析[J]. 地震学报，26（3）: 304-312.

16. 马钦忠，唐宇雄，张永仙，2011，2008 年西藏 4 次 Ms 6.0 以上地震前拉萨地电场异常信号特征，地震，31（1）: 86-97.

17. 马钦忠，赵卫国，张文平. 2009. 文县地电场震前异常变化及其在 2001 年昆仑山口西 Ms8.1 地震预测研究中的应用. 地震学报，31（6）: 660-670.

18. 马钦忠，方国庆，李伟，周江南. 2013. 芦山 Ms7.0 地震前的电磁异常信号. 地震学报，35: 717-730.

19. 马钦忠，2016, 华东地区地电场变化特征与地震关系研究，中国科技成果，2016，第 9 期，p30-31.

20. 马钦忠，李伟，周江南，赵文舟等，2019，短临地震地电观测新技术研究，上海市科学技术委员会科研计划项目验收报告（项目编号：16dz1205800）.

21. 马钦忠，2022，汶川大地震后青川 6.4 级等强余震的短临预测，中国地震预测咨询委员会集刊[C]，北京：地震出版社，2023，p: 113-128.

22. 马钦忠，2023，九寨沟 7.0 级地震前电磁异常及临震预测情况，中国地震预测咨询委员会集刊[C]，北京：地震出版社，2024.

23. 毛桐恩，席继楼，王燕琼，尹淑芝. 1999. 地震过程中的大地电场变化特征. 地球物理学报，42：520-528.

24. 全国地震综合分析预报清理攻关组. 1986. 地震综合预报探索二十年. 中国地震，2：15-25.

25. 仇勇海，刘春生，戴前伟，自然电场法预测地震，中南大学出版社，2008，P23-28.

26. 钱家栋，陈有发，金安忠，1985. 地电阻率法在地震预报中的应用，北京：地震出版社.

27. 钱复业，赵玉林，卢军，薛顺章. 1998. 孔压弱化失稳的系统辨识及大地电场短临前兆[G]//地震地电学发展与展望. 兰州：兰州大学出版社：151-155.

28. 钱复业、赵玉林，2005，地电场短临预报方法研究，地震，25（2），33~40.

29. 孙正江，王华俊. 地电概论[M]. 北京：地震出版社，1984.

30. 谭大诚，赵家骝，席继楼，杜学彬，徐建明. 2010. 潮汐地电场特征及机理研究. 地球物理学报，53：544-555.

31. 谭大诚，赵家骝，席继楼，刘大鹏，安张辉. 2012. 青藏高原中强地震前的地电场变异及构成解析. 地球物理学报，55：875-885.

32. 谭大诚，席继楼，王建军，陈军营. 2013. 芦山 Ms7.0 地震前邻区自然电场的变化特征. 银川：中国地震学会地震电磁学专业委员会 2013 年年会论文集.

33. 王继军，赵国泽，詹艳，卓贤军，汤吉，关华平，万战生. 2005. 中国地震电磁现象的岩石实验研究. 大地测量与地球动力学，25：22-28.

34. 席继楼，宋艳茹，胡明朝，刘超，徐学恭，尚先旗. 2013. 全方位自然电场观测方法和观测技术研究. 地震学报，35：94-107.

35. 席继楼，赵家骝，高尚华等. 2022. 青海玛多 MS7.4 地震前后秒采样地电

场动态变化. 地球物理学报，65(2):580-593,doi:10.6038/cjg2022P0698

36.解滔，杜学彬，刘君，范莹莹，安张辉，陈军营，谭大诚. 2013. 汶川Ms8.0、海地Mw7.0地震电磁信号小波能谱分析. 地震学报，35: 61-71.

37.张丹，任恒鑫，黄清华. 2013. 孔隙介质地震电磁信号的数值模拟研究. 地球物理学报，56: 2739-2747.

38.张学民，翟彦忠，郭学增，郭建芳. 2007. 远震前的地电场潮汐波异常. 地震学报，29: 48-58.

39.张学民，郭建芳，郭学增. 河北省数字地电场数据分析. 中国地震，2006，22（1）: 64~75.

40.赵家骝，苏明达，王燕琼，宋宝昌等，1995，ZD9大地电场仪[J]，西北地震学报，17（1）: 69-74.

41.赵家骝，席继楼等，2009，《地震地电观测方法: 地电场观测》行业标准.

42.赵和云，阮爱国，杨荣，等.天祝地电场三年观测资料的分析和讨论[A].地震地电学发展与展望[C]. 兰州 ：兰州大学出版社，1998. 123-13.

43.赵和云，阮爱国，扬荣，梁子斌，韩德胜，天祝大地电场异常与1995年永登5.8、1996年天祝5.4级地震，西北地震学报，2002，24（1）: 56-64.

44.赵和云，阮爱国，梁子斌，杨荣，Pb-Pb C12固体不极化电极在地电场观测中的作用和效能，地震，1998，第18卷，增刊（45-52）.

45.赵文舟，马钦忠，李伟，周江南. 2022. 人工源地电场“选择性”现象研究，地球物理学报，65（5）: 1742-1752.

46.赵玉林，钱复业. 1981. 大地电场的临震周期变化. 地震: 13-16.

47.赵国泽，2023，腾讯地震电磁学术会议报告。

48.朱凤鸣，吴戈等. 一九七五年海城地震，地震出版社，1982.

49.Corwin R F, Morrison H F. 1977. Self potential variation preceding earthquakesin Central California[J]. Geophys Res Lett，4: 171 174.

50.Fedotov S A, Sobolev G A, Boldyrev S A, Gusev A A, Kondratenko A M, Potapova O V, Slavina L B, Theophylaktov V D, Khramov A A, Shirokov V A. 1977. Long- and Short-Term Earthquake Prediction in Kamchatka. Tectonophysics, 37: 305-321.

51.HUANG Qinghua, 2022, One possible generation mechanism of coseismic electric signals, Proc. Japan Acad., 78, Ser. B (2002), p173-178.

52. Huang Q. and Ikeya M., 1998b. Theoretical investigation of seismic electric field associated with faulting. Earthquake Research in China, 12, pp. 295-302.

53. Huang Q. and Ikeya M., 1998a. Seismic electromagnetic signals (SEMS) explained by a simulation experiment using electromagnetic waves. Physics of The Earth and Planetary Interior, 109, pp. 107-114.

54. Ma Q Z. 2010. Abnormal Variations of Geoelectric Field Preceding the Wenchuan 8. 0 Earthquake in China [R]. Santa Ana: Chapman University.

55. Nagao T, Uyeda S, Asai Y, Kono Y. I996. Anomalous changes in geoelectric potential preceding four earthquakes in Ja paniC] //Lighthill J ed. A Critical Review of VAN. Singapore: World Scientific: 292-300

56. Kinoshita M , Uyeshima M , U yeda S. 1 989. Earthquake prediction research by means of telluric potential monitoring. Progress Rep. 1: linstallation of monitoring network[J]. Bull Earthq Res Inst, 64: 255-311.

57. Orihara Y, Noda Y, Nagao T, Uyeda S. 2002. A possible case of SES selectivity at Kozu—shima Island, Japan[J]. J Geodynamics, 33: 425-432.

58. Telescal I, Colangelo G , H attori K, I apenna V. 2004. Principal component analysis of geoelectrical signals m easured in the seismically active area of Basilicata region(southern Italy)[J]. Natural Hazards and Earth System Sciences, 4: 663-667.

59. Tsutsui M. 2002. Detection of earth—origin electri pulses[J]. Geophys Res Lett, 29 (8): 10. 1029 / 2001GL013713.

60. Uyeda S, Nagao T, Orihara Y, Yamaguchi T, Takahashi I. 2000. Geoelectric potential changes: Possible precursors to earthquakesin Japan[J]. Proc Nat Acad Sci, 97: 4 561 ~ 4 566.

61. Varotsos, P. and Alexopoulous, K., 1984a. Physical properties of the

variations of the electric field of the earth preceding earthquakes, I [J]. Tectophysics, 110: 73 ~ 98.

62. Varotsos, P. and Alexopoulous, K. 1984b. Physical properties of the electric field of the earth preceding earthquakes, II. Determination of epicenter and magnitude [J]. Tectophysics, 110: 73 ~ 98.

63. P. varotsos and M. Lazaridou, 1991, Latest aspects of earthquake prediction in Greece based on seismic electric signals [J]. Tectonophysics, 188: 321-347.

64. Varotsos P, Alexopoulos K , Lazaridou M. 1993. Latest aspects of earthquake prediction in Greece based on seismic elec tric signals, II [J]. Tectonophysics, 224: 1-37.

热红外遥感在地震预测中应用探索

郭庆十[1] 杨宏伟[2] 赵春雷[3] 张国苓[4]

1. 河北省水文工程地质勘查院（河北省遥感中心）；2. 中国地质科学院；
3. 河北省气象科学研究所；4. 河北省地震局

摘要：作者以汶川地震为例，1. 应用小波变换和相对傅氏功率谱的时频相对功率谱方法，处理中国静止气象卫星风云二号系列相当黑体温度 TBB 有关数据，提取并分析了汶川地区 2008 年 4—5 月及 2007 年同期热红外异常信息；2. 用时间域 RST 算法处理 2004—2008 年汶川地区 MODIS 月均温度产品数据和每 5 天进行平均的 TERRA-MODIS 和 NOAA17-AVHRR 反演的地表温度数据，提取了震前热红外异常信息和热红外异常信息随时间的变化规律。结果表明：（1）两种方法均显示在汶川地震前出现了热红外异常信息，进一步证明热红外遥感可作为一种地震短临预测的判据；（2）时频相对功率谱方法提取的 2008 年 4—5 月热红外异常特征在时间尺度上表现出逐渐增大—到达顶峰—逐渐减少的变化特征，在空间尺度上表现出从龙门山断裂带东北远端向震中逐渐靠近的趋势；（3）MODIS 月均温度产品及时间域 RST 算法提取的异常特征在时间尺度上表现为地震当月异常明显，在空间尺度上与龙门山断裂带分布高度吻合；（4）将时间域 RST 算法同时运用到 TERRA-MODIS 数据和 NOAA17-AVHRR 两种热红外遥感数据中，二者提取的异常特征基本吻合，说明时间域 RST 算法具有一定的通用性。最后与强祖基的结果加以对比，两者的结果是一致的。同时也验证了强祖基的红外图形是亮温的结果，这是在没有考虑地表比辐射率以及大气等包括大气窗口（透彻率）的干扰影响下得到的。

关键词：热红外遥感　临震异常　汶川地震　RST 算法　相对功率谱

一、引言

2008 年 5 月 12 日汶川发生了 8.0 级地震，造成了巨大的人员伤亡和大量的财产损失。人们开始考虑热红外探测可否用于地震监测问题。自 Gornyi 等人在 1988 年首次将热红外遥感数据用于地震异常研究以来，许多专家学者应用遥感数据在地震热红外异常提取方法和地震热红外异常成因机理方面进行了深入研究和探索，不断优化地震热红外信息提取方法，取得了一定的成果[1]。国内强祖基等利用卫星遥感热红外图像等资料对汶川地震的热效应进行研究，并取得了明显的异常，发现地震前在远离震中区出现一大片孤立增温区，比其周围高出 2～6℃[2]。

由于卫星遥感热红外观测干扰多，受地形、地貌、介质的物理特性、气象、构造活动等方面的影响，红外图象像比较复杂且数据量巨大，如何从接收到的海量数据中，剔除气象、地形地貌等叠加因素引起的亮温变化而提取出震前的异常信息一直是热红外研究的重点[3]。目前人类对地震孕育过程的认识还很肤浅，对地震热红外的存在和变化特征的认识存在差异，基于此，本次研究以汶川地震为例，进行探索。我们选用“时频相对功率谱方法”(郭晓等[4])和 RST 算法(意大利的 Tramutoli 研究团队提出[5])提取地震前热红外异常特征，用不同算法和同一算法对不同数据处理以研究临震热红外异常是否存在，并分析临震热红外异常随时间的变化规律。最后，将本次研究结果与强祖基等所作成果进行了对比分析。

二、汶川地震区的地质构造位置

汶川地震区坐落于四川西部的龙门山地震带上，在地形地貌上，龙门山构造带不仅是青藏高原东缘地形梯度的陡变带，同时也是青藏高原与东部的四川盆地的分界。青藏高原的巴颜喀拉地块向东运动在与华南地块的四川盆地碰撞并发生多次碰撞造山作用，使龙门山多次发生向东的逆冲，形成由四条断裂组成的构造复合构造系统。断裂带总体显示了典型的向东推覆叠瓦状逆冲推覆构造特征，具有前展式发育模式，自北西向南东分别发育汶川—茂县断裂、映秀—北川断裂、彭县—灌县断裂以及广元—大邑断裂等。其中的主干断裂以 NW 倾向的构造特征为代表，具有 NW-SE 分带、NE-SW 分段的构造特征，其逆冲推覆作用在时间上呈幕式活动，在空间上呈前展式渐进推覆。汶川地震发生于 NE 走向的龙门山断裂的中部。在印度洋板块持续向北部的亚欧板块推挤作用下，造成青藏高原一方面发生快速隆升，另一方面高原物质向东缓慢移动，并在高原东缘沿龙门山构造带形成向东挤压，并形成构造应力能量的长期积累，最终在龙门山北川—映秀地区地层破裂应变能得到突然释放[6]。

三、算法和数据

1. 求地表温度

（1）用 TERRA-MODIS 数据反演求出地表温度。

劈窗算法是目前应用非常广泛的陆地表面温度反演法之一。本次研究针对 MODIS 数据反演地表温度使用的劈窗算法公式如下：

$$Ts = A_0 + A_1T_{31} - A_2T_{32} \tag{1}$$

其中：Ts 是地表温度，T_{31}、T_{32} 分别是 MODIS 第 31、32 通道的亮温。A_0、A_1、A_2 是系数，分别定义如下：

$$A_0 = -64.60363E_1 + 68.72575E_2 \tag{2}$$

$$A_1 = 1 + A + 0.440817E_1 \tag{3}$$

$$A_2 = A + 0.473453E_2 \tag{4}$$

$$A = D_{31}/(D_{32}C_{31} - D_{31}C_{32}) \tag{5}$$

$$E_1 = D_{32}(1 - C_{31} - D_{31})/(D_{32}C_{31} - D_{31}C_{32}) \tag{6}$$

$$E_2 = D_{31}(1 - C_{32} - D_{32})/(D_{32}C_{31} - D_{31}C_{32}) \tag{7}$$

$$D_{31} = (1 - \tau_{31})[1 + (1 - \varepsilon_{31})\tau_{31}] \tag{8}$$

$$D_{32} = (1 - \tau_{32})[1 + (1 - \varepsilon_{32})\tau_{32}] \tag{9}$$

$$C_{31} = \varepsilon_{31}\tau_{31} \tag{10}$$

$$C_{32} = \varepsilon_{32}\tau_{32} \tag{11}$$

其中：A、E_1、E_2、D_{31}、D_{32}、C_{31}、C_{32} 为中间变量；ε_{31}、ε_{32} 分别为 31、32 波段的地表比辐射率；τ_{31}、τ_{32} 为 31、32 波段的大气透过率。

（2）用 NOAA17-AVHRR 地表温度反演算法。

NOAA17-AVHRR 数据地温计算模型采用的是美国 NASA 的 Pathfinder 数据集官方推荐公式，其表达式为：

$$Ts = [T_4 + 3.33*(T_4 - T_5)]*0.99 + 0.0075*T_5 \tag{12}$$

式中 T_4、T_5 分别为第 4、5 通道的亮温，该算法利用辐射传输模型经过对大气影像的分析与校正，最后通过比辐射率订正后得出。

2. 地震热红外异常提取

（1）“时频相对功率谱方法”。选择 2005—2020 年每日凌晨 1 点至 5 点 FY2C 卫星相当黑体温度 TBB 数据为数据源，以避免太阳辐射对地表温度产生影响。应用 db8 小波变换去除地球基本温度场、年变温度场和寒热气流引起的短时温度变化。以 64 天为窗长，以 1 天为滑动窗长作傅里叶变换，计算其功率谱，对每个像元所有频率的功率谱做相对幅值处理，计算地震前后功率谱与其他时段相对变化幅值，突出地震前热红外信息。流程图如图 1 所示。

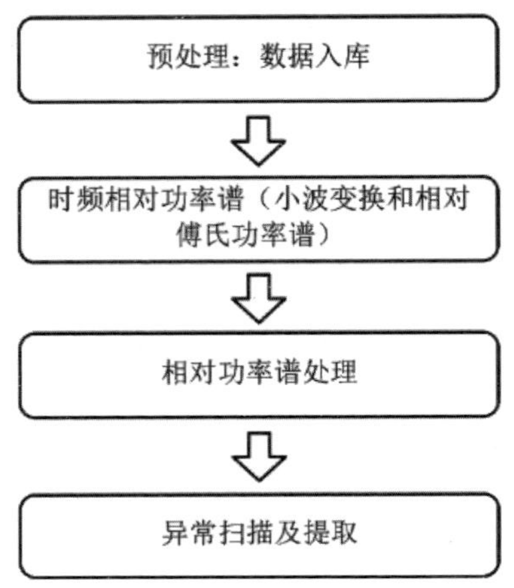

图 1　时频相对功率谱方法数据处理流程图

FY2C 卫星相当黑体温度 TBB 数据产品。风云卫星热红外遥感波段观测数据经辐射定标和几何校正可得到波段的辐射出射度，基于普朗克公式即可计算相应相当黑体温度，生成 TBB 数据产品[7]。FY2C 卫星每小时对地观测一次，故通过补窗法去除部分云雨影响，计算北京时间 01:00～05:00 五个小时 TBB 数据的均值得到每日日值。

（2）时间域 RST 算法。将地震引起的热红外异常当作信号，而将其他因素引起的异常作为噪声，提出地震信噪比的研究思路，能较大程度地突出地震因素引起的热红外异常。核心公式为：

$$\mathrm{Alice}(r_i,t)=\frac{V(r_i,t)-\mu(r_i)}{\sigma_V(r_i)} \tag{13}$$

式中 Alice 表示 RST 算法指数，r_i 表示像素 i 在遥感图像上的位置，t 表示卫星数据的获取时间，V 代表地表温度值，μ 和 σ 为多年同期地表温度值的平均值和标准差。

使用的数据是，TERRA-MODIS 和 NOAA17-AVHRR 两种不同遥感的夜间数据，和2004—2008 年每年 4—5 月地表温度反演结果在进行 5 天平均值数据。

赵兵等人于 2020 年提出了一种 2003—2017 年月均地表温度数据集，空间范围覆盖了中国全境。该数据集利用 MODIS 日数据、月数据和气象站点数据重建了云覆盖地区地表温度，数据重建过程在其文章中有详细叙述，在此不再赘述。数据可从 https：//doi.org/10.5281/zenodo. 3528024 获取[8]。

3. TERRA-MODIS 和 NOAA17-AVHRR 地表温度反演及精度验证

基于 2004—2008 年每天夜间 TERRA-MODIS 和 NOAA17-AVHRR 数据和相应地温反演算法计算每日地表温度。利用汶川地区 25 个国家气象站日地表温度数据进行精度验证，TERRA-MODIS 和 NOAA17-AVHRR 精度验证结果分别如表 1、表 2 所示。NOAA17-AVHRR 地表温度反演结果与实测值相关系数 R 平均为 0.7，TERRA-MODIS 地表温度反演结果与实测值相关系数 R 平均为 0.8。TERRA-MODIS 遥感数据地表温度反演精度高于 NOAA17-AVHRR，其原因可能是 NOAA17-AVHRR 遥感数据空间分辨率为 10km，远大于 TERRA-MODIS 遥感数据的 1km 空间分辨率。

为了进一步分析地震前热红外异常特征出现的地点、时间以及其随时间的变化规律，将每年 4—5 月地表温度反演结果进行 5 天平均，分别对平均结果进行 RST 算法异常提取。

表 1　TERRA-MODIS 反演地表温度与气象站实测温度相关性统计表

站点编号	相关系数（R）	概率（P）
56079	0.768	0.0000000116
56146	0.613	0.000318429
56152	0.794	0.0000012631
56167	0.427	0.322457656
56172	0.630	0.022543824
56173	0.695	0.002896644
56178	0.521	0.001581555
56182	0.550	0.001344027
56187	0.856	0.000187666
56188	0.581	0.047437835
56196	0.646	0.000487701
56251	0.658	0.000139589

站点编号	相关系数（R）	概率（P）
56257	0.609	0.004287381
56287	0.899	0.002412938
56357	0.672	0.0000000012
56385	0.735	0.037866846
56459	0.693	0.005730075
56571	0.608	0.000221367
57206	0.846	0.000003405
57306	0.790	0.000478669
57313	0.649	0.137152413
57405	0.715	0.000040836
57411	0.843	0.001091887
57604	0.789	0.000273631
57608	0.750	0.016398701

表 2　NOAA17-AVHRR 反演地表温度与气象站实测温度相关性统计表

站点编号	相关系数（R）	概率（P）
56079	0.864851	3.1E-13
56146	0.565546	0.0000421
56152	0.900673	1.35E-14
56167	0.77785	3.83E-08
56172	0.681685	0.0000125
56173	0.705744	3.65E-07
56178	0.868615	2.08E-09
56182	0.827628	2.66E-10
56187	0.985833	0.0003
56188	0.981795	0.000085
56196	0.967147	4.14E-09
56251	0.928475	3.45E-16
56257	0.577295	0.00000395
56287	0.899	0.002412938
56357	0.672	1.21949E-09
56385	0.435477	0.054964
56459	0.609396	0.00000546
56571	0.895426	1.25E-10
57206	0.498881	0.011131

站点编号	相关系数（R）	概率（P）
57306	0.929948	1.38E-10
57313	0.970176	2.1E-14
57405	0.649	0.137152413
57411	0.715	0.00004.0836
57604	0.789	0.000273631
57608	0.750	0.016398701

四、处理结果——汶川地震前热红外异常特征

1. “时频相对功率谱方法”提取的临震异常

（1）利用 2005—2020 年共 16 年风云 2 号卫星 TBB 数据产品提取的汶川地震前后热红外异常，结果如图 2 所示。

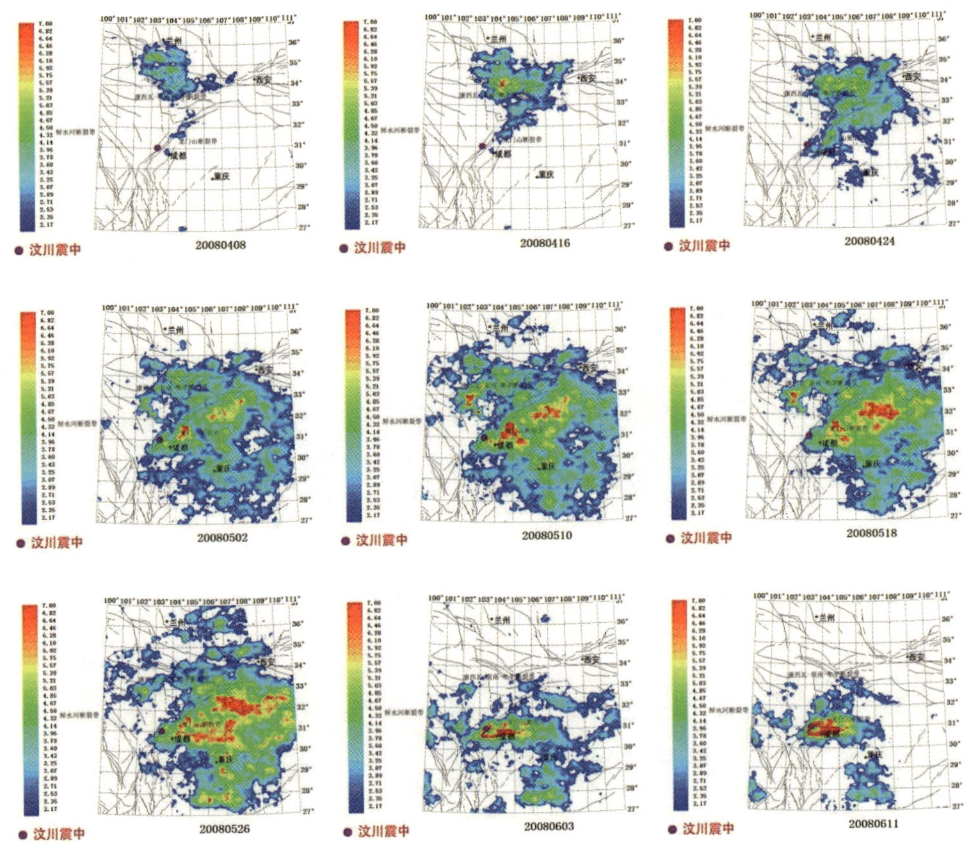

图 2　汶川地震前后亮温功率谱异常时段及其演化

自 2008 年 4 月 8 日起，龙门山断裂带上空出现异常区域，直至 2008 年 4 月 16 日龙门山断裂带上空异常区域连接呈片状并逐渐扩大，2008 年 4 月 24 日异常区域扩大到震中，2008 年 4 月 24 日至 2008 年 5 月 30 日异常区域保持较大范围，2008 年 6 月 3 日之后异常区域逐渐减小，2008 年 6 月 11 日之后异常区域消失。热红外异常特征在时间尺度上表现出逐渐增大—到达顶峰—逐渐减少的变化特征，在空间尺度上表现出从龙门山断裂带北部向东北部推进，进而由东北部向震中方向推进的变化趋势。

震前热红外异常主要分布于破裂带和以南含天然气较丰富的盆地，在断裂带上中北段更加明显，震前特征功率谱幅值最大约为平均值的 6 倍，异常面积最大为 654117km^2，对应日期为 2020 年 5 月 10 日，地震发生于最大幅值（5 月 10 日）后的第 2 天。

（2）利用相同方法及遥感数据提取 2007 年同期热红外异常特征，结果如图 3 所示。

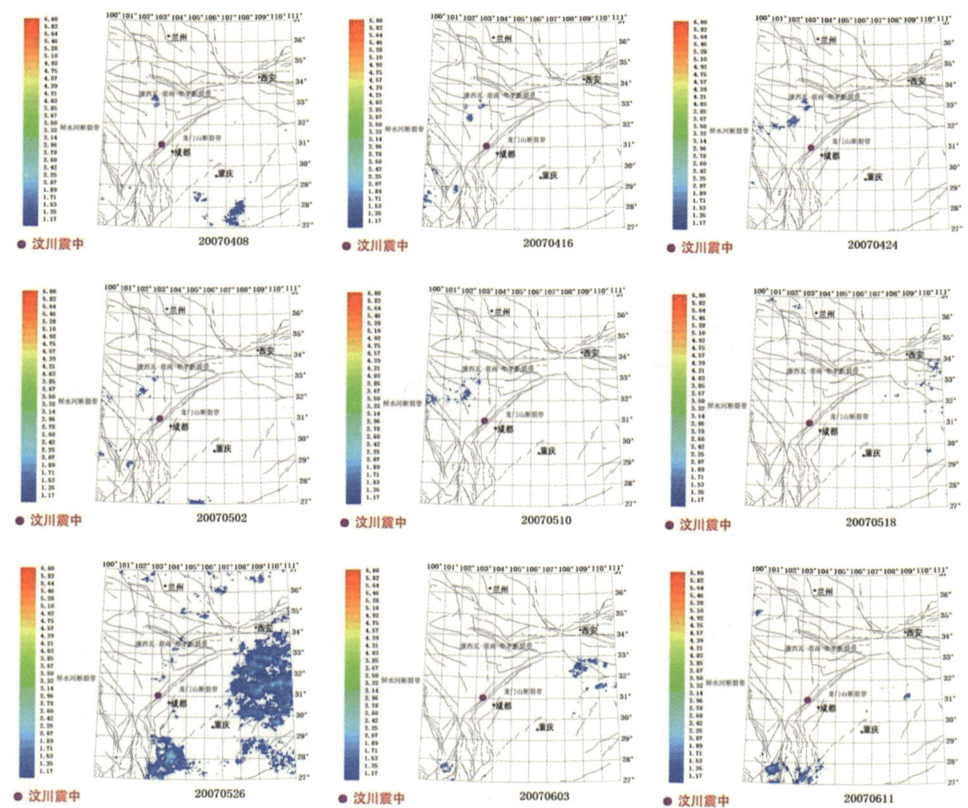

图 3　2007 年亮温功率谱异常时段及其演化

20070408-20070518 时间范围内热红外异常特征不明显，明显小于 2008 年地震发生同期，表明 2008 年提取的热红外异常主要是由地震因素引起。20070526 出现热红外异常，但是相对功率谱幅值最大不超过 1.5，其出现原因可能是短时剧烈气象变化去除不充分。

2. RST 算法提取的临震热红外异常。

（1）用月均温度产品进行计算得出的图像。

利用赵兵等人提出的 2003—2017 年 MODIS 地表温度月均产品及 RST 算法进行地震热红外异常提取，阈值选择 1.7，计算得出的结果如图 4 所示。2008 年 3—4 月异常区域面积小且分布较为零散，2008 年 5 月出现大面积异常，RST 指数值大于 3 的区域与龙门山断裂带走向基本一致，呈东北方向。2008 年 6 月在鲜水河断裂带附近出现异常区域，高值区集中在汉源县及周边。

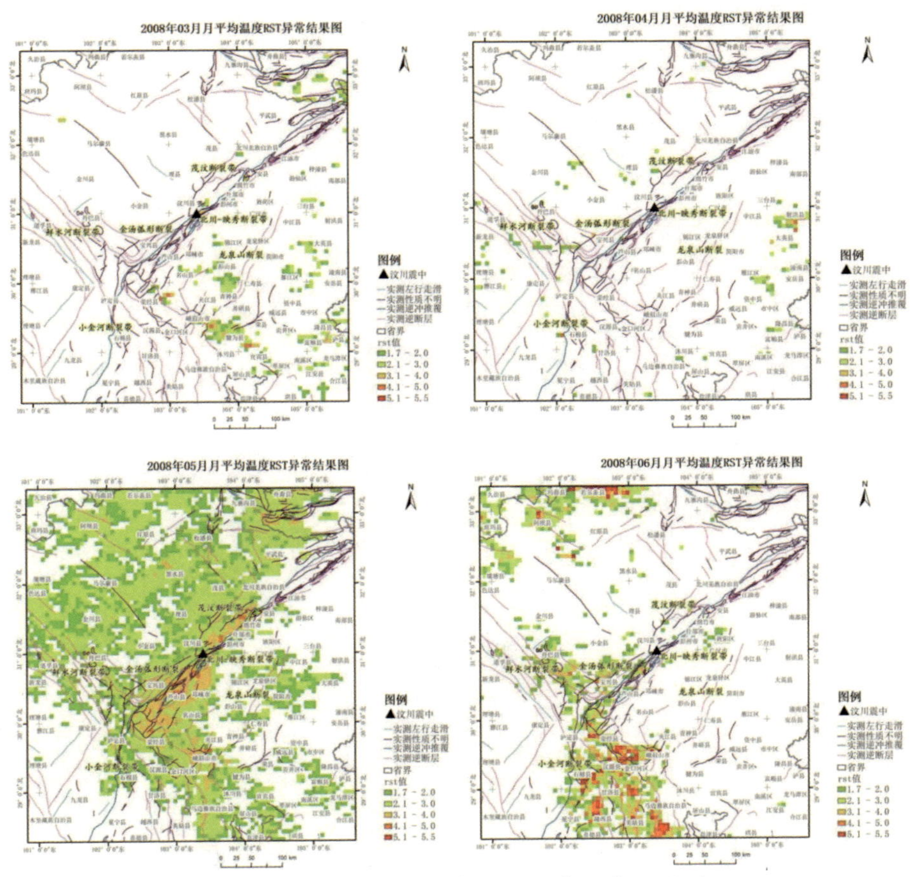

图 4　月均温度 RST 算法热红外异常结果图

（2）为了进一步研究 RST 算法提取的热红外异常特征在地震发生前的变化规律，本研究再将 2004—2008 年每年 4—5 月 TERRA-MODIS 和 NOAA17-AVHRR 每日地表温度进行 5 天平均，再利用 RST 算法进行热红外异常提取，结果分别如图 5（a）、图 5（b）所示。

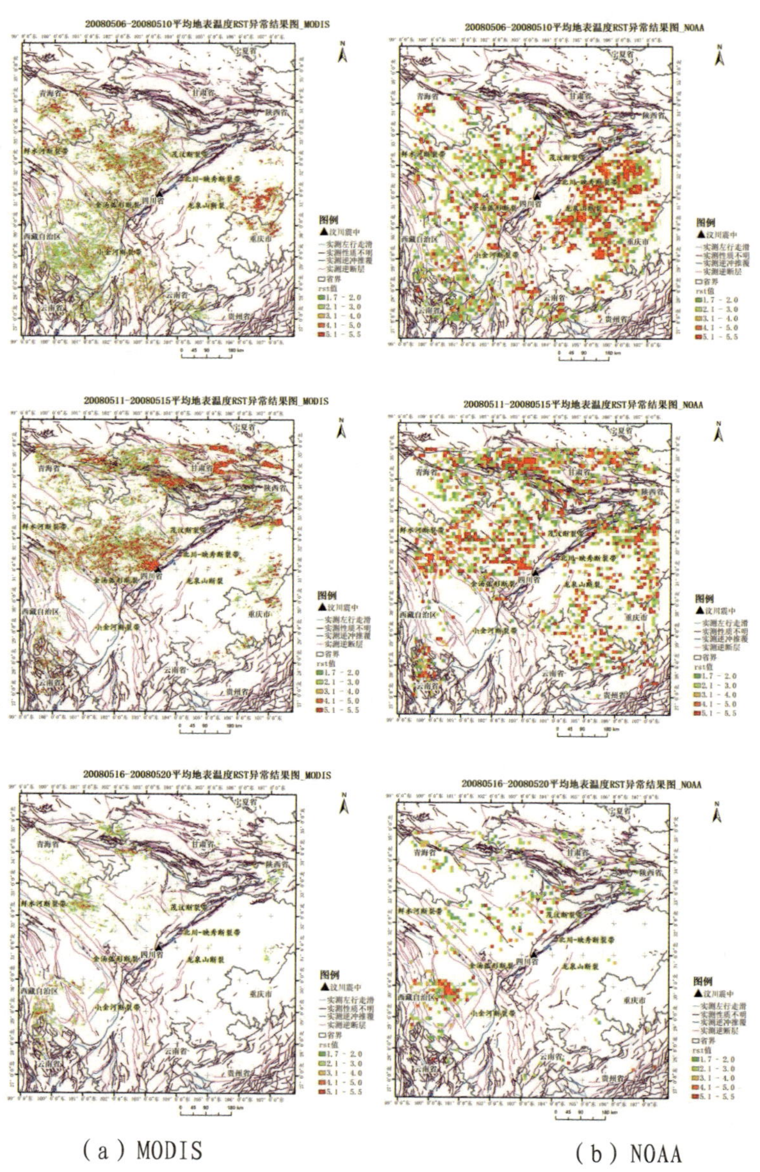

（a）MODIS　　　　（b）NOAA

图 5　20080421—20080515MODIS 和 NOAA 地表温度和用 RST 算法得出的热红外异常结果图

20080506-20080510 龙门山断裂带两侧出现大面积异常区域。20080510-20080515 异常区域集中出现于汶川县及其西北部，最大值达到 5.5。震中东南部地区由于大面积云覆盖未能检测出异常区域。20080516-20080520 大部分异常区域消失，仅出现零散异常区域。两种不同遥感数据利用相同异常提取方法，提取结果也大致相同，都表明汶川地震前热红外异常集中出现于 2008 年 5 月 6 日至 5 月 15 日，但由于 NOAA17-AVHRR 遥感数据空间分辨率为 10km，导致 NOAA17-AVHRR 提取的热红外异常大多呈现零散分布的特点，而 TERRA-MODIS 异常区域相对较为密集，高空间分辨率显然更有利于分析临震异常随发震时间临近的变化趋势。此外，RST 算法提取临震热红外异常信息受云层影响较为严重，即便进行地表温度 5 日平均处理以增加数据覆盖度，但仍有地区无有效覆盖数据，导致异常提取结果在空间分布上不连续，尤其是北川—映秀断裂与龙泉山断裂之间的地区。每日夜间一次卫星成像的时间分辨率显然无法满足建立遥感模型预测地震时间、地点、震级的条件。

时间域 RST 算法临震热红外异常提取结果与“时频相对功率谱法”提取结果有显著不同，主要原因有三点：一是三者成像时间不同，TERRA-MODIS 遥感数据成像时间为夜间 9 点半左右，NOAA17-AVHRR 成像时间为下午 6 点左右，风云二号静止卫星遥感数据成像时间为凌晨 1 点至 5 点，成像时间不同导致各自受太阳光照影响的强度不同，并且地球自身热红外辐射也会随时间不断变化；二是空间分辨率不一致，TERRA-MODIS 和 NOAA17-AVHRR 两种遥感数据的时间域 RST 异常提取结果显示二者基本一致，但是低空间分辨率显然会导致异常提取结果不完全相同，但空间分辨率不同并非是主要原因；三是异常提取算法不同，TERRA-MODIS 和 NOAA17-AVHRR 两种遥感数据每日成像次数较风云二号静止卫星少，受云层影响过于严重，汶川地震前后一个月时间内仅有 4～5 天天气情况较好，导致难以利用该两种数据进行“时频相对功率谱法”异常提取。不同遥感数据、不同异常提取算法导致结果可比性降低。

3. 结论

本文以汶川地震为例，基于风云二号卫星数据、TEERA 卫星数据和 NOAA17 卫星数据，运用“时频相对功率谱法”和时间域 RST 算法提取了汶川地震前热红外异常，得到以下结论：

（1）汶川地震在其发生前存在明显热红外异常特征，异常特征与当地地质构造在空间尺度上有显著联系，但是异常出现时间及变化规律随遥感数据时间分辨率、空间分辨率、异常提取算法不同而出现差异。

2）TERRA-MODIS 和 NOAA17-AVHRR 遥感数据均可有效反演地表温度，反演结果与气象站点实测地温相关系数分别达到 0.7 和 0.8，满足了利用热红外遥感进行地震短临预测的前提。但是该两种遥感数据受限于云层和重访周期的影响难以有效建立临震遥感预测模型。

3）静止气象卫星热红外遥感数据和“时频相对功率谱法”在地震短临预测方面有巨大的应用潜力。静止气象卫星的高频次对地观测特点有利于克服云层影响并提取临震异常，最终达到建立临震遥感预测模型的目的。

4. 与强祖基取得的结果对比，杨宏伟对此作了研究

1）上述研究使用卫星数据包括国内风云 2 号、国际上包括 NOAA 系列、TERRA/AQUA 双星、NPP 数据卫星（见表 3）。数据来自河北气象局卫星数据接收系统和风云卫星遥感数据服务网。同时，河北地震局收集了汶川地区附近 29 个气象站点 2008 年 3—5 月每日地表温度数据和河北省 128 个气象站点 2020 年 6—7 月每日地表实测温度，时间均为北京时间晚上 10 点。

表 3　重点地震区域卫星热红外数据搜集情况

地区	卫星（传感器）	时间段
张北地区	美国 NOAA-14（AVHRR）	1997/07/01—1998/02/28
昆仑山口	美国 NOAA-15（AVHRR）	2001/09/01—2001/12/31
昆仑山口	美国 TERRA （MODIS）	2000/11/20—2001/12/31
汶川地区	美国 NOAA-17（AVHRR）	2005/08/30—2008/09/30
汶川地区	美国 TERRA/AQUA 双星（MODIS）	2005/01/01—2008/09/30 2008/01/01—2008/08/31
汶川地区	中国风云 2 号（VISSR）	2005/01/01—2020/12/31
唐山地区	美国 NOAA 系列（AVHRR）	1998/03/01—至今
唐山地区	美国 TERRA/AQUA（MODIS ）	1998/03/01—至今
唐山地区	美国 NPP（VIIRS）	2012/01/01—至今
唐山地区	中国风云 2 号（VISSR）	2005/01/01—2020/12/31

要利用卫星数据获得地表温度数据，卫星数据还需要进行预处理、辐射校正、几何校正、亮温计算等算法处理。大部分的国内文章都是以亮温为最终结果。亮温与实际温度之间还差一个比辐射率 ε 的影响。

强祖基等人（赵得秀和强祖基，2012）公开了他们核心的计算方法，并公开了利用该方法计算卫星资料得到的 2008 年汶川地震前汶川地区地表热异常（其实是亮温异常），并根据其获取的热异常判定汶川震前存在热异常，是汶川大震前兆异常（赵得秀和强祖基，2012）。

2）两项结果的对比，见图 6、图 7 及图 8。

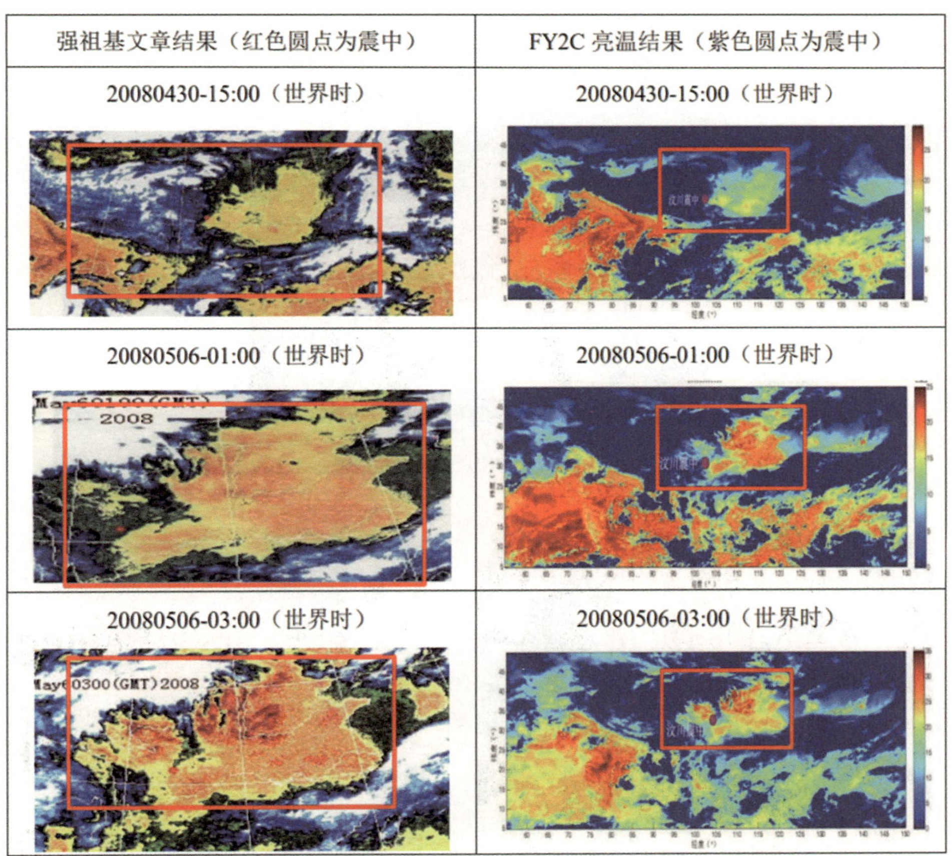

图 6　强祖基等人获取的地表亮温（左）和河北遥感中心获取的地表亮温（右）的一致性

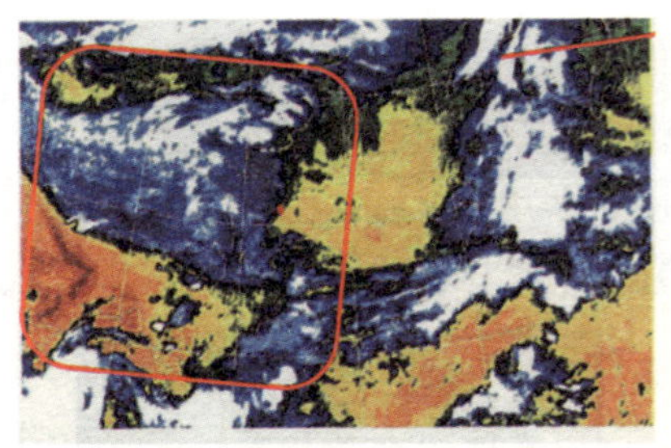

卫星热红外图像 4 月 30 日 15:00(世界时)

色标:天蓝 -44～-34℃;浅蓝 -33～-18℃;蓝 -17～-3℃;

绿 -2～6℃;淡黄 7～11℃;黄 12～16℃;深黄 17～20℃

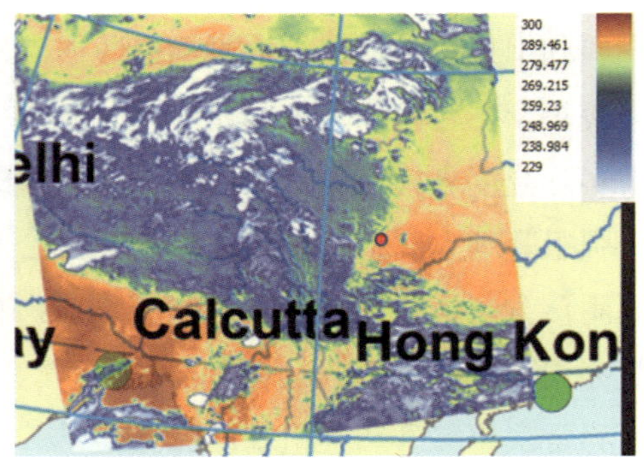

图 7-1　本项目组处理的汶川（2008-04-30 下午 15 点）NOAA 一级数据处理的亮温结果（右图）与强祖基结果（左图）对比

图 7-2　汶川 2008-04-30 云图覆盖情况

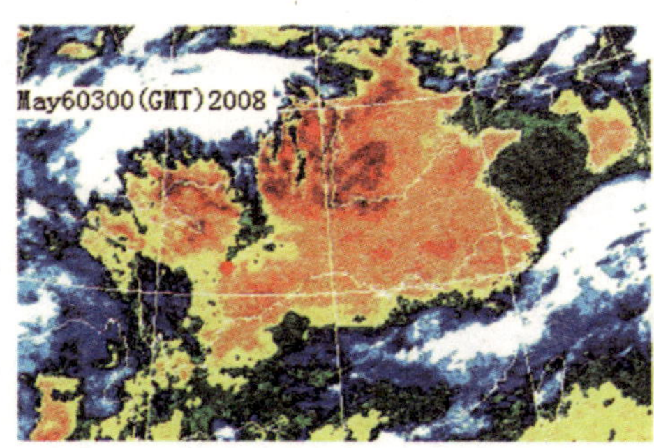

卫星热红外图像 5 月 6 日 03:00(世界时)

色标:天蓝 -44～-34℃;浅蓝 -33～-18℃;蓝 -17～-3℃;

绿 -2～6℃;淡黄 7～11℃;黄 12～16℃;深黄 17～20℃

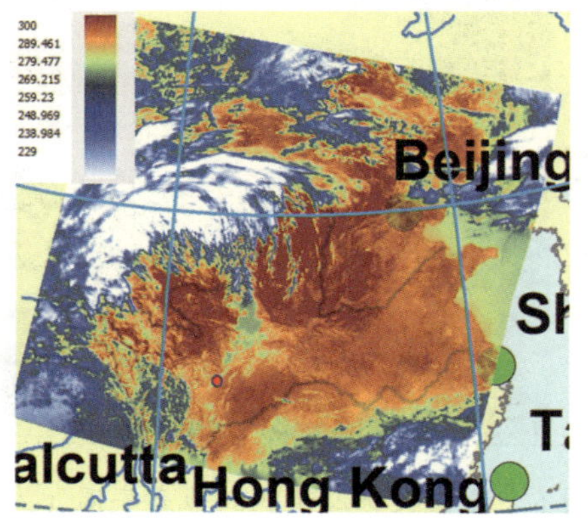

图 8-1　本项目组处理的汶川（2008-05-06 夜里 3 点）NOAA 一级数据亮温结果与强祖基结果对比

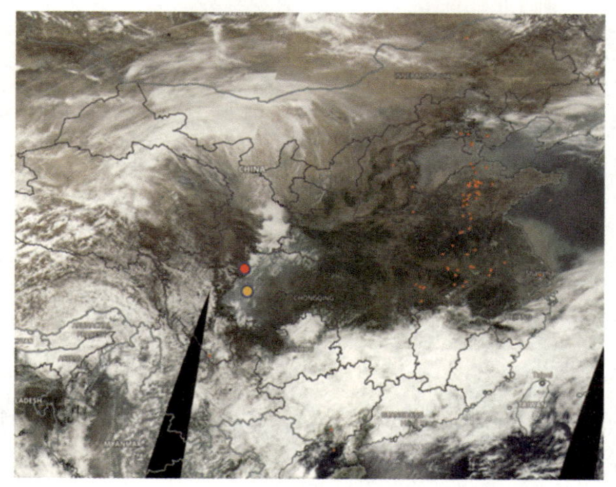

图 8-2　汶川 2008-05-06 的云图覆盖情况

从图 6、7、8 的对比可以看出，强祖基的结果与河北省遥感中心的结果是一致的。同时验证了强祖基的结果就是亮温的结果，这是在没有考虑地表比辐射率以及大气等包括大气窗口（透彻率）的干扰影响。值得注意的是，5 月 6 日，即汶川地震爆发的一周前，震中四周为一高温区，而震中出现一条北东走向的 2 °—6 °C 的相对低温带，这可能是沿龙门山断裂带出气强度增加而出现的现象。

为了能够对上述汶川的卫星热异常进行解释，获取对应日期的云图情况加以对比。首先，NOAA 的图区范围与强祖基图 8 中红色框的范围是一致的。同时 NOAA 卫星在汶川地震前只有两颗卫星飞过汶川地区，强祖基的结果显示出了三个时间点的结果，这是强祖基利用 FY-2C（风云 2C 号卫星，这个卫星当时飞过了汶川地区）的数据进行处理的，与河北验证结果是一致的。

分析温度结果可知，汶川位于高温区域内，但是却处于高温区域的边缘（见图 6、7、8），且最高温的区域并不在汶川。白色的区域是冷温的，与云图中的云层覆盖相一致（见图 7、8）。

图 7 中的左上和右下为冷温体，也正好与云图中云层对应。热异常区域正好没有云层的覆盖，因此能够体现地表温度的热差异。亮温图中红点为汶川地震区，处于温度较高的范围（相对其四周）。

五、结论

从技术层面讲，卫星是可以获得地表温度及其变化特征的。获取的地表温度会受到除了地震引发的热异常变化外其他很多因素的影响，包括季节、昼夜、天气、大气温度等。去除这些因素的影响是获取地震引发地表温度变化的重要方向。此外，云层的覆盖也需要其他卫星手段的加入来避免其覆盖因素的影响。

长期获取对地震带附近地表温度的变化，需要卫星这种长期观测平台的支持来实现对于地表温度的长期关系的要求，并获取地表温度变化规律。四光卫星及星组是监测地震、获取地震引发地面温度变化乃至地震引起的其他场变化的重要的平台，其前景应是有希望的。

附：关于从亮温提取实际地表温度的劈窗算法的说明

上述从亮温获取地表温度主要用的算法就是劈窗法（Becker 和 Li，1990）。劈窗法是使用最普遍的方法，如前所述。另有大气剖面法主要利用已有的不同地区的大气模型进行处理获取地表温度。“劈窗算法”也称为分离窗法，其实质就是利用多个热红外光谱频段（至少 2 个）进行多项式加权求和。所谓劈窗就是多个分离的、不相关的光谱频段之间进行的计算。核心问题在于如何获取加权系数，从而计算出地表温度。

$$T_s = a_0 + a_1 T_3 + a_2 T_4 + a_3 T_5$$

其中，Ts 表示计算得到的地表温度；T_3、T_4、T_5 表示 NOAA 卫星频段 Band3、Band4 和 Band5 的亮温温度（说明：通常情况下 Band3 因为还含有反射辐射的成分，往往不利用 Band3 频段的数据）。因为 NOAA 卫星是最早用于获取地球海洋温度的系列卫星，Band4 和 Band5 就是利用这种劈窗算法计算海洋表面温度的。a_0～a_3 是需要计算的加权系数，是问题的核心。从 NOAA 的海洋温度转移到陆地温度，其主要问题也就是辐射率较海水辐射率变化较大。为了适应陆地表面辐射率的变化，并获取不同加权系数计算方法，又稍有差别。当然，现在普遍也使用 Terra 卫星搭载的 MODIS 探测器也利用劈窗算法来获取地表温度。这也是国内各家单位普遍采用的思路和算法，虽然被认为是成熟的算法，但并未能解决下述的一些重要问题。

陆地地表辐射率的获取主要考虑植被的影响。要获取植被的辐射率、裸露地表的辐射率以及植被覆盖系数(且植被和裸露地表辐射率是已知预设值),如 NDVI 或也有使用 MSAVI 的。植被覆盖率的不同导致获取加权系数方法的不同，得到的 a 系列参数的结果也相同。实际上，NDVI 与物质热辐射率不存在物理关系。NDVI 只能反映植被覆盖情况（主要是近红外效应。因为水的影响)，而植被中的水含量对热辐射影响较大。因此利用 NDVI 主要是区别植被或含水量对热辐射的影响。然而，地震区域未必都有植被，且无植被覆盖的地区受此方法的影响较大。

分离窗法实际上是通过数学拟合的方法来获取地表温度，去除不同比辐射率在地表物质差异、光学频段差异上的影响。这是试图解决上述提出的第四个重要问题。但是该温度仍然受到大气的影响，且植被覆盖率的思路也受到很多的局限性（尽管在多植被地区效果很好)，如城市、裸露的地质体中，二者在地震研究和城市研究中都较为重要。

通过劈窗算法，获取 MODIS 地表反演的温度，包括 2008 年 4 月 30 日和 5 月 6 日的结果，并与上面的亮温的日期一致。

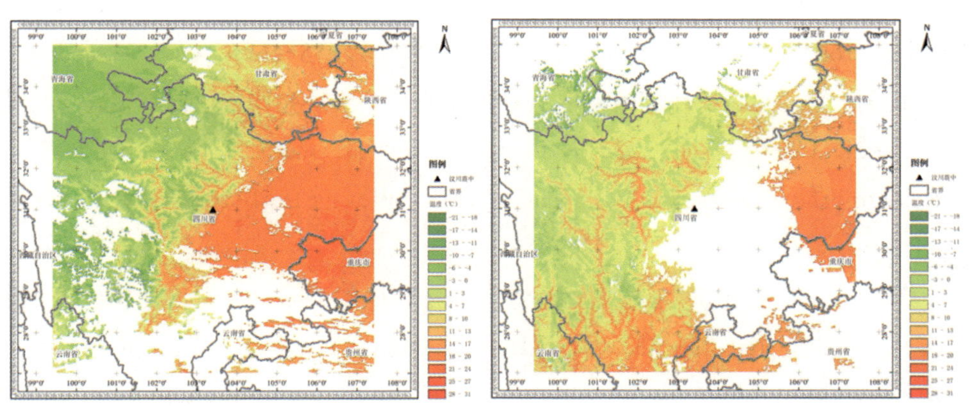

图 9　汶川 2008-4-30 和 2008-05-06 的劈窗法获取的地表温度（MODIS 数据）(其他时段数据结果见成果报告)(白色区域为云覆盖区域)

参考文献

1. 王莹，张元生，魏从信. 云南几次中强地震热红外异常特征对比研究[J]. 影像科学与光化学,2019,37（03）:215-226.（Wang Ying, Zhang Yuansheng, and Wei Congxin. Comparative study on the characteristics of thermal infrared anomalies of several moderate and strong earthquakes in Yunnan[J]. Imaging Science and Photochemistry,2019,37（03）:215-226.）

2. 强祖基，赁常恭，等. 卫星热红外图象亮温异常—短临震兆[J]. 中国科学（D），1998，28（6）:564-573.（Qiang Zuji, Dian Changgong. Satellite thermal infrared image brightness temperature anomaly—short-term imminent earthquake signs[J]. Science in China （Series D），1998, 28（6）:564-573.）

3. 郭晓，张元生，钟美娇，沈文荣，魏从信. 提取地震热异常信息的功率谱相对变化率法及震例分析 [J]. 地球物理学报，2010,53（11）:2688-2695（Guo Xiao, Zhang Y uansheng, Zhong Meijiao, Shen Wenrong, Wei Congxin. Variation characteristics of OLR for the Wenchuan earthquake[J]. Chinese Journal of Geophysics,2010,53（11）:2688-2695）.

4. 王一博. MODIS 地震热异常的数据处理与算法研究[D]. 中国石油大学（华东）,2014.（Wang Yibo. MODIS seismic thermal anomaly data processing and algorithm research[D]. China University of Petroleum （East China），2014.）

5. 叶秀薇，黄元敏. 卫星热红外遥感资料在地震预测中应用的现状[J]. 华南地震,2010,30（02）:26-35.（Ye Xiuwei ,Huang Yuanmin. The application status of satellite thermal infrared remote sensing data in earthquake prediction[J]. South China Earthquake,2010,30（02）:26-35.）

6. 黄学猛，谢富仁. 龙门山构造带的演化历史及构造样式综述[J]. 地壳构造与地壳应力文集,2009（00）:16-29.（Huang Xuemeng, Xie Furen. Summary of the evolution history and structural styles of the Longmenshan structural belt[J]. Crustal Tectonics and Crustal Stress Collection,2009（00）:16-29.）

7.赵兵，毛克彪，蔡永林等. 2003-2017年中国Terra和Aqua MODIS地表温度气象站数据产品 [J]. 地球系统科学数据，2020，12（4):（Zhao Bing,Mao Kebiao,Cai Yonglin,,Shi Jiecheng,Li Zhiliang,Qin Zhihao,Meng Xiaojun, Shen Xiaoyun,Guo Zhihua. A combined Terra and Aqua MODIS land surface temperature and meteorological station data product for China from 2003 to 2017[J]. Earth System Science Data,2020,12（4）.

8.张元生，郭晓，钟美娇等. 汶川地震：来自卫星红外信息的亮度温度变化. Chinese Sci Bull, 2010, 55, doi: 10.1007/s11434-010-0016-7（Zhang Y S, Guo X, Zhong M J,Shen W R,Li W,He B. Wenchuan earthquake: Brightness temperature changes from satellite infrared information. Chinese Sci Bull, 2010, 55, doi: 10.1007/s11434-010-0016-7.

地震云是地震将发生的一种可能的前兆

徐淑彬

山东临沂博物馆馆员

编者按： 用地震云或震象云来预测地震是项新事务，还不成熟，当下有许多争议。但是，这是一项有道理的，也是有前景的探索，值得重视。当然也是很复杂困难之事。现介绍了三位观云测报专家，徐淑彬、李芳和李志平，他们都是业余从事这方面的探索已有几十年，积累了丰富的经验，十分可贵。本书刊出他们的观云测震体会和经验，就是为了交流，提高，以使这一方法引起人们的重视，并在进一步工作中得到进一步完善，使之成为一种地震探测方法，以有利于人们地震发生时进行自救。

摘要： 作者通过十多年来对云彩进行科学观测实践，发现天空中某些特定的云彩的形态与结构可能与地震有一定的关联，并可能是地震发生的重要前兆信息，可以用来做地震预测。为此，作者对这些云彩提出一种分类体系，共 7 类，希望能有助于地震预报的探索。这些内容是属于经验预测的探索，还需要深化研究其两者的关系。作者也提出开展这项工作的最大困难。还发现部分地磁 DST 指数有助于佐证地震发生的时间节点，表明两者有一定的关联性，可以综合运用两种方法确定地震发生的时间点。

关键词： 地震云　地震前兆　临震预测　地磁指数　卫星云图

地震会不会产生特定形态和结构的云彩？这是一个有待探索的新问题。作者对此问题很有兴趣并进行了十多年对云彩的长期观测，积累了许多感性认识，发现天空中某些特定的云彩的形态与结构可能与地震有一定的关联，并可能是地震发生的重要前兆信息，可以试用来于探索预报地震。现将研究探索的初步成果进行初步的归纳总结和分析，以与有兴趣的同行交流讨论，共同提高。

本文所研究的云彩图像，是特指人站在地面上直接对空观察并拍下来的云，不是卫星在高空俯拍的云图，它可能是多层云的复合体而呈现的特殊云彩。

一、地震云在国际国内的研究现状

截至现在，在国际上对地震云的研究还较为初步，没有得到一个共识。仅在日本和中国民间有较多研究者对地震云进行探索，而一些地震学家和气象学家对这种探索持否定的态度。但地震云的研究者则有一些执着的精神，坚信地震的发生与地震云可能存在着关联，在不断积累地震云观测的数据和地震发生事件，以期对其认识能有所深化，也许将来它可能会成为地震预测手段之一。

在 20 世纪，地震云的研究主要是日本人键田忠三郎推动的。他根据自己的观察与总结，预判了一些日本本国的地震。1980 年，他还与中国学者合作，于西安出版了一本中文版的书籍《地震云》。在该书里，键田忠三郎说他曾经观测到了 1976 年 7 月下旬中国唐山市 8 级地震之前的地震云，且有云图照片为证。他访问中国时中国领导人邓颖超、方毅等还接见过他们。

在中国，很早就有地震云观察的记录，1624 年（明天启年间）意大利传教士龙华明和高一志写成一本《地震解》，其中第八章“震之预兆”里有“昼中或日落之后，天际晴朗，而有细云如一线，甚长，震兆也”。在我国宁夏的隆德县 1935 年《重修隆德县志》中也记载有“天晴日暖，碧空清净，忽见黑云如缕，婉如长蛇，横卧天际，久而不散，势必为地震”。但是，大多数历史文献中的记载还没有人仔细翻阅过。

现代地震云研究还是从 1966 年邢台地震以后才开始引起人们的注意，许多民间志愿者开始进行观测和资料积累。

二、我们的做法

目前是，当我们看见自己头顶或者异地的特殊形态和结构的云系时，就拿照相机拍照下来。然后，查阅这一云系照片拍照时段的卫星云图，做分析对比，研究拍照下来的特定云系是从哪里飘移而来的，研究其飘移的路径，追溯那个云系的来源。通过这种操作探查云系和地震发生地段有无符合关系，并判断它是否是地震云。

在逆向追索云系来源时，有的云系可以清晰地找到云系的发生地，有的云系则找不到来源，尤其是远距离的云系，中途会有许多转折点不好判断。一般情况下，越是大级别的地震，来源好像越多，分辨率比较低，反倒是中强震地震云的漂移路径比较容易判断。

在判断云系来源时，还可以借助电离层图或者红外云图，分析地面温度的变化。

下面介绍一些实例。

第一个例子，如 2008 年 5 月 9 日我们在临沂拍照了一组绳纹状的地震云照片，并在同日的气象卫星云图中发现了一个长条形云系，它连接了四川汶川与山东临沂（图 1）。

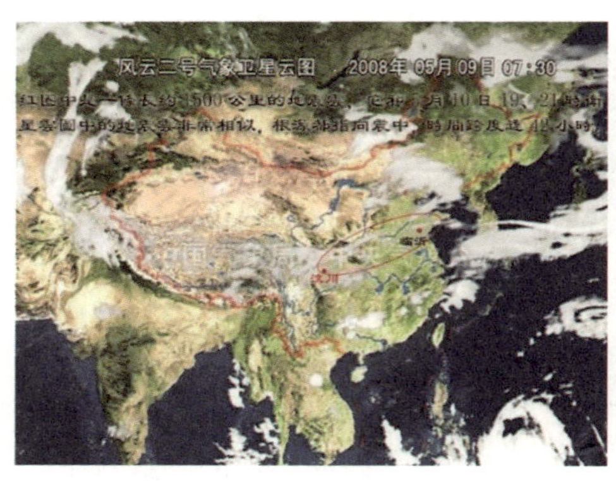

图 1　2008 年 5 月 9 日 7：30 卫星云图 　　图 2　9 日下午临沂拍照的绳纹状地震云

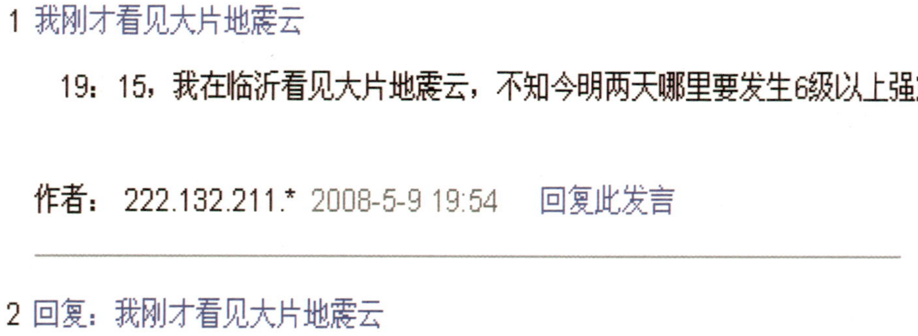

1 我刚才看见大片地震云

19：15，我在临沂看见大片地震云，不知今明两天哪里要发生6级以上强震。

作者： 222.132.211.* 2008-5-9 19:54　回复此发言

2 回复：我刚才看见大片地震云

图 3　5 月 9 日，笔者发在百度贴吧《地震吧》里的临沂地震云帖

那个时候，临沂市的上空出现了地震云之绳纹云（图 2、图 4）。笔者在 19：15 于百度《地震吧》里发了：“19：15 我在临沂看见大片地震云，不知今明两天哪里将要发生 6 级以上强震”的帖子（图 3），3 天后汶川发生了 8 级强震。现在

看，汶川与临沂之间的地震云可能是有关联的。国家地震局的申旭辉研究员在震后的某项分析研究表明：2008 年 5 月 9 日中午汶川地区地磁发生了明显的变化。其实，地震云来源地点推断预测完成以后，还可以根据地震云的形态与级别判断该云系可能反映的地震震级强度、发震时间。有时候还需要借助中科院的地磁 DST 指数预报网站的曲线判断临震的时间。

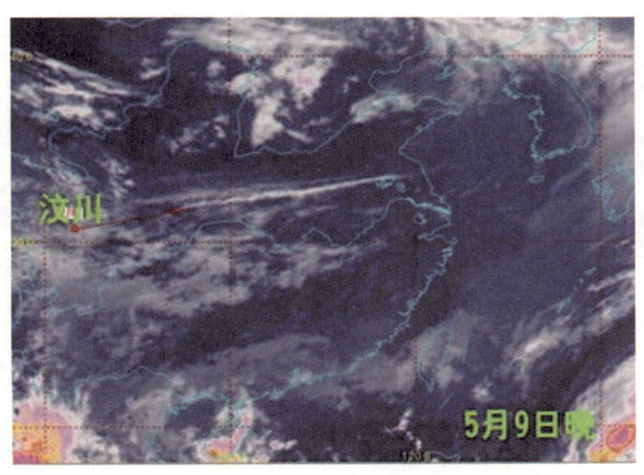

图 4　2008 年 5 月 9 日傍晚的卫星云图

第二个例子。2018 年 8 月 31 日下午笔者在山东省临沂市拍摄地震云照片（图 5），结合当时的台风情况（图 6），预测日本未来 96 小时内将要发生 6—7 级地震。结果，9 月 6 日 02：08 在北海道发生 6.9 级地震。这表明台风的路径有可能与地震的发生有关系。

图 5　2018.08.31 临沂向东北方向拍照

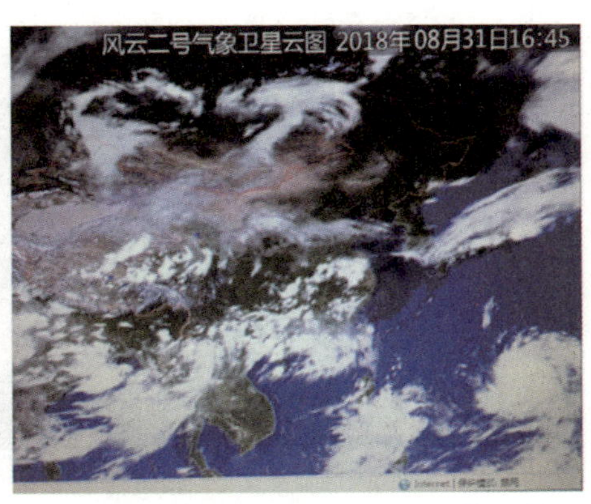

图 6　2018.08.31.16：45 卫星云图

第三个例子。有的时候，可以借助电离层图作为辅助手段判断地震将要发生的区域。如 2018 年 2 月 20 日笔者根据安徽滁州和广东番禺两地同一时间的地震云（图 7），呈 90 度夹角指向台湾（图 8），结合电离层图（图 9）预判台湾在未来 24—48 小时内将要发生 5 级左右的地震。结果 2 月 22 日 07：10 时在台湾花莲近海发生 4.9 级地震。

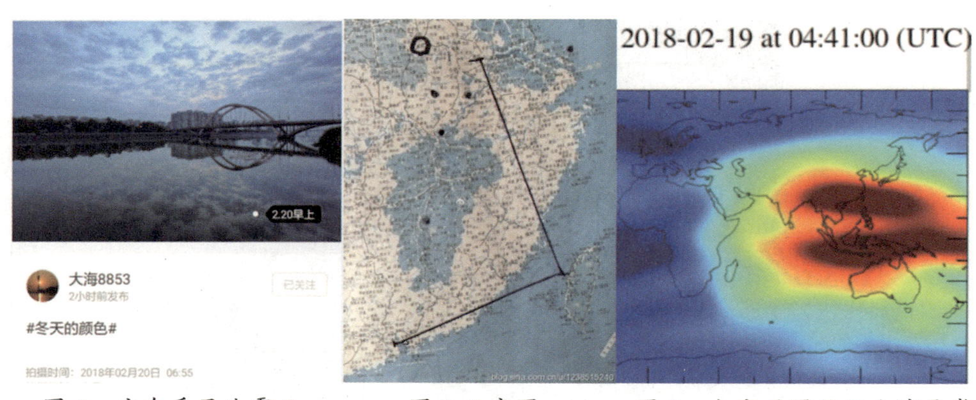

图 7　广东番禺地震云　　图 8 示意图　　图 9　电离层图显示台湾异常

第四个例子。这是一个使用两地的地震云同时预测一个地震的成功案例。2014 年 11 月 22 日下午，笔者分别使用广东河源与福建武夷山两个地方网友同时拍照的地震云（图 10、11），结合卫星云图上显示的地震云飘移路径（图 12、13），可以看见两个拍照地点上空的云都指向四川康定县，预判四川康定县两小时以前刚发生 6.3 级地震的区域会在未来 72 小时以内将再次发生 6—6.5 级地震。77 小时以后康定县发生了 5.8 级地震。这个预测直接确定到县级行政区划范围，效果比较好。

图 10　福建武夷山地震云

图 11　广东河源地震云

上面这两张照片都是网友拍照了发到新浪微博我的微博号里，经过反复与拍照者沟通，确认照片的真实性以后才敢使用。

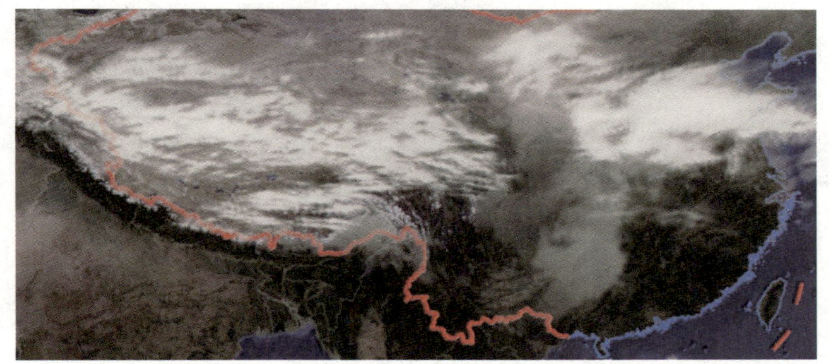

图 12　2014.11.22 下午的卫星云图截图，华南上空可见灰色的地震云，显示武夷山与河源两地地震云的指向，形成一个夹角指向康定县。据此判断康定县还要发生强震。

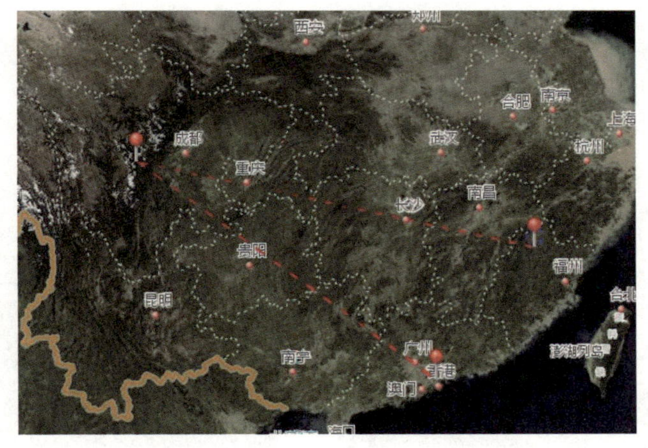

图 13　武夷山与河源两个拍照地点示意图，指向康定县

第五个例子。2019 年 3 月 9 日笔者在北京中国地质科学院参加群测群防会议期间，借助国家气象局一位专家提供的卫星云图，对当天早晨山东、江苏、安徽出现的地震云集中研判（图 14），认为地震云都指向日本九州岛南面的海域（图 15），是 5—6 级地震的体现，给 96 小时的观察期。两天后的 3 月 11 日 17：33 在日本的火山列岛地区发生了 5.6 级地震（图 16）。其实，这个预测是为了证明地震云可以预测地震，专门预测给气象专家看的。其效果是比较好的，有关气象专家对于预测结果表示认可。

图 14　3 月 9 日地震云之一

图 15 山东、江苏、安徽三个省地震云拍照城市

图 16　3 月 11 日地震信息

图 17　卫星云图上的判断

在三个省的范围内同时目击到地震云，根据卫星云图就比较容易分析出总的指向。如果有五六个省份都同时或者相继目击到地震云的出现，综合起来分析，相关的震区就更容易得到判定了。

第六个例子。2018 年 2 月，我使用华东与华南地区六个省份的地震云预测台湾的震群，达到 80%以上的成功概率，都记录在新浪网的微博里面，只有部分记录在新浪博客里。

这是通过查清楚特定形态和结构的云系与地震发生地段的关系，确定这一云系是地震云，并可用这种倒追索云系发生地段来判定发生地震的地段。

三、关于地震云的一般形态特征分类及地震震级预测的尝试

关于地震云的形态与结构，一般可大致分为绳纹云、条形云、排骨云、鱼鳞云、断层云、扇状放射云、絮状云、火烧云等等。其中，绳纹云、条形云、絮状云是震级较高的种类。在过去的 17 年里，通过上千个观测案例积累的参数看，上面每一种类型都可以再分出许多亚类的形态。客观上看，地震云就像人的脸面一样，几乎没有两片完全一样的云。因此，需要把他们输入计算机存储起来和进行自动识别，以提高识别的效率。

1. 绳纹云

顾名思义，云的形态结构就像绳子一样，具有单根的条形，具连续性和排列性。排列的紧密度往往与震级的大小有关，这类云彩一般是 7—8 级的类型。在微结构上，每一个云团本身的紧密度与扩散力都决定着震级的大小，有的时候差 0.1 级或者 0.2 级都可以区别出来。绳纹云出现的时候，天空的背景要么单纯、清澈，要么会有多层云伴生。

如 2012 年 9 月 3 日美国加州一位网友在百度贴吧里发了 3 张地震云照片向我询问，我看后认为是 8 级左右的绳纹云，当时是这样回复他的（见图 18 及图 19）。该绳纹云间距比较宽。

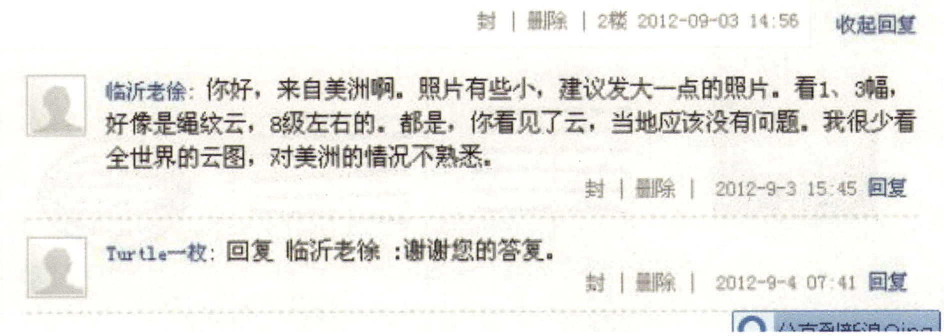

封 | 删除 | 2楼 2012-09-03 14:56 收起回复

临沂老徐：你好，来自美洲啊。照片有些小，建议发大一点的照片。看1、3幅，好像是绳纹云，8级左右的。都是，你看见了云，当地应该没有问题。我很少看全世界的云图，对美洲的情况不熟悉。

封 | 删除 | 2012-9-3 15:45 回复

Turtle一枚：回复 临沂老徐 ：谢谢您的答复。

封 | 删除 | 2012-9-4 07:41 回复

图 18　百度贴吧《徐淑彬吧》中的截图

图 19　2012.09.03 美国南加州网友 Turtie 拍摄的绳纹云

3 天后的晚上，中美洲的哥斯达黎加发生了 7.9 级地震。据中国地震台网消息，2012 年 09 月 05 日 22 时 42 分在哥斯达黎加（北纬 10.0 度，西经 85.5 度）发生 7.9 级地震，震源深度 20 公里。这个预判误差 0.1 级。这是继 5·12 汶川大震之后笔者看见的第二个 8 级左右的地震云——绳纹云。而且是万里之外的遥测。

2. 排骨云

排骨云比较形象，一般是指平行排列的条形云集合体。排骨云的粗壮程度往往决定了震级的大小，其形态结构变化较多，震级的变异范围比较大。单一的排骨云往往不好预测源头或者目的地，只有观测地多了综合判断效果才会更好，如图 20，结合其他地方的地震云综合研判，一般要考虑两个垂直的方向。

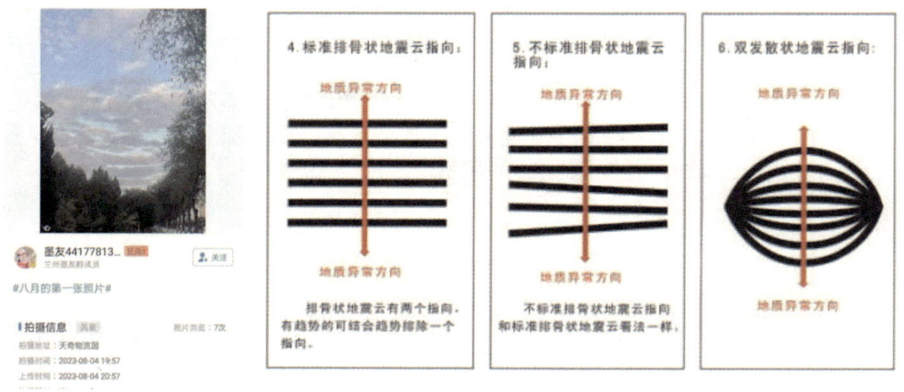

图 20　2023.08.04 兰州市网友拍摄的排骨云及排骨云判断示意图，兰州的排骨云与 2023 年 8 月 6 日山东德州 5.5 级地震有关

3. 条形云

条形云就是长条形的云。它的形态与结构类似于飞机尾迹的一段。日本人叫做“筋状云”“带状云”。键田忠三郎曾经声称在 1976 年唐山大地震之前的前一天下午 6：20 在日本九州岛看见了长条形的云（图 21），认为与唐山地震有关。笔者在临沂市观察到的条形云多与南太平洋有关，一般都是 7 级以上强震。

图 21　键田忠三郎认为那 2 个白色箭头所指的条形云与唐山 7.28 地震有关

图 22　2008.08.04 傍晚在临沂市拍摄的条形云，该案例在震前刊于新浪博客

2008 年 8 月 4 日傍晚笔者在临沂城拍摄的条形火烧云（图 22）。呈西南东北走向，在临沂城北方转弯折向东北，估计该云系的长度有几百公里。与四川龙门山断裂带有关，朋友李传芳认为青川一带将有 5.4 级左右的余震，笔者认为应是 6 级以上。第二天，北京时间 8 月 5 日 17 时 49 分，在四川省广元市青川县（北纬 32．8 度，东经 105．5 度）发生 6.1 级余震，震源深度约 10 公里。这是 512 汶川大地震的重要余震之一。是两位中国非地震系统的民间人士合作利用地震云和其他技术预测到县级行政区域的成功案例之一。

4. 断层云

断层云在形态上具有一个比较齐整的边。其结构可能近似鱼鳞云与小排骨云之间，或松散、或紧密，变化比较多。一般情况下，反映为远方的海震，来源判断比较困难，震级判断比较容易，6—6.5 级之间，更多的是 6—6.2 级，通常发生在 36 小时之内。

气象专家就“阴阳天”做出过解释，认为该现象是西南暖湿气流与西北气流在高空作用的结果，对未来天气不会产生大的影响。

图 23　2011.05.14 南阳市断层云照片

笔者新浪博客原文：“拍摄地点：河南省南阳市，拍摄时间：2011 年 5 月 14 日 19：00 左右。看卫星云图，可能与中南半岛有关，6 级以上。”结果，2011 年 5 月 16 日晨，所罗门群岛地区发生 6.3 级地震。

5. 放射状云

放射状云的结构与形态比较复杂。它的总的形态与结构就像一把展开了的扇子那样，基本上是由条形的直线或者弯曲的云条组成。尽管线条的粗细不同，排列的紧密度不一样，但它们具有一个共同的特点，就是具备一个明确的扇柄指向，即震源的大致方向。虽然震级的大小不一，一般反映在 96 小时之内。震级的范围在 3～6.5 级。这类的云彩花样比较多。

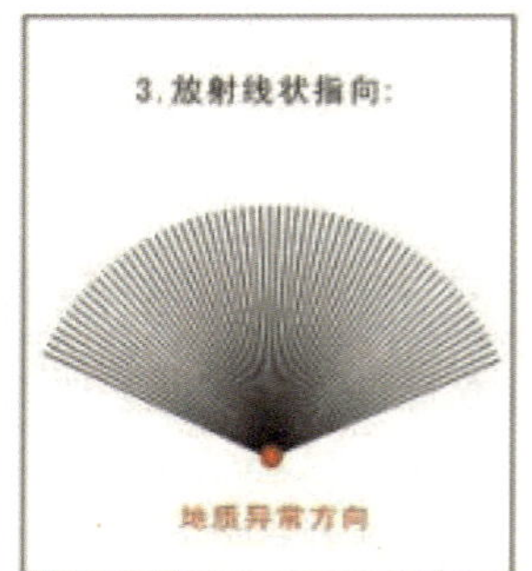

图 24　放射状地震云的几种形态结构示意图（网友制作）

（1）扫帚状放射状地震云

例如 2010 年 4 月 13 日傍晚，笔者在临沂市家门口拍摄的地震云（图 25），认为是 6 级以上的等级，大到暴雨级（民间把这个划为 6-7 级）怀疑来自藏区，3 天的观察期。4 月 14 日早晨 07：49 时青海玉树发生了 7.1 级地震。

图 26 是 2013 年 4 月 18 日下午与图 27 在同一个地点拍摄的，当天晚上在新浪微博里发帖认为地震云的最大震级是 7 级，来自丝绸之路的青藏高原，21 点看卫星云图认为应力点在玉树地区，4 月 20 日早晨雅安发生了 7 级地震。震后央视使用这个图制作节目（图 27）。

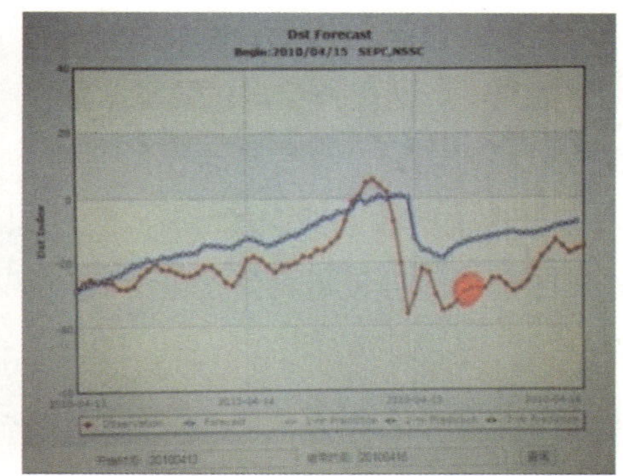

图 25　2010.04.13 玉树震前云及地磁指数走势

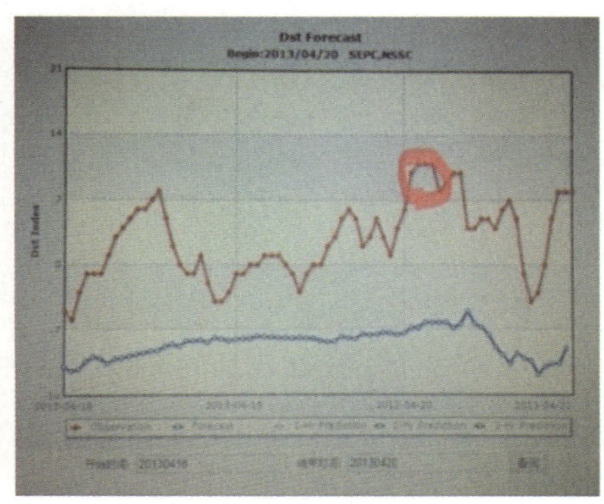

图 26　2013.04.18 雅安震前云及地磁指数走势

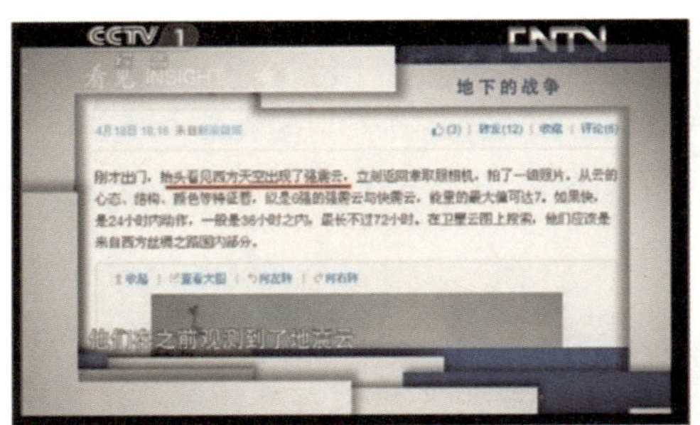

图 27　央视专题片使用了笔者新浪微博的文字与地震云照片

（2）细条扇骨状

其形态结构就像是一把打开的扇子，扇骨呈粗细不均的绳纹放射状云，排列比较清楚，扇柄指向震区的方位。如图 28，是 2008 年 7 月 29 日山东省日照市网友拍摄的地震云，笔者是这样预判的：“从日照博友老孙的云图看，四川老地点 2—3 天内似应有 6 级强的余震。”结果，北京时间 8 月 1 日 16 时 32 分，在四川省绵阳市平武县、北川羌族自治县交界（北纬 32.1 度，东经 104.7 度）发生 6.1 级余震，震源深度约 20 公里。这是 5·12 汶川 8 级大震之后笔者预测到的第二个 6 级强的余震。

图 28　2008.07.29 山东省日照市网友拍摄的地震云

（3）粗条扇骨状

相对于上面细条而言，本条的云显得粗而均匀，扇骨的结构更明显。但是级别低了半级多。例如下面 2 个同是 5.4 级的扇骨状地震云，分别是作者于 2009 年 12 月 4 日（图 29）和 2013 年 2 月 24 日（图 30）在山东临沂与江苏淮安拍摄的。前者与两天后的 6 日发生在新疆喀什的 5.4 级地震有关，后者与一天后发生在西藏阿里的 5.4 级地震有关。由于光线的原因，在形态上显得两个地震云不一样似的，其实在结构上是一样的。

图 29　2009 年 12 月 4 日临沂市地震云

图 30　2013 年 2 月 24 日淮安市地震云

（4）火烧云放射状云

同样是这样的扇骨状放射云，因为呈火烧云状，扇骨变得粗而短且扭曲明显，相对的震级显得高一些。如 2018 年 5 月 25 日下午网友在吉林省白山市中朝交界地区拍摄的放射状火烧云（图 31），发在新浪微博里，3 天后的 28 日 01:50 时在松原市发生了 5.7 级地震。

图 31　2018 年 5 月 25 日傍晚吉林省安图县网友向着西方拍摄的放射状火烧云

（5）鱼鳞云

鱼鳞云是比较复杂的云种，也是最常见的地震云，形态结构往往不规则，变异的范围比较大。一般说来，多是代表着 4—5 级中强震类型，或 3—4 级左右的震群类型，但也有 8 级左右大震的例子。如 2018 年 4 月 18 日济南市网友拍摄的一组，有些像雪花一样的感观（32）。

1）细小的鱼鳞云

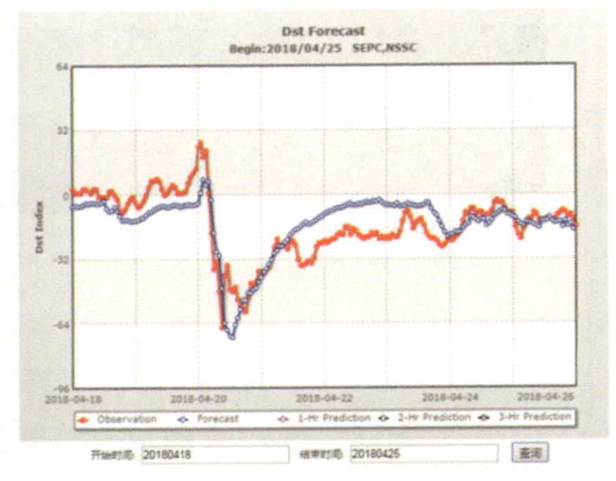

图 32　2018 年 4 月 18 日济南市的地震云，4 月 25 日在尼泊尔发生 8.1 级地震

笔者使用这个地震云照片，根据该云的特殊形态结构，认为是 8 级左右的强震云，结合卫星云图，曾经预判在四川龙门山区。96 小时观察期。结果，4 月 25 日在尼泊尔发生了 8.1 级地震。这个预测的大方向是对的，只是对于云图的截断距离不够。震级判断比较好，时间超过了 3 天。4 月 20 日地磁指数曾经大幅度下跌，但地震没有发生，而是延后五天发生。

2）鱼鳞云与排骨云复合型

鱼鳞云有的时候与小的排骨云呈复合形态存在。如 2009 年 10 月 14 日在河南拍摄的地震云（图 33），笔者在震前于新浪博客里是这样描述这张照片的："在能量上显示了 6—6.5±0.5。时间是 72 小时以内。卫星云图上检索后，发现在古蜀国的上空有北北东向云的围空，南面从内江—绵阳—青川走向，预示了地点的大致范围。也就是说，这是 3 个重点怀疑的点。从 21 时的卫星云图看，绵阳的疑点大些。" 6 天以后，即 2009 年 10 月 20 日 00 时 42 分，在四川省绵阳市北川羌族自治县、平武县交界发生了 M4.9 级地震，震中纬度 32.10，经度 104.50。10 月 14 日这个预测案例预判到了市级行政范围。不足的是时间超了 3 天，震级高估了一级多。

图 33　2009.10.14 网友拍摄的鱼鳞云

图 34　2008.11.18 宝鸡带指向的鱼鳞云—排骨云照片

3）带指向的鱼鳞云

有方向指示的地震云，在寻找来源的时候往往比较容易一些。下面这个 2008 年 11 月 18 日早晨宝鸡网友拍摄的地震云—鱼鳞云照片（图 34），笔者当时是这样判断的："这是一幅典型的地震云图，具有明确的方向性：几乎是一个等腰三角形的云，尖端指向太阳升起的方向，且距离并不远。如果大家认真分析，估计找到大致的地点是可能的。1. 震级：5—6 或 6—7，以前者的可能性大些。2. 时间：3—4 天。3. 地点：陕、豫、鄂交界附近。在陕西境内的可能性大些。"结果是，4 天后 4.7 级地震发生在鄂西。这个预判比较好。

4）带指向的厦门鱼鳞云

2018 年 12 月 17 日傍晚厦门带指向鱼鳞云是更加典型的地震云，扇骨状鱼鳞云在照片下部聚集在黄色的楼房处，表示震区在远方（图 35），具体的距离要在卫星云图上寻找。这样的形态结构一般是 5.1—5.3 级的体现。笔者当时预判是 72 小时内，结果 72 小时内在新疆南部的阿克陶县发生了 5.2 级地震。

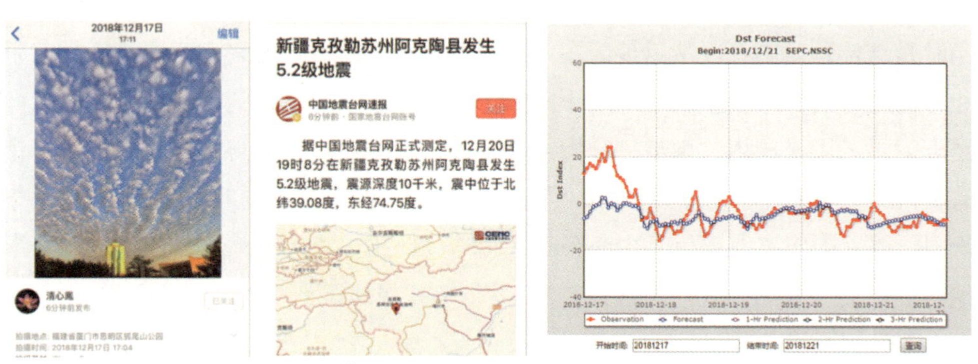

图 35　2018.12.17 厦门带指向鱼鳞云，20 日新疆阿克陶县发生 5.2 级地震

5）火烧云类型的鱼鳞云

2018 年 11 月 4 日笔者在墨迹天气网站上看见重庆市网友发的一组大级别的鱼鳞云照片（图 36），认为是 7 级以上的强震云，预判在未来 150 小时内将在北美洲、南太平洋有发生地震的可能。4 天后，在挪威扬马延岛地区附近发生了 7.0 级地震。

图 36　2018.11.04 重庆市的火烧云类型的鱼鳞云及其地震信息

（6）絮状云

絮状云的形态结构就像是棉絮团被拉长了似的，一般是中强震的反应。以 5.8 级左右的絮状云的形态结构比较稳定。但也有介于小的絮状与短的绳纹云之间的形态，代表着 7 级以上的地震级别。

1）碎絮状云

2008 年 11 月 16 日 7 点左右深圳有网友拍摄了一幅碎絮状地震云（图 37），当时是这样预判的：“从卫星云图上检索看见，这云可能是来自南海，云是向东北方向运行的。细看起来，云的结构是绳纹状。目前还没有找到其所对应的地点。结合卫星云图及国内‘雨情’分析，有这样几种可能：1. 它与石棉—攀枝花一带有关；2. 它与南海有关；3. 暴雨级（作者按：民间把 6 级以上的叫做暴雨），3 天。”次日，据美国国家地震信息中心公布，2008-11-16　17：02：31 在印度尼西亚米纳哈萨半岛（北纬 1.3，东经 122.1）发生 7.5 级地震。

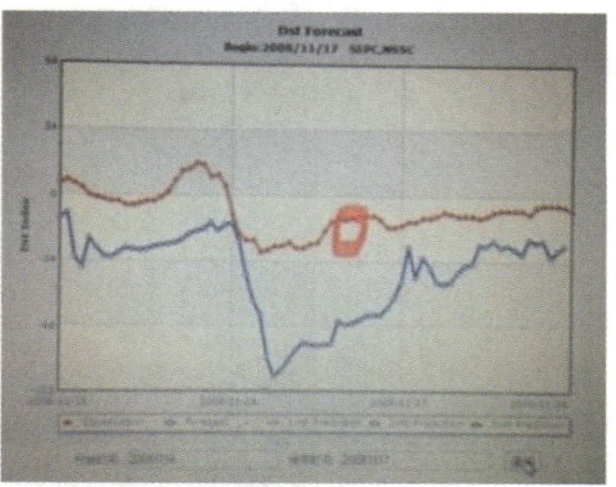

图 37　2008.11.16 早晨深圳的碎絮状云

当天下午 17：02 在印尼发生 7.5 级地震及地磁指数走势下跌明显。

2）长絮状云

2008 年 12 月 23 日安徽亳州有网友拍摄了一个长絮状地震云照片（图 38），笔者当时是这样预判的："发现上面照片的左下半类似于断层云，上面才是絮状云。因此，这云可能是远处国外的地震，其能量接近 7 级。通过卫星云图搜索，与此震级接近的只有印尼西南海里正在移动的一个点。"次日，24 日 17：11 印尼发生 6.2 级地震。

图 38　2008.12.23 安徽亳州长絮状云

3）絮状云

2008 年 12 月 16 日安徽马鞍山网友拍摄了絮状云（图 39），后经多次验证，是 5.8 级的典型絮状云图。

图 39　2008.12.16 安徽马鞍山絮状云

马鞍山的地震云，在形态与结构上既不像鱼鳞云，也不像绳纹云，是介于二者之间的类型。所以，原文称作絮状绳纹云。当时判断属于 6—7 级，72 小时内。次日在南太平洋发生了深源的 5.8 级地震。震中位于纬度:-16.86，经度:-178.85，深度：627，震级：5.8（Mw）。

（7）火烧云

火烧云是早晨日出或者傍晚日落由于太阳的映射造成的一种红色或者红黄色的绮丽彩云，云的结构与形态多种多样。这种云一般预示着是一种快震云。颜色越是艳丽，震级可能就会越高。其结构往往不怎么明显，一般会在 24 小时之内发生。但也有例外，如汶川 5・12 地震之前的 5 月 10 日，在北京拍摄到的火烧云，地震在其后约 40 小时就发生了。在震级方面，大小震级都可产生这种地震云。

“这种火烧云的存在时间很短，只有几分钟，是太阳落山后阳光的反射。依据远处条形云的结构看，似乎是西南东北走向。从卫星云图上，模糊地看见云是来自喜马拉雅山之北，自西向东飘的，在鸡屁股处（注：新疆西南部）似有转折，但不清楚。源头可能有 2 个：一个是哈萨克斯坦，一个是伊朗，都是西亚的。估计今天要动了，最迟 2 天。”原文是 2009 年 4 月 19 日上午 10 时写的，9 个小时后，在距离哈国边境约 30 公里的我国新疆境内发生了 5.5 级地震。原文对时间把握得比较好，地点与震级预判也是比较好的，是成功的预测。

图 41 是 2011 年 12 月 29 日在百度贴吧里面发现的，由厦门网友拍摄的火烧云照片，几乎是铺天盖地的火烧云。3 天后，日本发生了 7 级的地震。新华网东京 1 月 1 日电据日本气象厅 1 日观测，日本本州岛东部海域当天下午发生里氏 7 级地震，该 7 级地震有可能是日本 3・11 9 级地震的余震。

图 40　2009.04.18 攀枝花的火烧云，于 19 日 12：08 在新疆阿合奇县发生 5.5 级地震

图 41　2011.12.29 厦门火烧云

（8）多层的复合型绳纹云

多层的复合型绳纹云，是一种非常特别的地震云。它的形态结构是由 2 层以上的类似绳纹云的云彩组成，且各层的指向不一样。其所反应的是一种远距离的 6 级以上，8 级以下强震。从地震云的观测处到震区往往有万里之遥，卫星云图上一般有许多云系的转折，找不到直接漂移的路径，在具体的判断上比较困难。时间一般在 7 天以内。

2018 年 12 月 2 日 16：58，福建龙岩网友拍摄的多层复合型绳纹云照片，地震云照片上可见左右两个方向的来源指向（图 42），3 天后在南太平洋新喀里多尼亚群岛附近海域发生 7.8 级地震。

图 42　2018.12.02 福建龙岩网友拍摄的地震云及其地震信息

四、使用地震云预测地震应该注意事项

根据笔者多年来的实践表明，使用地震云预测地震，就像一个老中医看病那样，需要经验的积累。通常情况下，使用地震云预测地震，必须具备以下几个方面的基础条件：普通地理知识，普通气象知识，普通的拍照技术，普通的地震基础知识，普通的使用电脑技术，普通的心理素养，平常人的心态，良好的职业道德，等等。

在具体操作的步骤上，顺序是这样的：

1. 当你发现天空出现地震云以后，要立即拿照相机对着地震云拍照，有条件的可以全程跟拍，最好是拍全景式的照片。

2. 拍照完成以后，根据你拍照的时间，到卫星云图上寻找你所在的位置上空的云是从哪个方向来的，逆向追溯云的来源，即震区的大致方位。有的时候，地震云到达的一端也会是震区。

3. 尽快把原始照片发到网络上面或者有关机构。要使用文字描述拍照的具体地点（城市或者县）、具体时间（年月日时分）、镜头所对着的方向、云的来去方向（从哪一个方向来的往哪一个方向去了）、持续的时间。这些，就是地震云拍照与描述必须具备的5要素。

4. 拍照地震云所使用的照相机，以广角镜为最好，可以拍全景。如果没有广角镜头的，普通的也可以。拍照的时候尽可能地把云的整体形态表现出来。如果一个镜头拍不完整，可以多镜头接拍。如果有参照物的情况下，争取把参照物收进来（如太阳、月亮），尽量不要拍局部的。要避免镜头只拍一个地方，尽可能地横幅与竖幅结合着拍。现在的智能手机的像素已经很高了，既方便携带，又方便使用，几乎是一机在手全程操作了。

五、关于地震云的成因

关于地震云的成因，现在有许多假说。实质上都处于科学设想阶段。由于我们个人的力量微薄，不能进行高空大气测量，也不能亲赴即将发生地震的地区去观测。甚至连一个云系的基本形态（包括长度、宽度、厚度、高度）我们都搞不明白，进一步探讨是很困难的，没有条件。唯有赫尔曼·哈肯的地热生云理论比较让科学界接受。

六、存在的问题和小结

目前地震云预测的过程中首先面临的是我们国家的法规与体制问题，因为有关主管部门不承认地震云可以预测地震，甚至定为谣言，使得许多人不敢提供地震云照片。没有了照片的提供源，仅仅凭着个人业余时间的局部观测，信息源是非常局限的。因此，就有可能漏掉重要云图的发现。另外在技术层面上，解读卫星云图，寻找地震云的来源还是目前急需解决的关键问题。如果卫星云图的解读问题可以解决，那么，地震云预测地震相对的准确率就会提高很多。这需要气象部门的支持与帮助，气象专家判读了一个云系的属性以后，对于辨识地震云就方便多了。但是，目前气象部门还在辟谣，也认为地震云是谣言。这不仅仅是体制的问题，还是观念的问题，任何改变都不是个人能力所及的，可能需要国家的立法机构来促成。此外，国家有关部门应该公开相关的数据库，真正做到大数据共享。使国家的公共资源得到广泛的利用。

目前存在的各种技术瓶颈，有料图像资料，卫星云图快速判读也是困难，也非个人能力所能解决。

七、小结

笔者用 17 年的业余时间不间断地进行地震云的识别和预测地震探索，得到了许多新的认识，这是具有创新性的，新事务出现必然会遇到大量的困难，这是自然的。

17 年来自己拍摄或者借助全国 20 多个省市、自治区他人拍摄的地面地震云案例，初步完成系统的分级、分类统计与分析，无论是大震的尼泊尔、玉树、雅安，还是中强震的泸定、绵阳、青川、康定，以及许多小震，部分达到或者接近地震预报的三要素。而那些原始的博文日志，一直保存在新浪网的博客及微博里面，有文有图有真相。从 8 级到 4 级，基本上建立了比较完整的地震云震级体系。

笔者在研究过程中，创新性地于震前动态式地在网络上及时展示图片，即时式、公开化、透明度很高，通过大家讨论方式进行了科普与地震预警宣传。

作者通过在网络上公开讨论地震预测问题，带动了国内外无数的网友学习、使用地震云预测地震，无形之中培养和带动了一大批中青年业余的地震云观测爱好者，延续了群测群防的优良传统。

汶川8级大地震震象云短期内演变过程

李志平

天津市滨海新区大港油田数智技术公司

摘要：本文介绍了汶川8.0级大地震前3个月作者观察到的特殊卫星红外云图，即震象云云图，它可能与汶川大震有关。并发现在不同时日出现多个类型的震象云，证明了震象云预测地震的可靠性。

关键词：震象云　卫星红外云图　地震预测　汶川8.0级地震

一、引言

作者长期从事卫星热红外云图的研究，探讨一些特殊云系是否与待发生的地震有关。研究根据云的流体力学特征，分析了震前震区地下流体排放与其上空大气对流时的边界层是层流或湍流的特征、流动形态，并结合气象雷达与降水量、能见度等气象资料，提出了“震象云”模型。将震象云分为三个大类：温室型震象云、冷凝型震象云以及十一个亚类震象云。“震象云”模型可以合理解释目前卫星热红外异常的对应相关性。作者研究发现，卫星红外云图不仅能反映短临震异常，还能反映大震前中长期异常；不仅有反映震前的热异常，还存在冷异常。作者还研究了卫星红外云图冷红外异常和热红外异常的成因机理，分析红外异常特征及其时空动态变化规律与地震活动演变的相关性。本文以汶川8级大震为例，展示了作者的研究成果。

二、卫星云图的色彩加工和显示

黑白热红外云图的影像亮温温度分布为：云顶发展愈低，云顶亮温温度愈高，色调愈黑；云顶发展愈高，云顶亮温温度愈低，色调愈白，灰色亮温温度介于黑色与白色两个亮温温度中间。

色调强化云图（彩色）：将亮温温度区分为若干个亮温温度区间，将每个一亮温温度区间给予一种颜色设定，即成为色调强化云图。本文采用温州气象卫星红外云图，颜色：黄、粉、白、蓝，亮温温度从低到高。浙江水利的部分卫星红外云图，颜色：粉、白、灰、蓝，亮温温度从低到高。

时间分辨率越高，空间分辨率越高，震象云类型辨识准确度就越高。辨识震象云的关键，就在于地震前震区或附近地壳薄弱处排气与其上方大气的热交换边界层的变化。受云图分辨率的影响和色调处理的影响可能会出现层流和湍流辨识不清的情况。以下卫星云图的亮温温度简称为温度。

另外，不同国家、不同部门对彩色或黑白热红外卫星图亮温温度技术处理不同，直接影响震象云的辨识度，有的云图图像被过度增强处理或增强处理不足都会导致震象云的边界层被弱化、消除或者模糊不清，导致有的热红外卫星云图能辨识出震象云，有的难以辨识出震象云或震象云的类型。对于温度不是很低的规模面积小的震象云层流和湍流特征不显著，不易区分是层流还是湍流，作者根据震象云边界层的温度是否一致为判定，震象云静态增温或降温，边界层温度基本一致的震象云一律判定为层流，边界层温度不一致有变化的，有三维立体感的为湍流。

三、震象云的分类

按照云的亮温温度，震象云分为两大类，即温室型震象云和冷凝型震象云。

地球大气中原本冷热不一，水分子的浓度不一，呈现出有云的天气和无云的天气。由于震区上空大气层水分子的浓度不一，便把震区上空流经有明显的亮温温度较低的云团、云带称为“有云”。由于卫星无法判断云底是否到达地面，所以无法从卫星云图上区别层云和雾霾，另外，不同的热红外卫星云图强化处理的程度不同，有的会把稀薄、不明显的层云（雾霾）弱化掉。所以把震区上空没有云或有亮温温度较高的不明显的层云或雾霾称为“无云”。于是震象云两大类分为四个类型：有云温室型震象云、无云温室型震象云、有云冷凝型震象云、无云冷凝型震象云。

由于震象云的形态与流体流动的形态相似，符合流体力学特征，作者便依据流体流动的形态、流体力学的层流和湍流的不同特征进行分类。本文所述云的层流是在边界层厚度较小处的云流体的流动，特征是类平面的静态增温，边界层无显著水汽凝结、厚度小、呈线性。湍流是边界层较厚，其边界层内层薄、外层厚，或者亮温温度较低的云团、带向亮温温度较高的“温室”对流流动，湍流运动特征是三维，非线性，涡旋运动，具有随机性、扩散性。湍流形震象云和各类喷泉的流动特征相似，如涌泉、蘑菇（半球）喷泉、喇叭（牵牛花）喷泉、礼花（花洒）喷泉、直射喷泉、扇形喷泉、冰塔（雪松）喷泉、加气玉柱喷泉、组合喷泉等，不同的喷头和出水量决定于喷泉的形态，不同的地质构造和地下流体能量、流速和上空大气的水汽浓度决定于震象云的形态。于是把震象云再分为：有云层流形震象云、有云湍流形震象云、无云层流形震象云、无云湍流形震象云、有云冷凝层流形震象云、有云冷凝湍流形震象云、无云冷凝层流形震象云、无云冷凝湍流形震象云八种。还有三种特殊的温室型震象云，前两种它们的云图具有“温室”不显著、不易识别的特殊性，作者称为隐性湍流，于是又分出有云温室隐性湍流形震象云和无云温室隐性湍流形震象云两种；以及另外一种：核心部分呈亮温温度较低温态，外层呈亮温温度较高温态的冷核热边形震象云（见图 1）。按照震象云的形成与发展过程，将其发展阶段分为形成阶段、成熟阶段、消散阶段。以成熟阶段为主要标志判断是否为震象云。除了上述 11 种震象云以外，还有复合型、混合型震象云，它是同一时刻，震区及附近出现 2 个及以上的震象云。

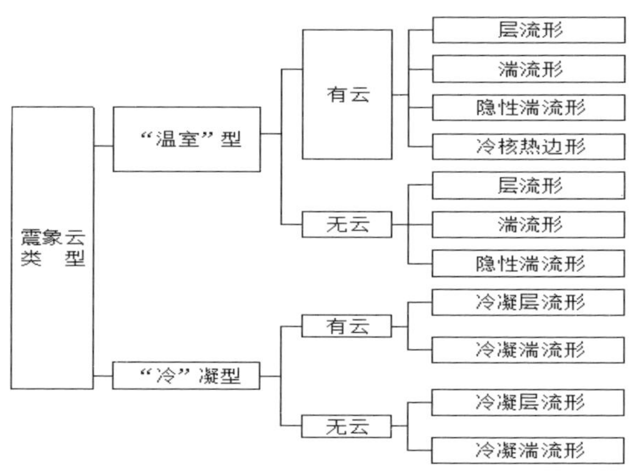

图 1　震象云类型图

四、青藏高原东部及邻区活动构造及大地震分布

5・12 汶川大震发生在四川龙门山逆冲推覆构造带上。该次发震的龙门山断裂带总体呈 NE—SW 走向，由三条主断裂组成，分别是安县—灌县断裂，也称前山断

裂；北川—映秀断裂，也称中央断裂；汶川—茂汶断裂，也称后山断裂。8.0 级大震就发生在中央断裂，即北川—映秀断裂上，震中位置更靠近映秀（这个断裂带的历史地震尚未超过 7 级），龙门山断裂带既是青藏高原的东界，又是龙门山前陆盆地的西界，它南起于泸定、天全，向 NE 延伸，经都江堰、江油、广元进入陕西勉县一带，全长约 500 千米，总宽度 30～50 千米，总体走向 NE40° ～50° ，倾向 NW，NE 与大巴山冲断带相交，SW 与康滇地轴相截，由一系列大致平行的叠瓦状冲断带构成，具典型的推覆构造特征。其北西侧是松潘甘孜褶皱带，南东为四川盆地（见图 2）。

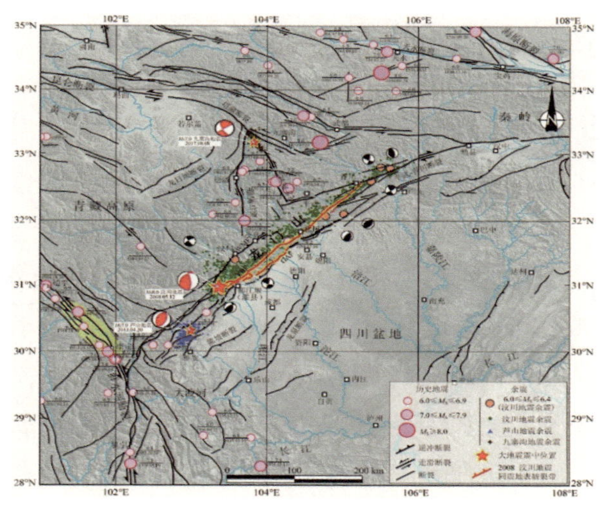

图 2　青藏高原东部及邻区活动构造及大地震分布图

五、汶川 8 级大震前的震象云

因作者无 2008 年 2 月 3 日以前的卫星红外云图，本文仅将短期内 2008 年 2 月 3 日以后的汶川大震的部分震象云的卫星红外云图做以说明。任何一个大地震短期内不可能孕育成，高海拔、地壳厚度大的地区自震象云出现之日起距离地震发震时间较长。低海拔，地壳薄弱的地区自震象云出现之日起距离发震时间短，作者发现有的强震，如 2021 年 3 月 19 日西藏那曲市比如县发生的 6.1 级地震孕育期长达 5 年左右。

因温州气象红外云图没有坐标，作者根据云图 1:20000000 的比例尺和成都等城市为基点计算汶川震中大致地点。

因温州气象的卫星红外云图采用色调处理技术，对于温度不是很低的规模面积小的震象云层流和湍流特征不显著，不易区分是层流还是湍流，作者根据震象云的边界层温度是否一致为判定，震象云边界层温度基本一致的震象云一律判定为层流，边界层温度不一致有变化的，有三维立体感的为湍流。

本文卫星红外云图所示的红点和箭头位置是对应其下方地区而言的。

1.2008 年 2 月 3 日，汶川（龙门山断裂带）附近形成的震象云。

图 3（a）为 2008 年 2 月 3 日 05 时 00 分，2008 年 5 月 12 日汶川 8 级大震震前 99 天的有云冷凝湍流形震象云原图，图 3 黄色方框内红点为汶川大震震中。因图 3(a)为温州红外色调强化云图的卫星红外云图，主要示以亮温温度的变化，其云的形态不显著，因此作者将图 3（a）技术处理为黑白色图 3（b）可以较清晰地反映云形态。从图 3(b)黄框内红点震中右上可见一簇分叉低温白色夹灰色[图 3（a）白粉色]条带喷出，其根部左下方为较高温的类椭圆形云涡，其长轴方向对应龙门山断裂带，其为有云冷凝湍流形震象云。该震象云就像一张黑嘴喷出一缕分叉白色的哈气。形似直射形喷泉俯视图。该震象云由于该云涡规模面积较大，喷凝出的水汽团带规模面积较大，因此判断该震级较大，云涡左下黄框内红点为汶川大震震中。从图 3 看出，震中并非位于云图黄框内增温最大的中央处，而是在其边缘，这是由于受地球自转影响，中国上空卫星红外云图上高空气流的云多为自西向东走向，因此有的震中在震象云增温或降温区的位置会偏西一些，另外震中位于增温区边缘，作为地震首发破裂端也是正常的，虽然增温最大区域不是宏观震中，但是其为极震区范围，地震破坏性极大。

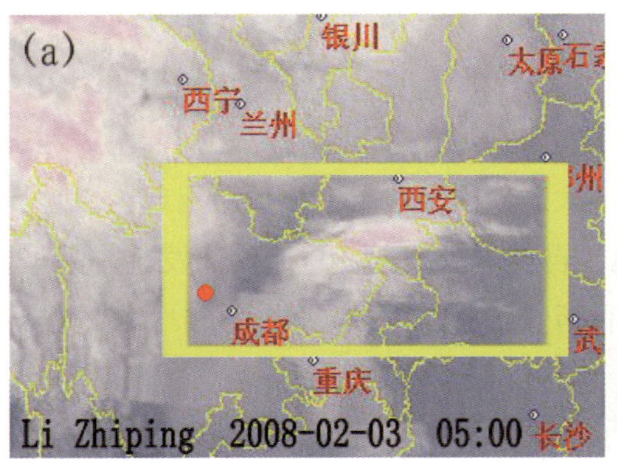

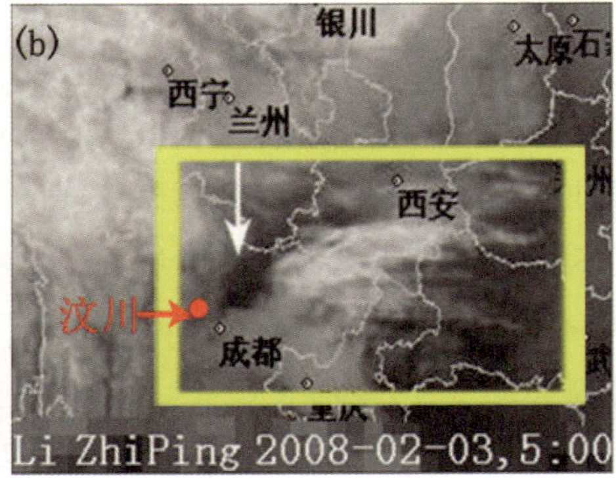

图 3 有云冷凝湍流形震象云

2. 2008 年 3 月 21 日，汶川（龙门山断裂带）附近形成的震象云。

图 4（a）为 2008 年 3 月 21 日 09 时 01 分，2008 年 5 月 12 日汶川 8 级大震震前 52 天的有云湍流形震象云原图，图 4 黄色方框内红点为汶川大震震中，红点其周围为白色，说明此处低温有云。从图 4（b）看，黄框内红点震中右上可见一像扁喇叭花喷泉的震象云，其长轴方向对应其下龙门山断裂带。“花芯”为较高温的黑色椭圆形云涡，显示其温度较高，黑色椭圆形云涡左边像云向外翻起的“花瓣”为灰白色，这就是震区上空流体溢出在与震区上空原本存在的云进行对流热交换时形成的边界层，该处接近黑色云涡的部分温度较高为灰色，边缘温度较低为白色。黑色椭圆形云涡其长轴方向下方为龙门山断裂带，因此判定其为有云湍流形震象云。由于该云涡规模面积较大，因此判断该震级较大，云涡左下黄框内红点处为汶川大震震中。

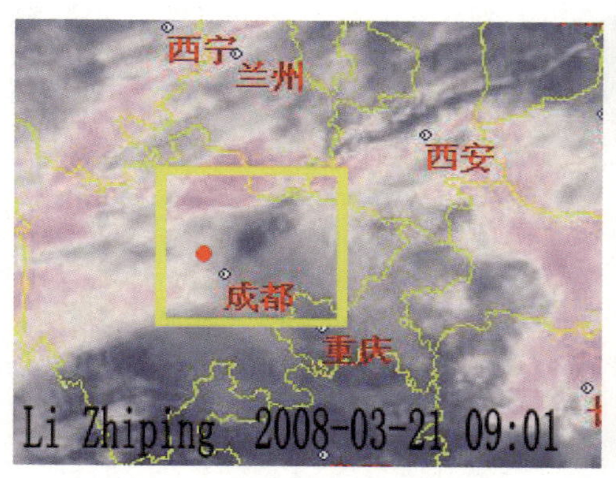

图 4　（a）有云湍流形震象云

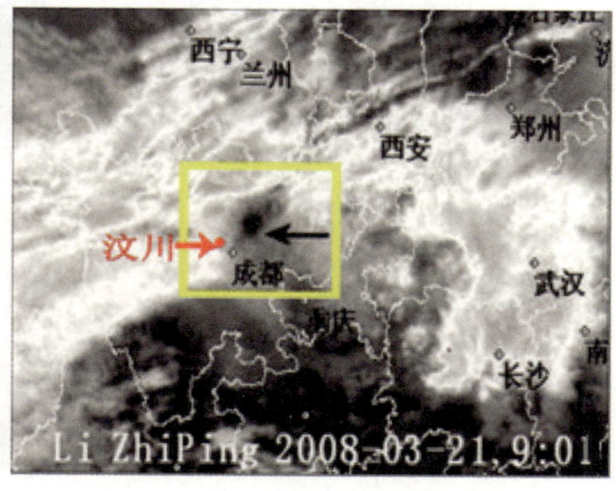

图 4　（b）有云湍流形震象云

3. 2008 年 4 月 18 日，汶川（龙门山断裂带）附近形成的震象云卫星云图上，中国的云基本上是从西向东流动。

从图 5 看，2008 年 4 月 18 日 14 时，黑色箭头指向汶川大震震中，该处及附近有较低温的蓝白色云，黑色箭头左侧云的温度不一致，为不规则云絮。

从图 6 看，15 时，红色箭头指向的小蓝圈下方为汶川大震震中。红色箭头左侧呈不规则 C 形蓝色增温云涡，C 形左缘粉色低温云向蓝色增温区拉丝云须下沉成云涡，为有云湍流形震象云形成阶段。

从图 7 看，16 时，C 形左缘温度呈较规则圆滑的线性变化，无不规则、不显著云须，表示汶川震中溢出的能量流体蒸发了其上空的一部分不规则云须，为类半椭圆柱形，为有云湍流形震象云成熟阶段。蓝色增温规模面积较大，因此预示着震级较高。

从图8看，17时，红色箭头指向汶川大震震中，粉色低温云通过汶川震中上方，较规则的C形温度线重新变得不规则，有显著云须，表示汶川震中溢出的能量流体衰减不足以影响震区上空的云，粉色低温温度线不再圆滑，标志着有云湍流形震象云进入消散阶段。

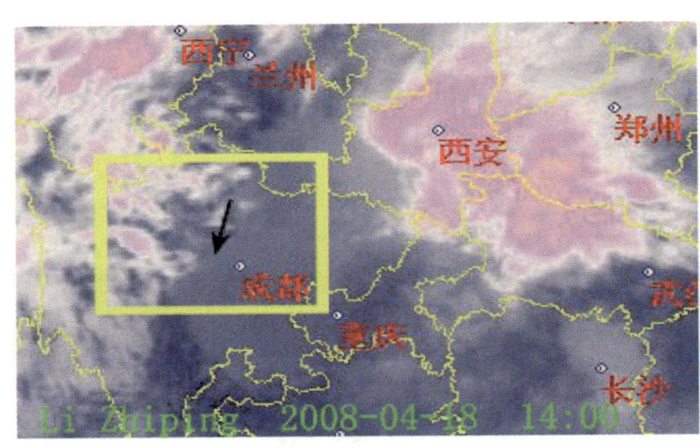

图5　震象云形成前

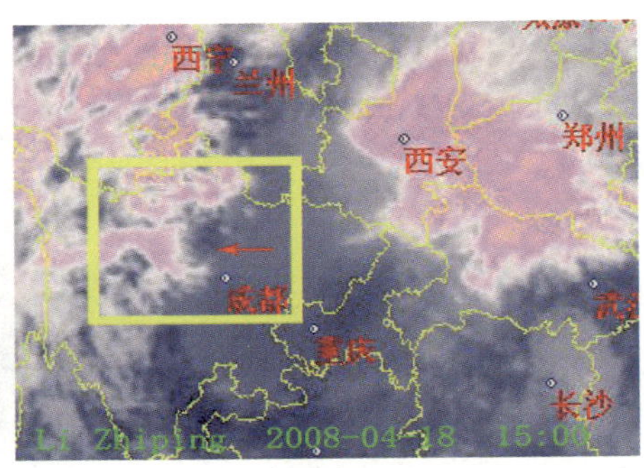

图6　有云湍流形震象云（形成阶段）

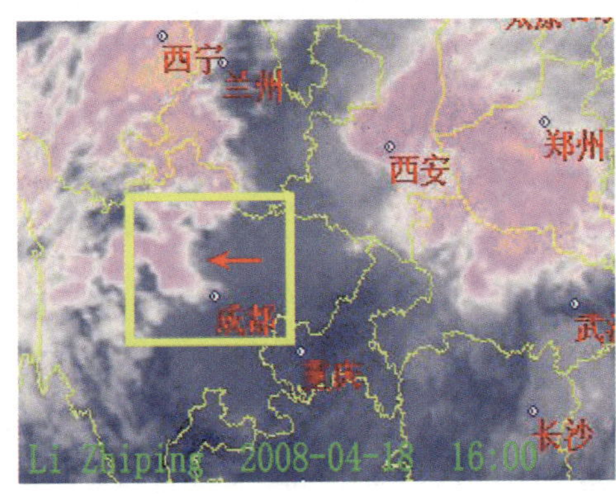

图7　有云湍流形震象云（成熟阶段）

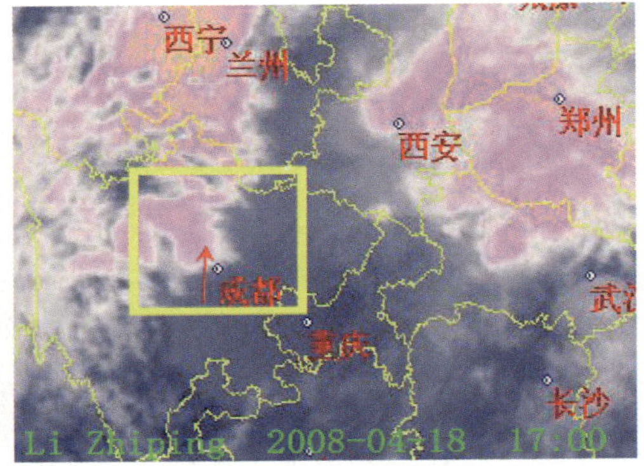

图8　有云湍流形震象云（消散阶段）

4. 2008年4月19日，汶川（龙门山断裂带）附近形成的震象云。

图9为2008年4月19日00时01分，2008年5月12日汶川8级大震震前23天的有云冷凝湍流形震象云形成前上空有云的原图，黄色方框内红箭头为汶川大震正上方，其上方为白粉色，表示该处有低温云。为震象云形成前的云图。

图 10 为 2008 年 4 月 19 日 1 时 31 分云图，黄框内红箭头震中右上可见一簇自西南向东北的类三角形白色云团喷出，周边粉、白色低温云突变为浅蓝色升温态，为有云冷凝湍流形震象云形成阶段。

图 11 为 2008 年 4 月 19 日 02 时 01 分，黄框内红箭头震中右上可见一显著的类三角形白色低温云团，周边环绕稍深的蓝圈，表示温度进一步上升，表示进入有云冷凝湍流形震象云成熟阶段。从图中看出，震中地壳气体上升，周围低温水汽被凝结后亮温温度升高，形成中间亮温温度低、周围亮温温度高的鱼眼形震象云。因此，定义该云为有云冷凝湍流形震象云成熟阶段。

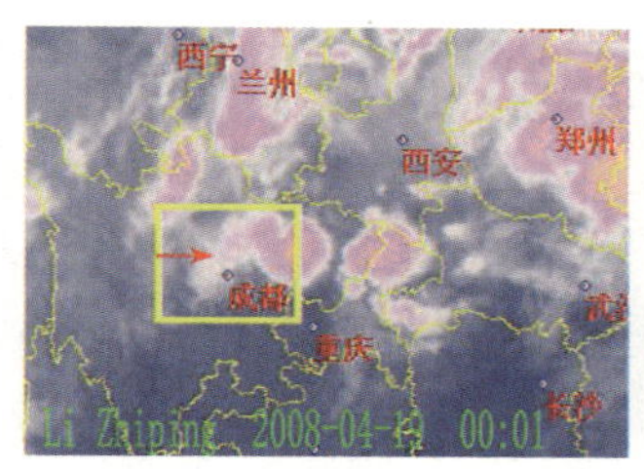

图 9 震中正上方有云（震象云形成前）

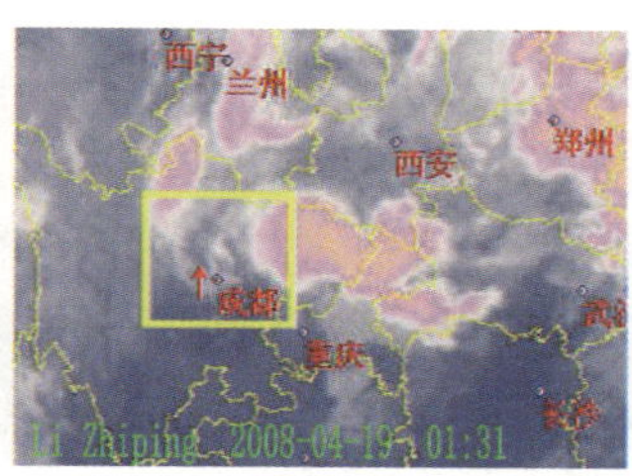

图 10 有云冷凝湍流形震象云（形成阶段）

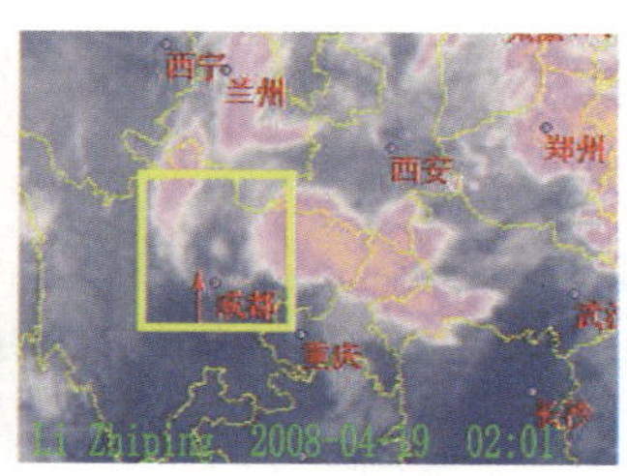

图 11 有云冷凝湍流形震象云（成熟阶段）

5. 2008 年 4 月 27 日，汶川（龙门山断裂带）附近形成的震象云。

图 12，为 2008 年 4 月 27 日，0 时 31 分的卫星红外云图，这是震象云形成前的卫星红外云图，红色箭头位置为汶川震中，该处及附近为粉色即有浓厚的低温云，温度分布较均匀，没有明显的温差，此为震象云形成前红外云图。

图 13，为 1 时 31 分的卫星红外云图，黄框内红色箭头位置为汶川震中，该处及附近由粉色变为白色低温云带，说明温度上升，和周边存在较明显的温差，该增温条带正下方对应龙门山断裂带，此为有云湍流形震象云形成阶段。

图 14，为 2 时 31 分的卫星红外云图，龙门山断裂带上空位于黄框中，红色箭头位置为汶川震中，该处及附近较 1 时 31 分的卫星红外云图，白色条带像扁平的眼镜蛇头部，局部颜色由白色转深，温度进一步上升，并沿龙门山断裂带上空方向延伸。黑色箭头所指为一条蓝白色被增温的条带，其下对应龙门山断裂带。

图 15，为 3 时 31 分的卫星红外云图，红色箭头位置为汶川震中，该处及附近较 2 时 31 分的卫星红外云图，白色条带局部颜色由白色转深，温度进一步上

升，两条增温条带连为一体，说明整条龙门山断裂带的能量流体溢出。黑色箭头所指为一块蓝白色被增温的云涡，其下对应龙门山断裂带极震区。成都附近右上方云颜色变深，说明该处出现了增温异常。

图 16，为 4 时 31 分的卫星红外云图，龙门山断裂带上空位于黄框中，红色箭头位置为汶川震中，该处及成都上方白色规模面积扩大，说明该处增温面积大。其右方的增温条带较之前规模面积更大，说明龙门山断裂带的能量流体溢出量大，对应震级大。

图 17，为 5 时 01 分的卫星红外云图，龙门山断裂带上空位于黄框中，红色箭头位置为汶川震中，龙门山断裂带上空出现了断断续续的蓝白线条，说明龙门山断裂带的能量流体溢出分布不均匀，能量流体溢出大颜色就深，温度就高，地震破坏力就强。

图 18，为 5 时 31 分的卫星红外云图，龙门山断裂带上空位于黄框中，红色箭头位置为汶川震中，汶川与成都之间右上方出现一块显著的蓝色云涡，龙门山断裂带上空出现了一短一长两条蓝白色增温条带，温度较高的短条带其下方对应的汶川—茂汶断裂，也称后山断裂。温度较高的长条带其下对应的是北川—映秀断裂，也称中央断裂。见图 2 青藏高原东部及邻区活动构造及大地震分布图。8.0 级强震就发生在中央断裂，即北川—映秀断裂上，震中位置更靠近映秀，它南起于泸定、天全，向 NE 延伸，经都江堰、江油、广元进入陕西勉县一带，全长约 500 千米，总宽度 30～50 千米。蓝色箭头指向的蓝点为 2013 年雅安 7 级地震有云湍流形震象云。说明了同一时刻不同地点的震象云不一定是孤立出现的，存在同一时刻，不同地点可能出现多个震象云，但是它们的发震时间和震级各不相同。

汶川大震发生以来，陕西全省 326.56 万人口受灾，因灾死亡 122 人，因灾受伤 3368 人，“伤亡数量之大是建国以来陕西历史上所没有的”。5 月 12 日四川汶川发生大震灾害，陕西省 10 个市不同程度受灾，其中汉中、宝鸡两市灾情严重。5 月 25 日发生在青川的 6.4 级强余震和绿色箭头所指 5 月 27 日发生在陕西宁强县境内的 5.7 级强余震，又进一步加重了灾情。

图 19 为 6 时 31 分的卫星红外云图，红色箭头位置为汶川震中，龙门山断裂带上空对应的增温条带规模面积开始减小，说明震象云开始消散。

图 20 为 8 时 31 分的卫星红外云图，红色箭头位置为汶川震中，没有显著的增温异常，说明震象云已消散。

图 13-17 为有云湍流形震象云形成阶段，图 18 为有云湍流形震象云成熟阶段，图 19-20 为震象云消散阶段。

地球受太阳长波辐射的影响，震象云一般于白天生成，但是在 2008 年 4 月 27 日震象云形成于夜间 1 时 31 分至 6 时 31 分开始消散，说明龙门山断裂带震区释放能量流体摆脱了太阳长波辐射的影响，震区释放能量流体规模强大，震象云出现的时间长，震象云从初生到消散长达 5 个小时左右，说明之后震级大，并且发震时间进入短临阶段。

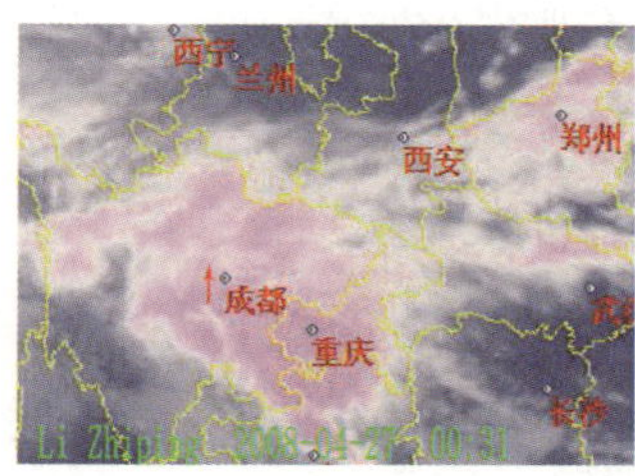

图 12　震象云形成前

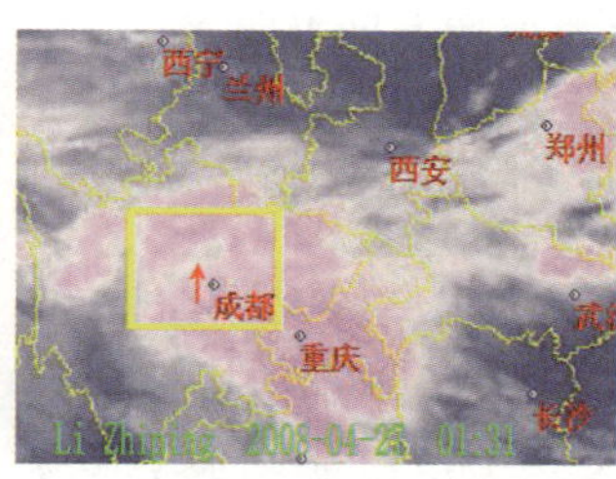

图 13　有云湍流形震象云（形成阶段）

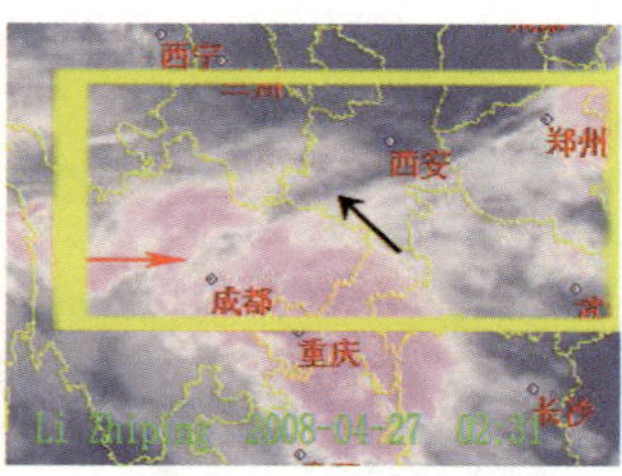

图 14　有云湍流形震象云（形成阶段）

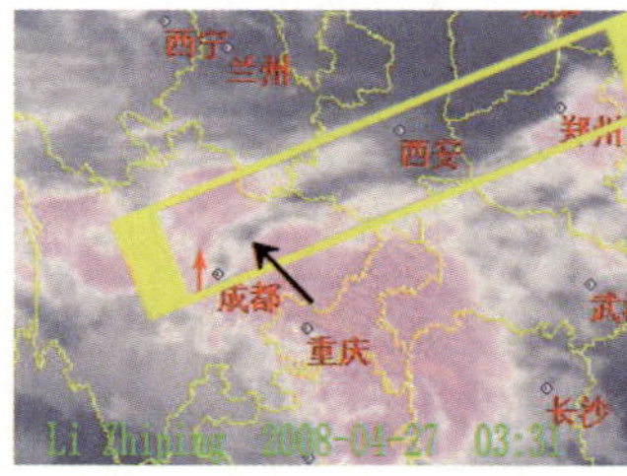

图 15　有云湍流形震象云（形成阶段）

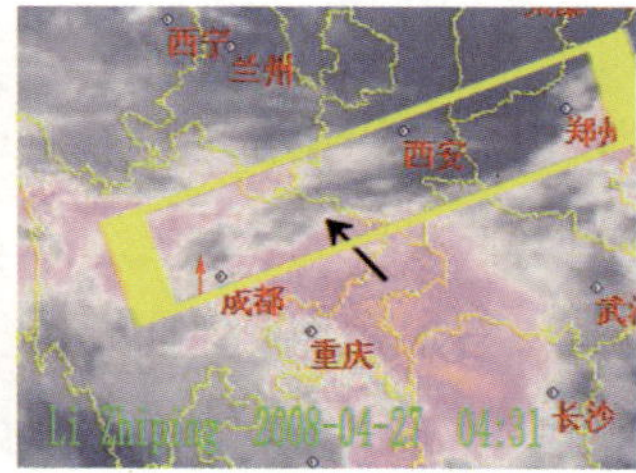

图 16　有云湍流形震象云（形成阶段）

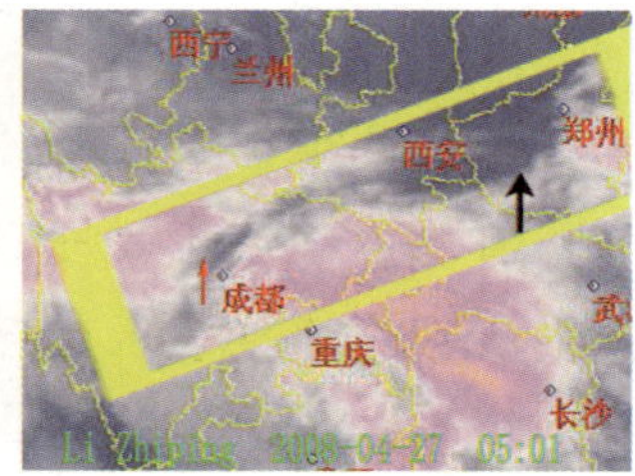

图 17　有云湍流形震象云（形成阶段）

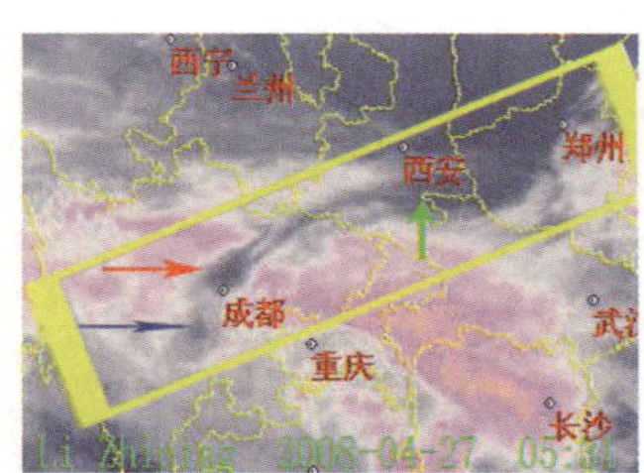

图 18　有云湍流形震象云（成熟阶段）

图 19　有云湍流形震象云（消散阶段）

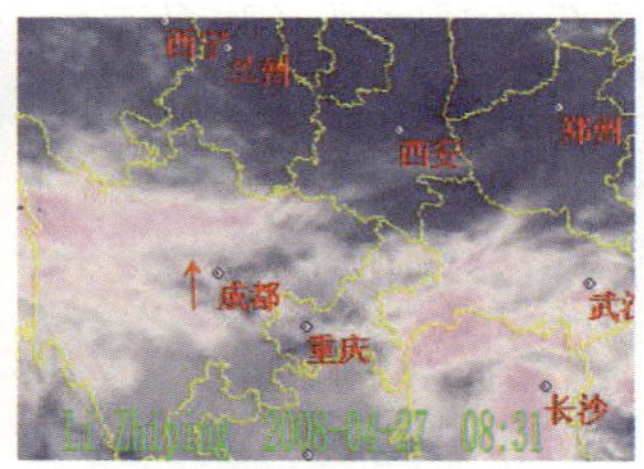

图 20　震象云基本消散（消散阶段）

6. 2008 年 5 月 3 日，汶川（龙门山断裂带）附近形成的震象云。

图 21，为 2008 年 5 月 3 日 12 时 30 分的卫星红外云图，红色箭头位置为汶川震中，汶川及附近为白色云无温度显著变化，为震象云形成前云图。

图 22，为 13 时 30 分的卫星红外云图，红色箭头位置为汶川震中，汶川、成都右上方出现零星蓝色增温，为有云湍流形震象云形成阶段。

图 23，为 14 时 30 分的卫星红外云图，黄框内红色箭头位置为汶川震中，成都右上方出现深蓝色增温条带，该条带明显比 2008 年 4 月 27 日的条带颜色更深，说明温度更高，下方龙门山断裂带能量流体上逸更加强烈，为有云湍流形震象云成熟阶段。

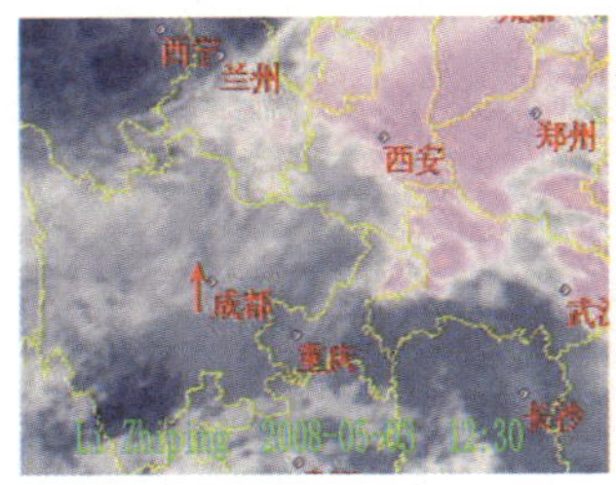

图 21　震象云形成前

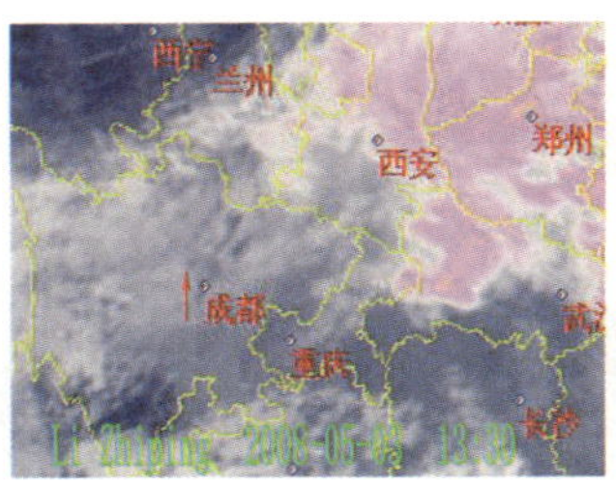

图 22　有云湍流形成震象云（形成阶段）

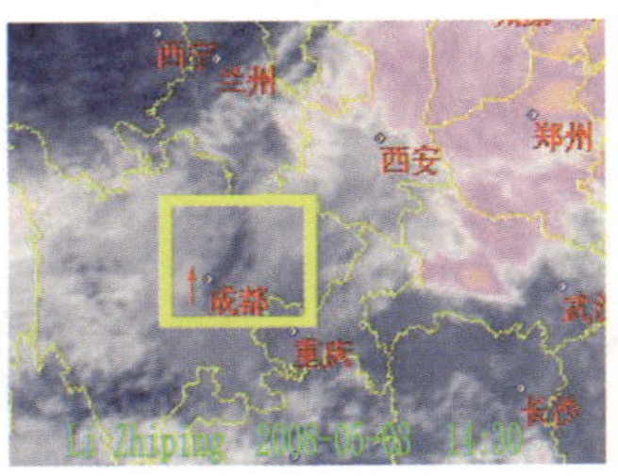

图 23　有云湍流形成震象云（成熟阶段）

7. 2008 年 5 月 11 日，汶川（龙门山断裂带）附近形成的震象云。

图 24，2008 年 5 月 11 日 8 时 31 分的卫星红外云图，红色箭头位置为汶川震中，该处白蓝色表示有云，其没有显著温度和形态变化，是震象云形成前云图。

图 25、26，2008 年 5 月 11 日 11 时 30 分、12 时 30 分的卫星红外云图，黄框内红色箭头位置为汶川震中，汶川与成都之间出现一条相对低温条“Y”形条带，因该低温条带像是静态冷凝，交换边界无显著的三维特征，因此定义该云为有云冷凝层流形震象云。

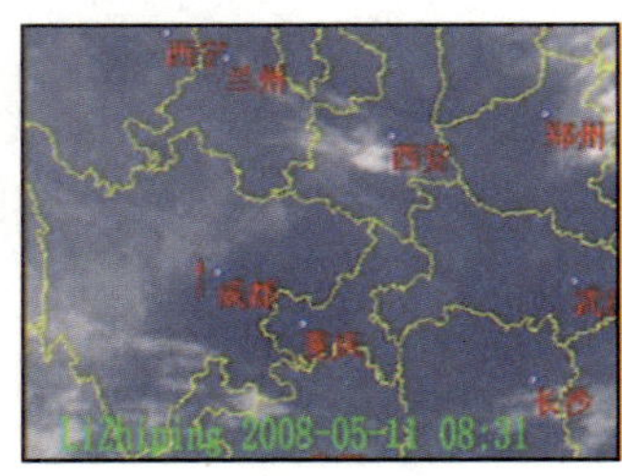

图 24　震象云形成前（形成阶段）

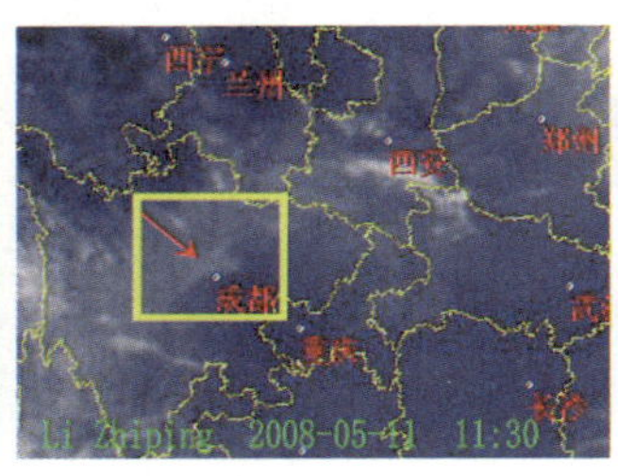

图 25　有云冷凝层流形震象云（成熟阶段）

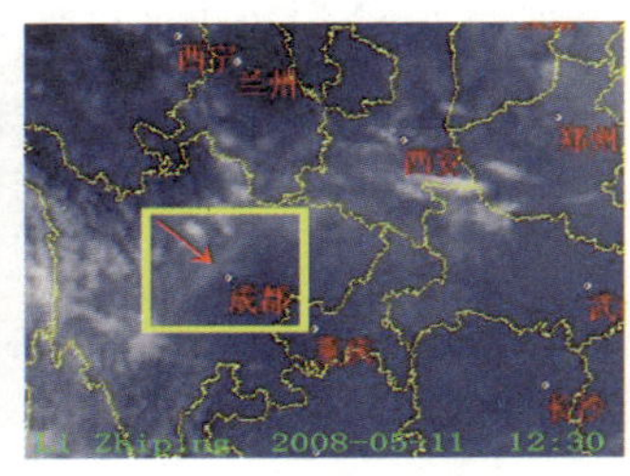

图 26　有云冷凝层流形震象云（成熟阶段）

8. 2008 年 5 月 12 日，汶川（龙门山断裂带）及附近形成的震象云。

因浙江水利的卫星红外云图的色调处理技术，对于温度不是很低的规模面积小的震象云层流和湍流特征不显著，不易区分是层流还是湍流，作者根据震象云的温度变化是否一致为判定，震象云静态增温或者降温的震象云判定为层流，温度动态变化，有三维立体的为湍流。

图 27、28 为 2008 年 5 月 12 日，0 时 31 分至 1 时 31 分，红点为汶川震中，在红点右上方大片云的右上方分支出一支不是很显著的灰白低温小分支，小分支基本上位于无云区，该云温度基本一致，温度静态变化，因此定义为无云冷凝层流形震象云。当然如果没有后续形成无云冷凝层流形震象云的过程，该云规模太小无法单独判定为震象云。

图 29、30、31，为 2008 年 5 月 12 日，2 时 31 分至 4 时 31 分，粉色箭头处为汶川震中，之前的灰白小分支已经脱离了其左侧大片云，规模面积变大，独立于无云区形成无云冷凝层流形震象云。

图 32、33、34，为 2008 年 5 月 12 日 5 时 31 分至 7 时 31 分，红点处为汶川震中，红点右上方的灰白色无云冷凝层流形震象云规模面积逐渐变小，注意红箭头处为无云区。

图 35 为 2008 年 5 月 12 日 8 时 31 分，红点处为汶川震中，汶川与成都间龙门山断裂带开始增温，红点右上方图 34 红色箭头为无云区处。突然出现一小团灰白低温云，从无云突然生出有云，温度出现动态变化，形成无云冷凝湍流形震象云。其形态像涌泉。汶川右上方灰白色小条带为无云冷凝层流形震象云，成都右侧灰白团块为无云冷凝湍流形震象云，同一震区复合出 2 种类型震象云，比较少见。

图 36，为 2008 年 5 月 12 日 9 时 31 分，红点处为汶川震中，红点右上方灰白色无云冷凝湍流形震象云规模面积略有变长变宽，红箭头灰白低温云呈现圆形，规模面积变大。为无云冷凝湍流形震象云。

图 37，为 2008 年 5 月 12 日 10 时 31 分，红点处为汶川震中，红点右上方的灰白低温云规模面积再度增大。红色箭头指向一个形似“眼镜”的大镜片，小镜片位于汶川与成都之间，“镜片”边界周围冷凝出一些不规则的灰白云“镜框”。“鼻梁”和镜片为蓝色温度较高区域，“鼻梁”走向与下方龙门山断裂带一致。此为有云湍流形震象云。

图 38，为 2008 年 5 月 12 日 11 时 01 分，红点处为汶川震中，红点右上方的灰白低温云规模面积再度增大。“眼镜”大镜片形态开始消失，“鼻梁”逐渐变宽、变大，对应其下龙门山断裂带。说明龙门山断裂带能量流体溢出加剧。此为有云湍流形震象云。

图 39，40，为 2008 年 5 月 12 日 11 时 31 分至 12 时 31 分，红点处为汶川震中，该时间段“眼镜”形态消失，成都上空形成一条较长蓝色温度较高的条带，周围水汽被凝结出白色条带，其下方对应龙门山断裂带。此为有云湍流形震象云。

由于浙江水利的卫星云图在汶川附近有文字和坐标线的覆盖，导致部分震象云形态看不清楚，因此将相近时刻的温州气象卫星红外云图进行比对。

图 41（a），为温州气象卫星红外云图，2008 年 5 月 12 日 13 时 30 分，红点处为汶川震中，成都上空的蓝色增温条带基本消失，汶川与成都之间的一些不规则的灰白云面积增大。图 41（b），为 2008 年 5 月 12 日 13 时 31 分，红点处为汶川震中，成都右侧红箭头所指原有低温云团变为温度较高的蓝色，形成一个蓝色圆形增温区，大部分低温云团蒸发消失，边界外存留部分被白色低温水汽，这部分有云被增温后边界层凝结低温水汽的为有云湍流形震象云。

图 42（a）、42（b）为 2008 年 5 月 12 日 14 时 30 分、14 时 31 分，汶川震后 2—3 分钟卫星红外云图，红点处为汶川震中。也就是说这是最接近汶川大震发生时间的云图。从该图上看，汶川与成都之间的龙门山断裂带上空长时间凝聚的这种大规模的灰白色雾霾的低温云，作者称其为震霾或震氲。此时这条灰白震氲右侧有几小团白色低温云团凝聚出。

图 43（a）43（b），分别为 2008 年 5 月 12 日 15 时 30 分、15 时 31 分，红点处为汶川震中，汶川大震后 1 小时，成都上空蓝色条带再现，之前在汶川与成都之间灰白云右侧的几小团白色云团冷凝为温度更低的粉色图 43（a）云团被震中吸引并向汶川震中、龙门山断裂带流动。

图 44，为 2008 年 5 月 12 日 16 时 31 分，红点处为汶川震中，成都上空蓝色条带基本消失，预示着震象云开始消散。

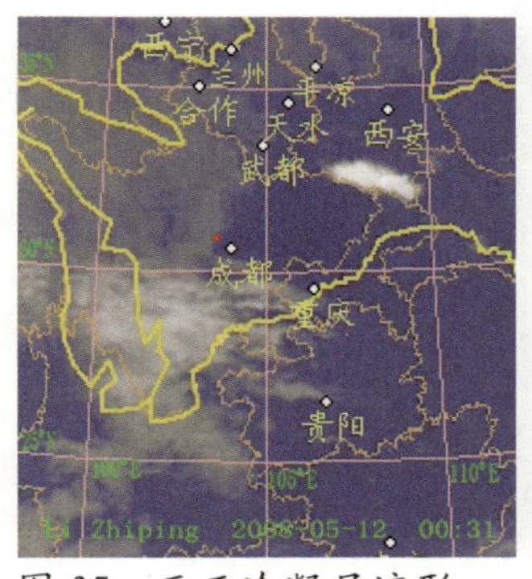

图 27 无云冷凝层流形
震象云

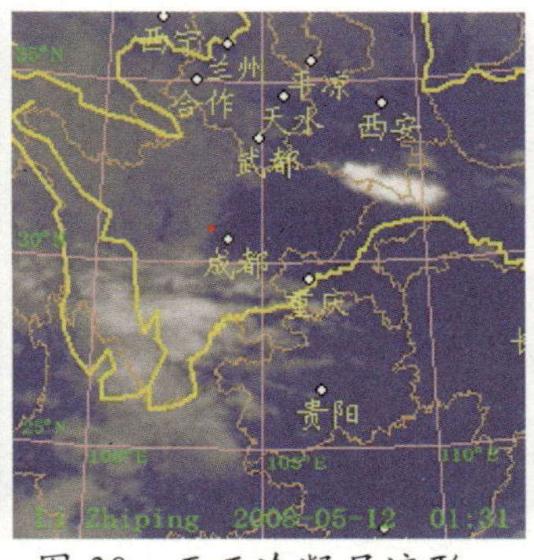

图 28 无云冷凝层流形
震象云

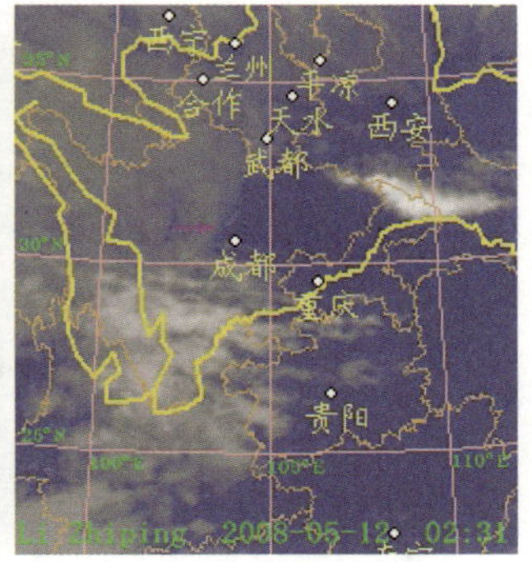

图 29 无云冷凝层流形
震象云

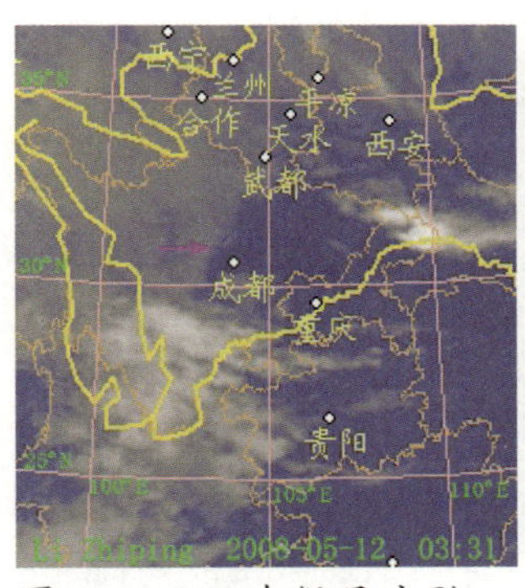

图 30 无云冷凝层流形
震象云

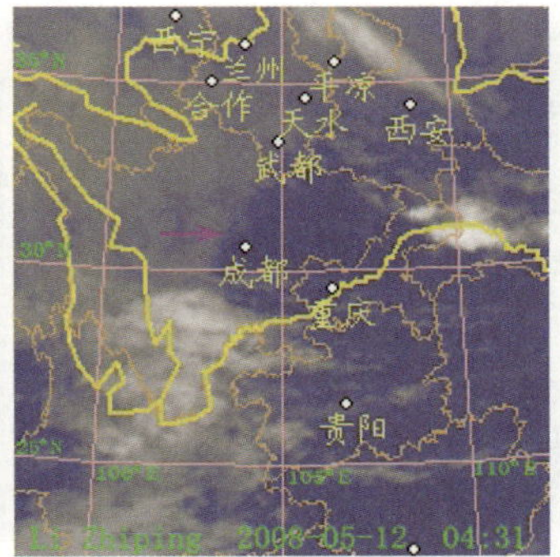

图 31 无云冷凝层流形
震象云

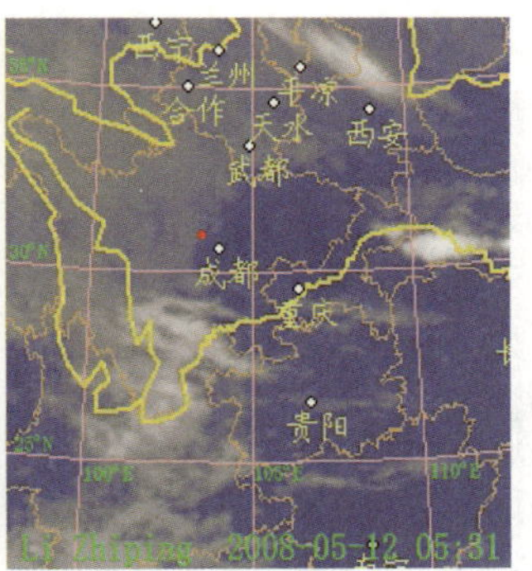

图 32 无云冷凝层流形
震象云

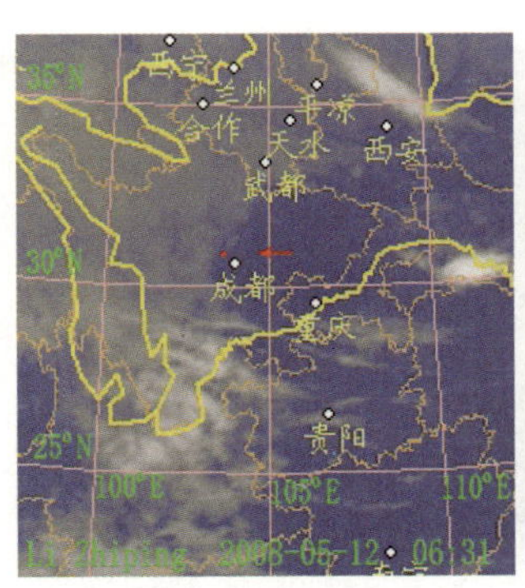

图 33 无云冷凝层流形
震象云

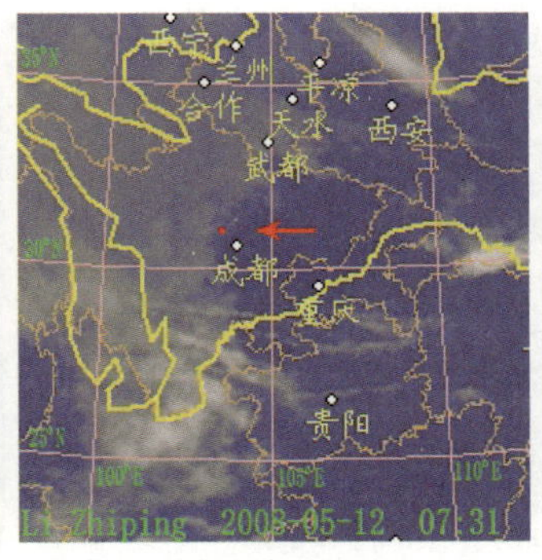

图 34 无云冷凝层流形
震象云

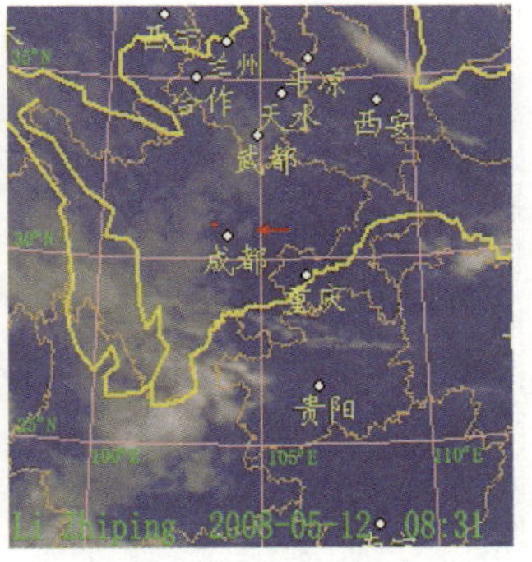

图 35 无云冷凝层流形
震象云+无云冷凝湍流形
震象云

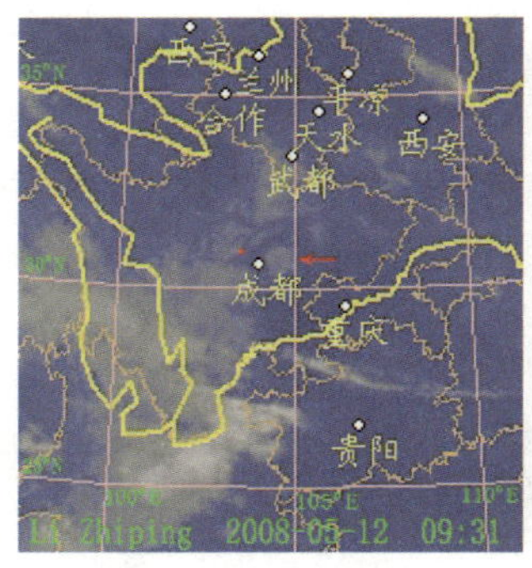

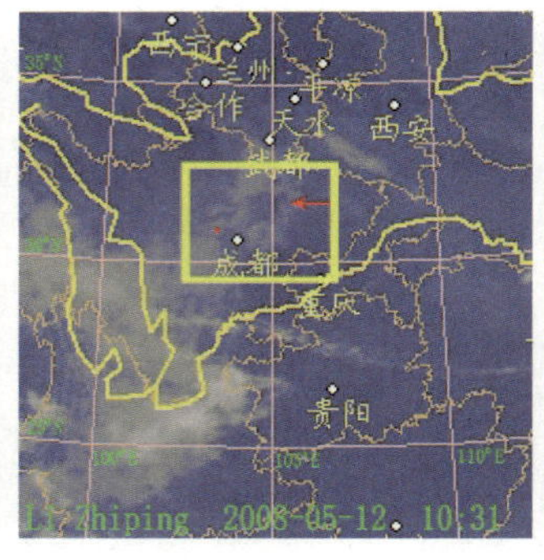

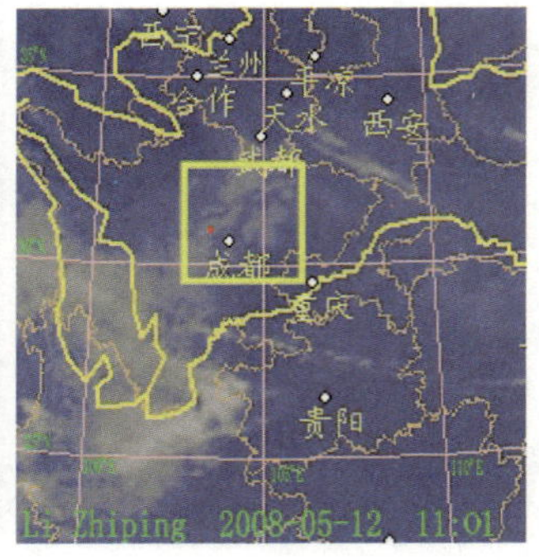

图 36 无云冷凝层流形震象云

图 37 无云冷凝层流形震象云

图 38 无云冷凝层流形震象云+无云冷凝湍流形震象云

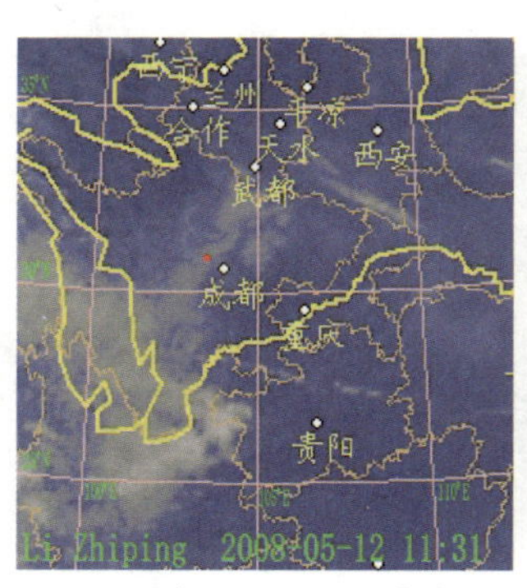

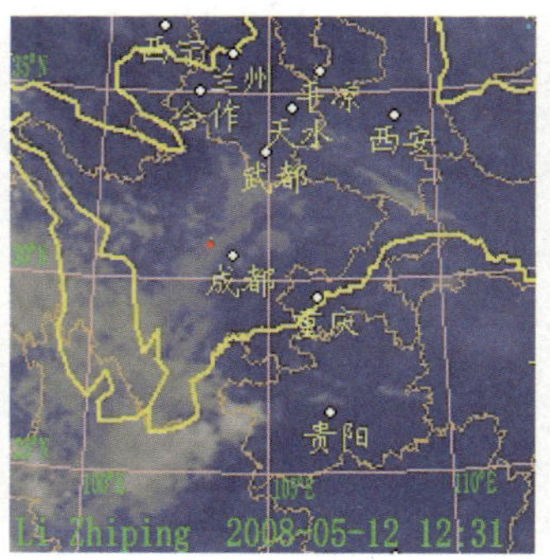

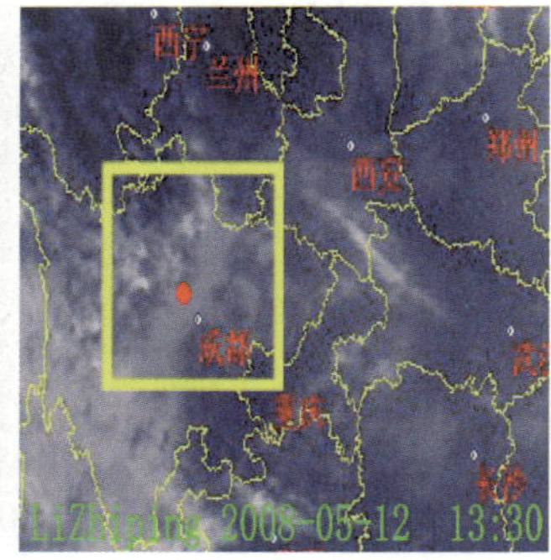

图 39 有云湍流形震象云

图 40 有云湍流形震象云

图 41 （a）有云湍流形震象云

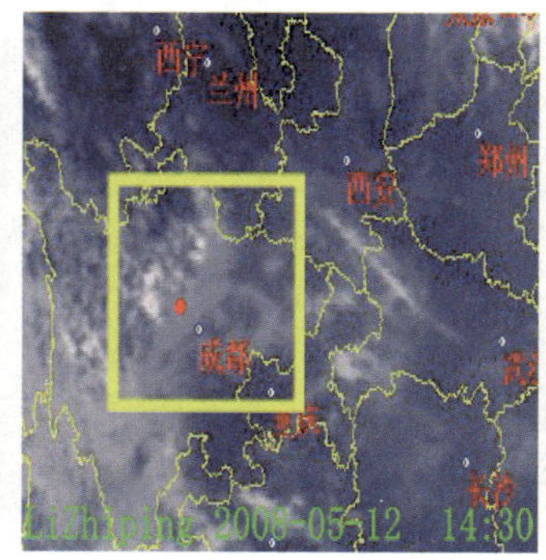

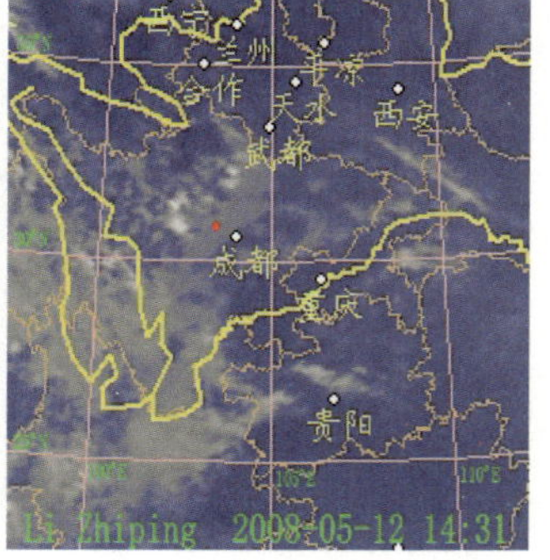

图 41 （b）有云湍流形震象云

图 42 （a）有云湍流形震象云

图 42 （b）有云湍流形震象云

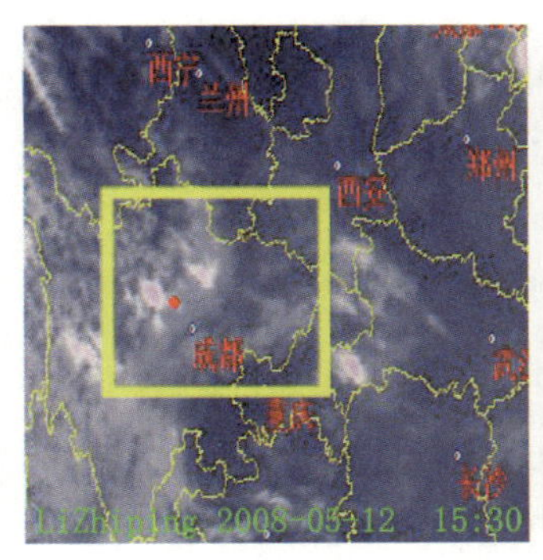

图 43 （a）有云湍流形震象云

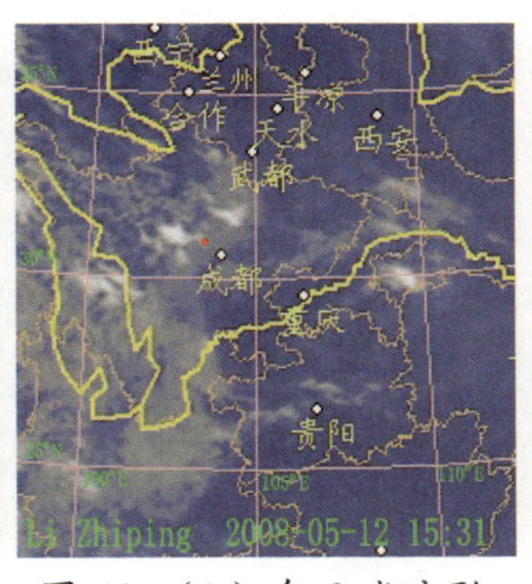

图 43 （b）有云湍流形震象云

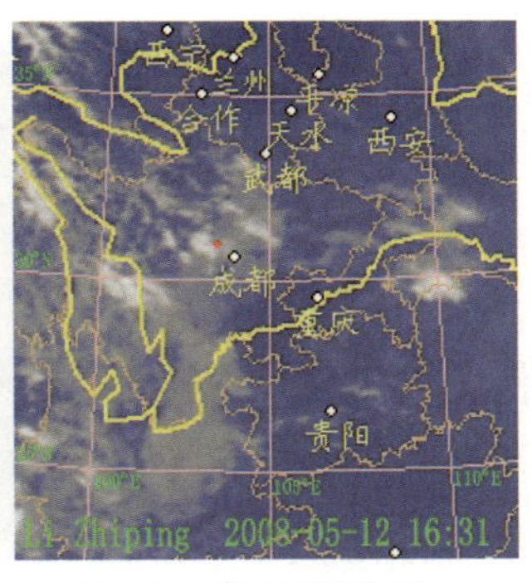

图 44 有云湍流形震象云

同一震区，震象云有时不是只出现一个类型，在震象云演变的过程中，是可能会产生多种类型震象云的，震象云的类型只能根据最近时间的云图论述其类型，比如从 2008 年 5 月 12 日 0 时 31 分到 7 时 31 分汶川及震区附近先出现无云冷凝层流形震象云，8 时 31 分至 10 时 31 分以后演变成无云冷凝湍流形震象云，11 时 01 分以后又演变为有云湍流形震象云，它们的类型是基于之前震象云的温度进行判断的，复合型、混合型都可能存在，有时不能定义一张云图指定为一种特定类型震象云。从 2008 年 5 月 12 日的多张云图看，汶川 8 级大震前震中附近短时间、多处形成不同形态的震象云，说明震区及附近地壳能量积蓄很大、地层失稳，大震即将到来。

六、震象云预测机理

震象云是在地震震前震区或附近地壳薄弱处被下地壳热流物质富集带的固态—半固态流变物质（“热河”），不断撞击到强弱层块之间的构造边界（李德威等，2014），在撞击过程中，震区流体受热膨胀，排放能量流体，如二氧化碳、水蒸气和甲烷等地下流体，当这些地下气体浓度高时、规模大或流速快时，与上空大气摩擦引起散热，导致震区上空大气增温，即温室效应，从而形成了被加热保温的温室型震象云。如若地下气体中，强烈的主流体暖心上升到对流层的中上层时，对流层中上部因为增加了带上来的暖物质热量，其气压场和风场变为反气旋辐散气流，因上冲云顶处的云顶比较高，周围原来的冷空气温度低，压力高，向其流去补充，便呈现为冷云顶，这时地下上去的一些含氡等放射性物质的水汽发生冷凝为水滴[其中有威尔逊云室现象（李志平，2010）]，大气中的这种震区上空突然变冷为低温云团或条带形成的对流胞，即称为冷凝型震象云。

地震有些类似于油炸丸子爆炸。炸丸子时，因丸子里面有水或其他物质，是在搅拌的时候没有搅拌均匀造成的，气体或水或其他物质遇到高温膨胀，但是又因为高温使丸子表面迅速凝结，使它们无法释放出气体导致爆炸，如果仅仅是高温，丸子是不会爆的。同理地壳“热河”在上溢过程中遇阻，热液携带岩砾、泥沙等将震中区域底部包裹，高温使得震区下方地壳表层凝结形成类似油丸子的外壳（锅底），在热河“油温”的加热下，震区地壳（锅底）上不均质的气体或水或其他物质遇到高温膨胀，但是又因为高温使震区下地壳表面凝结，使它们无法释放出气体而导致地震（爆炸）。

作者除了观测卫星红外云图之外还会结合一些气象资料进行对比研究，比如有的震中（矿难地区）位于气象雷达围空区；有的震象云出现时无降水可以直接判定是地震前兆，如果出现强降水可能消减震级、强烈地震发震时间会推迟。有的地震震中位于长时期能见度低的地区，当然这些并不全面，需要综合判定。

作者通过观测卫星红外云图、寻找震象云、预测地震的同时，也可兼顾预测因地质构造活动产生大量瓦斯、地层失稳而导致的矿难（李志平，2010）。

七、地震后为什么会下雨

图 45，汶川大震前 58 分钟即 2008 年 5 月 12 日，13 时 30 分卫星红外云图，红点处为汶川震中，黄圈内粉色低温云呈条带状被汶川震区及龙门山断裂带暖气流吸引，绿圈内开始凝聚白色小团低温云。图 46，汶川大地震后 2 小时后即 2008 年 5 月 12 日，16 时 30 分卫星红外云图，红箭头指向冷凝出更为低温的像粉色小“芝麻”的云团在汶川震中上空，形成雨云。图 47，2008 年 5 月 13 日，2 时 31 分卫星红外云图，汶川震区及龙门山断裂带被大范围粉色和白色低温云团覆盖，这是就是震后下雨的原因。

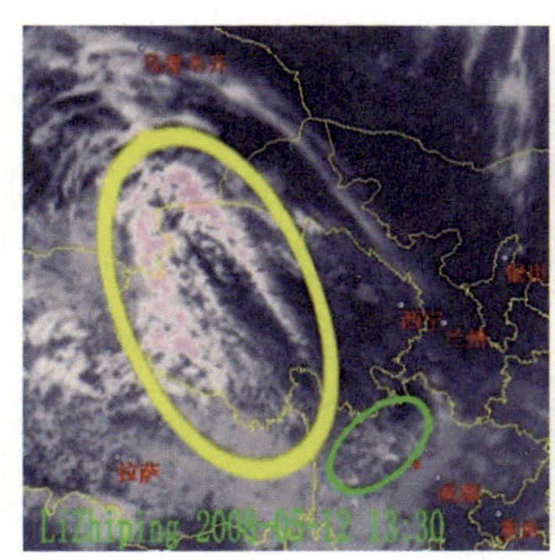

图 45　2008-05-12 13:30 云图

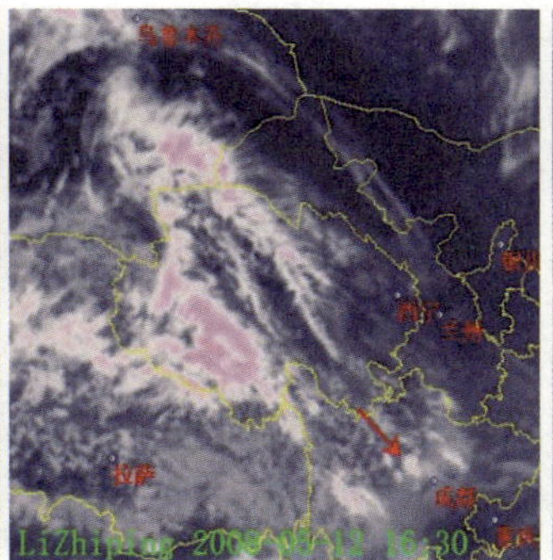

图 46　2008-05-12 16:30 云图

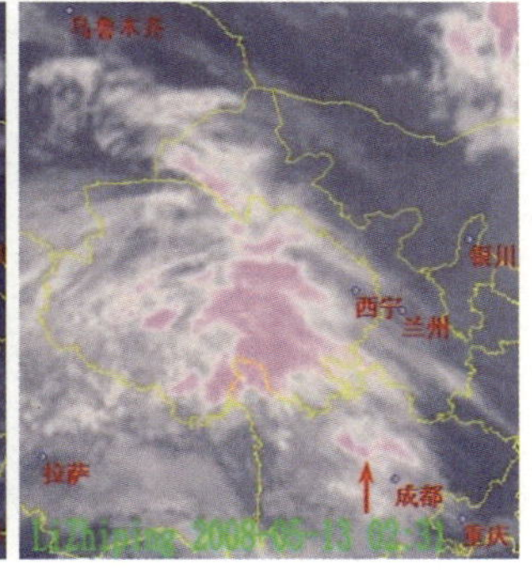

图 47　2008-05-13 02:31 云图

八、新的认识和改进之处

由于大震前震象云会多次出现，这代表地震能量的积蓄，如果能够开发震象云预测地震（矿难）计算机软件，将每次出现的震象云的异常特征加以量化、累计，并结合气象数据、地质构造、人工地震监测、卫星对甲烷、二氧化碳等温室气体气体监测，地下水流体氢的同位素监测、气象等数据进行综合，必将提高震象云预测地震三要素的准确率。

九、结束语

震象云预测地震和地质活动造成的矿难的方法是一种比较有效、实用的技术，“震象云”具有如下优势：一个优点是预测地震震中（矿难）位置，这是震象云预测法中最具优势的，其坐标定位较准确，震级基本也能确定。震象云基本上也能监测到中小地震的红外异常。另一个优点就是可以平安预测，大地震前一定会有震象云出现，所以震象云可以对其他手段预测有大震可能的地区进行监测，如果没有体现出大地震异常的震象云出现就可以进行平安预测，排除其他手段的大地震预测不亚于准确预测到大地震。震象云预测方法的弱势：震象云判断内陆大震的临震时间比较困难，因为内陆大震前震象云反复出现，很难判断是哪一次震象云出现以后会发生大地震。任何单一的地震预测方法都不是完善的。提高地震预测成功率的方法就是：各种方法交叉印证。如果能根据震象云预测方法开发出震象云预测地震智能识别软件系统，如根据每次出现的震象云的位置，推定震中；

根据每次出现的震象云亮温温度、面积规模、流速、出现时长等计算震区上空溢出的流体体积并将之累计，从而推算出大致震级；再根据震象云下方震区的海拔高度、地壳厚度、地质结构以及出现时间段的变化，推算出大致发震时间。再结合其他手段势必能够进一步提高地震预测三要素的准确性，避免因地质活动导致矿难。有时，一年内因地质活动导致的矿难遇难总人数可能会比一些强烈地震的遇难的人数更多，因此震象云预测技术用于地质活动导致的矿难也是十分有必要的。

参考文献

1. 刘新荣、杨忠平，工程地质，武汉大学出版社，2018：194-196.

2. 李志平，震象云预测地震的理论与实践. 大陆地震成因与强震预测研究，地质出版社，2022：226-247.

3. 李德威、陈继乐、陈桂凡、梁桑，大陆地震构造系统：以西藏高原及邻区为例，地球科学：中国地质学报，2014 年第 12 期：1763-1755.

4. 李志平，解译卫星红外云图“震象云”——预测地震、矿难、地质灾害等灾害链，2010“大陆地震成因与强震预测”学术研讨会，213-226.

5. 谢庭、陈忠、李志平、张宁新、郭莉莉，基于图像识别的震象云地震预测方法，计算机工程，2014 年 07 期：281-285.

卫星红外云图震象云模型成功预测了甘肃积石山地震

李志平

天津市滨海新区大港油田数智技术公司

摘要：本文通过对2023年12月18日甘肃积石山县6.2级地震的预测过程回顾，介绍了通过卫星红外云图震象云模型预测地震的方法。实际预测结果基本准确。实践证明，卫星红外云图震象云模型是预测地震（以及矿难等地质灾害）的一种有效方法。该方法对发震地点预测效果较好，震级和短临时间的预测效果还有待进一步改进、加强。

关键词：震象云　卫星红外云图　地震预测　甘肃积石山县6.2级地震

一、引言

地震预测的难点在于震中的确定，卫星红外云图震象云预测地震（矿难等）方法的优势就是震中的确定。本文作者研究发现，卫星红外云图不仅能反映临震异常，还能反映大震前中长期异常；不仅能反映震前热异常，还能反映震前冷异常。作者通过对卫星热红外云图的研究，根据云的流体力学特征，分析了震前震区地下气体排放与其上空大气对流时的边界层是层流或湍流的流动形态，并结合气象雷达、降水量、能见度等信息，提出了“震象云”模型。作者将震象云分为两个大类：温室型震象云、冷凝型震象云以及十一个亚类震象云。从大地震前地下能量释放的现象，“震象云”模型可以合理解释目前卫星热红外异常的对应相关性。

二、甘肃积石山县6.2级地震前震象云

2023年6月14日，作者填写《委员、专家天灾预测信息卡》并上报了中国地球物理学会天灾预测专业委员会。作者依据震象云预测方法预测意见是：“时

间：2023 年 7 月 1 日至 2023 年 12 月 31 日，或更长时间；地区：甘肃—青海，东经 102.8（100.8—104.2），北纬 37.6（35.8—39.5）；灾情：地震（震级）Ms6.1—7.1。”实际发震情况：2023 年 12 月 18 日，甘肃积石山县东经 102.79 度，北纬 35.70 度，发生 6.2 级强震。

本文例举甘肃积石山县 6.2 级强震前部分异常云图－震象云以做说明。采用国家卫星气象中心 FY-2G 红外一（10.3μm～11.3μm）波段的卫星云图，卫星云图的色彩表示：黑白热红外云图的影像亮温温度分布为：云顶发展愈低，云顶亮温温度愈高，色调愈黑，云顶发展愈高，云顶亮温温度愈低，色调愈白，灰色亮温温度介于黑色与白色两个亮温温度中间。图中黄框内白色曲线代表黄河。以下亮温温度简称温度。

图 1（a）为 2023 年 1 月 18 日 15 时 25 分的卫星红外云图，黄框内红点正下方为甘肃积石山县震中。黄框内红色上箭头上方出现一个灰色半圆形增温区，增温区边界外凝结出较厚的温度较低的灰白云。红色右箭头区域也隐现一个不显著的增温区。两均属于有云湍流形温室型震象云。

图 1（b）为 2023 年 3 月 28 日 15 时 25 分的卫星红外云图，黄框内红点正下方为甘肃积石山县震中。黄框的中心呈现一个不规则的黑色圆斑，说明该地区上空出现增温异常，黑斑增温面积较大，边界层云的温度从内至外逐渐递降，黑斑下方云的边界层被冷凝得比较显著，说明震级较大。属于有云湍流形温室型震象云。

图 1（c）为 2023 年 4 月 26 日 11 时 25 分的卫星红外云图，黄框内红点正下方为甘肃积石山县震中。红箭头下指一个灰色增温灰黑的圆斑。与图（b）类似，不过颜色浅一点、温度比其低一点，黑斑右下方云的边界层大气被冷凝出不显著低温云，由于增温面积较大，说明其下方地震前积蓄的震能规模较大，因此未来发生地震的震级可能较大。该云属于有云湍流形温室型震象云。

图 1（d）为 2023 年 5 月 12 日 16 时 25 分的卫星红外云图，黄框内红点正下方为甘肃积石山县震中。黄框内红点下方呈现一个不规则的“黑芝麻”形黑斑，说明该地区上方大气被增温，“黑芝麻”边界层的大气被冷凝成低温白云。该云属于有云湍流形温室型震象云。

图 1（e）为 2023 年 5 月 21 日 11 时 25 分的卫星红外云图，黄框内红点正下方为甘肃积石山县震中。黄框内红点下方呈现一个不规则的斜条形黑斑，上面略

粗大、下面略窄小，说明该地区上空出现增温异常，斜下方的黑斑区边界有不显著的大气被冷凝成低温白云。属于有云湍流形温室型震象云。

图 1（f）为 2023 年 5 月 26 日 11 时 25 分的卫星红外云图，黄框内红点正下方为甘肃积石山县震中。黄框内有 2 个异常增温点，左箭头指向黑色扁喇叭眼，并且喇叭口增温面积较大，说明该区域正下方流体面积大，震级较大。红色右箭头指向黑色不规则黑斑，属于有云湍流形温室型震象云。

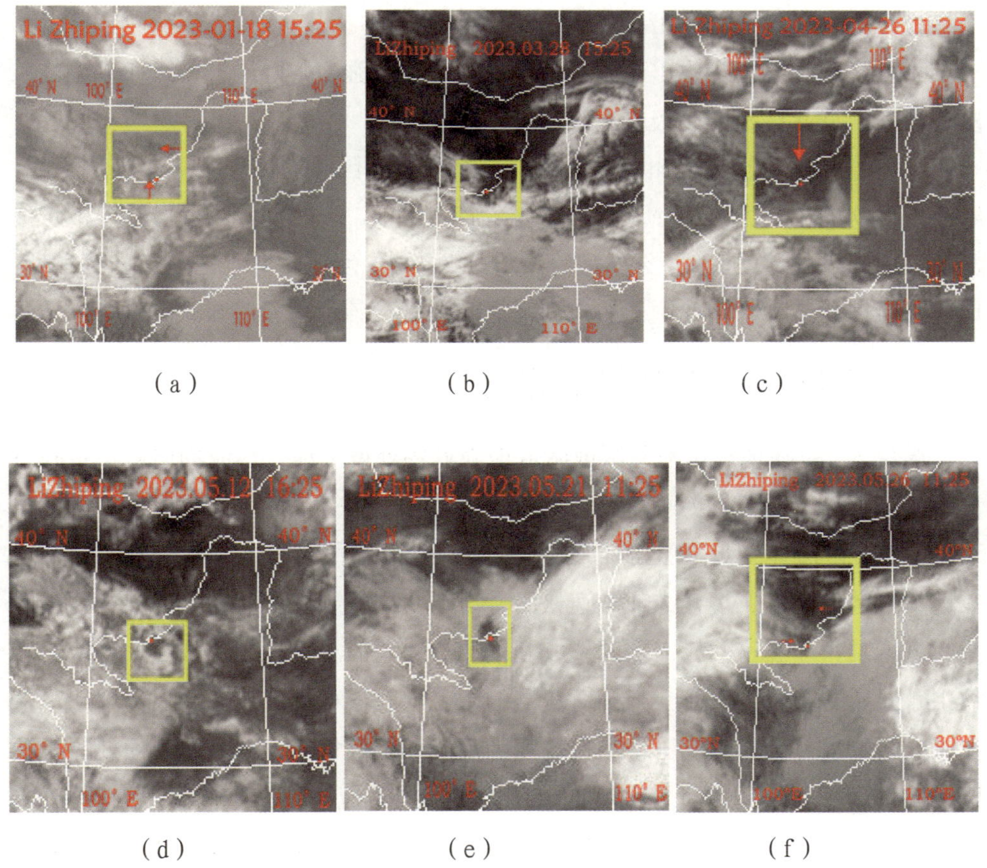

（a）（b）（c）

（d）（e）（f）

图 1 不同时间甘肃积石山地区上空有云湍流形温室型震象云卫星红外云图

（a）2023 年 1 月 18 日 15 时 25 分 （b）2023 年 3 月 28 日 15 时 25 分

（c）2023 年 4 月 26 日 11 时 25 分 （d）2023 年 5 月 12 日 16 时 25 分

（e）2023 年 5 月 21 日 11 时 25 分 （f）2023 年 5 月 26 日 11 时 25 分

从图1（b）（c）（d）（e）（f）黑斑下方被冷凝的大气温度偏低、较厚，从流体力学上看，其震前震区大气流动方向是从黑斑西北流入、从东南流出。作者在其他地震前震中及附近也出现过有的震象云流动具有方向性的情况，这种一般属于湍流形震象云。从该地区增温异常多次出现可以看出积石山上空大气增温异常较多，说明地震能量积蓄增多。由于这两个黑斑较近，于是作者将预测范围坐标覆盖了这两个异常区，定为东经100.8°—104.2°，北纬35.8°—39.5°。因两点异常范围较大，加之采用皮尺测量计算机屏幕上的坐标尺寸以后再换算为震中经纬度，所以纬度略有0.1度的误差。

预测区域震象云多次出现说明该地区地壳能量强大，地层失稳，地下流体溢出量较大，据此可确定震级较大。

甘肃省临夏回族自治州境内的大河家黄河大桥因地震出现裂缝，交通中断，给当地群众的生产生活和交通运输带来了较大影响。从卫星云图看增温异常是覆盖积石山附近的黄河流域，天然河流一般是断裂带，河流转弯处也是应力集中处，地震可能性非常大，因此，建桥在河流急转弯处应该考虑抗震设计。

三、震象云预测地震的理论

震象云[1]是在地震震前震区或附近地壳薄弱处被下地壳热流物质富集带固态—半固态流变物质（“热河”），不断撞击到强弱层块之间的构造边界[2]，在撞击过程中，震区流体受热膨胀，排放二氧化碳、水蒸气和甲烷等地下气体[2-4]，当这些地下气体浓度高、规模大或流速快时，与上空大气摩擦引起散热，导致震区上空大气增温，即温室效应，从而形成了被加热保温的温室型震象云。如若地下气体中，强烈的主流体暖心上升到对流层的中上层时，对流层中上部因为增加了带上来的暖物质热量，其气压场和风场变为反气旋辐散气流，因上冲云顶处的云顶比较高，周围原来的冷空气温度低，压力高，向其流去补充，便呈现为冷云顶，这时地下上去的许多水蒸气发生冷凝为水滴（其中有威尔逊云室现象[5-6]），大气中的这种震区上空突然变冷为低温云团或条带形成的对流胞，即称为冷凝型震象云。

作者研究发现，卫星红外云图不仅能反映临震异常，还能反映大震前中长期异常；不仅能反映震前热异常，还能反映震前冷异常。作者通过对卫星热红外云图的研究，根据云的流体力学特征，分析了震前震区地下气体排放与其上空大气对流时的边界层是层流或湍流的流动形态，并结合气象雷达与降水量，提出了“震象云”模型。作者将震象云分为两个大类：温室型震象云、冷凝型震象云以及十一个亚类震象云（详见图 2）。从大地震前地下能量释放的现象，“震象云”模型可以合理解释目前卫星热红外异常的对应相关性。

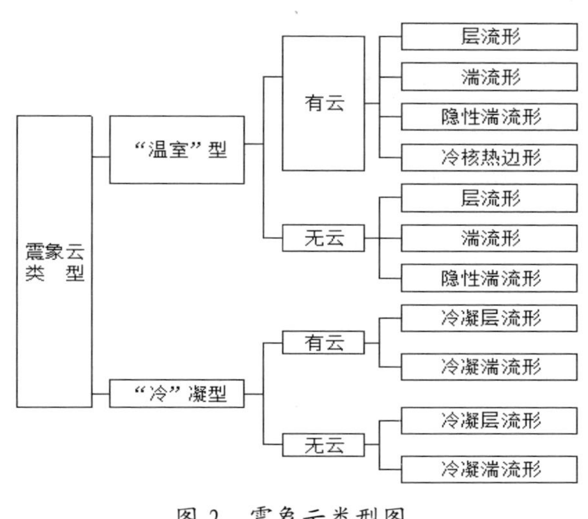

图 2　震象云类型图

四、结束语

通过对甘肃积石山 6.2 级强震的成功预测，可体现震象云预测模型可以较好的对地震进行预测，这有利于有关部门对预测强烈地震区域加强地面监测，提前做好危房拆除、加固建筑物工作，补充应急物资，做好防震宣传工作、减少人员伤亡和财产损失。

参考文献

1. 李志平，2022. 震象云预测地震的理论与实践. 大陆地震成因与强震预测研究，226-247. 北京：地质出版社.

2. 李德威，陈继乐，陈桂凡等. 大陆地震构造系统：以青藏高原及邻区为例[J]. 地球科学（中国地质大学学报），2014，39（12）：1763-1775.

3. 杜乐天. 地球排气作用的重大意义及研究进展[J]. 地质论评，2005,(02): 174-180.

4. 岳中琦，汶川地震与山崩地裂的极高压甲烷天然气成因和机理，地学前缘，2013，20(6): 15-20.

5. 寿仲浩，方琰，地震蒸汽模型与预报，天津大学出版社: 2018.2.

6. 李志平，解译卫星红外云图“震象云”——预测地震、矿难、地质灾害等灾害链，2010“大陆地震成因与强震预测”学术研讨会[C]: 213-226.

7. 谢庭，陈忠，李志平等. 基于图像识别的震象云地震预测方法[J]. 计算机工程，2014，40(07): 281-285.

气象云图与卫星云图相结合的地震预测方法

李　芳

摘要：本文总结了这几年通过地震云卫星云图结合，对全球地震进行了预测，并公开了结果，接受检验。实践证明该预测方法对预测地震临震效果较好。现将地震预测案例汇报于下，欢迎读者讨论。

关键词：地震预测　地震云　卫星云图

一、引言

地震是一种自然灾害，它和刮风、下雨、打雷、火山爆发、海啸、洪水一样是经常发生的自然灾害现象，但是地震却严重威胁着人民生命和国家财产的安全，如 1976 年 7 月 28 号唐山 7.8 级地震就夺走了 23 万人的生命，2008 年 5 月 12 号四川汶川也夺走了 8 万人的生命，造成几千亿元的财产损失。那么将来会不会发生类似的地震，何时、何地会发生？在中国这样地震多发的国度内，地震的危险性是很大的。

地震威胁到人民的生命和财产安全，古往今来凡是经历过地震的人都迫切希望地震人员能够提前告知地震发生的时间、地点和震级，以使那些处于危险的地区的老百姓事先有所防范，最大限度地减少地震造成的人员伤亡和财产损失。所以地震预报就是一项救命工程。

要做地震预报就要抓地震的前兆。地震会有什么前兆，人们还不十分清楚，所以捕捉起来也很难。长期以来地震预报工作一直进展缓慢，还没有很好的解决办法。

关于地震云能否预报地震，国内外对其看法不一，但是，我通过 38 年对云的不断观测与实践验证，得出这样的认识，即震前的异常气象云就是临震气象异常，是大自然给人类的一种警示。并开始了地震预报的探索试验，通过许多实践验证，证明气象云图的测震方法是可行的，也是最简单的方法之一，值得我们深入研究下去。

二、关于观测地震云预测地震三要素的依据和做法

地震云，是作者从地面对空中的云拍照得到的照片，再根据地震云出现方向，结合卫星云图找出地震云来自何处的一些蛛丝马迹，这就是在未来震中上空卫星云图上能够观察到一小片空区，空区位置往往和将要发生地震震中位置相对应，震级越大空区越明显，为我们判断和锁定地震震中的位置提供最有利的条件。

这是因为在震前空区的位置处，在卫星云图上会看到有异常水汽形成云团，云团会随着大量上升的水汽形成类似台风风眼，风眼越大能量越大，震级越高，风眼垂直下方往往对应地震震中发生地点，为什么这种气体上升以后就会发生地震？水汽和地震关系尚需进一步探索。

我观测到的云图有很多种，每一次地震前产生的云图的形状都不一样，云图密度颜色越艳丽地震级别越高，根据云图的高度、方向，再结合地磁、电离层、风云 2 号卫星云图、全球卫星云图等几个方面的资料在一起，就可以判断出发震时间、地点、震级，就是我们常说的地震三要素。

一般情况下，我们观测到地震云出现后，大多数地震会在一天、两天到三天之内发生，也有一些地震会延长到十天左右，但这种情况不多见。地震云就是临震云，地震临震预测时间判断，可以直接定时间即可；重点是找出震中地点，本人所有预测地震案例基本上都控制在这个时间段；定发震地点时要先锁定大概区域，如果有条件可以参考锁定的空区的空气湿度，作为参考，但是得区分出来阴天下雨情况，大震前当地出现闷热、空气潮湿现象和下雨地气上升潮湿现象几乎一样，如果能区分出来对定震中位置将是最关键环节，目前也是我的研究方向。

三、中国部分震例预测情况展示

第 1 个预测案例——预报四川阿坝九寨沟 6 级地震，实际是泸定 6.8 级地震：

图片
海原老城 轻风III
快乐
关注
拍摄信息 风景 图片浏览：225次
拍摄地址：皇冠花园
拍摄时间：2022-08-24 18:28
上传时间：2022-08-24 18:55
拍摄器材：CND-AN00
图片
老来乐 狂风V
安利（中国）日用品…
关注
拍摄信息 风景 图片浏览：156次
拍摄地址：北京外国语大学附属辽宁外国语学校（建设中）
拍摄时间：2022-08-23 16:07
上传时间：2022-08-23 16:08
#晒出处暑的天气#
拍摄于2022-08-23 18:20
拍摄信息 风景
拍摄地址：邢台市·秦李小学
上传时间：2022-08-23 18:20
拍摄器材：华为 Nova7PRO 5G
天气状况：28℃晴，微风，空气质量：优
恩光波—数据系统
恩光波
2022-0
2022-0
查询
四川九寨沟
预发日期：2022-08-25
震级：6
经度：103
纬度：33
629卫星遥…灾专家(41)
地点:四川九寨沟经度103纬度33
时间：8月25号
级别：6级
详情
四川甘孜州泸定县
卫星
热力图
成都
重庆
昆明
定位
震中
周边
200km
发震时刻：2022-09-05 12:52:18
震级：6.8
位置：经度102.08 纬度29.59
地名：四川甘孜州泸定县
深度：16公里

实际检验结果：2022 年 9 月 5 号四川泸定发生 6.8 级地震，23 号下午再查找云图时，发现四川异常，云层紧密，颜色明亮，判定震级上 6 级，根据以往经验判断大概区域在四川区域，填写临震预测卡，验证结果为 2022 年 9 月 5 号四川甘孜泸定县 6.8 级。

第 2 个预测案例——四川马尔康县 6.0 级地震：

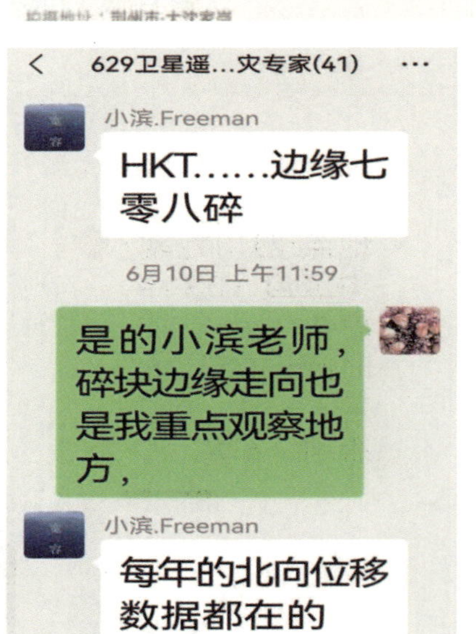

2022 年 6 月 7 号我拍摄云图时发现有异常，在 629 群里和袁老师进行了公开讨论，我判断异常在四川汶川区域，计算发震时间为 8 号，级别判断偏小了，地点判断基本准确，时间误差 25 小时。验证结果：2022 年 6 月 10 号四川阿坝州马尔康市 6.0 级。

第 3 个预测案例——青海海北州门源县：预测 12 月 22 日，在 92.73 °E 和 38.9 °N，有震。实际是在格尔木市和门源县分别发生了 5.2 级和 6.9 级地震。

第 4 个预测案例：2022 年 1 月 12 号青海海北州门源县发生 5.2 级地震，预测还是准确的。

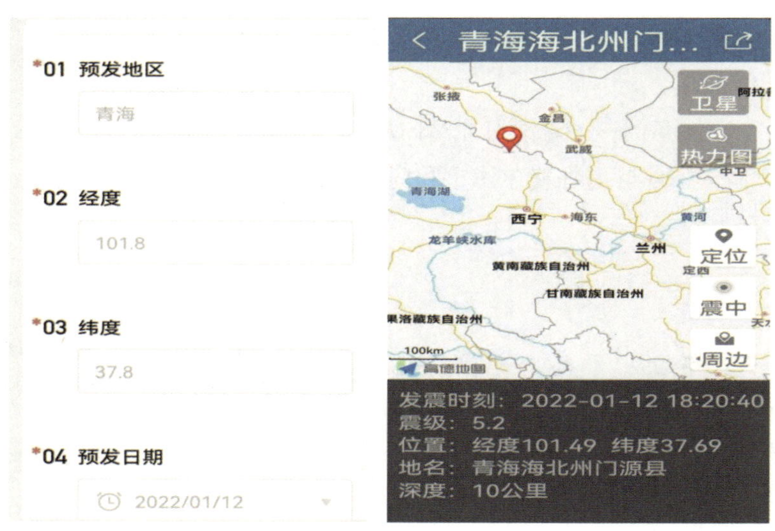

第 5 个预测案例：预测甘孜州 98 °E，32 °N 将发生地震。实际上，2021 年 5 月 20 日在 98.34 经度，34.59 纬度玛多县发生 7.4 级地震。

拍摄信息 天空

拍摄地址：海南省文昌市文昌市高隆湾

上传时间：2021-05-20 20:00

拍摄器材：iPhone 11pr

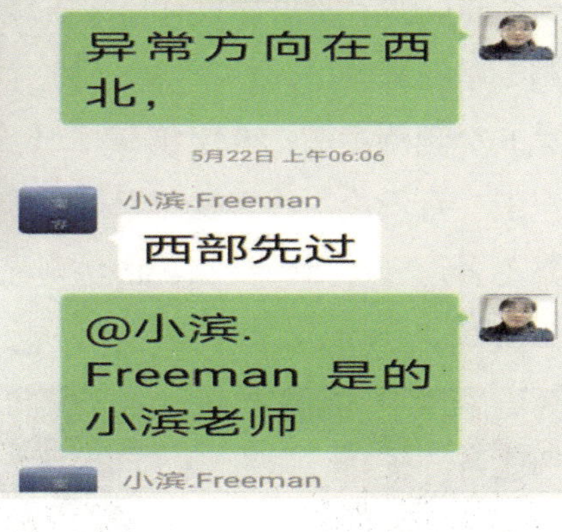

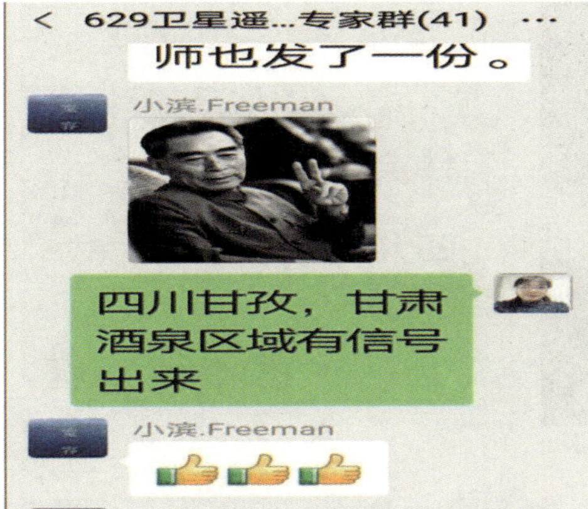

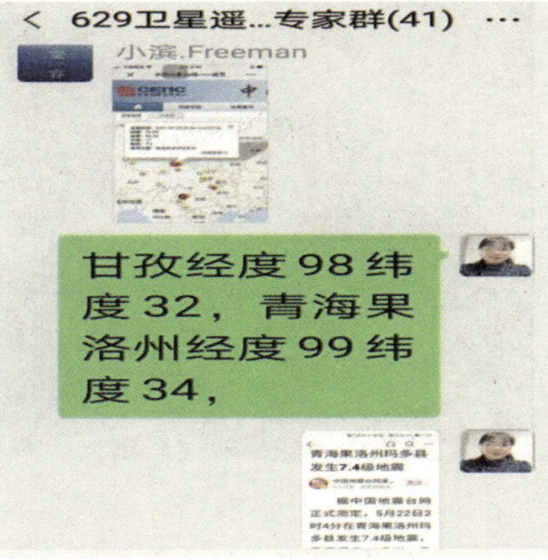

2021 年 5 月 22 号青海果洛州发生地震 7.4 级，5 月 20 号云图发现异常，在 629 专家群里提示四川甘孜有异常信息，没有做完整预测，错失大震，为今后预测总结一些经验。

第 6 个预测案例：2021 年 9 月 16 号四川泸州 6.0 级地震。预测在 9 月 10 号发震，但一直没震，经查找每天气象云图，发现在 15 号卫星云图四川上空有水汽聚集上升，云能量牵拉临震信息明显出来，9 月 16 号发生 6.0 级地震。

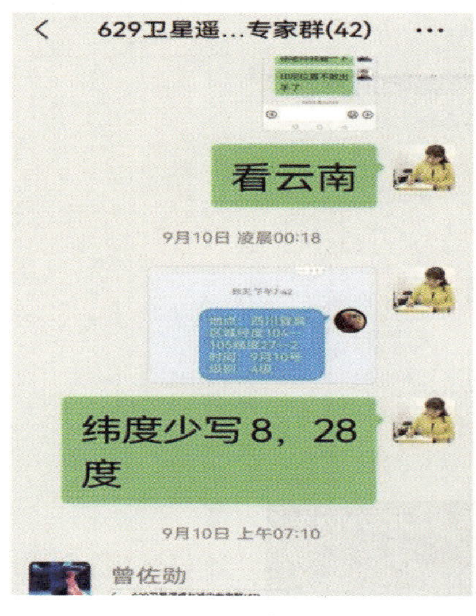

第 7 个预测案例：印尼哈马黑拉群岛 7.1 级、巴布 6.1 级、宜宾 3.2 级、苏门答腊 4.7 级地震的预测，我们大家通过各种方法在不同地点位置，在与中国地质大学曾佐勋教授带领团队及时交流临震信息时，发现印尼很快临震，计算时间在 7 月 14 号下午有 6 级；7 月 14 号中午 11 点和曾教授对接信号时，果然 17 点 10 分印尼哈马黑拉群岛发生 7.1 级地震，苏门答腊于 13:19 分发生 4.7 级地震，四川宜宾 18 时 17 分发生 3.2 级地震。14 日下午号巴布没有发生地震，我重新计算定 24 小时延时 15 号，把预测信息发在 629 卫星遥感减灾专家群里，和专家老师们一起交流，青海也没有按时发生，结果 7 月 15 号 16 点 21 分，巴布 6.1 级准时报道；青海地震，我定点海西州，结果 7 月 16 号在西藏那曲市安多县发生了 4.1 级地震。

临震预测就是在抢时间，和时间赛跑，所以希望民间预测爱好者能够在同一平台发现线索及时交流各种信息。

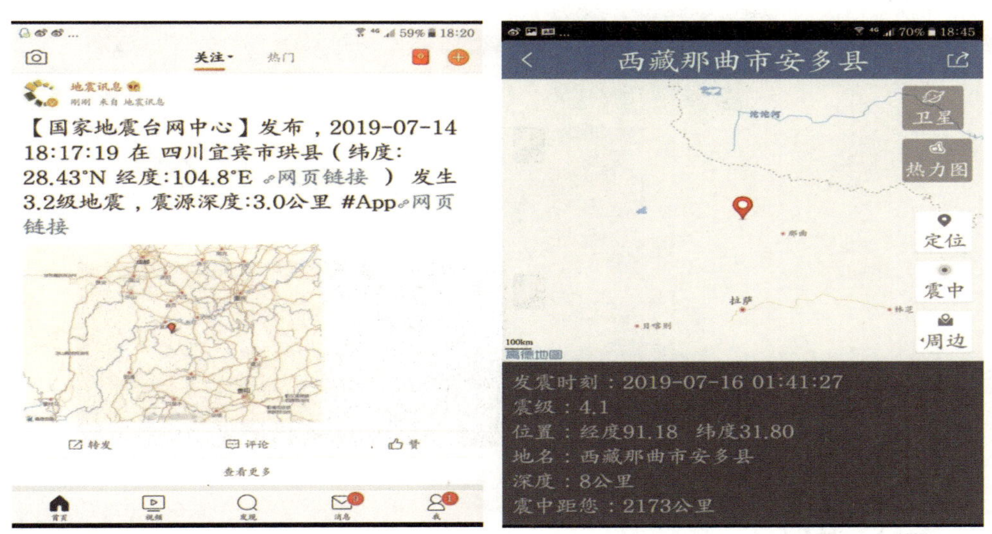

第 8 个预测案例：西藏林芝市墨脱县 2019 年 4 月 24 日 6.3 级地震。

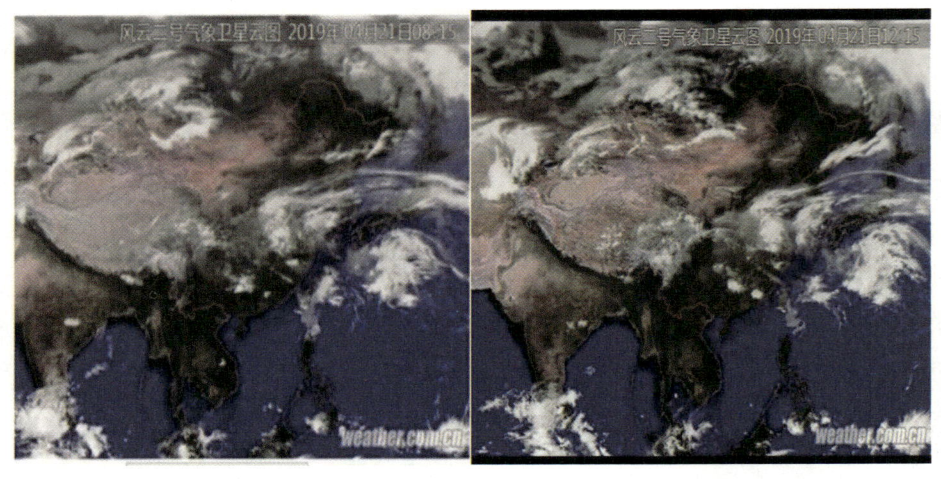

三、结语

作者经过多年实践经验证明，地震云这一方法是可以用来预测地震的，最关键的是要发现震前的地震云，它是地震必震信息前兆，也是目前难度最大的关键问题。地震云方法预报地震最为简洁方便，

地震云预测，首先需要大量观测气象异常，找出异常云图进行跟踪分析，也就是找出确定性预测地震的云层，在气象云图上重复出现的可能的地震前兆，并

探索其与地震的关系，做出地震预测，虽然这个前兆观测有难度，需要一定的经验，耗费时间和精力，甚至穷经皓首观测探索地震，但只要我们不断追踪云层异常变化，层层分析，一定会发现其中奥秘，找出答案，目前我们需要努力探索地震云能够前瞻性预测未来将要发生地震，也能够用地震云重复预测过去地震，且经得起重复检验，把每次预测前出现的信息归纳在一起，形成强有力证据，最终找到必震信息，有云必有震，就像烟不离火、火不离烟是一样的道理，只有在不断观测总结中去发现、去实践，找出捷径，再提出解决问题的独到见解，反复实践验证引申出来的理论，让大众接受地震云是可以预测地震的。